이원복 교수의

와인의 세계, 세계의 와인

1 와인의 세계

와인의 세계, 세계의 와인 | 1 와인의 세계

1판 1쇄 발행 2007. 12. 24.
1판 87쇄 발행 2022. 12. 20.
개정판 1쇄 발행 2023. 4. 27.
개정판 2쇄 발행 2024. 2. 26.

글 · 그림 이원복

발행인 박강휘
편집 박민수 디자인 윤석진 마케팅 고은미 홍보 이한솔
발행처 김영사

등록 1979년 5월 17일 (제406-2003-036호)
주소 경기도 파주시 문발로 197(문발동) 우편번호 10881
전화 마케팅부 031)955-3100, 편집부 031)955-3200 팩스 031)955-3111

값은 뒤표지에 있습니다.
ISBN 978-89-349-6587-9 17590

홈페이지 www.gimmyoung.com 블로그 blog.naver.com/gybook
인스타그램 instagram.com/gimmyoung 이메일 bestbook@gimmyoung.com

좋은 독자가 좋은 책을 만듭니다.
김영사는 독자 여러분의 의견에 항상 귀 기울이고 있습니다.

— 이원복 교수의 —

와인의 세계, 세계의 와인

1

와인의 세계

이원복 글·그림

김영사

개정판 책머리에

《와인의 세계, 세계의 와인》 1권과 2권이 출간된 지 벌써 15년여가 흘렀다. 와인 바람이 크게 불기 시작하던 당시에 비해 지금은 어느 정도 와인 문화가 대중적으로 자리를 잡아가는 추세다. 그러나 아직도 많은 사람이 와인을 가까이하기에 어려워하는 것이 현실이고, 그래서인지 가격이나 지식에 거품이 끼어 있는 것 또한 사실이다.

와인을 고급 음료이자 문화적 음료로 보는 선입견은 어떻게 형성된 것일까? 와인과 와인 문화가 우리나라에 유입된 것은 최근의 일이고, 일부 계층에서 주로 소비되었다. 그들은 심지어 와인에 대한 지식을 '필수 덕목'쯤으로 여기며 와인을 경배의 대상으로 섬기는 일종의 콤플렉스 현상까지 빚어냈다. 그러나 와인은 우리가 일상적으로 접하는 소주, 막걸리, 맥주와 마찬가지로 알코올 음료의 하나일 뿐이다. 다만, 그 종류가 헤아릴 수 없이 다양하고, 품질과 가격 또한 천차만별이다. 원료인 포도는 연평균 기온이 10~20도인 지역이면 재배가 가능하다. 그래서 와인은 맛과 향이 다양하며, 오감으로 즐길 수 있는 음료다. 이 점 때문에 세계인의 사랑을 받고 있지만, 와인이라는 음료를 잘 모른다고 해서 주눅들 필요는 전혀 없다.

나는 세상에서 가장 못 믿을 거짓말 가운데 하나가 "와인을 안다"는 말이라고 믿는다. 제아무리 유능한 와인 메이커나 소믈리에도 세계의 모든 와인을 알 수는 없다. 와인이라는 넓디넓은 바다의 일부만을 아는 것일 뿐이다. 그러므로 일반 대중, 특히 와인 문화를 최근에야 접하게 된 우리나라 사람들이 와인을 낯설어하는 것은 당연하다. 공부해가면서까지 마실 필요도 없다. 다만, 매우 다양하고 방대한 와인의 세계에서 최선의 선택을 하기 위해 최소한의 지식을 갖추면 큰 도움을 받을 수 있다. 선입견이나 거품에 좌우되지 않고 적정한 가격으로 자신의 취향을 살리는 와인을 고르는 데 필요한 정도면 된다.

10여 년 전, '와인 숭배 문화'(?)에서 비롯한 뭇사람들의 오해를 풀고자 초판을 출간했다. 내 돈 내고 내가 사 마시는 소비 주체로서 당당한 '와인 주권(主權)'을 지키자는 취지였다. 와인 문화가 제대로 자리를 잡아가고 있다고 느끼는 요즘이지만, 그 기간이 길지 않기에 선입견과 거품이 여전하다. 와인에 대한 최소한의 지식이 필요하다는 생각에는 변함이 없다.

초판이 나온 지 십수 년이 지나고 나니 많은 것이 바뀌었다. 그 속도는 더욱 빨라지고 있다. 전체적인 틀이야 변동이 없지만 통계 수치나 여러 세부적인 요소가 과거와 달라져 수정 보완의 필요성을 느끼다가 이제 그 업데이트 판본을 새로이 선보이게 되었다. 부디 자신의 취향을 고려해 적당한 가격대의 '내 와인'을 찾는 데 조그만 도움이 되기를 바란다.

2023년 봄

이원복

책머리에

와인 바람이 뜨겁다. 이는 우리나라뿐 아니라 세계적인 현상으로 다양하고 품위 있는 음료를 원하는 웰빙 바람의 하나이기도 하다. 와인 열풍은 환영할 일이지만 와인의 무게에 눌려 스트레스를 받는 것은 바람직하지 않다. 내 기호대로 당당하게 와인을 고르고 거리낌 없이 평가하면 될 일이다. 와인은 어디까지나 와인일 뿐이지 그 이상도 그 이하도 아니다. 와인을 마시는 것은 우리 자신이다.

이 책은 와인 자체에 대한 접근은 물론, 와인에 얽힌 곁 이야기를 중심으로 쉽고 편하게 와인에 접근할 수 있도록 하려는 의도에서 기획되었다. 와인을 다스리는 주인이자 당당한 애호가가 되기 위한 입문서이다. 가벼운 마음으로 읽고, 와인이 무엇인지 개념을 분명히 하고 자신의 기호를 당당히 내세울 수 있다면 이 책을 만든 보람은 넘쳐날 것이다.

원래 한 권으로 계획한 책이었는데 만들다 보니 하고 싶은 이야기가 넘쳐 결국 두 권으로 쪼개게 되었다. 첫 번째 권은 와인과 와인의 역사 등을 다룬 "와인의 세계"이고, 두 번째 권은 세계의 다양한 와인과 와인에 대한 편견들을 다룬 "세계의 와인"이다. 필자는 스스로 와인에 빠진 애호가이기는 하지만 결코 전문가는 아니며 또 전문가이고 싶지도 않다. 영원한 애호가로 남기를 바랄 뿐이다. 오래 즐기면서 마셔온 게 와인이다 보니 흥에 겨워 책을 만들게는 되었지만, 모자라는 점이 많아 많은 자료를 수집하고 뒤져본 것은 물론 여러 차례 와이너리에 직접 가서 눈으로 확인하기도 하였다. 이 작업은 내가 지금까지 해온 작업 가운데 역사, 경제

등 비교적 무거운 주제에서 벗어난 가장 즐겁고 행복한 "외도"였다. 특히 로마네 콩티 본사 지하 저장고에서 맛본 여섯 가지의 DRC는 이 책을 만들면서 누렸던 가장 즐거운 추억으로 남을 것 같다.

이 책이 나오기까지 모든 지원을 아끼지 않은 (주)김영사와 직원 여러분, 그리고 헌신적으로 도와준 그림떼 제자들에게 사랑과 감사를 보낸다. 그리고 모든 와인 애호가들과 함께 건강과 행운을 기원하며 건배하고 싶다.

2007년 크리스마스에
이원복

개정판 책머리에 4
책머리에 6

왜 와인이지? _ 와인이 뭐길래… 13

밀레짐 | 카라프 | 부케 | 와인스노브 | 와인과 전쟁 | 와인과 예술가 | 오감으로 즐기는 와인 | 알코올음료의 종류 | 알코올음료의 분류 | 인류 최초의 음료, 와인 | 농경문화의 계기가 된 와인 | 와인은 가장 순수한 음료 | 와인은 천지인의 합작품 | 와인은 가장 다양한 음료 | 와인의 개념 변화 | 와인소비의 증가 | 웰빙과 와인 | 한국과 일본의 특별한 열광 | 한국과 일본, 첫 서양의 지배 | 서구에 대한 동경과 와인 | 와인은 가장 문화적인 음료 | 로마네 콩티 | 와인은 종교적인 음료

AOC제도는 언제 생겼을까? _ 와인의 역사 49

최초의 와인 | 인류 경제의 시초 | 고대 이집트의 와인 | 암포라와 크라테르 | 심포지움 | 고대 로마의 와인문화 | 수도원과 교회의 포도원 | 이슬람세계의 와인 | 엘레오노르의 재혼 | 클라레 | 코트 뒤 론 | 종교개혁과 와인 | 브랜디의 등장 | 셰리와 포트와인의 발달 | 와인의 브랜드화 | 미국인의 와인애호 | 와인의 정의 | 와인과 프랑스대혁명 | 대륙봉쇄령과 와인시장 | 와인생산의 변화 | 샤토 | 샤토와 신흥 부르주아 귀족 | 파리 만국박람회 | 그랑 크뤼 클라세 | 샤토 오브리옹 | 샤토 무통 로칠드 | 샤토 랭슈 바주와 샤토 팔메 | 보르도의 다양한 그랑 크뤼 제도 | 그랑 크뤼란? | 크뤼 부르주아 | 샹파뉴의 등장과 동 페리뇽 | 클리코 부인 | 미국과 이탈리아의 와인 | 19세기 와인산업의 시련 | 금주운동 | 금주운동의 확산 | 미국의 금주법 | 포도뿌리혹벌레, 필록세라 | 필록세라의 재앙 | 미국 품종의 뿌리와 접붙이기 | 세계적인 필록세라 피해 | 19세기 말, 와인의 사중고 | AOC | 군대와 와인 | 세계대전과 와인산업의 시련 | 소생하는 와인업계 | 와인소비의 감소 | 와인소비 감소의 원인 | 와인소비의 대중화 | 신대륙 와인의 도전 | 미국 와인의 약진 | 신대륙 와인의 전략 | 필리프 로칠드 남작 | 와인기업의 변화 | 와인은 프랑스의 자존심 | 와인의 역사는 프랑스 와인의 역사

와인은 어떤 포도로 어떻게 만들어지나? _ 포도 품종과 와인양조법 111

포도 품종 | 스타 포도 품종 | 카베르네 소비뇽 | 메를로 | 피노 누아 | 시라/시라즈 | 샤르도네 | 리슬링 | 소비뇽 블랑 | 세미용 | 카베르네 프랑 | 말벡 | 네비올로 | 산지오베제 | 템프라니요 | 진판델 | 슈냉 블랑 | 게뷔르츠트라미너 | 피노 그리 | 실바너 | 비오니에 | 피노 블랑 | 라벨 | 포도의 수확 | 압착 | 발효 | 이스트 첨가 | 후발효 | 바리크 | 숙성창고 | 블렌딩 | 와인 제조과정 | 로제와인 제조과정 | 샹파뉴 제조과정 | 발포성 와인 | 셰리 제조과정 | 피노와 올로로소 셰리 | 포트와인 | 코냑과 아르마냑

와인을 만나기 전에 _ 미리 알아두어야 할 것들 161

• **테루아** 162

• **빈티지** 167

• **타닌** 174

• **바리크** 177

• **공기와 온도** 184

코르크마개 | 숨쉬기, 브리딩 | 디캔팅 | 스크루캡 | 와인을 맛있게 마시는 온도 | 와인잔

• **와인의 가격** 191

와인의 매매 | 와인 선물시장 | 보르도 와인의 가격 | 와인가격의 상승 | 가장 비싼 와인 | 샤토 마고 1787년산

• **와인의 평가** 198

로버트 파커 | 파커포인트 | 파커에 대한 비판 | 존 드보르작의 파커포인트 비판 | 파커가 선정한 최고의 와인

• **파리의 심판** 206

부록 | 와인의 세계 깊이 들여다보기 211

세계의 포도 품종 | 올드와인의 레벨 | 1992년 이래 세계 최고의 소믈리에 | 와인병의 크기와 호칭 | 마시기에 적당한 와인의 온도 | 세계의 와인생산 | 와인소비 상위 10개국 | 와인수출 상위 10개국 | 와인수입 상위 10개국 | 와인의 보디 | 세계 50대 블루칩와인 | 세계 50대 컬트와인 | 와인 용어사전 | 참고문헌

In vino veritas.

와인 속에 진리가 있다.

_그리스 격언

가로의 형
영어팬
와인궁금증 가득파
가루
세로의 형
프랑스어 팬
와인상식 제로파
제로
바로의 언니
국어사랑파
선입견·편견배척파
바리
가로
세로
바로

쏘리!
와인나라는 미성년자는
갈 수 없는 나라라서
우리만 떠나거든~!

왜 와인이지?

와인이 뭐길래…

* 롤런드슨 Rowlandson 그림, 1798년

18세기 말, 런던의 와인마시기클럽 회원은 반드시 최소한으로 정해진 병수만큼은 와인을 마셔야 했대.

우아~ 분위기 좋고! 완전히 부어라 마셔라 판이군!
으히히히… 지상의 낙원이 따로 없네!
예나 지금이나 저렇게 마시면 안 되는 거 알지?

우하하하하
어서들 와! 가루, 제로, 바리!
웬일이야? 우릴 와인파티에 다 초대하고!
네가 와인 마니아인 줄은 정말 몰랐어!
와인이라면 우린 문외한인데 맛을 알 수 있을까?
와, 이 집은 대형 와인셀러도 있고, 역시 마니아는 다르네!
아빠 거지만 아빠 것은 곧 내 것이기도 하지.
와인은 현대인이 꼭 알아야 할 필수 교양이야.
뱅(Vin)!
포도주!
왜 와인을 반드시 알아야 하는데?
핫핫핫! 네 교양이 이름처럼 콩가루구나!
서양에선 모든 고급 비즈니스와 모임이 와인과 함께 이루어진다는 것은 그야말로 기초적인 사실!
따라서 글로벌시대에 와인에 대한 상식이 없는 자는 국제경쟁에서 낙오될 수밖에 없다, 이 말씀이지!
그럼 서양 사람은 모두 와인을 잘 안다는 거야?
자꾸 상식 제로 자랑 말고, 이쪽으로 오라구!

❖ 밀레짐

짠
오늘 너희가 맛볼 이 와인은 2020년산 세인트-에밀리언!
Saint-Émilion Grand Cru
Appellation Saint-Émilion
세인트-에밀리언? 그게 무슨 소리야?
생테밀리옹이겠지. 프랑스 보르도 지방이란 건 나도 들었어.
2020년산 빈티지는 아주 끝내준다구!
밀레짐*이라고 해, 프랑스어로….
하하하
*millésime
거기다 최고급 와인이라는 그랜드 크루!
그랑크뤼* 겠지!
*grand cru
근데 그랑 크뤼가 뭐지?
최고급 와인이라고 생각하면 돼. 자세히 설명해준다고 알겠어?
이 정도 와인이면 너희가 평생 한두 번 맛보면 행운일 고급 중에 고급이란 걸 기억해둬.
대놓고 물어보긴 좀 그렇지만… 그거 얼마나 하는데?
아마 40~50만 원은 할걸!
끄악, 40~50 만원!
그… 그렇게 비싼 걸?
핫핫핫… 나 같은 와인 애호가는 입이 높아서 싼 와인은 못 마신다구!
뽁
자
그럼 이제 정말 시음에 들어가볼까?
우선 디캔팅!
디캔팅?

❖ 카라프

와인의 생명은 맛과 향! 맛과 향이 가장 좋은 상태가 되도록 와인을 공기와 접촉시켜주기 위해서
와인을 병에서 디캔터*로 옮겨놓는 거야.
카라프**!
자, 나의 신비로운 디캔팅기술을 보여주지.
너흰 지금 전문가의 기술을 보고 있는 거야.
*decanter **carafe
콸
콸
악
오… 이 아까운 와인!
저런, 비싼 와인을 다 쏟았구나!
디캔팅기술은 나중에 다시….
험,험
꼴꼴
꼴꼴
자…
흔들
흔들
그럼 지금부터 테이스팅을 해보겠다.
데귀스타시옹*!
우린 안 줘?
허어! 주인이 먼저 테이스팅을 해보고 따라줄 때까지 기다리는 거야!
*dégustation
우선 색깔!
오, 이 루비처럼 빛나는 신비의 색채! 마치 클레오파트라의 입술같지 않니?
너 클레오파트라 본 적 있어?
분위기 까칠하게 만들지 마라!

❖ 부케

다음은 부케*! 와인의 향기!
부케? 그건 제대로 발음하네.
쿵 쿵 쿵
오… 오… 오…
이루 형언할 수 없는 감동이 내 코를 통해 밀려오는군!
저 푸른 초원에서 뛰노는 아기양과 같이 청순한 향기!
쿵 쿵 쿵
아기양 냄새가 어떤데?
너 자꾸 무드 깰래?
홀짝
음….
???
주르륵…
누… 눈물이!
와인 마시다가 웬 눈물?
느껴지지 않는가?
아, 아…..
이것은 바로 내 어린 시절을 회상하게 하는 추억의 맛이야!
전신에 짜르르 흐르는 전율! 혀를 통해 전달되는 이 소름 끼치는 감동!
아… 나의 어린 시절이여~

*bouquet

푸른 잔디가 펼쳐진 초원이 보인다.
파란 하늘에 뭉게뭉게 떠 있는 구름 사이로
하얀 비둘기들이 난다.
맨발의 어린 소년이 비둘기를 쫓아 달린다.
그 해맑은 눈가에 구름이 반사된다.
아, 아름다운 어린 시절이여,
그리운 나의 유년 시절이여….
소설을 써라, 소설을!
훌쩍!
이런 교양 없는 것들… 이런 고급 와인은 그 맛 자체가 감동인 거야!
난 그저 텁텁하기만 한데….
그렇지? 시금털털하고… 잘 모르겠어.
푸른 잔디는커녕 개코도 안 보인다!
그게 바로 전문가와 아마추어의 차이지!
너희들 뭐 하니?
아버지!
얘들에게 와인의 세계를 살짝 보여주고 있었어요.
일종의 교양 강좌라고나 할까요?

❖ 와인스노브

아니, 이 와인은?
손님에게 와인을 대접하려면 좀더 좋은 걸로 할 것이지… 이것도 뭐 괜찮긴 하다만….
예?
그거, 그랜드 크루급 최고급 와인인데요?
그랑 크뤼!
하하하… 이 녀석아! 이건 내가 대형마트에서 사온 2만 원짜리야!
허걱
!
여기 그랜드 크루라고 분명히 쓰여 있는데….
아펠라시옹 생테밀리옹 그랑 크뤼 콩트롤레*!
*Appellation Saint-Émilion Grand Cru Contrôlée
이건 그랑 크뤼급 최고급 와인이라는 뜻이 아니고, 보르도 지방의 49개 원산지 표시 허용지구의 하나일 뿐이야.
Appellation
명칭 · 호칭
억, 억
해마다 병에 담기 전에 품질을 검사하는데, 그랑 크뤼급이 되었다 말다 하는 등급이지.
너 같은 녀석을 와인스노브*, 즉 와인 허풍선이라고 한단다. 사람이 와인을 마시는 게 아니라, 와인이 사람을 마시는 거지.
*wine-snob
와인을 잘 알지도 못하면서 아는 척하는 와인 위선자 말이야!
와인은 그저 와인일 뿐이야. 즐기면 그만이지, 스트레스를 받으면서까지 와인을 마실 필요는 없지!
와인에 대해 알려고 스트레스 받지 말고 우선 와인을 즐기는 법부터 배우거라!
옛!

하하하하하하
호호호호호
그 친구, 완전 와인 위선자였네!
주변에 그런 사람 많아요!
와인을 모르면 사람 축에도 못 낀다고 스트레스 엄청 받더라고요.
특히 대기업 간부들이 와인공부 땜에 고생한대요.
요즘 와인붐이 엄청나서 너도나도 와인, 와인 하죠.
뱅(vin) 뱅!
이젠 우리나라도 아주 중요한 와인 수입국이 되었어요.
그렇잖아도 전 세계 와인업자들이 한국을 주목하고 있대.
최근 가장 폭발적으로 성장하고 있는 와인시장이라는 거지.
도대체 와인이 뭐길래…
다들 그렇게 와인, 와인 하는 거지?
와인이 무엇인지, 왜 그토록 사랑을 받는지, 어떻게 즐기는 것인지…
우리 이제 즐거운 와인나라로 떠나볼까?
D 2
MARGAUX

* 보르도의 마고(Margaux) 어귀 표지판

❖ 와인과 전쟁

1812년 9월 7일, 나폴레옹이 이끄는 60만 명의 프랑스 대군이 러시아를 침공했어.
기원전 480년, 페르시아가 그리스를 침공한 이래 최대 규모의 군대가 동원된 것이지.
1천 문의 대포와 함께 4만 대의 군수품 수레가 뒤를 따랐는데
그 군수품 수레에는 2,100만 리터의 와인이 실려 있었대.
무려 2,800만 병이나 되는 양이었지.
오늘날 국제규격상
와인 1병 = 0.75리터
28,000,000병
하지만 이 엄청난 와인도 나폴레옹 대군에게는 120일 남짓이면 떨어질 양이었어.
병사 1인당 하루 0.5리터!
하루에 총 23만 리터니 120일치!
그 안에 전쟁이 끝나겠지!
와인은 이렇듯 군대에서도 절대 없어서는 안 되는 군수품이었어.
와인
전장에서는 식수 대신 지급되기도 했고
적이 우물에 독을 풀지도….
약간의 알코올은 병사들의 사기를 돋워주는 활력소가 되었으며
돌격~!
딸꾹
부상자들에겐 고통을 덜어주는
이걸 좀 마시게, 좀 나아질 거야.
으으 으….
마취제이자 치료제로도 쓰였지.
휴우
비시정부* 수반이었던 페탱은 이렇게 말했어.
와인은 병사들이 가장 기다리는 보급품이다.
와인의 보급은 총탄의 보급과도 같다!
Henri Philippe Pétain
1856~1951

*Gouvernement de Vichy : 제2차 세계대전 당시 나치 점령하의 프랑스 꼭두각시 정부

❖ 와인과 예술가

1827년 3월 26일, 악성 베토벤이 세상을 떠났어.
임종 직전, 자신이 즐겨 마시던 라인 와인이 수송선에 실렸다는 소식이 전해지자
주문하신 와인이 선적되었답니다.
베토벤은 이렇게 탄식하고 눈을 감았대.
아깝다, 아까워! 너무 늦었구나!
작곡가 슈베르트는 피아노 위에 와인병이 없으면
악, 와인이 없다!
단 한 소절도 작곡하지 못했다고 해.
안 돼! 안 돼.
영감이 전혀 떠오르질 않아!
이렇듯 와인 없이는 영감을 얻지 못한 예술가들의 이야기는 끝이 없어.
와인은 창조의 샘… 딸꾹!

영국 시인 바이런*은 이렇게 노래했지
Let us have wine and women,
mirth and laughter,
Sermons and soda water later.
우리말로 옮기면….
와인과 여인, 기쁨과 웃음을 즐기자,
기도와 소다수는 뒤로 미루고.

*Lord Byron, 1788~1824

또 중세부터 전해오는 와인 권주가는 지금도 사랑을 받고 있어.
Gaudeamus igitur
Iuvenes dum sumus
Post iucundam juventutes
Post molestam senectutem
Nos habebit humus
Let us then rejoice
While we are young
After the happiness of youth
And annoyances of age
The Earth will claim us
젊을 때 즐기세
젊음의 행복이 지나가고
나이가 쌓이면
흙 속에 묻히리니

*미셸 바텔레미의 그림. 로마네 콩티의 주인 루이 프랑수아 왕자(가운데 손가락질하는 사람)의 와인파티

❖ 오감으로 즐기는 와인

미국의 〈와인매거진〉이 조사한 설문* 결과에 따르면
당신이 한 달 동안 끊을 수 없는 것은 무엇인가요?
끊기 어려운 것에 단연 1위로 선정될 만큼
1. 와인 35%
2. 섹스 29%
3. 카페인 15%
4. TV 11%
5. 초콜릿 5%
6. 쇼핑 3%
7. 골프 2%
와인은 큰 사랑을 받고 있지.
건 배!
와인은 오감으로 즐기는 음료야.
눈
귀
코
혀
목구멍
눈으로 색을 즐기고
벽돌색에 가까운 붉은색… 아주 오래 숙성되었단 증거!
코로 향을 즐기며
음, 딸기향, 바닐라향, 젖은 낙엽향, 참나무향….
살랑
살랑
혀로 맛을 즐기는가 하면
이 피노 누아 특유의 섬세하고 화려한 맛!
목구멍으로 넘어가는 감촉과 무게감을 즐기고
꽤 묵직한 풀보디* 타입이로군!
꿀
꺽
귀로 소리를 즐기지.
이 맑은 크리스털 소리!
쨍
이 다섯 가지 느낌이 머릿속에서 하나의 이미지로 형상화되는 거야.
음, 이 와인은 이런 특징이 있군!
색깔
부케
맛
쨍~
무게감
그런데 와인이 이처럼 사랑을 받는 이유는 뭘까?
단순히 사람을 취하게 만드는 알코올 때문은 아닐 텐데….
그럼 이제부터 '왜 와인이지?'에 대한 답을 찾아볼까?
왜 와인인가?
-인기의 비밀

*2004년

*full-body

❖ 알코올음료의 종류

와인이란 엄격하게 정의하면 '포도 또는 포도즙을 발효시켜 만든 알코올음료'야.
흑포도
청포도
모든 전분, 즉 식물에 포함되어 있는 녹말(탄수화물)과 당분은
포도 등 과실
고구마 · 감자 등
쌀 · 보리 등 곡물
공기 속의 산소와 융합, 발효하여 알코올성분으로 변하지.
맞아, 쌀을 쪄서 누룩과 함께 두면
발효해서 술이 되더라!
보리를 발효시켜 만든 것이 맥주!
BEER
BIER
BIÈRRE
맥주
쌀을 쪄서 발효시켜 만든 것이 청주와 탁주!
노란색
청주(清酒) (일본 : 오사케)
우윳빛
탁주(濁酒) (막걸리)
그리고 포도를 발효시켜 만든 것이 바로 와인이야.
VIN
이 세상에는 이루 헤아릴 수 없이 많은 알코올음료가 있지만
크게 세 종류로 나눌 수 있어.
양조주 (釀造酒)
증류주 (蒸溜酒)
혼성주 (混成酒)
양조주란 녹말을 당화시켜, 당분을 포함한 원료를 발효시킨 음료고
다른 불순물을 섞지 않아야 해.
양조주를 증류시켜 만든 것이 증류주인데, 여러 가지 곡물이나 과실로 만들지.
포도
브랜디 Brandy
곡류
위스키 Whisky
사과
시드르 Cidre
그리고 양조주에 과즙이나 향료 등을 첨가해 만든 것이 혼성주야.
과즙
와인 등 양조주
향료
혼성주
와인은 바로 서양 양조주의 대표격이라고 할 수 있지.

❖ 알코올음료의 분류

- 양조주(釀造酒)
  - ●와인(Vin)
    - 비발포성 와인 / 거품 없는 와인 (Still Wine) — 레드와인(적포도주), 화이트와인(백포도주), 로제와인
    - 발포성 와인 / 거품와인 (Sparkling Wine)
      - 샹파뉴(Champagne) / 프랑스
      - 뱅 무소(Vin Mousseux) / 프랑스
      - 크레망(Crémant) / 프랑스
      - 샤움바인(Schaumwein) / 독일
      - 스푸만테(Spumante) / 이탈리아
      - 카바(Cava) / 스페인

    - 주정강화(酒精强化) 와인 (Fortified Wine)
      - 포트(Port) / 포르투갈
      - 셰리(Sherry) / 스페인
      - 마데이라(Madeira) / 포르투갈
    - 향미(香味)첨가 와인 (Flavoured Wine) — 베르무트(Vermouth) 등
  - ●맥주
  - ●청주 · 탁주(쌀을 원료로 함)
  - ●기타 곡주와 과실주

어머! 와인
종류가 정말
다양하네.

우리가 다루는 것은
바로 이 부분,
뱅(Vin)!
브랜디의 대명사인
코냑은 포도주를 담가서
증류해 만든 거죠.

- 증류주(蒸溜酒)
  - ●브랜디(Brandy)
    - 코냑(Cognac) / 프랑스
    - 아르마냑(Armagnac) / 프랑스
    - 과실브랜디(Fruit Brandy)
  - ●위스키(Whisky)
    - 스카치(Scotch) / 스코틀랜드
    - 아이리시(Irish) / 아일랜드
    - 아메리칸(American) / 미국
    - 캐나디안(Canadian) / 캐나다
  - ●아쿠아비트(Aquavit) — 감자를 원료로 만든 스웨덴 증류주. 주로 스칸디나비아 지방에서 마신다.
  - ●보드카(Vodka) — 러시아 지방의 증류주. 곡물이나 감자 또는 당밀을 원료로 만든다.
  - ●소주(燒酒) — 고구마나 당밀을 발효시켜 증류한 것.
  - ●기타 — 럼(Rum), 테킬라(Tequila), 진(Gin)
- 혼성주(混成酒)
  - ●리큐어(Liqueur) 등

❖ 인류 최초의 음료, 와인

이 지구상에 인류가 처음 나타난 것은 약 200만 년 전이라고 추정하지.
우어
어어
그러나 포도는 인류가 탄생하기 훨씬 전인 약 700만 년 전부터 있어왔어.
자연의 섭리에 따라, 포도나무는 열매를 맺고
다 익은 열매는 저절로 떨어져 나무 밑에 쌓이고
포도알 속의 당분이 발효하면서 자연이 빚은 와인이 되었겠지.
??
쿵쿵
그러나 그 자연이 빚은 와인은 금세 산화되어 식초가 되었어.
발효
산화
당분
알코올
식초
이러한 자연현상은 인간과 관계없이 수백만 년 동안 계속되었지.
워우~
지구상에 등장한 인류는 사냥을 시작하기 전에는 열매와 곡식을 채집해 먹거리로 삼았는데
자연히 웅덩이에 고인 액체를 마셔보게 되었겠지.
후루룩
그들은 이 액체를 마시면 기분이 이상해진다는 사실을 경험을 통해 알았고
헤롱
헤롱
딸꾹
드디어는 이 액체를 만들어 마시는 농경시대로 접어들었어.

❖ 농경문화의 계기가 된 와인

식물의 열매 속에 들어 있는 녹말이 발효하여 알코올로 변하면서
녹말 (전분)
알코올
탄산가스가 발생하는데
$C_6H_{12}O_6$ 포도당
$2C_2H_5OH$ + $2CO_2$
에틸알코올
탄산가스
땅에 떨어진 곡식이 발효할 때 생긴 탄산가스가 알코올음료에 녹아들어 자연산 맥주가 되었기 때문에
부글 부글
와인과 맥주는 인류가 마신 최초의 알코올음료라고 할 수 있지.
와인
맥주
인류 최초의 알코올음료
아니, 인류보다 훨씬 먼저 이 지구상에 나타났어. 자연이 이미 베풀어놓은 혜택이었던 셈이지.
대선배님들, 잘 마시겠습니다!
인류는 우연히 와인과 맥주를 발견해 즐겨 마시게 되었고
마시면 취하는 이 '신비로운' 음료는 곧 없어서는 안 되는 필수품이 되어
신비의 물이 떨어져 간다고?
그럼 안 되지! 절대 안 되고 말고!
포도가 자라는 지방을 떠나려고 하지 않았기 때문에
우리 저리로 옮겨가요!
시루!
신비의 물이 있는 곳이 좋아!
포도농사로부터 농경생활이 시작되었다고도 할 수 있지.
우리 이리저리 돌아다니지 말고
신비의 물을 만들 수 있는 열매가 맺히는 곳에 짱박혀 살자!
문명의 대혁명인 수렵시대에서 농경시대로의 변화가
겨우 '술'인 와인 때문에 시작되었다고요?
수렵과 채취는 이리저리 옮겨다닐수록 더 많은 먹거리를 얻을 수 있는 방법이어서 굳이 눌러앉을 필요가 없었지만
조개가 잔뜩 깔렸다!
와인은 포도가 자라는 곳에서만 얻을 수 있으니 정착생활과 농경문화가 자리잡았지.
아부지, 이제 옮겨가요!
이 좋은 걸 두고 어딜 가겠느냐?

❖ 와인은 가장 순수한 음료

와인은 오로지 포도만을 사용해 만드는 음료로
그 외에는 어떤 물질도 첨가하지 않은 순수한 음료지.
NO!
설탕
향료
기타 첨가제

*지역에 따라 법률로 정해 당분을 추가하는 경우도 있음

포도 수확 직후 발효 중 살균 효과를 위해 극히 적은 양의 아황산염*가스를 첨가하는데
SO2 가스
이는 와인이 산소와 접촉해 식초로 변하는 것을 막는 산화방지제로
중세 때부터 사용돼왔죠.*
SO2
와인의 신선도를 유지하고 부패를 막아주는 역할을 하지만
와인의 산화를 막고
미생물의 활동을 억제해 신선하게 유지한다.
SO2
산화
생물
미

*Sulfite, 아황산염=이산화황

*중세에는 오크통 세척용으로 사용

코르크를 빼는 순간 공기 속으로 증발하므로 인체에 전혀 해롭지 않지.
바이, 바이! 내 임무는 이제 끝났어.
그러나 이 가스를 주입한 와인은 라벨에 아황산염이 첨가되었음을 명시하게끔 되어 있는 나라도 많아.
Cabernet Saubignon
2006
Contains Sulfite
특히 최상위 와이너리의 와인이나 내추럴 와인에는 어떤 재료도 첨가되지 않지.

순수한 자연인 흙에서 빨아들인 양분과
순수한 자연인 하늘이 내려주는 빗물과
순수한 햇볕을 받으며 자라난 포도나무가 맺은 포도로 만드는 음료가 바로 와인이야.

*로마네 콩티 포도원

❖ 와인은 천지인의 합작품

여기에 포도가 잘 자라고 병이나 해충의 피해를 당하지 않도록
끊임없이 돌보는 인간의 순수한 땀이 더해져 탄생되는 하나의 작품이지.
햇볕과 비를 내려주는 하늘〔天〕.
수많은 품종의 포도가 서로 다른 맛과 향을 내도록 길러내는 땅〔地〕.
그리고 포도를 키우고, 그 포도로 가장 맛있는 와인을 만드는 인간〔人〕.
그래서 와인은 하늘과 땅 그리고 인간의 합작품, 즉 천지인(天地人)의 합작품이라고 해.
天+地+人 = 와인
햇볕 비
토양 양분
노동 연구 노력
포도에 다른 물질을 섞어서 만든 와인은 없나요? 포도 말고도 맛과 향이 좋고 당분이 많은 과일이 많을 텐데….
다른 재료가 섞이는 순간, 그것은 이미 와인이 아니야.
'와인'은 포도 또는 포도즙만을 발효시켜 만든 음료라는 규정이 1907년부터 '법적'으로 확고부동하게 정해져 있어.
wine(vin)
=
포도 또는 포도즙만
발효시켜 만든 음료
와인이 이처럼 주로 포도만으로 만든 순수하고 자연스러운 음료이기 때문에
다른 알코올음료에 비해 건강에도 덜 해롭고 뒤끝이 깨끗한 거야.
많이 마시면 머리 아프던데….
많이 마시고 머리 안 아픈 술이 어딨니? 적당히 마셔야지!

*부르고뉴 본-로마네(Vosne-Romanée)의 토질

*포도알의 당도(糖度)를 측정하는 모습

❖ 와인은 가장 다양한 음료

와인은 또 이 세상에서 가장 다양한 음료야!
세계적으로 수만에 이르는 와인업체가 수십만 종의 와인을 생산하고 있어.
위스키든 소주든, 어떤 알코올음료나 일반음료도 한 종류에 수십만 가지의 상품이 생산되는 것은 없어.
위스키
맥주
WINE VIN
나라마다 다양한 와인이 생산되고
프랑스
스페인
동유럽
이탈리아
독일
미국
지역마다, 업체마다 서로 다른 와인을 생산하다 보니
샹파뉴
로렌
알자스
부르고뉴
루아르
쥐라
보르도
론
프로방스
그만큼 선택의 폭이 넓어서 가장 다양하게 즐길 수 있는 음료가 바로 와인이지.
가격별
2$ ——→ ∞
지역별
프랑스/이탈리아…/신대륙
품종별
카·소/메를로/시라/샤르도네
종류가 그렇게 헤아릴 수 없이 다양하다 보니
가격 또한 천차만별이지. 그중에는 하늘과 땅만큼 차이가 나는 것도 있어.
$ 1.50
$ 1,000.00
위스키 가격을 한번 비교해볼까?
스카치 위스키
아이리시 위스키
싱글 몰트
버본 위스키
등등
슈퍼마켓에서 살 수 있는 값싼 것부터
집에서 혼자 마시기 좋겠군!
위스키 특가
$8.99
몇백 달러에 이르는 최고급품까지 다양한 가격대의 위스키가 있지만
BLUE Johnny Walker 30
$180.-
CHIVAS REAGAL ROYAL SALUT
$83.-

와인 가격의 다양함에 비하면 아무것도 아니야.
샤또 페트뤼스 프랑스/1986 ₩3,197,000
샤또 페트뤼스 프랑스/1992 750ml ₩1,886,000
샤또 페트뤼스 프랑스/2001 750ml ₩1,862,0
1990년대 영국 런던에서는 이런 일이 있었지. 여섯 명의 고위층 은행가*가 저녁식사를 함께 했어.
Gordon Ramsay Restaurant
마침 추진하던 사업이 성공적으로 마무리되어 최고급 만찬을 즐기기로 한 거지.

* 같은 와인이라도 빈티지에 따라 갑절의 차이가 나기도 한다.

* 이중 다섯 명은 바클리스 캐피털(Barklays Capital)의 임원이었다.

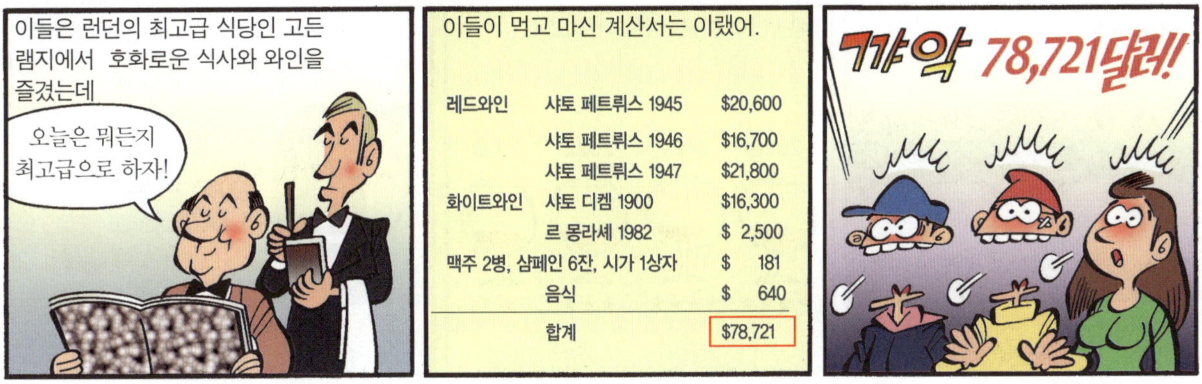
이들은 런던의 최고급 식당인 고든 램지에서 호화로운 식사와 와인을 즐겼는데
오늘은 뭐든지 최고급으로 하자!
이들이 먹고 마신 계산서는 이랬어.
레드와인 샤토 페트뤼스 1945 $20,600
샤토 페트뤼스 1946 $16,700
샤토 페트뤼스 1947 $21,800
화이트와인 샤토 디켐 1900 $16,300
르 몽라셰 1982 $ 2,500
맥주 2병, 샴페인 6잔, 시가 1상자 $ 181
음식 $ 640
합계 $78,721
까악 78,721달러!

한끼식사에 7,400만원!
그것도 식사비는 겨우 640달러였고
77,900달러는 와인값!
식사비용 640달러
와인값 77,900달러
기타 181달러
사실 이 정도는 아무것도 아니야. 슈퍼마켓이나 백화점에는 4~5천 원에 살 수 있는 와인도 있지만

* 3~4유로(약 3,600~5,000원)짜리 와인들

같은 백화점에 한 병에 1천만 원이 넘는 와인도 있고
6098 00
8385 00
세계적인 경매장에서는 한 병에 수억 원이 넘는 와인이 거래되기도 하지.
CHRISTIE'S
가격이 이토록 다양하니 와인이 얼마나 다양한 음료인지 알겠지?
알겠사와요!

* 샤토 라피트 로칠드 1899년산. 8,385유로(약 1,050만 원). 파리의 백화점 갤러리 라파예트 식품관.

이 지구상엔 약 80억 명의 인구가 살고 있는데
8,000,000,000
얼굴이 똑같은 사람, 지문이 똑같은 사람은 단 한 명도 없어.
쌍둥이인데도 다르다.
닮은 것 같아도 다르지.
와인도 사람과 마찬가지로 똑같은 맛, 똑같은 향의 와인은 단 하나도 없지.
2000
2000
≠
똑같은 와이너리*에서 만든 와인도
매년 맛이 다른 것은 물론이고
2020
2021
2022
2023
★★★★
★★★★
★★★
★★
같은 포도밭에서도 10미터만 떨어져 있어도 맛이 다른 와인이 되는가 하면
리쉬부르
로마네 생 비방
라 로마네
로마네 콩티
라 그랑드뤼
라 타쉬
똑같은 포도로 만들어도 만든 사람에 따라 전혀 다른 성격의 와인이 되는 등
같은 지역에서 거둔 같은 피노 누아인데
맛과 향이 이렇게 다르다니….
와인의 다양함은 이루 다 말할 수 없을 정도지.
그러니 와인도 사람과 같이….
내 스타일에 맞고, 내가 좋아하는 와인이 따로 있겠네!
바로 그거야!
세계 미인대회에서 1등을 한 여자라고 해서 너에게도 가장 아름다워 보이란 법은 없듯이
난 네가 세상에서 제일 예뻐….
Miss Universe
가격에 관계없이, 평판에 관계없이, 자기 취향에 맞는 와인을 고를 수 있는 다양함, 이것이 바로 와인의 가장 큰 매력이지.

*winery : 와인양조장

*본-로마네(부르고뉴)

*다양한 크기의 보르도 와인병

❖ 와인의 개념 변화

와인은 19세기 초까지는 식품으로 취급되었어!
지금도 식품 아닌가요?
지금은 식품이라기보다는 기호품으로 분류되고 있지.
와인에 대한 인식이 기호품으로 바뀐 것은 1820년대 와인에도 알코올성분이 있다는 사실이 밝혀지면서부터야.
와인에도 알코올성분이 들어 있다고?
그러면 그전에는 알코올이 아닌 줄 알고 마셨단 말인가요?
와인 마시고 취하는 게 알코올성분 때문이라는 것도 몰랐나?
위스키 같은 증류주에만 알코올성분이 있는 줄 알았지. 순수한 자연음료인 와인에도 있으리라고는 생각 못한 거지.
이 순수한 신의 피 속에 어떻게 알코올이?
와인뿐 아니라 마시면 취하는 모든 음료에 알코올성분이 들어 있다는 사실이 알려져
와인이든 맥주든
취하는 것은 모두 알코올 때문이다!
와인에 너그러웠던 사회분위기가 크게 바뀌면서
인간을 사악하게 만드는 요물!
식품 개념에서 기호품으로 바뀌게 된 거야.
왜 와인을 내놓지 않는 거야?
물 마셔요!
특히 1849년, 알코올중독이 병으로 규정되면서 사회에 큰 충격을 주었고
금주운동이 점점 번져나가 와인소비도 줄어들었지.
와
와
알코올을 추방하자!
금주
음주는 사회 악
금주
그러나 와인은 건강에 덜 해롭고 성서에서도 허용하는 음료라는 이유로 다른 알코올음료에 비해 그다지 크게 줄지는 않았어.
금주
이것만은 예외!

❖ 와인소비의 증가

세계적으로 경제가 발전하면서 건강에 대한 관심이 커졌고
웰빙….
다이어트….
알코올음료 대신 깨끗한 물을 마시는 풍조가 번지면서
시원한 맥주 한 잔 줄까?
아뇨, 생수 한 잔 주세요.
알코올음료 대신 생수 소비가 폭발적으로 증가했지.
생수 소비량
1950년대만 하더라도 식탁에서 물을 마시는 사람은 세 명 중 한 명에 불과했지만
알코올음료
물
이제는 네 명 중 세 명이 물을 마시는 정도가 되었지.
알코올음료
물
물
물
물 마시는 사람이 늘었으니 와인소비도 자연히 줄었겠네요.
그건 아니지! 와인은 물과 관계가 없으니까.
1980년대 후반부터 세계적으로 와인소비가 급격히 늘기 시작했는데
이놈의 인기는….
WINE
이는 경제적으로 윤택해져 와인을 즐기는 사람이 크게 늘어난데다
독한 술 좀 줄이고 와인을 마셔요.
그래볼까나?
다른 알코올음료보다는 건강에 좋다는 이유로 와인을 찾는 사람이 늘었고
프렌치 패러독스* 알아?
프랑스인들은 와인을 많이 마시는데도 오래 산단 말이야. 와인이 그렇게 몸에 좋대.
또 고급 와인을 찾는 사람이 많아지자
2등급 샤토라서 값이 꽤 나가는데….
그걸로 주세요. 그 정도는 돼야죠.
와인업자들은 맛과 향이 더 좋은 와인을 만들기 위해 갖은 노력을 다 했고
품질로 승부해야 한다!
고급화해서 값을 높여도 시장은 있다!
CHÂTEAU LEEBORAM
그 결과 세계적으로 품질 좋고 값도 싼 와인이 쏟아져 나왔어. 자연히 와인소비도 크게 증가했지.
이 가격대 와인맛이 이렇게 좋다니!
정말 싸고 맛있어졌어.

*French Paradox

❖ 웰빙과 와인

그런데 우리나라에 왜 갑자기 와인붐이 분 걸까요?
요즘 어딜 가나 '웰빙'과 '와인' 얘기뿐이라니까요!
지금 세계적인 추세인 웰빙의 핵심은 '즐겁고 건강한 삶' 아니겠니?
그런데 우리나라의 음주문화는 어떻지?
위하여!
주거니 받거니, 부어라 마셔라 하면서
코가 비뚤어지게 마셔야 직성이 풀리는 게 우리의 음주 습관이었지.
한 잔 더 하자니까!
왝 왝
몸 상하고 돈 쓰고, 왜들 그러나 몰라….
넌 사나이들의 세계를 몰라서 그래. 소주 한 잔에 오가는 우정!
그러나 언제부턴가 우리나라 사람들도 자신의 건강에 관심을 갖게 되었고
잠깐!
이렇게 계속 마시다가 어떻게 되는 거 아냐?
점차 순한 술을 찾게 되었지!
맞아요, 맞아!
요즘 나오는 소주는 16.5도로 아주 순해졌다니까요!
옛날 소주는 30도나 됐다더라! 어휴… 독해서 그걸 어떻게 마셨지?
보통 알코올10~14퍼센트인 와인은 소주와 맥주의 중간쯤이어서
4%
17%
맥주 4~6%
와인 10~14%
소주 16.5%
독하고 향기 없는 소주보다 훨씬 마시기 좋고
홀짝
카아
맥주는 많이 마시면 살이 찐다는 두려움 때문에 와인을 선호하는 사람이 많아.
맥줏배!

❖ 한국과 일본의 특별한 열광

오, 주(酒)여!
WINE
WINE
WINE
뒤에 설명하겠지만, 와인은 대단히 기독교적인 음료지. 즉, 서양의 문화란 얘기야.
예수가 포도주를 '자신의 피'라고 함으로써, 기독교에서 와인은 없어서는 안 되는 중요한 존재가 되었고
세계적으로 기독교가 전파된 곳에서는 어김없이 와인산업이 발달했어.
유럽
북아메리카
남아메리카
기독교 문명권
호주 · 뉴질랜드
남아프리카 공화국
유럽의 기독교도들이 세계를 침략해 식민지로 삼았을 때
아바지
믿씁니다~!
동양에서 드물게 서양인, 즉 기독교도의 지배를 받지 않은 나라가 바로 일본과 우리나라야.
19세기 말 서양열강 (기독교도) 침략.
일본의 침략.
개화로 서양열강 침략 방지.
중국
한국
일본
거대한 대륙 중국도 서양열강의 침략으로 갈기갈기 찢겼지만
독일
CHINA
일본은 재빠른 개국과 개혁으로 서양의 침략을 피할 수 있었고
메이지 유신*
우리나라는 불행히도 일본의 식민지가 되었지만, 결과적으로 서양의 지배는 받지 않은 셈이지.
조선
일본이 선수를 쳤다!
그런 두 나라가 제2차 세계대전이 끝난 뒤 사상 처음으로 서양인들의 지배를 받게 되었어.
패망한 일본에 진주한 승전국 미국과
US
USA
미군사령부
해방자로 한반도 남쪽에 눌러앉은 미국.
헬로!
미군사령부
US Army

* 메이지[明治]유신, 1868년

❖ 한국과 일본, 첫 서양의 지배

섬나라 일본은 고대국가 건설 이래 단 한 번도 외적의 침입을 받지 않았어.
일본은 신의 나라다!
누구도 우리 땅을 침범하지 못한다!
13세기에 고려와 몽골 연합군이 침공했지만 태풍으로 실패했지.*
이겼다~!
태풍 덕이구만!
그러니까 1945년 일본땅에 진주한 미군은 일본 역사상 최초의 정복자였던 셈이야.
US
한반도에 진주한 미군은 식민지 노예 상태에서 한국인을 풀어준 해방자이자
US
역사상 처음 지배자로 등장한 서양인이었어.
정부 수립까지 군정으로 점령지를 지배한다.
USA
US
군정(軍政)
한국과 일본, 두 나라에 비친 서양인은 과연 어떤 모습이었을까?
일본의 경우, 자신을 전쟁에서 패망시킨 적인 동시에 놀라운 존재였지.
아니, 우리 대일본 제국을 꺾다니!
미국은 정말 대단하다!
그래서 증오보다는 존경과 두려움 어린 눈으로 바라보았고
미국을 배우자!
서양문명은 정말 훌륭하다!
미국적인 것, 즉 서양적인 것은 자기 것보다 우수하다는 의식이 자리잡아
서양 문물
동양 문물
서양문명에 대한 동경과 경탄으로 서양문화를 무차별적으로 받아들였어.
서
양
문
화
WELCOME!
일본이 세계 와인수입국 중 12위를 차지할 정도로 '서양음료'인 와인이 대중화된 데는
세계 최대 와인수입국
1. 독일
2. 미국
3. 영국
⋮
12. 일본
서양문화에 대한 뿌리 깊은 동경심이 큰 역할을 했다고 할 수 있지.
나는 지금 서양의 멋을 즐기고 있다. 고로 나는 멋지다!

* 카미카제(神風)

* 자료 : OIV(국제 포도·와인 기구) 2021년 통계

❖ 서구에 대한 동경과 와인

우리 눈에 비친 서양인들도 일본의 경우와 크게 다르지 않아.
……?
US
일본을 몰아내준 해방자였기에 일본인들보다 더욱 우호적이었지.
US
미국과 깊은 관계를 맺고, 서양문물이 물밀듯이 쏟아져 들어오면서
할리우드 영화
팝송
초콜릿
재즈
서양문물
가난했던 한국인들의 의식에는 어느새 서양에 대한 동경심이 자리잡았고
뉴욕
파리
런던
센강
에펠탑
테임스강
서양적인 것은 왠지 세련되고 멋있는 것으로 착각하는 풍조가 만연했어.
파리 패션!
우아
이젠 경제도 크게 성장해 세계 8위권의 교역국이 되었지만
그리고 여러 가지 이유로 반미감정을 가진 사람이 적지 않지만
미국의 일방주의 반대!
이라크 전쟁 반대!
유럽에 대해서는 여전히 우호적이며 선망하는 풍조가 남아 있어서
I come from France!
Oh, really?
서양의 음료인 와인을 마시는 게 멋지고 세련돼 보인다는 선입견이
거세게 번지고 있는 와인붐의 한 원인 중 하나라 할 수 있지.
포차 가서 입가심….
촌스럽긴… 와인 한잔!
WINE BAR
유럽의 침략으로 수백년간 식민생활을 한 다른 아시아 나라들과 달리
유럽, 유럽인?
지긋지긋하다!
아시아에서 특히 우리나라와 일본에서만 와인이 그렇게 엄청난 인기를 누리고 있어.
TAYLOR'S

요즘엔 중국에서도 와인바람이 무섭게 불고 있다던데?
그래, 너도 나도 와인, 와인 한다더라!
중국에도 와인붐!
중국은 워낙 거대하고 인구도 14억이 넘는 나라인데다가
1,430,000,000
경제가 무서운 속도로 발전한 덕에 억만장자만 해도 수천만 명에 이르지.
돈을 두려워하지 않는 중국의 신흥 부자들은 과거 가난했던 시대에 누려보지 못한 사치를 마음껏 즐기고 있는데
벤츠나 BMW 같은 고급 수입자동차를 몰고
BENZ
BMW
AUDI
LEXUS
VOLKSWAGEN
세계적인 명품들로 몸을 감싸고
고급 수입와인을 마시는 문화가 유행처럼 번지고 있다더군.
쨍!
우리나라나 일본처럼 중국도 유럽적이고 서양적인 것을 동경하지만
중국이 세계의 중심이긴 하다!
그래도 서양 브랜드 제품 땡호!
전세계가 워낙 글로벌화되어가고 있어서 유럽, 아시아 할 것 없이 사는 모습은 비슷해지고 있지.
세계 어느 곳에서나 명품 브랜드가 인기를 끌고
Louis Vuitton
Chanel
HERMÈS
GUCCI
Hugo Boss
Calvin Klein
독한 술 대신 순한 와인을 우아하게 마시는 풍조 또한 세계 공통의 현상이야.
쨍!
와인바람, 세계를 휩쓸다!
맛있으니까!

❖ 와인은 가장 문화적인 음료

이 세상 그 어떤 음료도 와인만큼
풍부한 전설과 신화를 지닌 것은 없다!
전설
신화
에피소드
역사
야사
와인을 주제로 한 이야기는 셀 수 없을
정도로 많아. 그만큼 와인은 풍부한
화제이자 문화 그 자체라고 할 수 있지.

여러분, 오늘 제가 대접할
와인은 샤토 라피트 로칠드*
2000년산입니다!
와!
라피트는 루이 15세의 정부였던 마담
퐁파두르가 즐겨 마신 와인이지요.
뿐만 아니라 미국 3대 대통령이었던
토머스 제퍼슨이 최고의 와인으로 뽑은
3대 와인 중 하나이기도 합니다.
CHATEAU LAFITE ROTHSCHILD

*Château Lafite Rothschild

*샤토 라피트 로칠드

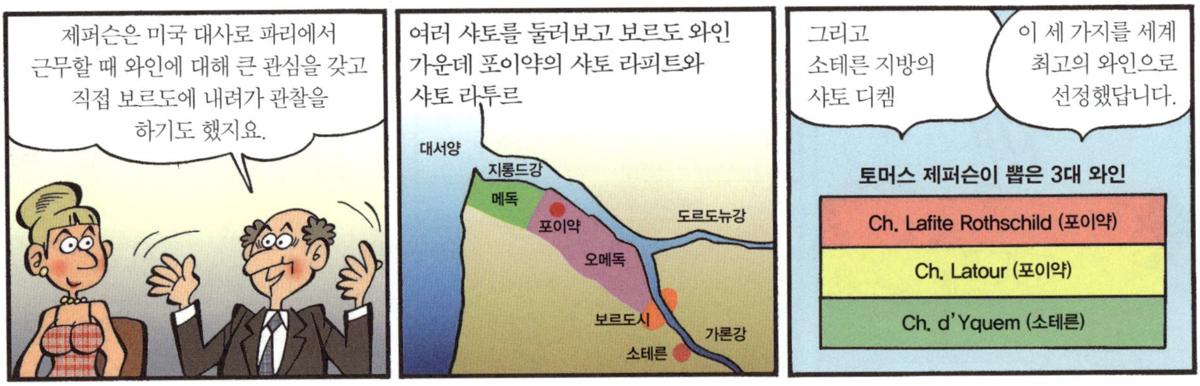

제퍼슨은 미국 대사로 파리에서
근무할 때 와인에 대해 큰 관심을 갖고
직접 보르도에 내려가 관찰을
하기도 했지요.
여러 샤토를 둘러보고 보르도 와인
가운데 포이약의 샤토 라피트와
샤토 라투르
대서양
지롱드강
메독
포이약
도르도뉴강
오메독
보르도시
가론강
소테른
그리고
소테른 지방의
샤토 디켐
이 세 가지를 세계
최고의 와인으로
선정했답니다.
토머스 제퍼슨이 뽑은 3대 와인
Ch. Lafite Rothschild (포이약)
Ch. Latour (포이약)
Ch. d'Yquem (소테른)

제퍼슨은 달콤한 샤토 디켐을 너무나
좋아해 40상자를 수입해 자신이
10상자를 마시고 30상자는 대통령인
워싱턴에게 선물했지요.
Château d'Yquem
Château d'Yquem
제퍼슨
워싱턴
그는 직접 포도도 재배했고,
몬티첼로에 있는 저택에는 와인 수천
병을 저장한 와인셀러까지 있었답니다.
당시 미국인들
가운데 유일한
'문화인'이었지요!
하하하하
쨍

❖ 로마네 콩티

자, 이곳이 세계에서 가장 비싼 와인인 로마네 콩티가 생산되는 포도밭입니다.
이 포도밭을 차지하려고 루이 15세의 정부였던 마담 퐁파두르와 사촌동생인 프랑수아 왕자가 보이지 않는 경쟁을 했다지요.
프랑수아 왕자는 당시 프랑스 궁정에서 가장 실력 있는 왕족으로
Prince Louis-François
그의 별명만 해도 엄청나게 길어 위세가 어느 정도였는지 짐작할 수 있지요.
Très Haut très Puissant Monseigner Louis-François de Bourbon de Conti Prince du Sang
고귀하고 전능한 혈통의 왕자, 콩티의 루이 프랑수아 부르봉 왕자 전하
그의 별명에서 뒷날 로마네 콩티라는 와인 이름이 유래되지요.
로마네 콩티
ROMANÉE -CONTI
프랑수아 왕자는 43세 되던 1760년 엄청난 거금을 주고 이 포도밭을 사들였는데
내 전재산 올인이닷!
이 포도밭만은 남에게 빼앗길 수 없다!
1,100만 파운드
경쟁자 퐁파두르 부인이 눈치채지 못하게 자신의 집사 명의로 했지요.
내가 산 게 알려지면 왕과의 관계도 까칠해지네.
걱정 마십쇼, 주군!
다음 대접할 와인은 알록스 코르통*, 역시 부르고뉴 와인입니다.
하하… 드디어 나폴레옹이 즐겨 마시던 와인이!
여기에 곁들여, 생선요리엔 코르통 샤를마뉴*입니다.
와우, 샤를 마뉴*가 즐겨 마셨다는 화이트와인!
샤를마뉴는 원래 레드와인을 즐겼답니다. 그런데…
그의 흰수염에 붉은 포도주가 묻자 아내가 화이트와인을 권했다네요. 그래서 샤를마뉴라는 이름이 붙은 거죠.
폐하… 화이트로….
와인에 대한 이야기는 참 끝이 없군요.
프랑스 와인 중에 고급이 많은 것은 이런 문화가 가격에 포함되었기 때문이군요!

*Aloxe-Corton

*Corton-Charlemagne

*카를 대제

❖ 와인은 종교적인 음료

예수 그리스도가 와인을 자신의 '피'라고 말함으로써
이 빵은 내 몸이요,
이 술은 내 피니라!
와인은 기독교에서 없어서는 안 될 중요한 존재가 됐어.
주여, 당신의 피를 마시겠나이다!

＊당시 대성당의 성배(10세기경)

그러나 와인은 기독교가 등장하기 훨씬 전부터 종교적인 의미를 지녔고
제사에 빠지지 않고 놓는 필수품이었지.
그 이유는 바로 피와 비슷한 색, 피를 연상시키는 붉은색이기 때문이었어.

＊디오니소스와 헤라클레스(기원전 1세기경 모자이크)

인류가 수집과 채취로 연명하던 시대에는 종교가 없었대.
인간이 종교를 갖게 된 건 바로 사냥을 시작하면서부터래.*
이때부터 인간은 자신처럼 살아 움직이는 존재를 죽여

＊미르치아 엘리아데, 『세계 종교 · 사상사』

먹을 것과 입을 것을 얻었지.
동물을 죽일 때 흘러나오는 피가 인간의 피와 같은 붉은색이었기 때문에
죽고 죽임을 당하는 것에 대한 두려움이 생겨서 종교를 찾게 되었다고 해.
미안한 거 아닌가? 벌받는 거 아닌가?

인간은 죽음에 대한 두려움 때문에 어떤 전지전능한 존재, 즉 신을 믿게 되었고
꽈르릉
신께 동물을 죽여 인간을 대신하는 제물로 바치고
정성껏 마련한 제물을 받으시고 용서를….
아울러 동물의 피와 같은 색인 붉은 포도주를 바쳤던 거야.
피 = 죽음, 생명, 소생 =신의 뜻
포도주=피
그래서 와인은 기독교보다 훨씬 전인 메소포타미아 문명 시대에도 이미 종교적인 의미를 지니고 있었지. 와인은 색깔뿐 아니라 그 자체로서 죽음과 부활을 상징했어.
와인은 발효하면서 신기한 변화를 일으켜 인간을 취하게 하는 신비로운 존재였지.
헤롱
헤롱

*5천 년 전 메소포타미아 우르의 벽화. 윗줄에 와인 마시는 모습이 보인다.

가을에 시들기 시작한 포도나무는 겨울이 되면 마치 죽은 듯하다가도
봄이 되면 어김없이 소생해 새싹을 틔우는 모습이 죽음과 부활의 상징과도 같았던 거야.
자연신께 바치는 헌주는 신과 인간의 교감이었고
과즙에서 취하게 하는 액체로의 변신은 고대인에게는 풀 수 없는 수수께끼였어.
신기하지? 왜 이걸 마시면 이상해질까?
신께서 일으키는 조화야.
이처럼 와인은 고대부터 신비롭고 종교적인 의미를 지녔고
기독교의 등장 이후에는 다른 모든 알코올음료를 밀어냈지.
다른 술은 마시지 마라!
교회에서는 포도주만 허용하노라!

와인은 성서에도 많이 언급되어 있어.
HOLY BIBLE
OLD & NEW TESTAMENTS
성서에 등장하는, 최초로 술을 마신 사람은 바로 와인에 취한 노아야.
그는 와인에 취해 장막 안에서 발가벗고 잠들었는데
드르렁
그의 세 아들 셈, 함, 야벳이 이 민망한 광경을 목격했지.
앗! 아버님이 올누드로?
가나안땅의 주인인 함이 당황해 형제들에게 말했어.
이를 어쩌지?
어떻게 좀 해봐!
셈이 옷으로 아버지의 벗은 몸을 덮었지.
저는 손이 없나, 발이 없나?
잠에서 깬 노아는 함에게 크게 노했어.
저는 가만 있으면서
형제들에게 심부름이나 시킨단 말이냐?
가나안은 저주를 받아 그 형제의 종들의 종이 되기를 원하노라!*
*창세기 9 : 18~28
자기 자식이 종들의 종이 되기를 원하다니
자식한테 정말 너무하네! 불량아빠로군!
그런데 우연히도 함은 아랍인의 조상이고 셈은 유대인의 조상이니
셈의 자손
함의 자손
유대인
아랍인
성서에서 이미 오늘날의 중동분쟁을 예언했다고들 하지.
성경
쾅
콰
콰
중동
구약은 유대교 경전인 토라니까
유대인들이 자신들에게 유리하게 해석했을지도 모르죠.
구약성서
토라

성서에는 와인으로 인해 인류의 죄악인 근친상간*이 벌어진 이야기도 있어.
Genesis
창세기 19 : 30~38
롯은 이스라엘 민족의 선조인 아브라함의 조카야.
Lot
아브라함의 조카
신이 타락한 인간들에게 벌을 내려 불탄 소돔*에서 살아남은 자가 바로 롯과 그의 두 딸이었지.
롯의 아내도 살아남았지만 소돔을 빠져나올 때 뒤를 돌아보지 말라는 천사의 경고를 어겨 소금기둥이 되었어.
아이를 낳아줄 아내가 없는 롯으로 인해 이스라엘 민족은 자손이 끊길 형편이 되자
이를 걱정한 큰딸이 작은딸에게 말했어.
아버지는 늙으셨고 이 땅에는 세상의 도리를 좇아 우리의 배필이 될 사람이 없다.
우리가 아버지를 술취하게 하여 우리에게 아기를 갖도록 하자.
두 딸은 아버지 롯에게 와인을 먹여 취하게 하고 차례로 잠자리에 드니
큰딸의 아들이 모압족의 선조인 모압이고, 작은딸의 아들이 암몬족의 선조인 벤암미야.
모압
벤암미
꿀꺽
성서에는 참 엄청난 내용도 있군요!
기독교의 경전인 신약성서에서도 와인이 자주 언급돼. 예수 최초의 기적도 바로 와인과 관련이 있지.
갈릴리 가나의 결혼식에 초대받은 예수는
어서 오십시오. 저희 혼례에 와주셔서 감사합니다.
포도주가 떨어져 손님을 대접하지 못한다는 말을 듣고 마리아에게 말했어.
두세 통 드는 항아리 여섯 개에
물을 가득 채우라 이르십시오.

*近親相姦

*소돔과 고모라 : 성서에 나오는 타락한 도시

얼마 후 하녀가 물을 가득 채운 돌항아리를 열어보니
옴마나!
물은 모두 향기로운 와인으로 변해 있었지요!*
예수는 또 하느님과 자신의 관계를 포도나무에 비유했어.
나는 참포도나무요,
내 아버지는 그 농부니라!*
무릇 내게 있어 과실을 맺지 아니하는 가지는 아버지께서 이를 제거해 버리시고, 무릇 과실을 맺는 가지는 더 맺게 하려 이를 깨끗이 하시느니라.
너희는 내가 일러준 말로 이미 깨끗하였으니 내 안에 거하라.
가지가 포도나무에 붙어 있지 아니하면 절로 과실을 맺을 수 없음같이
너희도 내 안에 있지 아니하면 그러하리라!
나는 포도나무요 너희는 가지니, 저가 내 안에, 내가 저 안에 있으면 이 사람은 과실을 많이 맺나니, 나를 떠나서는 너희가 아무것도 할 수 없으리라!
그러나 와인이 기독교에 절대적인 존재가 된 것은 최후의 만찬 때문이었어.
너희에게 이르노니 내가 이제부터 하느님의 나라가 임할 때까지 포도나무에서 난 것을 다시 마시지 아니하니라 하시고
또 떡을 가져 사례하시고 떼어 저희에게 주시며
너희를 위해 주는 내 몸이라. 너희가 이를 행하여 나를 기념하라!
저녁 먹은 후에 잔도 이와 같이 하여 가라사대
이 잔은 내 피로 세우는 새 언약이니, 곧 너희를 위하여 붓는 것이다!*
예!
와인이 기독교세계에 불멸의 스타로 탄생하는 순간이지!

*요한복음 2 : 1~11

*요한복음 15 : 1~5

*누가복음 22 : 18~20

고대 그리스와 로마 시대에도 와인은 특별히 종교적인 의미를 지녔어.
그리스인들은 와인의 신인 디오니소스를 숭배했는데
그는 바로 신인 제우스와 인간 세멜레의 아들로
못된 영감탱이, 또 인간여자랑 바람피웠어!
기독교에서는 예수가 하느님의 아들이야!
기독교가 그리스문화의 영향을 받았나?
그리스·로마문화 + 유대 유일사상 = 기독교
로마시대에도 와인의 신인 바쿠스는 그리스시대 때처럼 숭배를 받았지.
그리스신화
로마신화
디오니소스 → 바쿠스
그러나 와인이 결정적으로 전세계로 퍼진 것은 기독교 때문이야.
'예수님의 피'인 와인은 기독교의 종교의식에서 빠져서는 안 되는 것이기 때문에
기독교의 전파와 함께 포도 재배가 가능한 전유럽으로 퍼졌고
신대륙
독일
동유럽
프랑스
스페인
포르투갈
로마
신대륙 발견과 식민지시대의 개막으로 신대륙 전역으로 퍼져나갔지.
그러고 보니 와인이 생산되는 지역은 모두 기독교가 전파된 곳이로군요!
유럽
아메리카
기독교 문화권
남아공
신대륙
와인은 정말 종교적인 의미가 강하고 인류의 역사와 함께해온 신비로운 음료네요.
그렇게 종교적인 의미를 지닌 와인이 이제 기호품이 되어 세계 어느 곳에서나 즐기고 있는 거지.

*어린 바쿠스. 5세기 모자이크. 초기 기독교에서는 예수와 바쿠스의 이미지가 혼합되기도 했다.

중국과 일본에서도 와인을 생산한다는데요, 그곳도 종교와 관계가 있나요?
아시아에서는 종교적인 의미보다는 상업적인 의미가 더 크지.
중국은 워낙 땅덩어리가 크다 보니, 옛날 옛적부터 포도로 담근 술이 있었지만
쿵
쿵
서양식으로 와인을 생산하기 시작한 것은 19세기에 기독교 선교사가 들어오면서부터야.
간슈
닝샤
신장
베이징
허베이
산동
중국의 와인생산지역
1892년에 잔비시라는 관리가 처음으로 장유 포도주 양조장을 건립했고
葡萄酒
PUTAOJIU
CHANGYU WINERY
1910년에 프랑스 선교사가 샹이 양조장을, 1912년에 독일인들이 칭타오에 멜코 와인양조장을 세웠지.
Tsingtao
일본의 경우, 개국 이후 1875년에 첫 서양식 포도원과 양조장이 세워졌어.
고슈*라는 곳의 지명을 딴 고슈라는 이름의 질 좋은 포도를 심어
CHATEAU MERCIAN
甲州
CHATEAU MERCIAN
1997
甲州
상당히 수준 높은 와인을 생산하고 있지.
일본 레드와인
샤토 메르시앙
메르시앙 가쓰누마 와이너리
CHATEAU MERCIAN
후아아..
와인이 뭐길래…?
와인이 인기를 끄는 이유는 여러 가지지만
색깔도, 맛도, 향기도
가장 품위있고 우아하기 때문이겠지!
동의함다!

＊칭타오 백포도주

＊일본 최초의 포도주 양조장. 현재는 메르시앙 와인 박물관

＊甲州

AOC제도는 언제 생겼을까?

와인의 역사

*〈굴로 아침식사를〉 : 장 프랑수아 트루아(1679~1752) 그림

❖ 최초의 와인

포도열매가 떨어져 저절로 발효된 자연의 와인을 인간이 맛본 뒤 기나긴 세월이 흘러
인류가 스스로 와인을 담가 마시기 시작한 시기를 약 6천~7천 년 전으로 추정하고 있어.
유럽에서 주로 재배되는 포도는 '비티스 비니페라 실베스트리스'라고 해.
vitis vinifera silvestris
= '와인(vin)을 만들 수 있는 포도(vitis)'라는 뜻의 라틴어
포도
와인
vitis
vini
뭔 말인지 알겠어?
viti + culture
포도 재배
⇨ viticulture 포도경작법
vini + culture
와인 제조법
⇨ viniculture 와인제조법
흑해와 카스피해 중간 카프카스산맥, 튀르키예 동쪽 토러스산맥, 이란 서부 자그레브 산맥 등
흑해 주변의 서아시아 지방에서 포도 농사와 와인제조법이 발달했다고 하지.*
*조지아 지방에서 와인이 처음 제조되었다고 함.
고대의 와인제조법은 원시적이었고 보관기술도 전혀 발달되지 않았기 때문에
와인을 만들어도 식초가 되기 전에 마셔야 하므로
애퇴퇴
에구, 시어!
와인은 마실 수 있는 기간이 아주 짧은 음료였어.
상하기 전에 얼른 마셔 없애자!
보관기간이 짧은 와인은 곡물이나 다른 교역품과 달리
3~4년도 괜찮아.
여섯 달도 못 버텨….
일정한 시간 안에 소비하기 위해서 빨리 시장에 내다팔아야 했던 까닭에
상하기 전에!
인류 역사에서 가장 먼저 교역이 발달한 상품이지.
와인은…
· 모두가 원한다.
· 생산지가 제한되어 있다.
· 장기보관이 불가능하다.
교역

❖ 인류 경제의 시초

와인은 교역을 통해, 또 직접 재배의 확산을 통해 널리 퍼졌어.
포도 원산지
그리스
중앙 아시아
이집트
중동 지방
페르시아
종족이 이동하면서 새로 옮긴 거주지에 포도를 재배했고
이사오자마자 포도부터 심어요?
이게 제일 중요하거덩!
특히 식민지의 등장과 함께 포도재배와 와인양조는 지중해 전역으로 번져갔지.
와인은 신과 관련된 음료, 즉 신이 흘린 피라고 믿어 제례에 반드시 썼기 때문에 포도재배가 확산되었고
와인교역이 활발해지면서 곳곳에 와인시장이 등장한데다가
와인이다!
다른 농작물에 비해 이윤이 많이 남는 상품이어서
$
와인
다른 농작물
와인산업은 인류 최초의 산업이자 가장 중요한 산업이기도 했지.
인류 최초의 상품!
가장 중요한 산업!
와인
역사학자들은 와인이야말로 오늘날 인류 경제를 일으킨 주인공이며
생산과 판매 등 경제의 모든 것은 와인으로부터 비롯되었다.
경제사
화폐의 발달을 촉진하고 계약제도를 만들어냈으며
올리브로 와인값 내도 되나요?
아니, 돈이라는 걸 가져오소!
지불방법의 발달 및 재판제도의 등장
와인값이 지나치니 일부 돌려주도록 하라!
그리고 국제무역을 유도한 경제의 주역이라고 주장하지.
태초에 와인이 있었느니라!
인류의 경제사는 와인에서 비롯되었다?
*와인을 운반하는 그리스 배

❖ 고대 이집트의 와인

고대 이집트는 주요한 와인수입국이었어. 더위로 야생포도가 자라지 않아 전량 수입해야 했지.
그런데 기원전 3150년경에 재위한 스콜피온 1세의 것으로 보이는 무덤에서 수백 개의 와인단지가 발견되었어.
와인찌꺼기가 남아 있다!
나중에는 이집트도 와인을 자체적으로 생산하기 시작했지만
고대 이집트인들은 포도즙을 흙으로 구운 단지 안에 넣고 뚜껑을 닫은 뒤
흙단지 뚜껑
흙으로 구운 단지
공기를 차단하기 위해 뚜껑 위에 진흙을 쌓은 다음
진흙
공기가 들어가지 않도록 밀폐
이 와인을 만든 포도가 생산된 밭의 위치, 만든 사람의 이름과 주소, 그리고 연도를 적어넣었어.
그게 바로 라벨이네요!
그래, 최초의 와인라벨은 이미 고대 이집트시대에 등장했단다.
1998
PETRVS
POMEROL
Grand Vin
프랑스 보르도 포므롤 지방
샤토 페트뤼스의 라벨, 1998년산
95% 메를로 5% 카베르네 프랑
1922년에 발굴된 투탕카멘의 무덤에는 36개의 와인단지가 묻혀 있었는데, 담은 연도가 적혀 있었어.
기원전 1345년산
기원전 1344년산
기원전 1340년산
빈티지까지!
그중 한 단지에는 이런 글귀가 적혀 있었지.
즉위 4년, 생명·번영·건강을 상징하는 아톤신전에서 빚은 달콤한 와인.
양조인은 아페르에르쇼프*
와, 끝내준다!
프랑스 와인라벨에 적혀 있는 '샤토 병입(瓶入)' 표시의 효시네!
Mis en bouteille au Château
미 정 부테이 오 샤토*
인류의 역사는 곧 와인의 역사!
이미 고대 이집트시대에 와인문화가!

*흙단지에 찍힌 무늬. 만든 사람과 연도가 적힌 것도 있다.

*로드 필립스, 『와인의 역사』

*포도원이 있는 양조장에서 병에 담은 와인

❖ 암포라와 크라테르

고대 그리스시대인 기원전 3세기에 와인은 이미 산업화 단계로 접어들었어.
당시 3대 주요 생산물은 올리브, 곡물, 포도였는데
올리브
곡물
와인
그리스인들은 식민지를 개척하는 곳마다 포도재배를 전파했지.
이탈리아와 남부 프랑스는 물론 스페인까지 와인문화를 전한 것도 바로 그리스인들이야.
Oinotoria! 와인의 땅!
그리스인들은 흙으로 빚은 단지에 와인을 저장했는데, 그것을 '암포라'라고 했어.
암포라
Ampora
• 주사약 앰플(ample)의 어원
두 사람이 들 수 있도록 두 개의 손잡이를 달고
찌꺼기가 밑으로 고이도록 밑을 뾰족하게 만들었지.
마개
손잡이
와인
찌꺼기가 고임
과거 와인은 찌꺼기가 아주 많아서 가라앉혀 마셨다.
그리스에서 와인은 아주 일상적인 음료여서
덥다!
와인 한잔 하세요! 목마르실 텐데….
그냥 마시지 않고 반드시 물을 섞어 연하게 해서 마셨어.
와인
물
암포라에 보관했던 와인을 마실 때는 크라테르*라는 커다란 단지에 부어 물을 탔는데
대개 1천 리터 정도의 양이었어.
여러 가족이 마시는 식수 같으니!
와인
물
크라테르
물을 타지 않은 와인을 마시는 사람은 술주정꾼이나 이상한 사람 취급을 받았지.
와인을 스트레이트로?
제정신 아닌가 봐!

*그리스시대의 와인단지

*암포라(와인단지)에 그려진 포도재배 장면

*Krater

❖ 심포지움

그리스인들에게 와인은 맥주와 더불어 열량과 영양소를 제공하는 에너지원이어서
맥주
와인
귀족은 물론 노예까지도 와인을 마실 수 있었지만
노예가 마시는 와인은 찌꺼기에 물을 탄 '피케트'라는 저질와인이었어.
물
피케트
그리스시대의 와인은 남성만 마시는 음료로 인식되어
나도 한잔 마셔봅시다!
여성이 마시는 것을 아주 못마땅하게 여겼는데
허어… 여자가! 남들이 보면 어쩌려고?
규율이 엄격한 스파르타에서는 술취한 여인과 노예는 거리를 끌고다니며 구경거리로 만들기도 했지.
체통이 높은 귀족사회에서는 고급와인에 물을 많이 타 마시면서
물
와인
밤이 새도록 토론과 대화를 즐기는 심포지움이 유행했어.
'심포지움'이란 그리스어로 '함께 마신다'는 뜻이야.
Sym+Posium
함께 마시기
물탄 와인을 싱거워서 어떻게 마시지?
연한 맛과 향을 즐기는 거겠지.
그리스인들은 흠뻑 취하는 대신 서서히 취해가는 과정을 사랑했고, 와인은 사랑했지만, 폭음은 절대 안 되는 것으로 경계했던 거야.

＊그리스인들의 심포지움. 프레스코벽화, 기원전 475년경

❖ 고대 로마의 와인문화

인구 10만의 조그만 도시국가였던 로마는 갑자기 세가 불어났어.
기원전 300년경엔 인구가 100만 명이 넘는 세계도시로 팽창했고
ROMA
그에 따라 와인수요도 폭증했지.
와인수요
로마인 1인당 하루 0.5리터의 와인을 소비, 1년 소비량만 1억 8천만 리터에 달했어.
1인 1일 0.5리터 소비
1년 소비량
180,000,000리터
||
오늘날 1병 = 0.75리터
240,000,000병
자체 소비는 물론 와인교역으로 큰 재미를 본 로마는
와인시장
로마제국 속령
로마
엄청 남는 장사다!
전 속령에 와인을 전파해 대대적인 와인산업을 일으켰지.
땅 되는 대로 심어라!
갈리아 (프랑스)
스페인
북아프리카
동유럽
동방영토
그런데 서기 79년 베수비오 화산이 폭발해 폼페이가 매몰되었어.
당시 폼페이는 주점이 200개가 넘는 주요 와인소비 도시였고
로마제국의 가장 주요한 와인거래 항구였지.
폼페이
와인무역 거점이 잿더미에 묻혀버리니 와인 품귀현상으로 가격이 폭등했고
싫으면 말고!
1인당 1암포라
한정판매
부르는 게 값!
너도나도 돈 되는 와인생산에 뛰어들어
와인값이 금값이다! 와인장사가 장땡이다!
와인은 몇 년 지나지 않아 공급과잉으로 가격이 폭락했지.
안 사!
파격세일 50% ↓
특가세일 70% DC

*고대 로마시대 폼페이의 벽화

서기 92년 도미티아누스 황제는 긴급칙령을 발표했어.
더 이상 로마에 포도밭 개발을 금지한다!
와인가격 폭락
비상대책
포도재배 축소
생산량 감축
제국농민 보호
제국 속령의 포도원 중 절반을 없애고 다른 작물을 재배하도록 하라!
그게 될까?
이 명령은 당연히 제대로 지켜지지 않았고
조사할 테면 해보라지!
오는 데만 몇 달 걸릴 텐데!
서기 280년 결국 폐기됐어.
어흠!
없던 걸로 하자. 시장원리에 따르라!
서기 2세기경 로마인들의 주식은 죽에서 빵으로 바뀌었어.
'젖은' 음식인 죽에서 '마른' 빵으로 바뀌면서
wet food
dry food
와인수요도 덩달아 폭증했지.
컥!
와인, 와인!
이와 함께 여성도 와인을 마시는 것이 허용되었지만
자기야, 건배!
목이 마르다니….
여성이 와인에 취하는 것은 여전히 사회적인 금기이자 수치로 여겨져
기분 뽀시시하네!
뭣이!
딸꾹
외출했던 남편이 아내가 술을 마셨는지 확인하기 위해
다녀오셨어요?
아내에게 키스하는 풍습이 생겼다고 해.
음, 냄새가 안 나는 걸 보니 안 마셨군!
쪽!
냄새날까 봐 향수로 가글했지롱!
말도 안 돼요! 사랑이 아니고 감시하기 위해 키스를 하다니!
믿거나 말거나!

그러나 여전히 보관에는 한계가 있어서 그해 만든 와인은 모두 마셔야 했어.
작년 와인은?
시어져서 다 버렸어요.
1년만 묵혀도 마실 수 없는 식초로 변해버렸기 때문이지.
WINE 와인
VINEGAR 식초
로마시대에도 와인은 물을 타서 마시는 게 교양인의 매너였고
물타지 말고 그냥 줘요!
물을 타지 않은 와인을 마시거나 취하도록 마시는 사람은 야만인으로 취급되었어.
와인을 스트레이트로 마시는 야만인 주제에!
그래도 와인은 고대인에게는 주식이자 약이며 문화이자 종교였고
약품
식량
문화
종교
가장 사랑받는 음료였지.
*고대 그리스의 와인문화
아테네의 명연설가 데모스테네스가 한번은 반(反) 와인 발언을 했다가
나는 와인 대신 물만 마시려 하오!
아테네 시민들의 조롱거리가 되기도 했어.
많이 마셔라, 까칠한 인간아!
우
저러고도 문화인이냐?
우
우
서로마제국이 멸망한 뒤 와인산업은 긴 침체기에 빠졌는데
ROMA
제국의 멸망으로 인해 시장도 사라지고 공동경제권의 무역네트워크도 무너졌기 때문이야.
로 마 제 국 속 령 네 트 워 크
반면 비잔틴제국에서는 평화로운 와인문화가 지속되어
비잔틴제국
계피, 후추, 허브 등 향료를 넣은 와인을 즐겨 마셨다고 해.
오, 달콤 새콤 매콤한 이 맛!

❖ 수도원과 교회의 포도원

서기 1000년경 유럽 인구가 늘어나면서 와인소비도 증가했어. 특히 기독교의 전파와 함께 와인문화가 전유럽에 퍼졌지.
포도는 수도원과 교회를 중심으로
영성체에 쓸 와인을 만든다는 이유로 재배되었지만
그래서 오래된 교회나 수도원 옆에 포도원이 있는 거구나!
수도자들이 기꺼이 와인생산에 종사한 이유는
무엇보다 자신들이 즐길 와인을 확보하기 위해서였고
오, 주여!
아~멘!
교회로서는 와인이 이익이 아주 많이 남는 장사였기 때문이지.
$
십자군전쟁 이후 교회의 포도원은 크게 늘어났는데, 그 이유는
교회
수도원
포도원
늘어난
토지 · 포도원
토지 · 포도원
포도원
출전하는 기사들이 땅을 기증하고 떠났기 때문이야.
못 돌아올지 모르니…
저를 위해 기도해 주십시오.
수도원과 교회는 땅을 자식들에게 나누어 상속하는 개인과 달리 소유지를 분할할 필요가 없어서
상속할 땅이 아니니
서로 나누어 가지려고 싸울 필요가 없다.
개인 소유 포도원보다 훨씬 대규모였고, 자연히 가장 큰 와인생산자는 교회였지.
최초의 플랜트농장이라고나 할까!
교회경작지
개인 경작지
그러나 쉽게 상하는 와인의 운송문제가 해결되지 않아 와인은 대개 그 지역에서 소비되었어.
버리기엔 너무 아까운 와인!
상하기 전에 마셔 없애자!

* 포도 밟는 예수 : 중세에 자주 등장한 모티브, 16세기 그림

❖ 이슬람세계의 와인

인류 역사에서 최초로 와인이 생산된 이슬람문화권에서는 기독교세계와는 달리
흑해
코카서스산맥
지금의 튀르키예
최초의 와인생산지
자그로스산맥
지중해
와인문화가 사라져버리고 말았어.
금지!
와인
문화
반이슬람세력과 전쟁을 치르면서 종교를 지키고 포교를 해야 했으므로
알라~!
포교
이슬람교
무함마드가 음주를 금한 후로는
정신 바짝 차려도 모자랄 판에 술 마시고 해롱대며 전쟁을 치른단 말인가?
절대금주!
이슬람세계에서는 와인문화가 소멸되고, 기독교세계에서만 크게 발달했지.
와인은 예수님의 피!
됐거든! 너희나 많이 마셔!
이슬람의 지배를 받은 스페인에서도 와인문화가 사라질 뻔했으나
우리도 무슬림이니 무함마드의 말씀을 따라야겠죠?
당근이쥐! 하지만….
율법학자의 편법적인 해석으로 살아남았어.
포도주를 금하라 함은 포도로 만든 술을 만들거나 마시지 말라 함이다.
그러니 대추야자로 만든 술이라면 율법에 어긋나지 않지 않은가! 포도만큼 흔한 대추야자술은 OK다!
말되네!
술을 금한 거지, 포도주만 금한 건 아닌데….
당시엔 술=포도주였으니 대추야자술은 술이 아닌 셈이었지.
엎어치나 메치나 그게 그거지 뭐!
스페인은 지리적으로 이슬람세계의 심장부인 아라비아와 멀리 떨어져 있으니 그런 교묘한 방법으로 피해갈 수 있었겠지.
지중해
스페인
아라비아
하기야 아무리 이슬람교도라고 해도 그 맛있고 향기로운 음식을 포기하고 싶었겠어요?

❖ 엘레오노르의 재혼

서기 1000~1300년, 유럽의 인구는 4천만 명에서 8천만 명으로 배나 늘었어.
80,000,000
40,000,000
유럽 인구
AD 1000
AD 1300
도시가 생겨나고 중산층인 부르주아계급이 등장함에 따라
와인수요도 폭발적으로 증가했지.
인구 증가
부유한 중산층 증가
와인수요

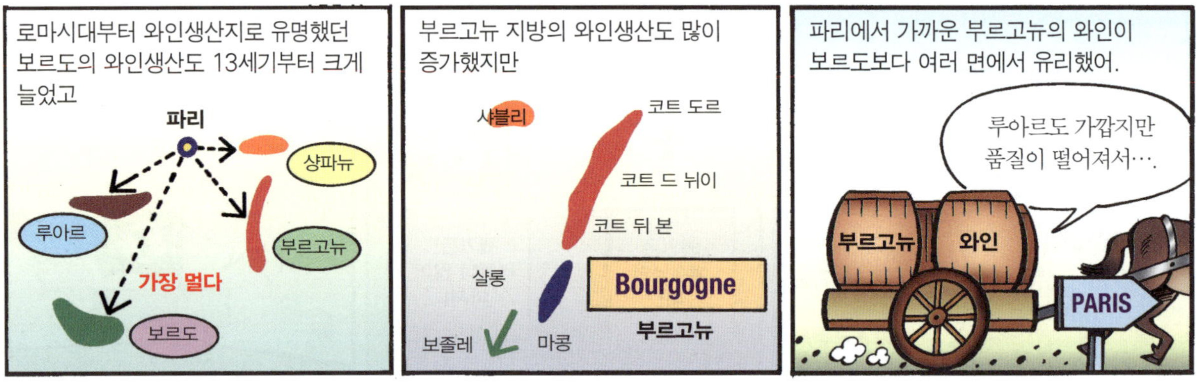
로마시대부터 와인생산지로 유명했던 보르도의 와인생산도 13세기부터 크게 늘었고
파리
샹파뉴
루아르
부르고뉴
가장 멀다
보르도
부르고뉴 지방의 와인생산도 많이 증가했지만
샤블리
코트 도르
코트 드 뉘이
코트 뒤 본
샬롱
Bourgogne
보졸레
마콩
부르고뉴
파리에서 가까운 부르고뉴의 와인이 보르도보다 여러 면에서 유리했어.
루아르도 가깝지만 품질이 떨어져서….
부르고뉴
와인
PARIS

보르도 와인의 역사를 바꾼 것은 한 왕실의 결혼이었지.
보르도 지방이 포함된 아키텐 공국의 상속녀 엘레오노르는
Eléonore d'Aquitanie
1122~1204
프랑스 왕 루이 7세의 왕비였으나 이혼 후
이혼을 할 수 없는 가톨릭교도가 어찌?
같은 핏줄이라 이혼한대!

*프랑스 왕 루이 7세와 엘레오노르의 결혼(1137)

*엘레오노르 다키텐(아키텐)

앙주공이자 노르망디 대공인 헨리와 1152년 재혼했어.
당시 잉글랜드는 노르망디공의 지배를 받고 있었으므로 헨리가 영국 왕위에 올라
어쩜, 이혼한 지 1년도 안 돼 재혼을….
프랑스의 아키텐과 노르망디 지방, 그리고 영국은 모두 같은 소유자의 땅이 되었지.
음하하하… 장가 한번 잘 가서 부동산 재벌이 되었네!
보르도
아키텐
노르망디

*헨리 2세(1133~1189)

❖ 클라레

이를 계기로 보르도 와인은 영국으로 대량 유입되기 시작해
런던
대서양
파리
보르도
이후 보르도 와인의 최대 고객은 영국이 되었고
캬아
이렇게 좋은 걸 모르고 살았다니!
죽인다!
와인이 거의 생산되지 않는 영국에서 보르도는 최대의 와인공급처가 되었어.
수출 대박이다!
보르도는 우리 땅! 와인도 우리 꺼! 싸게 많이!
보르도
잉글랜드
그런데 영국과 프랑스 사이에 백년전쟁이 터져 관계가 험악해지자
영국은 와인을 프랑스 대신 이웃 스페인에서 수입하게 되었고
런던
파리
보르도
스페인
리오하*
이로써 스페인의 와인산업이 발달하게 되었지.
명함 받으셔!
우리도 와인 수출하거덩!
스페인
프랑스
보르도보다 태양이 강한 스페인의 와인은 색이 진하고 맛도 강하지.
보르도 와인
스페인 와인
스페인 와인보다 색이 밝고 맑은 보르도 와인을
진하고 강하다!
맑고 밝다!
영국인들은 클라레라고 불렀는데, 이 말이 전해져 지금도 보르도 와인의 애칭으로 통하고 있어.
Claret
클라레
영국과 프랑스는 백년전쟁뿐 아니라 수시로 전쟁을 치렀기 때문에
으르렁
영국은 와인수입지를 스페인은 물론 포르투갈과 남아프리카공화국 등으로 옮겨
영국
스페인
포르투갈
남아공
결국 세계 와인산업의 발달에 기여했지.
생산은 못하고
수입만 하니 골라 사올 수 있고
유럽의 최대 와인시장 영국
그러다 보니 입만 높아졌다.

*Rioja

❖ 코트 뒤 론

14세기에 치열한 왕권과 교권 투쟁으로
내가 왕들의 왕!
옛날옛적 이야기!
교황이 세속황제에 쫓겨 아비뇽으로 도망치자
아비뇽*
로마
*Avignon
로마에서는 새로운 교황이 즉위해 두 명의 교황시대가 열렸는데
넌 뭐냐?
아비뇽
내가 너의 빈자리!
로마
아비뇽에 갇히다시피 한 교황에게 바칠 와인을 만들다 보니
으… 열받는다! 와인 가져와!
교황궁 AVIGNON
아비뇽 지방, 즉 론강 유역에서도 와인산업이 발달했어.
론(Rhône)강
발랑스(Valence)
코트 뒤 론 지방
몽텔리마르(Montélimar)
아를르
아비뇽
이 지역 와인이 바로 사랑받는 프랑스 와인 가운데 하나인 '코트 뒤 론'이고
Côte du Rhône
(론강 언덕 · 유역)
*와인을 재배하는 농가들
그중에서도 교황에게 진상되던 '클로 드 파프'를 최고의 와인으로 치지.
Clos de Papes
교황의 포도원
이 맛 덕에 버틴다!
중세에도 와인은 빵과 함께 주식 역할을 했고
군대에서도 빠뜨려서는 안 되는 주요 보급품이었어.
와인
식량
무기
전쟁터의 식수는 믿을 수 없었고
적이 우물에 독을 풀었을지도 몰라.
와인은 에너지를 공급할 뿐 아니라 병도 막아준다고 믿었기 때문에
꿀꺽
마법의 드링크처럼
군사들에게 용기를 주고 사기를 드높여주는 음료였지.
와와
돌격하라!
딸꾹!

❖ 종교개혁과 와인

종교개혁운동도 와인산업에는 영향을 미치지 못했어.
종교개혁
어떤 기독교인이 '예수님의 피'인 와인을 막아설 수 있었겠어!
오히려 '예수님의 피'를 다루는 와인생산자들이 특별한 지위와 특권을 누렸지.
vin
가장 엄격한 종교개혁가였던 장 칼뱅도 와인에는 손을 대지 못했어.
장 칼뱅
Jean Calvin
1509~1564
프랑스 누아용에서 출생
스위스 제네바에서 사망
춤과 노래를 금하고 엄격한 신앙생활을 강조한 그도
술집은 금하지 못하고 와인을 허용한 거지.
대신 술집에 반드시 성경을 가져다놓으라!
술집에 성경을 비치하라는 이 조치는 1899년 기업가들로 구성된 국제 기드온 협회 운동의 선조격이라고 할 수 있어.
HOTEL
국제 기드온 협회
모든 호텔 방에 성경을 비치하자는 운동
HOLY BIBLE
17세기에는 알코올의 역사에 큰 변화가 있었어.
1600년대
유럽 최초의 세계대전이라고 할 수 있는 30년전쟁*이 벌어져
*1618~1648
포도원도 많이 파괴되고 포도를 재배하는 농민들도 다수 생명을 잃어 포도원은 황폐해지고 포도는 품질이 떨어졌지.
이것도 와인이냐?
와인의 품질도 자연히 나빠져 급기야 브랜디가 등장했는데
BRANDY
WINE
질 나쁜 와인을 증류해 얻어낸 브랜디가 높은 알코올도수로 인기를 끌었어.
저급와인
냉각수
가열
브랜디

❖ 브랜디의 등장

특히 샤랑트강 유역의 경우 포도는 품질이 떨어지는 대신 땔감이 될 숲이 울창해
루아르강
프랑스
샤랑트강
대서양
지롱드강
도르도뉴강
가론강
코냑, 아르마냑 등의 지역이 브랜디의 메카로 떠올랐지.
Cognac
대서양
코냑
샤랑트강
리모주
지롱드강
보르도
Armagnac
아르마냑
30년전쟁이 브랜디 등장으로 이어지다니!
그 유명한 브랜디 코냑의 등장이로군요!
독한 브랜디는 와인처럼 쉽게 상하지 않아 오래 보관할 수 있을뿐더러
와인
10~16%
브랜디
30~50%
부피가 작아 가지고 다니기에 편리해서
브랜디 한 병 마시고 곤죽이 되다니!
해외개척시대에 오래 선상생활을 해야만 하는 해군이나 선원들에게 인기가 있었지.
코냑과 아르마냑은 물론 위스키와 진 등의 증류주가 연이어 출현해
럼
진
아르마냑
위스키
코냑
북유럽 알코올의 역사를 바꿔놓았어.
북증남포*라!
북쪽에선 증류주를, 남쪽에선 포도주를 마신다!
* 北蒸南葡
17세기에 바다를 장악한 네덜란드는 전 세계의 교역을 장악해 엄청나게 부유한 황금시대를 구가했지.
NL
아메리카
해상무역 장악
아프리카
남유럽
아시아 (인도네시아)
와인에 맛을 들인 네덜란드인들이 와인산업에 뛰어들어 자신들의 기술로 보르도 지방의 강둑을 매립해
둑 쌓는 기술은 우리가 끝내주지!
보르도의 포도원 면적이 크게 늘어났어.
지롱드강
보르도 지방
당시 영국 사람들은 클라레를, 네덜란드인들은 달콤한 와인을 선호했대.
클라레가 좋아!
보르도 BORDEAUX
스위트가 좋아!
SWEET WINE

❖ 셰리와 포트와인의 발달

1660년대에 달콤한 와인을 즐기는 네덜란드인들의 취향에 맞추기 위해 보르도 소테른 지방에서 스위트와인이 개발되었고
지롱드강
메독
오메독
포므롤
생테밀리옹
도르도뉴강
보르도시
가론강
그라브
소테른
그중에서도 샤토 디켐은 세계에서 가장 비싼 스위트와인으로 꼽히지.
프랑스 왕 루이 14세가 한창 번창하던 와인산업에 높은 세금을 매기자
세금!
수출가격 오르겠네!
보르도
장삿속에 밝은 네덜란드인들은 스페인과 포르투갈로 수입원을 바꾸고
니네만 생산하냐?
요건 몰랐지?
포르투갈
스페인
세금
프랑스
포도주에 브랜디를 넣어 알코올을 강화한 와인을 대량 수입했어.
포도주
브랜디
주정 강화 와인
10~16%
30~50%
15~25%
이렇게 해서 스페인의 셰리와인과 포르투갈의 포트와인이 세계적으로 유명해진 거야.
프랑스
포트와인 집적소
포르투
스페인
포르투갈
헤레스*
셰리와인 집적소
17세기에 발견된 코르크마개는 와인산업에 대혁명을 불러왔어.
껍질 벗긴 코르크나무
그리스시대에도 코르크나무와 송진을 이용해 암포라를 밀봉, 와인이 상하는 것을 막았는데
공기 차단
송진
코르크나무 껍질
와인
암포라
이 코르크나무가 와인병 마개로 화려하게 부활한 거지.
코르크는 젖으면 팽창해 와인병을 밀봉하는 빼어난 효과가 있어서
공기를 완전 차단!
팽창
와인의 장기보존 및 숙성에 결정적인 가능성을 부여했으며
샴파뉴 등 발포성 와인이 발달하는 계기가 되었지.
펑

*Jerez de la Frontera 헤레스 데 라 프론테라

❖ 와인의 브랜드화

와인산업이 날로 발전하면서 유명가문이 나타나기도 하고
Famille de Lompchamp VIN
브랜드화한 와인이 등장하기도 하면서
유명한 와인이지!
VIN DE LEBRUN
점차 포도 품종과 생산지를 밝히게 되었어.
음, 보르도 그라브에서 만들었다고?
메를로와 카베르네 소비뇽을 블렌딩*한 거로군!
*blending : 섞음
보르도 그라브 지방의 유명가문 출신인 퐁탁은
Arnaud de Pontac
아르노 드 퐁탁
자신의 할아버지가 지은 오브리옹성을 중심으로 포도주를 생산하고
*오브리옹성
그라브 지역의 포도로 만든 와인에 '오브리옹', 그외 지역의 포도로 만든 와인에는 '퐁탁'이라는 이름을 붙여
보르도시
소테른
그라브 지역
가론강
두 가지 상품을 시장에 내놓음으로써
Haut-Brion
오브리옹
그라브 지역의 포도로 만든 와인
Pontac
퐁탁
기타 지역의 포도로 만든 와인
최초의 브랜드 와인을 선보였지.
오브리옹을 다량 구입해두게.
위, 무슈!
그러니까 샤토 오브리옹이 최초의 브랜드 와인이군요?
Château Haut-Brion
이런 역사적인 배경이 있는 샤토 오브리옹은 프랑스 법률로 보호되어
와인은 곧 프랑스의 자존심!
프랑스 국적을 가진 사람만이 구입할 수 있도록 했는데
프랑스 국적이 아닌 사람에게 판매할 수 없는 샤토 리스트
- Ch. Haut-Brion
- Ch. Lafite Rothschild
- Ch. Mouton Rothschild
- Ch. Latour
- Ch. Margaux
1935년에 잠시 미국인 은행가에게 팔렸던 아픈 경험을 되풀이하지 않기 위해서지.
Ch. Haut-Brion
이, 이건 아니야!

유럽인들이 신대륙에 진출함에 따라 포도도 함께 신대륙에 전파되었어.
아메리카
멕시코를 정복한 코르테스는 포도나무를 심으라고 명령했지만
에르난 코르테스
Hernán Cortés
1485~1547
날씨가 너무 더워서 실패하고 말았지.
이후 스페인 식민지가 남아메리카 전체로 확산되면서
*원주민을 학살하고 강제노동을 시키는 스페인 군인들
페루와 아르헨티나 등에서도 포도가 재배되기 시작했는데
– 페루 : 1530년대 초
– 볼리비아, 콜롬비아 : 1530년대 말
– 아르헨티나 : 1550년대 초
기독교의 영성체를 위해 선교원 중심으로 생산이 증가하더니
16세기 말 신대륙의 와인이 본국인 스페인의 와인과 경쟁하는 위치가 되자
신대륙와인
스페인
1595년 스페인 국왕 펠리페 2세는 스페인 와인 보호조치를 발표했어.
이제부터 식민지에 새로 포도나무 심는 것을 엄금하노라!
펠리페 2세
1527~1598
북아메리카 제임스타운에서도 영국인들이 16세기에 포도재배를 시도했으나 실패했고
영국인은 원래 포도재배기술이 빵점!
18세기 이후에야 캘리포니아 나파밸리에서 시작되어 1820년대 이후 소노마밸리 등으로 널리 퍼져나갔지.
소노마밸리(Sonoma Valley)
USA
나파밸리(Napa Valley)
태평양
캘리포니아
미국은 유럽에서 수입한 비니페라종에 의존하고 있었고
유럽의 와인맛을 신대륙에서 재연해 보고 싶다!
비니페라 품종
USA
미국에서 와인은 아직 특권층과 부유층만 즐길 수 있는 사치음료였지.
평민층
특권층 · 부유층
와인
사과술, 위스키 · 럼 등의 증류주

❖ 미국인의 와인애호

초대대통령 워싱턴을 비롯해 미국 건국의 아버지들은 모두 와인애호가였어.
TOAST!
제퍼슨*은 비록 실패했으나 프랑스 포도나무를 수입, 재배하려고 시도했고
이 맛있는 와인! 그러나 모두 유럽에서 수입해야 하니…
직접 만들어 마실 수는 없을까?
명언(?)을 남기기도 했지.
와인을 싸게 살 수 있는 나라치고 국민이 취해 있는 법이 없고
증류주가 와인을 대신하는 나라치고 국민이 깨어 있는 법이 없다!

*Thomas Jefferson : 미국 제3대 대통령

벤저민 프랭클린은 와인을 마실 때마다 감동했다고 하며
와인은 신이 내린 축복임에 분명하다!
Benjamin Franklin
1706~1790
프랑스 신부인 몰레레와의 대화도 유명해.
미국혁명은 영국 맥주에서 벗어나
프랑스 와인을 마시기 위함이 아니요?
신이 인간에게 와인을 마시라고 명한 증거는 팔꿈치의 위치지요. 더 위나 아래였다면 와인잔을 잡지 못했을 것 아니요?

17세기 후반에는 남아프리카에서도 와인이 생산되기 시작했지.
아프리카
케이프 타운
희망봉
이곳에 진출한 네덜란드인 판 리베크*가 희망봉 근처에 포도나무를 심었는데
쑥쑥 자라라!
네가 희망이다!
1795년 영국이 이 지방을 네덜란드로부터 빼앗아 1814년 합병한 후 영국 최대의 와인공급지로 성장했어.

*Van Riebeek

호주에서는 18세기 말에 와인이 생산되기 시작했어. 당시 호주는 뉴사우스웨일스로 불렸는데
뉴사우스웨일스
퍼스
시드니
멜버른
초대총독 필립 대령의 명령으로 1788년 첫 호주 와인이 생산되었지.
유럽의 기독교도들은
어딜 가든 포도나무부터 심었군요!

*아델라이드의 포도밭

이처럼 와인생산이 널리 퍼진 것은 종교적인 이유도 있었지만, 무엇보다 '남는 장사'였기 때문이야.
같은 면적에 곡물을 재배해 파는 것보다 이윤이 30~40배나 더 남았으니
곡물생산
와인생산
누군들 와인생산에 달려들지 않았겠어!
1708년의 폭설과 추위로 와인산업은 또 한 번 전환기를 맞았어.
와인
자연재앙에 따른 대흉작으로 인해 와인산업은 깊은 늪에 빠져들었지.
와인
혹한피해로 인해 곡물가격은 폭등했지만 많은 와인업자가 결국 파산하고 말았어.
파산으로 폐업함
와인제조
이를 기회로 전국의 투기꾼들이 보르도로 몰려들어
보르도 포도밭이 헐값이란다!
이때 주워담자!
파산한 와인업자들의 포도밭을 마구 사들였지.
IMF=I'm fake 나는 사기꾼!
포도밭 토지문서
그러고는 앞다투어 마구잡이로 와인을 생산해
와인이 품귀니
대량생산! 무조건 많이!
1720년대에는 과잉생산으로 인해 와인값이 폭락했어.
와인생산량
적정 와인 생산량
1701
1709
와인가격
과거 로마제국에서 일어났던 사태가 반복되자
폼페이가 화산재에 파묻히자
와인 품귀 → 과잉생산 → 가격폭락의 악순환이 일어났지.
1722년 의회는 중대결정을 내렸어.
1700년 이전에 포도밭이 아니었던 곳은
모두 과거 상태로 원위치하라!
와인산업 정상화 조치

이런 국가적인 조치는 계속 이어졌지.
1724년부터 보르도 최고의 포도원을 제외하고
1709년 이후 생긴 포도원은 모두 없애라!
1731년부터 국왕의 허가 없이는 포도원을 새로 만들 수 없다.
PARIS
그러나 이런 조치들은 제대로 지켜지지 않았고
말 안 들으면 우짤 낀데?
됐거든!
1759년 결국 철폐되었어.
아니면 말고….
그러나 이 사태를 계기로
한파, 폭설 등 자연재해
대흉작
가격폭등
경쟁과열
가격폭락
산업침체
와인산업은 새로운 출발을 하게 되었지.
이건 아니야! 이대로는 안 돼!
영구적인 대책을 세워야 한다!
결론은 품질개선과 고급화였어.
품종을 잘 선정해 고급화하고
잘 익은 포도를 정성들여 발효하는 품질개선!
●고급화
●품질개선
와인의 브랜드화, 명품화만이 살 길이다!
와인산업 생존전략
명품 · 브랜드 고부가가치 추구
18세기에도 이미 샤토 오브리옹을 비롯해 명품와인이 다수 있었어.
샤토 라피트, 라투르, 마고 등 보르도 명품와인들은 영국 시장에서 최고의 인기를 누렸고
로마네, 몽라셰 등 고급 부르고뉴 와인은 파리의 왕실과 귀족들의 사랑을 받고 있었지만
ROMANÉE-CONTI
ANNÉE 1998
1709년 이후에는 다수의 와인생산자들이 고급화와 품질개선에 뛰어든 거지.
대전환!
박리다매
고급화 고가와인

*샤토 오브리옹

*샤토 페트뤼스

*로마네 콩티

❖ 와인의 정의

와인은 점차 유리병에 담겨 팔리기 시작했고
항아리, 도기 등
유리병
1821년에는 와인병 규격이 통일되었어.
이제 와인시장은 크게 둘로 나뉘어
비싼 고급와인
값싼 대중와인
(대량생산)
고급화가 진행되면서 가짜와인, 이물질을 섞은 변조와인이 판을 쳐
자, 자, 최고급와인 라피트!
싸게 팝니다. 싸게요!
시장이 혼란스러워지면서 어디까지가 와인인가 하는 문제가 제기되었어.
이것도 와인이라고?
그래도 포도가 들어갔으니 포도주지!
애 퇴 퇴
포도에 다른 과일을 잔뜩 섞어놓고?
포도주엔 포도만 넣어야 한다는 법이라도 있어?
이거 헷갈린다! 별 이상한 술을 다 와인이라고 하니… 법적인 조치가 없으면 시장질서가 영 엉망이 되겠는걸!
1907년, 프랑스 정부가 드디어 와인의 법적 정의를 내리고 품질관리에 개입했지.
포도, 포도즙을 발효해 만든 것을 와인이라고 정의한다!
CODE DU VIN 법
인체에 해로운 물질을 넣지 마라. 생산지를 속이지 마라. 제조과정에서 법으로 허용된 것 이상을 넣지 마라. 이를 어기면 법의 처벌을 받을 것이다!
유해물질 첨가 엄금
생산지 조작 금지
법정물질 외 사용 금지
1789년에 일어난 프랑스대혁명은 와인산업에도 큰 영향을 미쳤어.
와 와
혁명의 혼란과 대변화 속에서 큰 위기를 맞았겠지.
당연한 거 아냐? 정치가 불안하면 경제도 엉망이 되는 법이니까!
그러나 현실은 그 반대로 나타났어.
엥? !

*보르도 와인병의 규격

❖ 와인과 프랑스대혁명

대혁명의 혼란에도 포도농사는 전혀 타격을 받지 않았을뿐더러
와
와
또 귀족 죽이러 가는군!
와인산업은 오히려 더욱 번창했지.
우선 교회세력이 혁명으로 힘을 잃어
그동안 교회에 십일조처럼 바치던 관행이 사라졌어.
혁명 전
혁명 후
교회 십일조
3~10%
또 포도즙을 짜는 포도압착기는 너무 비싸서 귀족 영주들만 소유하고
*포도압착기
비싼 사용료를 내야만 쓸 수 있었는데
사용료!
귀족 영주 세력이 혁명으로 무너져 압착기를 무료로 사용할 수 있게 되었어.
압착기는 농민의 공동재산
무료사용
또 새로운 국가의 주인이 된 국민들의 세금을 내려 세금지출이 줄었으며
혁명 전
혁명 후
세금
고지서
더 내려!
귀족계급 대신 새로운 사회주도 세력으로 등장한 부르주아계급이
부르주아 계급
귀족
귀족들이나 마실 수 있었던 고급와인을 대량 소비하면서
이 좋은 것, 우리도 이제 맘껏 즐겨보자!
고급와인 시장이 급격하게 팽창하는 등
그 와인은 왕실에 납품하던 최고급품인데….
얼마면 돼?
Petrus
Lafite
와인산업은 혁명으로 인해 오히려 새로운 발전기를 맞이한 셈이지.
고급와인, 없어서 못 판다!

❖ 대륙봉쇄령과 와인시장

나폴레옹의 등장은 오히려 프랑스 와인산업을 위축시켰어.
유럽대륙의 4분의 3을 지배하던 대제국 프랑스의 황제 나폴레옹은
저 섬만 정복하면 유럽 전체가 내 발 아래 놓이는데….
유럽 대륙
영국
눈엣가시 같은 영국을 전쟁으로는 꺾을 수 없다고 판단해
영국은 막강한 해군을 보유하고 있으니
차라리 경제로 숨통을 조여야 꺾을 수 있다!
경제적으로 대륙봉쇄령을 내렸어.
영국과는 어떤 무역도 엄금한다.
영국
유럽대륙
그러나 영국 시장은 유럽의 여러 나라들에게 대단히 중요했고
이걸 다 어디에 팔라고….
영국은 해외식민지 등에서 물자를 보급받았기 때문에, 스스로 문을 닫아건 대륙의 국가들이 더 큰 피해를 입었지.
우린 아쉬울 거 없거덩!
USA
인도
식민지
프랑스와 전쟁상태였던 영국은 당연히 포르투갈과 스페인에서 와인을 수입했기 때문에
프랑스
포르투갈
스페인
프랑스 와인은 거의 독점하다시피 했던 영국 시장에서 3위로 밀려났지.
스페인 와인 23%
2위
포르투갈 와인 50%
1위
프랑스 와인 20%
3위
기타
나폴레옹은 이를 응징하려고 스페인과 포르투갈을 침공했지만
감히 내 말을 거역해?
포르투갈
대륙봉쇄령은 결국 실패로 끝나고 나폴레옹도 몰락하고 말았지.
신세 처량하게 됐네….
세인트 헬레나
나폴레옹전쟁이 끝나고 유럽 시장이 회복되자
유럽 시장
끼이
프랑스 와인은 또다시 전성기를 맞이했어.
프랑스 와인

❖ 와인생산의 변화

19세기 후반으로 접어들면서 더욱 가속화된 산업혁명과 더불어
와인산업도 크게 변했어.
산업혁명의 특징인 대량생산, 대량소비가 와인산업에도 도입되어
인구와 함께 계속 늘어가는 와인소비를 감당할 수 있는 대량생산체제로 돌입했지.
과거 가족단위로 운영되던 작은 포도원 중심의 와인생산체제는
거대한 포도밭단지로 변했고
생산성이 향상되어 생산량이 급증했으며
철도의 발달로 시장이 전국적으로 확대됨으로써
내수용과 수출용 등 생산이 날로 늘어났지.
프랑스 와인생산량
8,600만 리터
3억 리터
(3.5배 증가)
1840년
1870년
19세기 중반, 프랑스는 세계 와인의 40퍼센트를 생산했는데, 이는 이탈리아의 다섯 배나 되는 양이었어.
프랑스 생산 와인
이탈리아 생산 와인
5:1
이때 또 하나 주요한 변화가 있었는데, 보르도 지방에서 포도원을 소유한 와인제조공장에
'샤토'라는 귀족적인 이름을 붙이기 시작한 거야.
Château 샤토
= 성(城), 궁전, 대저택
왕이나 귀족의 거처
= castle 캐슬

*1885년에 등장한 최초의 자동차

*라투르(Latour)

❖ 샤토

와인제조공장이면 우리말로 양조장!
영어로는 와이너리*인데
어째서 샤토*라는 말을 써서 공장이라기보다 우아한 귀족이나 왕족의 거처 같은 분위기를 풍긴 거죠?
그것은 포도원이나 와이너리를 구입한 사람들이 돈 많은 부르주아계급이었기 때문이야.
Bourgeois
부르주아
프랑스대혁명으로 왕족과 귀족은 힘을 잃고
프랑스 지배계급
왕족
귀족
부르주아
부르주아계급의 세상이 되었지. 이들은 돈과 실력과 지위 등 모든 것을 갖추었지만
법률가
의사
은행가
기업인 등
지식
지위
재산
귀족이 아니라는 점에서 열등감이 있었고
천한 것들이 제 세상 만났다고 설치는 꼴이란!
그래서 스스로 귀족인 것처럼 귀족문화를 모방했어.
우리 가문의 문장을 넣은 집기입니다.
엄격한 가풍과 전통이 자랑이지요.
귀족문화에 대한 열등감을 해소하고 자신의 귀족스러움을 과시하기 위해
어떻게 해야 귀족스럽게 보일까?
내 신분을 돋보이게 하려면 어떡해야 할까?
와인양조장에 '샤토'라는 우아한 명칭을 붙였는데
어때, 폼나지?
양조장이 성?
CHÂTEAU
샤토
이는 보르도 지방에만 국한되고 다른 지역에서는 거의 쓰지 않아.
음, 보르도 와인이군!
CHÂTEAU Lynch & Bages
실제로 주요 샤토를 구입한 사람들은 귀족과 관계없는 신흥 부르주아 자본귀족들로
귀족은 혁명 때 씨가 말랐거든!
'샤토'란 귀족문화와는 전혀 상관없는 '귀족마케팅' 용어라고 할 수 있지.

*winery

*Château

*샤토 디켐

❖ 샤토와 신흥 부르주아 귀족

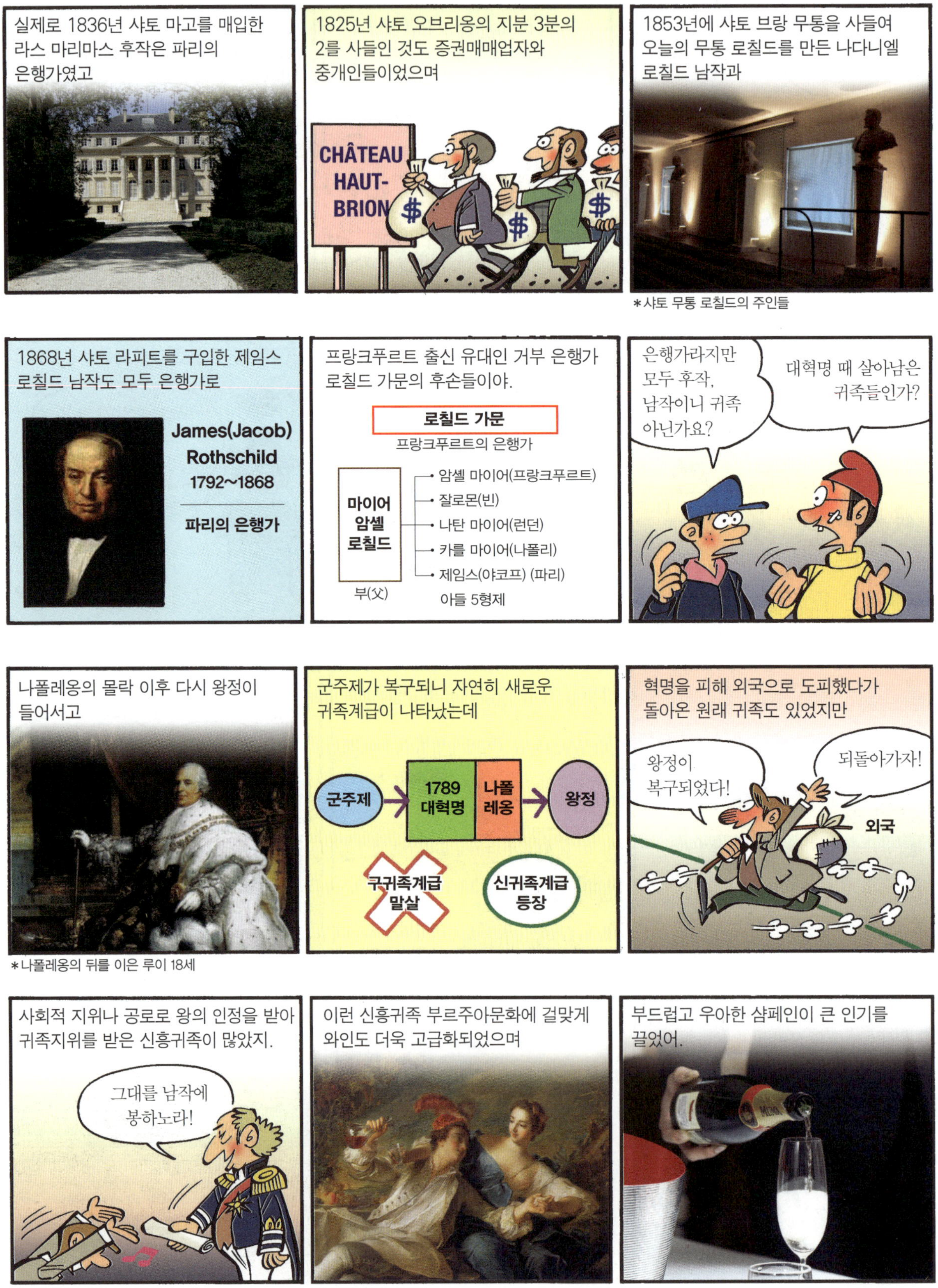

실제로 1836년 샤토 마고를 매입한 라스 마리마스 후작은 파리의 은행가였고
1825년 샤토 오브리옹의 지분 3분의 2를 사들인 것도 증권매매업자와 중개인들이었으며
CHÂTEAU HAUT-BRION
$
1853년에 샤토 브랑 무통을 사들여 오늘의 무통 로칠드를 만든 나다니엘 로칠드 남작과
1868년 샤토 라피트를 구입한 제임스 로칠드 남작도 모두 은행가로
James(Jacob) Rothschild
1792~1868
파리의 은행가
프랑크푸르트 출신 유대인 거부 은행가 로칠드 가문의 후손들이야.
로칠드 가문
프랑크푸르트의 은행가
마이어 암셸 로칠드
부(父)
• 암셸 마이어(프랑크푸르트)
• 잘로몬(빈)
• 나탄 마이어(런던)
• 카를 마이어(나폴리)
• 제임스(야코프) (파리)
아들 5형제
은행가라지만 모두 후작, 남작이니 귀족 아닌가요?
대혁명 때 살아남은 귀족들인가?
나폴레옹의 몰락 이후 다시 왕정이 들어서고
군주제가 복구되니 자연히 새로운 귀족계급이 나타났는데
군주제
1789 대혁명
나폴레옹
왕정
구귀족계급 말살
신귀족계급 등장
혁명을 피해 외국으로 도피했다가 돌아온 원래 귀족도 있었지만
왕정이 복구되었다!
되돌아가자!
외국
사회적 지위나 공로로 왕의 인정을 받아 귀족지위를 받은 신흥귀족이 많았지.
그대를 남작에 봉하노라!
이런 신흥귀족 부르주아문화에 걸맞게 와인도 더욱 고급화되었으며
부드럽고 우아한 샴페인이 큰 인기를 끌었어.

*샤토 무통 로칠드의 주인들

*나폴레옹의 뒤를 이은 루이 18세

❖ 파리 만국박람회

1855년은 세계 와인역사에 아주 중요한 해야. 이때 고급와인의 기준이 세워졌기 때문이지.
1855
1851년에는 런던에서, 1855년에는 파리에서 세계박람회가 열렸어.
세계박람회는 산업혁명에 따른 상품 전시회로, 각 나라가 자국의 상품을 진열해 교역을 증진하는 행사였지.
세계박람회
EXPO
(Exhibition)
World Fair
Exposition Universelle

＊1855년과 유사했던 1889년의 세계박람회

와인생산국이 아니었던 영국은 런던박람회에 알코올음료를 전시하지 못하게 했지만
세계 최고의 와인을 생산하는 세계 최대의 와인 생산·수출국인 프랑스에서
영국이야 와인을 생산하지 못하니 보여 줄 수 없었던 거지.
와인은 이미 국가적 자존심이었으므로 주요한 전시 품목이 되었지.
와인이야말로 우리 프랑스가 세계에 자랑하는 문화상품 아니던가?
아자!

＊1851년 세계 최초의 세계박람회가 열린 영국 런던의 수정궁

당시 황제였던 나폴레옹 3세는 보르도의 와인업자들을 불러 지시했어.
이번 박람회에서 와인전시관은 아주 중요한 의미를 갖소.
우리 프랑스 와인이 얼마나 훌륭한지 전세계에 다시 한 번 확실하게 알려야 하오. 알겠소?
그러나 우리 와인은 종류가 너무 다양하니 제한된 전시장에 모두 전시할 수가 없소.

그래서 프랑스 와인산업을 대표하는 보르도 와인을 특별 전시할 텐데
보르도 지방
보르도시
그 넓은 지역의 와인을 다 전시할 수는 없으니 와인산업이 가장 활발한 메독 지방 와인을 집중적으로 전시하시오.
보르도 지방
메독
감사합니다, 폐하!
하기야 우리 메독 지방 외엔 별다른 샤토가 없습죠.

❖ 그랑 크뤼 클라세

그런데 말이오!
예, 말씀하옵소서, 폐하!
메독 와인도 그냥 쭉 늘어놓기만 하면 와인전문가가 아닌 이상 어떤 와인이 좋은지 알 수가 없고
특히 외국 손님들은 혼란스럽기만 할 테니
이번 기회에 메독 지방 와인의 품질을 평가해 등급을 매겨 전시하면 대번에 어떤 와인이 좋은지 알 수 있지 않겠소?
오…
대단한 아이디어십니다, 폐하!
그래서 보르도의 메독 지방 와인업자들이 모여 며칠 만에 수백 개의 샤토 와인을 평가해
폐하께서 와인에 등급을 매기랍신다!
수군 수군
숙덕 숙덕
모두 61개의 샤토를 특급와인 생산자로 선정했는데
선정기준을 뭘로 한다?
뭘 고민해요? 현재 거래가격이 높은 순으로 하면 되지!
이 특급와인 샤토를 '그랑 크뤼 클라세'라고 부른 거야.
Grand Cru Classé
그랑 크뤼 클라세
= 특급와인(최고급와인)
아….
그랑 크뤼!
프랑스 최고급와인의 명칭!
이 61개 그랑 크뤼 클라세 샤토를 다시 5등급으로 분류해 보르도 메독 와인의 품질서열을 정했어.
• Premiers Grands Crus Classés 프르미에 그랑 크뤼 클라세 (특1등급) 4개
• Deuxièmes Grands Crus Classés 되지엠므 그랑 크뤼 클라세 (특2등급) 15개
• Troisièmes Grands Crus Classés 트루아지엠므 그랑 크뤼 클라세 (특3등급) 14개
• Quatrièmes Grands Crus Classés 카트리엠므 그랑 크뤼 클라세 (특4등급) 10개
• Cinquièmes Grands Crus Classés 생키엠므 그랑 크뤼 클라세 (특5등급) 18개
그랑 크뤼 클라세 Grands Crus Classés
이 서열은 150년이 지난 지금까지도 그대로 지켜지고 있어.
그랑 크뤼 클라세 샤토가 궁금하면
2권 끝에 있는 부록을 보세요!

❖ 샤토 오브리옹

딱 두 개의 예외가 있긴 하지.
그랑 크뤼 클라세는 메독 지방 샤토들의 품질서열을 정한 것인데
Grands Crus Classés
Médoc
메독 지방
보르도시
Graves
그라브 지방
메독가 아닌 그라브 지방의 샤토 오브리옹이 특1등급(프르미에)에 포함된 거야.
CHATEAU HAUT-BRION
*샤토 오브리옹의 라벨 : 45% 카베르네 소비뇽
37% 메를로
18% 카베르네 프랑
그라브 와인이 왜 메독 와인 품질서열에 끼어?
그라브 지방 때문이 아니라…
샤토 오브리옹이 너무너무 유명해서 파리 세계박람회에 빠지면 안 되기 때문이지.
당신, 평가위원회에 로비한 거 아냐?
일리가 있는 것 같기도 하고….
그래서 1855년 박람회 때 지정된 메독 지방의 그랑 크뤼 클라세(특급와인)는 모두 61개였지.
특1등급 4개
특2등급 15개
특3등급 14개
특4등급 10개
특5등급 18개
또 하나의 예외는 샤토 무통 로칠드야.
CHATEAU MOUTON ROTHSCHILD
CHATEAU D'ARMAILHAC
이 샤토는 1855년 평가 때 특1등급에서 탈락해 특2등급 A판정을 받았는데
2
CHÂTEAU MOUTON-ROTHSCHILD
쾅
세계 최고의 와인이라고 자부하던 그들의 실망과 분노는 이루 말할 수 없었지.
우리가 2등급이라니?
이건 심사위원들의 농간이야!
1922년 경영권을 물려받은 필리프 남작은
필리프 로칠드 남작
이를 악물고 품질개선을 다짐하면서 무통의 자존심을 슬로건에 담았어.
Premier ne puis,
Second ne daigne,
Mouton suis.
1급은 되지 못한다.
2급엔 만족 않는다.
나는 무통이다!

*샤토 무통 로칠드 안내판(보르도 포이약)

*Baron Philippe de Rothschild, 1902~1988

❖ 샤토 무통 로칠드

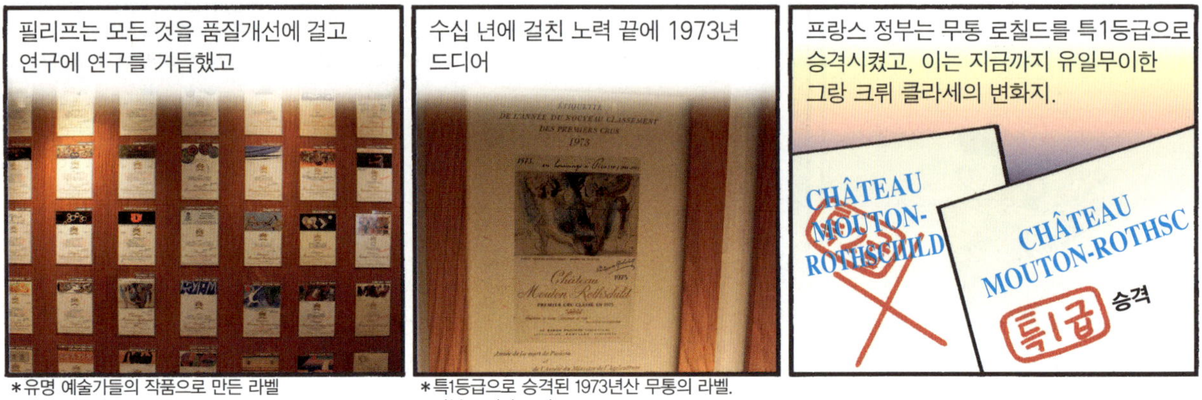

필리프는 모든 것을 품질개선에 걸고
연구에 연구를 거듭했고
수십 년에 걸친 노력 끝에 1973년
드디어
프랑스 정부는 무통 로칠드를 특1등급으로
승격시켰고, 이는 지금까지 유일무이한
그랑 크뤼 클라세의 변화지.
CHÂTEAU MOUTON-ROTHSCHILD
CHÂTEAU MOUTON-ROTHSC
특1급
승격

＊유명 예술가들의 작품으로 만든 라벨

＊특1등급으로 승격된 1973년산 무통의 라벨. 파블로 피카소 작

이를 계기로 무통의 슬로건도 바뀌었어.
Premier je suis,
Second je fus,
Mouton ne change.
나는 1급이다.
나는 2급이었다.
무통은 변하지 않는다!
'그랑 크뤼 클라세' 표시는 고급와인의 보증선가요?
그렇다고 볼 수도, 그렇지 않다고 볼 수도 있지.
오늘날 1,400개나 되는 메독의 샤토
가운데 오직 61개뿐인 그랑 크뤼 클라세니
대단한 고급와인임에는 분명하지.
Grands Crus Classés
4%
메독의 샤토
Château de Médoc

특1등급으로 지정된 5개 샤토를 이른바
'5대 샤토'라고 하는데
●Ch. Lafite Rothschild(포이약)
샤토 라피트 로칠드
●Ch. Mouton-Rothschild(포이약)
샤토 무통 로칠드
●Ch. Latour (포이약)
샤토 라투르
●Ch. Margaux(마고)
샤토 마고
●Ch. Haut-Brion(그라브)
샤토 오브리옹
아무리 싼 것도 한 병에 500달러
이상으로, 가격에 한도가 없단다.
그러나 1855년에 제정된 등급이
지금까지 전혀 변하지 않아서
1855년 ⇨ 2020년
165년 이상
NO CHANGE

＊샤토 라피트 로칠드 1899년산. 8,385유로(약 1,200만 원)

165년에 걸친 품질개선 노력이 전혀
반영되지 않아 상당한 거품이 있고
시대변화
품질변화
연구개발 노력
1855년 판정
다 소용없다!
프랑스 정부
전설적인 5대 샤토 와인은
그 이름만으로도 감탄을 자아내지만
샤토 라피트!
오!
라투르! 마고!
빈티지(수확연도)에 따라 그 비싼 가격의
가치가 있을까 하는 의문이 뒤따르지.
이게 5대 샤토 와인이라고?
이 빈티지는 20유로짜리만도 못하네!

❖ 샤토 랭슈 바주와 샤토 팔메

같은 그랑 크뤼 클라세라도 특2등급부터는 라벨에 '그랑 크뤼 클라세'라고만 표기해.
CHATEAU PICHON LONGUEVILLE
2000
COMTESSE DE LALANDE
GRAND CRU CLASSÉ
PAUILLAC
샤토 피숑 롱그빌 콩테스 드 랄랑드
특2등급 그랑 크뤼 클라세
하기야 1등은 세상이 다 알고 경배하는데….
나 2등급, 3등급하면서 자랑할 필요는 없겠죠.
그래서 61개 그랑 크뤼 클라세 가운데 특1등급 5개를 제외한 56개 샤토는
특2등급 그랑 크뤼 클라세
Château Brane-Cantenac
Château Cos d'Estournel
Château Ducru-Beaucaillou
Château Dufort-Vivens
Château Gruaud-Larose
Château Lascombes
⋮

*45% 카베르네 소비뇽, 35% 메를로, 12% 카베르네 프랑, 8% 프티 베르도

모두 외지 않으면 몇 등급인지 알 수가 없으니 프랑스 와인이 복잡하다는 거지.
Ch. Talbot 샤토 탈보!
생 쥘리앵 지방 제4등급 그랑 크뤼 클라세!
공부해야겠다, 아는 척하려면.
와인 아는 척하지 말고 소믈리에에게 물어봐. 그게 빠르지!
꿀꺽
실제로 포이약 지방의 특5등급 샤토 랭슈 바주는 그 품질이 잘 알려져 특2등급 가격에 팔리고
GRAND VIN
CHATEAU
LYNCH BAGES
GRAND CRU CLASSÉ
PAUILLAC
2003
Ch. Lynch-Bages
특5등급
↓
매매가격 특2등급
73% 카 · 소비뇽, 15% 메를로, 10% 카 · 프랑, 2% 프티 베르도
마고 지방의 샤토 팔메는 특3등급이지만 특1등급 가격에 거래되고 있어.
CHATEAU PALMER
← PARKING BUS
ATTENTION PARKING NON SURVEILLE
WARNING PARKING NO SECURITY
ACHTUNG PARKPALATZ NICHT BEWACHT
흠, 그러니 '그랑 크뤼 클라세'는 고급와인이라는 안내일 뿐, 와인의 맛을 보증하는 건 아니로군요?
Grand Cru Classé
그랑 크뤼 클라세
나는 최고급와인에 속하는 것은 분명하다!
그래, 와인은 빈티지에 따라 특1등급이 형편없을 때도 있고
'빈티지(vintage)'는 그 와인을 만든 포도를 수확한 해!
밀레짐! (millésime)
그랑 크뤼 클라세가 아닌 샤토의 와인이 그랑 크뤼보다 값은 엄청나게 싼데 맛은 더 좋을 수도 있지.
오~ 맛이 장난 아닌데!
이 가격에 이렇게 맛있는 놈이 있었다니!
어쨌든 와인은 등급과 가격만 보고 맛과 품질을 평가해서는 안 돼.
가격이 100배라고 해서
맛이 100배 좋은 건 아닐 테고….
$800
$8
자신의 스타일에 맞고 자기가 맛있게 느끼는 와인을 선택해야 와인 위선자가 되지 않는 거라고!
이게 내 와인이다!
가격 대비 맛이 아주 좋아!

❖ 보르도의 다양한 그랑 크뤼 제도

같은 보르도라도 메독 지방만 5등급의 그랑 크뤼 클라세를 나누고
그랑 크뤼 클라세
특1등급
특2등급
특3등급
특4등급
특5등급
Médoc
다른 지방은 그랑 크뤼 분류법이 다 다르기 때문에 무턱대고 그랑 크뤼만 찾으면 안 돼.
포므롤 지방
생테밀리옹 지방
메독 지방
그라브 지방
소테른 지방
모두 다른 분류 시스템!
예컨대 포므롤 지방에는 그랑 크뤼 분류가 아예 없는데도
Pomerol
포므롤
그랑 크뤼? 우린 그런 거 없다!
St-Émilion
생테밀리옹
도르도뉴강
샤토 페트뤼스라는 전설적인 와인이 있으며
Ch. Petrus
샤토 페트뤼스
생테밀리옹 지방에서는 그랑 크뤼 클라세와 프르미에 그랑 크뤼 클라세*로 분류하고
생테밀리옹 와인 분류
프르미에 그랑 크뤼 클라세
그랑 크뤼 클라세
13개 샤토
53개 샤토
*Premier Grand Cru Classé
프르미에 그랑 크뤼 클라세(특1등급)도 A급과 B급으로 나누지.
Premier Grand Cru Classé
Château A
Château B
A급 샤토(2개)
B급 샤토(11개)
· Ch. Ausone 샤토 오존
· Ch. Cheval Blanc 샤토 슈발 블랑
생테밀리옹 와인 중에 호칭이 아예 '생테밀리옹 그랑 크뤼'인 게 있는데
생테밀리옹 와인
생테밀리옹
Saint-Émilion
생테밀리옹 그랑 크뤼
Saint-Émilion Grand Cru
이 와인은 매년 병에 담기 전 정밀하게 품질검사를 해서 일반 와인과 그랑 크뤼 클라세로 나눠 라벨에 표시를 하도록 했지.
그라브 지방의 경우 1855년 메독 와인과 함께 특1등급 판정을 받은 샤토 오브리옹 말고는 그랑 크뤼 클라세 분류를 하지 않아.
NO 그랑 크뤼!
샤토 오브리옹
GRAVES
달콤한 화이트와인의 주산지인 소테른 지방에는 아예 그랑 크뤼라는 호칭이 없고
우리 동네엔 아예 그랑 크뤼가 없~다!
포므롤 Pomerol
소테른 Sautern
특급와인을 3등급으로 분류하지.
• Premier Cru Supérieur(특1급)
프르미에 크뤼 쉬페리외르
1개/Ch. d'Yquem(샤토 디켐)
• Premier Crus(특급)
프르미에 크뤼
11개
• Deuxièmes Crus(2급)
되지엠므 크뤼
14개
소테른
특급와인
26개 샤토
부르고뉴도 복잡하긴 마찬가지야.
고만하세요. 그냥 '그랑 크뤼는 아주 좋은 와인' 정도로만 알게요.

❖ 그랑 크뤼란?

그런데 도대체 '그랑 크뤼'라는 게 정확히 무슨 뜻이죠? 프랑스 와인에만 있는 등급이라는 건 알겠는데….

그랑 크뤼를 뜻 그대로 옮기면
Grand Cru
그랑 크뤼
= great growth
훌륭한 자람

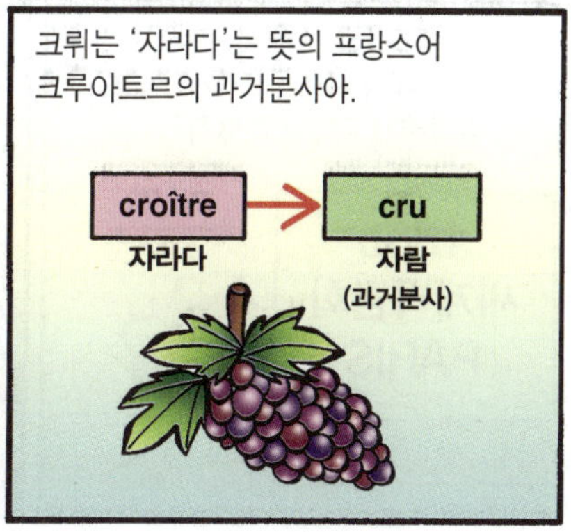

크뤼는 '자라다'는 뜻의 프랑스어 크루아트르의 과거분사야.
croître
자라다
cru
자람
(과거분사)

훌륭한 와인을 만들 수 있는 대단히 품질 좋은 포도가 자라는 포도원과 양조장

*샤토 라피트 로칠드의 포도원과 저장고 어귀

즉, 그런 샤토에서 만드는 특급와인을 '그랑 크뤼'라고 해.
GRAND CRU
CLASSÉ
그랑 크뤼 클라세

보르도 지방에서는 그랑 크뤼라는 특급와인을 생산하는 샤토를 뜻하며

*샤토 뒤크뤼 보카유(생 쥘리앵), 특2등급 샤토

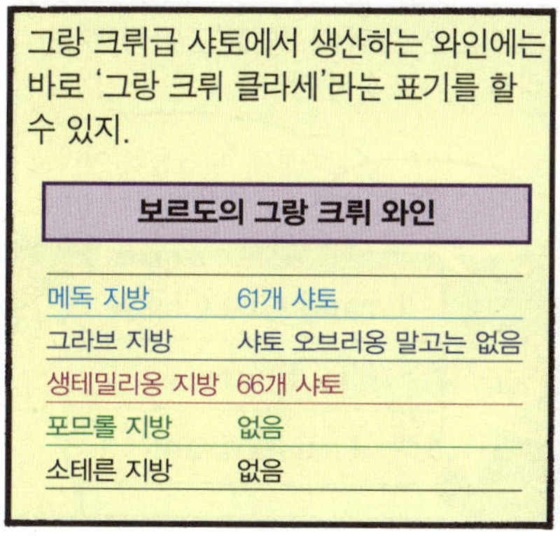

그랑 크뤼급 샤토에서 생산하는 와인에는 바로 '그랑 크뤼 클라세'라는 표기를 할 수 있지.
보르도의 그랑 크뤼 와인
메독 지방 61개 샤토
그라브 지방 샤토 오브리옹 말고는 없음
생테밀리옹 지방 66개 샤토
포므롤 지방 없음
소테른 지방 없음

1935년에 처음 '그랑 크뤼' 표기제를 도입한 부르고뉴 지방은
부르고뉴, 영어식 발음은 버건디!
Bourgogne
Burgundy

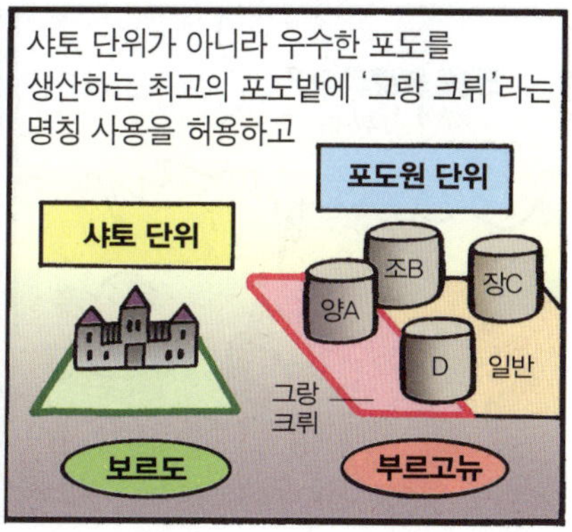

샤토 단위가 아니라 우수한 포도를 생산하는 최고의 포도밭에 '그랑 크뤼'라는 명칭 사용을 허용하고
샤토 단위
포도원 단위
조B
장C
양A
D
일반
그랑 크뤼
보르도
부르고뉴

여러 밭의 포도를 섞어 와인을 만드는 샹파뉴는 포도재배업자의 등급이 곧 그랑 크뤼이며
재배업자
내가 키운 포도가 그랑 크뤼급!

17개의 그랑 크뤼급 재배지역에서 난 포도를 사용하면 그랑 크뤼 표기를 할 수 있어.
A지역
B지역
그랑 크뤼급 지역
그랑 크뤼

알자스 지방에서도 1975년부터 47개 지역을 그랑 크뤼로 지정하고 있지.
리슬링과 샤르도네 품종으로 주로 화이트와인을 생산하죠.
Alsace

❖ 크뤼 부르주아

1855년 파리 세계박람회를 계기로 수백 개의 메독 샤토 중 61개만 그랑 크뤼 클라세가 되었다고 했지?
1855 세계박람회 PARIS
그럼 떨어진 나머지 샤토는?
기분 까~칠 했겠죠!
말하자면 61개 그랑 크뤼급 샤토는 하루아침에 와인의 귀족이 되고, 나머지 샤토는 서민와인공장이 되고 말았지.
Grand Cru
그래서 탈락한 와인업자들이 모여 2등급 와인서열을 매기기로 했어.
이거 어디 서러워서 살겠소?
61개 귀족 샤토만 와인인가?
우리도 그럴듯한 호칭을 붙입시다!
옳소! 적어도 막 만든 와인이 아니라는 이미지를 심어야 해요!
와글
와글
그랑 크뤼급 선정 탈락업자 비상대책위
(패자부활전 준비위)
61개 그랑 크뤼가 귀족처럼 군림하니 우리는 '서민 크뤼' 즉 '크뤼 부르주아'라 하는 게 어떻겠소?
Grand
CRU BOURGEOIS
크뤼 부르주아? 서민 크뤼….
좋네!
이래서 2등급 와인인 '크뤼 부르주아'가 탄생했고
특급 그랑 크뤼
고급 크뤼 부르주아
특급은 아니나 그래도 썩 좋은 와인!
그 밑으로 '크뤼 아르티장'도 등장했지만 라벨 표기는 하지 않지.
2등급은 몰라도
족보에 '나 3등급'이라고 쓸 필요는 없지.
Grand Cru Classé
Cru Bourgeois
Cru Artisant
크뤼 부르주아는 1932년 공식적으로 인정을 받았고 1979년 유럽법의 보호를 받게 되었지만
인정은 한다마는 매년 품질검사에서 떨어지면 자격 박탈이야!
인증서
당시 442개였던 크뤼 부르주아 샤토는 평가 때마다 늘고 줄고 하다가
그렇지 않아도 프랑스 와인 식별이 어려워
신대륙 와인에 밀리는데 굳이 이 분류법을 유지할 필요가 있나?
2007년 2월 27일 제도 자체가 없어졌어.*
그럼 '크뤼 부르주아'란 명칭을 못 붙였겠네.
적어도 2007년 빈티지부터 사라졌겠군!

*2010년에 부활함

❖ 샹파뉴의 등장과 동 페리뇽

19세기 들어 모든 음식에 잘 어울리는 샹파뉴(샴페인)가 큰 인기를 끌었어.
CHAMPAGNE
펑
거품와인인 샹파뉴는 프랑스의 수도사 동 페리뇽이 개발했다고 해.
Dom Pérignon
동 페리뇽
1638~1715
1688년 샹파뉴 지방 오비예 수도원의 취사와 와인 담당 수도사로 부임한 그는
랭스(Reims)
파리 150km
오비예 (Hautvillers)
디지(Dizy)
에페르네(Épernay)
앞을 보지 못하는 장애인이었지만 독특한 방식으로 병이 터지지 않으면서도 거품이 살아 있는 와인을 개발해
새콤하고 신선한 맛의 새로운 거품와인을 탄생시켰지.
오… 나는 별을 마시고 있다!*
부드럽고 산뜻한 샹파뉴는 곧 귀족과 왕실로부터 큰 인기를 얻었는데, 오늘날까지도 품위있는 파티에서 빠져서는 안 되는 존재로 사랑받고 있어.
샹파뉴 지방의 수도 랭스는 18세기까지 프랑스 왕이 즉위식을 올리던 곳이어서, 그곳에서 생산되었다는 사실 자체가 귀족적인 이미지를 풍겼지.
샹파뉴는 한 여인의 공로에 힘입어 세계적인 음료로 널리 알려졌어.
뵈브 클리코, 즉 '과부 클리코'로 불리던 미망인 바르브-니콜 클리코-퐁사르댕은
Veuve Barbe-Nicole Clicquot-Ponsardin
1777~1866
와인가문인 클리코 집안에 시집왔으나 27세에 남편이 죽고 말았어.
이 가문을 살릴 사람은 나밖에 없구나!
François Clicquot 1805
그녀는 가업에 뛰어들어 뛰어난 사업수완을 발휘했어.
Veuve Clicquot Ponsardin

*손으로 병을 돌려 찌꺼기를 가라앉히는 과정. 지금은 기계로 작업한다.

*페리뇽이 샹파뉴를 처음 마시고 한 말

*뵈브 클리코(Veuve Clicquot)

*샴페인과 파티. 19세기 초 석판화

*현재 뵈브 클리코 사의 샹파뉴 저장고와 안내소

❖ 클리코 부인

나폴레옹전쟁이 끝나고 전유럽의 지도자들이 모여 전후문제를 논의하던 빈으로 간 클리코 부인은
전후처리 유럽 정상회담
Wiener Kongress
1814~1815
오스트리아
프로이센
러시아
영국
Wien
빼어난 사교술로 회의에 참석한 왕과 제후들을 사로잡아
샹파뉴 맛이 어떠시와요?
죽여주시와요!
빈 회의 내내 샹파뉴가 주음료로 채택되면서 세계적으로 널리 알려졌지.
러시아 황실에 독점 납품하는 권리까지 따내 황제 개인의 취향에 맞춘 맞춤 샹파뉴를 수출하자
흠, 이게 짐만을 위해 특별히 만든 샹파뉴라고?
전유럽과 미국 등에서 엄청난 주문이 쏟아져 들어와
우아한 기품을 자랑하려면
샹파뉴를 마셔라!
일약 세계적인 음료로 발돋움했지.
아메리카
러시아
남아메리카
아시아
아프리카
19세기 초부터 폭발적으로 늘어나기 시작한 샹파뉴 소비는 80년간 무려 120배가 되었는데
120배
80년간
코르크마개를 철사로 묶는 기술이 도입되어, 가스로 인해 병이 터지는 문제가 해결되면서
철사
코르크
병
영국과 미국을 주시장으로 승승장구했지.
프랑스 하고도
샹파뉴! 뭘 더 바라?
BRAVO!
USA
영국
이제 샹파뉴는 고급파티에서 가장 중요한 음료로 자리잡았고
이거 샹파뉴가 아니잖아?
아주 서민스러운 파티로군!
샹파뉴를 개발한 동 페리뇽을 기리기 위해
딸꾹
Dom Perignon
최대 샹파뉴 제조사인 모에 에 샹동(Moët et Chandon) 사는 1937년 '동 페리뇽'이라는 상품을 내놓기도 했어.
53년산 동 페리뇽을 마셔보지 못했거나 8도 이상으로 마신다면
귀마개를 안 하고 비틀즈를 듣는 거와 같아!*

* 영화 〈007 골드핑거(1964)〉의 제임스 본드

❖ 미국과 이탈리아의 와인

19세기 유럽은 일반적으로 남부는 포도주, 북부는 증류주를 마시는 분위기였어.
북유럽
증류주
(포도가 생산되지 않는 곳)
위스키, 럼, 보드카 등등
남유럽
포도주(포도생산지)
나폴레옹전쟁 뒤 패망한 나폴레옹 수하 전직 장교들은
다음은 우리 차례!
새 정권의 보복을 피해 대거 미국으로 도피
어물거리다간 뼈도 못 추리겠다!
USA
미국에 유럽형 포도인 비니페라종을 공격적으로 재배하기 시작했는데
왜 포도를 재배하냐고?
세상에 와인장사만큼 많이 남는 장사가 또 있는 줄 알아?
이는 유럽의 문화를 동경하는 미국인들의 취향에 맞추기 위한 것이었지.
프랑스 포도 품종으로 만든 와인!
오, 프랑스 와인!
이것이 지금도 미국 와인 중 대다수가 유럽형 비니페라종으로 만들어지는 이유야.
WINE MADE IN USA
미국의 고급와인들
카베르네 소비뇽
카베르네 프랑
피노 누아
시라
샤르도네 등
유럽의 비니페라종
이탈리아는 오랜 통일전쟁으로 와인문화도 척박해져 프랑스 와인과 경쟁할 처지가 못 되었어.
프랑스 와인
귀족
이탈리아 와인
여러 나라로 갈라져 화폐와 도량형도 서로 달라서
이거 20굴덴인데⋯.
우린 탈러를 써. 탈러로 얼마야?
전국적인 시장이 형성되지 못한 게 결정적인 이유였지.
피에몬테
롬바르디아
트렌티노
베네토
에밀리아-로마냐
토스카나
따로
따로
그러나 1870년의 통일을 계기로
프랑스에서와 같은 와인의 고급화 필요성을 절감하고
와인의 종주국은 우리 이탈리아인데⋯
프랑스 와인=고급
이탈리아 와인=저질
이라니?
이탈리아 와인의 고급화라는 혁명을 시작했지.
품질혁신
고급화
이탈리아의 와인혁명
19세기 말

*통일 이탈리아 초대국왕 비토리오 에마누엘레 2세의 기념탑. 로마, 1885~1911년 건축

❖ 19세기 와인산업의 시련

19세기 들어 와인산업은 두 가지 큰 시련에 부딪히게 돼.
WINE
점차 거세지는 음주반대운동과 전유럽의 포도밭을 초토화시킨 병충해.
음주반대운동
병충해
VIN
1820년대, 와인을 비롯한 발효주에도 알코올성분이 들어 있음이 밝혀지면서
뭐?
예수님의 피에 알코올이 들어 있다고?
와인에 너그러웠던 사회분위기가 크게 달라지기 시작했지.
그러면 그렇지!
그때까지만 해도 알코올이란 위스키, 진, 브랜디 등의 증류주에만 있는 줄 알았는데
증류주
와인
알코올음료
신의 조화
와인, 맥주, 과실주 같은 발효음료에도 알코올성분이 들어 있다는 사실은 큰 충격이었어.
마셔서 알딸딸 해지는 것은
종류를 가리지 않고 모두 알코올성분 때문입니다!
그러면 위스키 마셔도 취하고 와인 마셔도 취하는데
위스키엔 알코올이 있고 와인엔 없는 줄 알았단 말인가?
다른 불순물을 섞지 않은 순수 발효주의 경우, 뭔가 자연적인 요소가 인간을 기분좋게 취하도록 만드는 줄 알았던 거지.
불순물
순수 발효주
증류주처럼 갑자기 취하는 건 알코올성분 때문이고 말이야.
말도 안 돼! 어떻게 그런 생각을?
그래서 과학의 발달이 중요하다고 하는 거야!
와인도 단지 술에 지나지 않는다는 사실은 당시 혼란스러운 사회분위기 속에서 큰 의식의 변화를 불러왔어.
VIN
너도 역시 알코올!

❖ 금주운동

19세기에는 산업의 발달과 함께 사회도 크게 변화했어.
＊1851년 런던 세계박람회가 열린 수정궁

농촌사회가 공업사회로 바뀌어 도시가 팽창하고
＊점점 팽창하는 공장지대

노동자계급이 급증하면서 노동조합이 결성되고 사회주의운동이 격화되어
와
와
노동
노동조건 개선
노동자여 단결하라

자본가와 노동계급의 투쟁으로 사회는 큰 혼란에 빠졌지.
자본가 계급
노동계급

빈민층이 늘어남에 따라 빈민굴이 생겨났고
＊1850년대 런던의 빈민들

범죄가 날로 증가하는 한편 노동조건도 극도로 열악해
＊19세기 땅굴에서 노동하는 어린이

자살, 도박, 매춘, 가정파괴 등

기존의 정치, 종교, 사회 질서가 마구 무너져내리기 시작했지.
산업사회화
기존질서

사람들은 이런 혼란의 원인이 바로 술이라고 믿었어.
술이 원흉이다!
온전한 정신을 마취시켜 악으로 이끄는 술!

1849년에는 알코올중독이 병으로 규정돼 사회적 충격을 주었고
병!

이는 점차 사회적인 금주운동으로 이어졌어.
PROHIBITION
禁酒法

바야흐로 알코올은 탄생 이래 처음으로 적대세력을 맞이하게 된 거야.
알코올을 추방하자!
이런 일은 처음일세!

❖ 금주운동의 확산

금주운동은 유럽과 미국 등 전 세계로 번져
금주운동
알코올
19세기 후반에 알코올은 마약과 같은 취급을 받기도 했지.
네 신세도 많이 처량해졌구나!
알코올
마약
그러나 와인은 다른 술과 달리 비교적 순탄하게 넘어갔어.
알코올이라고 다 같은 알코올이냐?
난 다르거든!
알코올
VIN
그때까지만 해도 와인은 건강에 좋다는 통념이 유지되었고
와인 없는 식사는
김치 빠진 한정식!
특히 기독교세계에서는 결코 없어서는 안 되는 것이었기 때문이지.
주예수 그리스도의 피!
IN VINO VERITAS…
기독교사회는 심각한 고민에 빠졌어.
알코올은 몸에 해롭다!
그런데 알코올이 들어 있는 와인은 몸에 좋다?
와인은 예수님의 피, 성경에서도 허락하지 않았는가?
알코올은 인간의 정신을 흐리게 하는 마약 같은 것!
알코올을 마시지 말라고 와인도 마시지 말라면
기독교인으로서 성경 말씀을 부인하는 것!
모순이로세!
모순이야!
적당히 마시면 와인은 분명히 몸에 좋다!
문제가 되는 것은 갑자기 심하게 취하는 독한 증류주다!
증류주는 성경이 허락한 와인이 아니다. 우리가 반대할 알코올은 바로 독한 증류주다!
그거야, 바로!
딱
그러니 독주를 마시지 말라, 그러나 와인을 마시는 건 좋다!

❖ 미국의 금주법

이런 금주운동의 확산을 프랑스 사람들은 이해하지 못했어.
와인 없이 어떻게 살겠다는 거야?
금주!
와글 와글
프랑스에서도 각종 금주운동이 벌어졌지만 결코 와인을 대상으로 한 것은 아니었고
알코올은 건강에 해롭다!
와인은 빼고….
ALCOOL NON!
VIN OUI!
각종 술소비량 조사에서도 와인은 빠지기 일쑤였지.
와인이 술이라고?
이런, 문화를 모르는 놈!
그런데도 알코올음료 소비는 크게 줄었고, 와인도 예외는 아니었지.
알코올음료 소비
와인 소비
미국은 프랑스와는 극단적으로 달랐어.
와인은 건강에 이롭다!
와인이고 뭐고 알코올은 다 나쁘다!
와 와
USA
세속적인 것에 비교적 너그러운 가톨릭국가인 프랑스에 비해
오, 주여!
엄격한 청교도국가인 미국의 금주운동은 무척 거셌지.
모두가 사악한 요물이다!
여성운동이 한창 활발해지던 당시에
EMANCIPATION
투표권, 피교육권, 노동권을 달라!
남성에 비해 알코올을 훨씬 덜 소비하는 여성들이 적극적으로 금주운동에 나섰고
금주
1851년 메인주가 증류주 판매를 금지한 것을 시작으로
위스키, 럼 등 증류주는
판매금지
와인, 맥주, 과실주는 예외
1919년 미국 의회가 모든 주류의 생산, 판매, 유통을 금지하는 금주법을 제정하면서
PROHIBITION
금주법
공식 발효 1920. 1. 16
1919~1933
미국의 와인산업은 치명적인 타격을 입었어.
금주법
미국의 와인산업

❖ 포도뿌리혹벌레, 필록세라

미국의 와인산업이 금주법으로 치명타를 맞았다면
유럽의 와인산업을 초토화시킨 것은 포도의 병충해였어.
포도뿌리혹벌레인 필록세라*
종류 : 곤충류(Insecta)
분류 : 매미무리(Hemiptera)
세분류 : 식물기생충(Sternorrhyncha)
부류 : 미세기생충(Phylloxeridae)
학명 : Viteus vitifoliae

*금주법 발효 후 알코올음료를 파기하는 미국인들

*Phylloxera

'포도나무 페스트'라고 불린 엄청난 병충해의 원흉인 이 해충은
원래 1840년대 미국에서 건너온 것으로
필록세라
USA
미국에서 재배되던 포도 품종을 연구차 유럽으로 수입해올 때 함께 따라온 반갑지 않은 손님이었지.

이 해충은 포도나무 뿌리에 기생하면서 뿌리의 수분을 빨아먹어
해충알 → 애벌레
뿌리
수분을 빼앗긴 포도나무는 점점 메말라가고 열매를 제대로 맺지 못하다가
몇 년 뒤 말라죽고 말지.
다 말라죽네!

*열매를 맺지 못하거나 맺어도 곧 썩는 포도

아메리카 인디오들이 유럽에서 건너온 병균 때문에 절반 이상 몰살당한 것처럼
병균
아메리카에서 건너온 해충으로 인해 유럽의 포도밭 절반 이상이 초토화된
해충
유럽의 와인산업
자연의 대재앙이자 징벌이라고나 할까?
아메리카의 복수?

❖ 필록세라의 재앙

필록세라는 아메리카 포도 품종에는 별 피해를 끼치지 않지만
아메리카 포도 품종이 저항력이 없었다면
아메리카 포도나무는 존재하지 않았겠지.
면역성
필록세라
아메리카 품종
유럽 품종인 비니페라에는 치명적이었어.
새로운 병균이나 해충은
면역력이 없으면 곧 적이다!
유럽의 포도재배자들은 원인도 모르는 채
왜 자라지도 못하고 비실비실 마르는 걸까?
엄청난 피해를 고스란히 당하고 있었어.
올해 농사 완전히 망했다!
이건 흉작이 아니라 재앙이다, 재앙!
1854년의 포도농사는 1708년 이래 최악의 흉작이었는데
1708
1854
사상 최대 흉작
이때 이후 흉작이 계속되어 와인업자들은 줄줄이 도산했어.
완전히 망했다!
폐업
파산했음
1868년에야 비로소 흉작의 원인이 밝혀졌으나
포도나무가 말라죽고 수확이 엉망인 것은
포도뿌리혹벌레 때문이다!
전혀 모르고 있던 해충에 대해 대책을 세울 수가 없었어.
그래서 어쩌라고?
발만 동동 구를 뿐 속수무책이었지.
지금까지 알려진 건 해충이라는 사실뿐!
그외엔 아무것도 아는 게 없다!
1880년대에 프랑스 남부와 중부로 번진 병충해는
루아르
샤랑트
알자스
부르고뉴
보르도
론
1890년대에는 프랑스 전역과 이웃 유럽 나라들로 번졌어.
발생
1880년대 와인생산은 1860년대의 절반으로 뚝 떨어졌지.
50~60억 리터
1860 년대
20~30억 리터
1880 년대

❖ 미국 품종의 뿌리와 접붙이기

필록세라가 들불처럼 번져갈 때 엎친 데 덮친 격으로 프랑스-프로이센 전쟁이 터졌어.
프랑스는 1870년 패전해 치욕적인 항복을 했는데
패전한 정부가 포도산업을 돌볼 겨를이 없는 사이
필록세라가 기승을… 대책을!
그런 거 따질 때가 아니거든!
정부
필록세라는 더욱 기승을 부렸지.
에헤라 디~~야
정부는 결국 필록세라 해법에 2만 프랑의 상금을 걸었는데 4년 뒤엔 30만 프랑으로 올랐어.
현상금
Fr. 20,000
필록세라를 해결하는 사람에게 훈장+상금
현상금
Fr. 20,000
Fr. 300,000
15배 인상
얼마나 심각했는지 짐작이 되네요.
피해는 날이 갈수록 커지는데 뾰족한 수는 없고….
1881년 보르도회의에서 드디어 한 가지 묘안이 나왔지.
연구결과, 미국 포도 품종 뿌리는
필록세라에 면역성이 있음이 확인되었소이다!
BORDEAUX
미국에서 건너온 필록세라에 유럽종 비니페라가 전멸하다시피 허약했던 데 비해
면역성
필록세라
유럽종 비니페라
필록세라의 원천인 미국의 포도들은 필록세라에 강해 피해가 없다는 데 착안해
면역성
미국 포도 품종
포도뿌리에 기생하는 필록세라를 제거하기 위해 유럽 품종 비니페라의 뿌리를 자르고
유럽 비니페라 품종
Cut
절단
필록세라에 강한 미국 품종의 뿌리를 접붙이자는 거였어.
+
−
미국 품종 뿌리
유럽 품종 비니페라에
미국 포도나무 뿌리를 접붙인다!
!
딱

*1870년 9월 스당전투

❖ 세계적인 필록세라 피해

유럽뿐 아니라 필록세라의 원천인 미국은 물론 캐나다, 호주, 페루 등
유럽
미국
비니
페라
품종
남아메리카
호주
유럽 품종 비니페라를 수입한 나라들도
유럽형 고급와인을 만들려면 유럽 품종의 포도를 써야….
미국
비니페라 품종
유럽
필록세라에 감염된 포도나무를 들여왔기 때문에 그 피해는 신대륙, 구대륙을 막론하고 전세계적이었어.
나도 따라 왔거든!
필록세라!
단 한 나라, 칠레는 1851년 신대륙에서 가장 먼저 유럽의 비니페라를 수입해
1860~70년대
칠레
유럽 비니페라 품종
남아메리카
필록세라에 감염되지 않은 포도나무를 들여왔기 때문에 전혀 피해를 입지 않았어.
필록세라가 뭔데?
CHILE
접붙이기 방식은 성공적이어서
유럽 비니페라 품종
+
미국 포도 품종 뿌리
포도산업은 서서히 필록세라의 공포에서 벗어나 회복하기 시작했어.
필록세라
그러니까 지금의 유럽 포도나무는
뿌리는 미국, 종류는 유럽….
오늘날 유럽의 포도나무 대부분이 접붙이기한 종자들이니까 필록세라 이전의 포도와는 다르고, 와인맛도 물론 다르겠지.
그럼 가장 순수한, 변형되지 않은 토종 유럽 와인은 칠레산이라고 할 수 있겠네요!
그러게!
그런 면도 있지. 하지만 와인맛을 결정하는 것이 뿌리나 포도 품종만은 아니야. 가장 중요한 것은 테루아*지!
유럽과 칠레의 토양, 기후, 지리조건이 다르기 때문에 와인맛도 다를 수밖에 없어. 그게 바로 와인의 신비함이기도 하고!

*Terroir

❖ 19세기 말, 와인의 사중고

필록세라 이후 와인의 역사는 크게 달라졌어.
와인의 역사 필록세라 이전
~1860년대
와인의 역사 필록세라 이후
1860년대~
헌집이 무너지면 새집을 짓되, 다시 무너지지 않도록 더 튼튼하게 설계하고 새롭게 설비하듯
필록세라로 초토화된 와인산업은 새롭게 태어나야 했지.
와인산업
형편없이 줄어든 생산 때문에 가짜 와인이 판을 치자
없어서 못 파는데…
불량품, 가짜 좀 섞기로서니!
정부와 업자들은 엄격한 관리체계를 구축하기 시작했고
신용이 더 떨어지기 전에
철저하고 엄격한 품질, 유통 관리!
과거의 재배방식을 버리고 새로운 기술과 재배법을 도입하는 한편
과거의 포도밭
개량된 포도밭
포도나무도 수확이 많은 신품종으로 대체해나갔어.
과거 품종
신품종
이런 노력의 결과, 포도생산은 1880~1920년의 40년 동안 세 배 가까이 증가했으나
포도생산
3배 증가
1880년
1900년
1920년
19세기 말 와인산업은 갑자기 늘어난 포도와 와인의 생산으로 경쟁이 극심해졌기 때문에
와인생산
소비시장
VIN
VIN
가격이 폭락해 파산하는 업자가 수두룩했고
와인생산업자
가격폭락
가짜, 변조 와인이 극성을 부리는 통에
이런 짝퉁을 버젓이 팔다니!
도대체 와인에 뭘 집어넣은 거야?
불신이 쌓였고, 그로 인해 수입을 꺼려 수출시장이 위축되는 등 사중고에 시달렸지.
NO!
믿을 수가 없어!
영국
USA

❖ AOC

1907년부터 가짜, 변조 와인에 격분한 재배업자들의 폭동이 이어졌어. 중개상인들의 가격조작도 분노의 대상이었지.
더 이상 방관할 수 없었던 정부는 드디어 품질관리 규정을 법으로 정할 필요를 느꼈지.
와인이란 신선한 포도, 포도즙으로 만든 것이다. _1907년
와인
포도, 포도즙 원료
와인의 법적 정의
포도, 포도즙 외의 재료로 만든 알코올음료는 재료명을 밝혀야 한다.
예 : 딸기와인
그래서 샹파뉴, 보르도, 부르고뉴 등 와인의 명산지 이름을 함부로 쓸 수 없도록 AOC제도, 즉 '원산지호칭제한'제도의 근거를 마련한 거야.
AOC
Appellation 호칭
d'Origine 원산지
제한 Contrôlée
원산지호칭제한제도

*1911년 샹파뉴 포도재배자들이 가격조작에 분노해 샹파뉴통을 부수는 장면

원산지호칭 제한제도?
AOC?
많이 들어는 봤는데?
예컨대 보르도가 와인으로 유명하니까 이런 일이 있을 수 있겠지.
보르도 지명을 붙이면
잘 팔리고 가격도 잘 받을 수 있으니….
다른 곳에서 싼 포도를 사다 와인을 만들어 보르도 와인이라고 표기해 내다파는 일 말이야.
다른 지방 싸구려 저질 포도
보르도 와인
이런 짓을 못하도록 엄격하게 제한해서
법
쾅
그거 안 되거든!
'보르도 와인'이라는 명칭은 보르도 지방에서 생산된 포도로 만든 와인에만 사용할 수 있게 한 거지.
Appellation Bordeaux Contrôlée
아펠라시옹 보르도 콩트롤레
= 보르도 호칭 제한
'보르도 와인'이라는 명칭은 보르도 이외의 지방에서 생산된 포도로 만든 와인에 사용하면 안 된다는 뜻
또 이런 명칭을 쓸 수 있는 지역을 법으로 정하기로 한 AOC는 일종의 품질보증이라고 할 수 있지.
AOC
Appellation d'Origine Contrôlée
정부가 공인한 지역 명칭
이 와인은 정부 공인 ☐ 지역에서 생산된 와인임을 보증함

❖ 군대와 와인

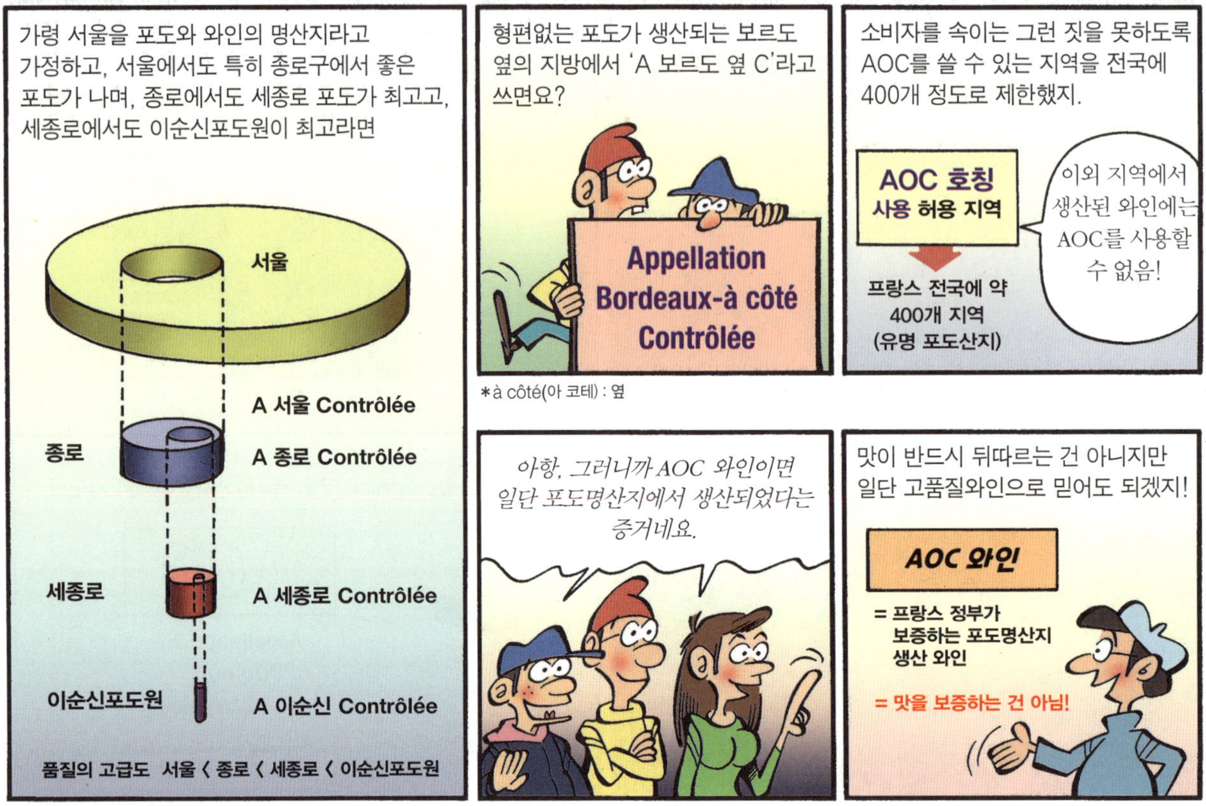
가령 서울을 포도와 와인의 명산지라고 가정하고, 서울에서도 특히 종로구에서 좋은 포도가 나며, 종로에서도 세종로 포도가 최고고, 세종로에서도 이순신포도원이 최고라면
서울
A 서울 Contrôlée
종로
A 종로 Contrôlée
세종로
A 세종로 Contrôlée
이순신포도원
A 이순신 Contrôlée
품질의 고급도 서울 < 종로 < 세종로 < 이순신포도원
형편없는 포도가 생산되는 보르도 옆의 지방에서 'A 보르도 옆 C'라고 쓰면요?
Appellation Bordeaux-à côté Contrôlée
소비자를 속이는 그런 짓을 못하도록 AOC를 쓸 수 있는 지역을 전국에 400개 정도로 제한했지.
AOC 호칭 사용 허용 지역
프랑스 전국에 약 400개 지역 (유명 포도산지)
이외 지역에서 생산된 와인에는 AOC를 사용할 수 없음!
아항. 그러니까 AOC 와인이면 일단 포도명산지에서 생산되었다는 증거네요.
맛이 반드시 뒤따르는 건 아니지만 일단 고품질와인으로 믿어도 되겠지!
AOC 와인
= 프랑스 정부가 보증하는 포도명산지 생산 와인
= 맛을 보증하는 건 아님!

*à côté(아 코테) : 옆

*포도원 이름 AOC는 부르고뉴에서만 가능

20세기는 1차 · 2차대전 등 인류 대재앙의 세기였지.
제1차 세계대전
제2차 세계대전
제1차 세계대전이 터진 1914년에는 포도 대풍년이어서 프랑스는 와인을 무려 60억 리터나 생산했어.
안 팔리면 망하는데
넘쳐나는 이 와인을 어이할꼬?
와인이 넘쳐나는 해에 전쟁이 터지자 와인업계는 절묘한 소비책을 생각해냈어.
우리는 애국자고
와인은 넘쳐흐른다!
우리의 병사들이 사기충천해 승리하도록
군대에 와인을 기증하자! 우리 지역 와인 선전도 될 거야!
이때 와인업계가 2천만 리터를 군대에 기증한 결과
그게 고급 와인이었나요?
너 돌았니? 고급 와인을 돈도 안 받고 주게?
3년 뒤엔 군대가 소비하는 와인만 1억 2천만 리터나 되었어.
1인당 0.25리터에서 0.5리터로!
딸꾹!

❖ 세계대전과 와인산업의 시련

제1차 세계대전이 이어지면서 와인산업은 더 어려워졌어.
와인산업
전쟁 때문에 적국이 된 독일과 오스트리아로의 수출이 막혔고
STOP
와인 수출
독일 시장
오스트리아 시장
러시아혁명으로 황실로의 수출도 끊겼으며
세계 최대고객 중 하나
러시아 황실
전쟁에 승리는 했지만 독일과 오스트리아의 왕실도 사라진데다가
……
독일·오스트리아 시장
미국에는 금주령이 내려 와인수출이 95퍼센트나 줄어든 거야.
종교용 와인만 허용한다!
FRANCE
WINE
PROHIBITION
USA
그래서 1920년대엔 1억 2천만 리터였던 수출물량이 1930년대에는 절반으로 줄어
와인수출량
와인산업은 최대의 위기를 맞았지.
H·E··L··P····
와인산업
1차대전부터 2차대전이 끝날 때까지 세계 와인산업은 계속 비틀거렸어.
시장이 줄고 소비가 감소하는 한편 경쟁은 더 치열해져
시장감소
생산과잉
금주령
소비감소
고급와인에 대한 품질관리는 더욱 엄격해졌고
위기일수록 살아남는 길은 오직 품질뿐이다!
돈 있는 고급 와인소비자를 잡아야 해!
프랑스의 AOC제도가 확고하게 자리잡은 것도 바로 1930년대였지.
신용이 생명이다!
AOC
믿어도 좋다!
그러나 제2차 세계대전은 와인산업을 완전히 바닥으로 끌어내리고 말았어.
제2차 세계대전

❖ 소생하는 와인업계

두 번째 세계대전이 터지자 와인의 생산과 판매체계는 완전히 붕괴되었어.
세계대전
프랑스를 점령한 독일군은 와인을 몰수하고
CHÂTEAU ○○○○○
독일 돈을 지불하기는 했지만 강탈한 것이나 다름없었지.
우린 분명히 돈 냈수.
이런 휴지조각을 어디에 쓰라고?
보르도, 부르고뉴 등 와인의 명산지 제조업자들은
우리의 생명인
와인을 지키자!
결사적으로 와인을 숨겨 독일의 몰수를 피했는데
지하저장고 출입문을 벽돌로 막고
빈 창고를 활짝 열어두어라!
이는 마치 전쟁을 방불할 정도였다고 해!
와인을 어디에 숨겼지?
숨기기는요, 주민들이 모조리 훔쳐간걸요!
1차대전 이후에도 갖가지 시련을 겪었지만
2차대전으로 완전히 폐허가 된 유럽의 와인산업은
K.O....
1950년대까지 생존을 위해 발버둥쳐야 했지.
20세기 후반에 접어들어 전쟁복구와 함께 경제가 서서히 살아나기 시작하자
세계경제
영차!
와인업계도 차츰 활력을 되찾아
끄응
와인의 새로운 번영기를 맞았지만 의외의 복병도 적지 않았어.
VIN

❖ 와인소비의 감소

와인업계가 직면한 가장 큰 문제는 서서히 줄어드는 소비였지.
1900년대 들어 프랑스인들의 와인소비는 계속 감소하고 있었는데
프랑스인 1년간 1인당 와인소비량
170리터
150리터
110리터
97리터
1930
1950
1970
1980
이는 프랑스뿐만 아니라 전세계적인 추세였어.
50년간 와인소비 감소추세
프랑스
칠레
이탈리아
포르투갈
그리스
−60%
−50%
−45%
−33%
−25%
유럽에서 와인소비가 줄어든 이유는 무엇이었을까?
가장 큰 이유는 와인이 식품에서 기호품 개념으로 바뀐 거지.
식품
기호품
• 반드시 마셔야 하는 것
• 좋아서 마시는 것
• 마셔도, 안 마셔도 되는 것
과거에 우리가 김치 없으면 밥을 못 먹고, 밥상엔 반드시 국이 있어야 했듯
김치
밥
국
빈부를 막론하고 모든 식탁에는 고급이든 싸구려든 반드시 와인이 있어야 했는데
와인
와인이 알코올성분이 함유된 기호음료라는 인식이 널리 퍼지면서
너나 우리나 같은 알코올!
VIN
증류주
그 자리를 물이나 주스, 맥주 등이 대신하게 된 거야.
맥주
주스
물
또 1970년대 이후 생수소비가 폭발적으로 증가하기 시작했어.
생수 (生水)
WATER EAU
사람들은 점차 건강과 위생을 생각해
웰빙!
다이어트!
알코올음료 대신 생수를 마시게 되었지.
1950년 식탁의 3분의 1이 생수
현재 4분의 3이 생수
생수

❖ 와인소비 감소의 원인

음주가 노동에 영향을 준다고 근무중 알코올음료를 금한 것도 영향을 미쳤지.
위험
근무중 알코올음료 엄금
근무중에 마시는 와인은 안전사고나 산업재해의 원인이 된다 하여
근무시간에 알코올음료를 일절 금했기 때문에 와인소비도 줄 수밖에 없었어.
맥주도 안 되나요?
맥주는 술 아닌가?
여기에 또 하나의 큰 이유가 있었지.
카페가 날로 줄어 와인을 판매하는 업소가 크게 감소했다는 거야.
café BISTRO Chez Jean
café
폐업
1차대전 전 프랑스 전국에 50만 개에 달했던 카페가
80명에 1개꼴
café
1990년에는 16만 개로 줄었고
360명에 1개인 셈!
50만 개
CAFÉ 수
16만 개
1910년대
1990년대
카페에서도 과거처럼 와인을 주문해 마시는 사람보다
주문하시겠습니까?
맥주나 다른 음료를 선호하는 사람이 더 많아져 와인소비가 크게 줄었지.
Une préssion, s'il vous plâit!*
D'accord, merci!**
*생맥주 한 잔 주시오 **알겠습니다, 감사합니다
왜 멋과 여유를 즐길 수 있는 카페를 외면할까요?
한가롭게 사람들과 대화도 나누고 좋을 텐데 말이에요.
사람들이 워낙 시간에 쫓겨 한가롭게 카페에 앉아 있을 여유가 없어진데다가
여가도 카페보다는 집에서 가족과 함께 보내는 분위기이기 때문이지.

❖ 와인소비의 대중화

그러나 와인산업은 20세기 후반 새로운 국면을 맞이했어.
와인시장
VIN
2차대전이 끝난 뒤 와인애호가가 계속 늘어가는데다가
SPECIAL WINE DEPOT
LIQUOR STORE
와인에 대한 지식이 일반화되면서 와인마니아가 많아졌고
이 빈티지에 이 가격은 너무 비싼 거 아니요?
귀신이네….
소비자들의 입맛도 점차 까다로워졌지.
이것도 AOC급이라니, 말도 안 돼!
에퇴!
와인업자들은 와인의 품질을 개선하기 위해 끊임없이 노력을 해야만 했지.
품질로 승부하지 않으면 망한다!
이제 와인은 부유층의 전유물에서
누구나 슈퍼마켓 또는 주류판매점에서 쉽게 사 가볍게 마실 수 있는 음료로
SUPER MARKET
WINE SALE
중산층으로 확산되고 다시 일반 대중에게까지 퍼져
일반 대중
중산층
부유층
질 좋은 와인이 일반 대중음료로 시장에 자리잡게 된 거야.
좋은 세상이다!
이렇게 좋은 와인을 이 가격대에 마실 수 있으니….
쿵
쿵쿵
와인의 대중화는 또 다른 시장을 창출했는데
부수시장 창출
$
와인의 대중화
와인잔, 디캔터, 코르크마개 등 수많은 와인용품시장이 생겨난 거지.

❖ 신대륙 와인의 도전

와인의 대중화로 소비자 저변이 넓어지면서 정상은 더욱 높아졌고
품질
부유층 애호가와 전문가를 위한 와인의 고급화 또한 활발해져
발효가 자연의 조화가 아닌 박테리아에 의한 것이라는 사실을 발견한 프랑스 과학자 루이 파스퇴르 (Louis Pasteur, 1822~1895)
와인 전체의 질이 날로 향상됐어.
파스퇴르의 발견으로 와인의 품질개선은 혁명적인 계기를 마련했죠.
품질개선이 과학적으로 이루어지기 시작한 거죠.
와인산업은 또 신대륙 와인의 거센 도전을 받으면서 무한경쟁시대로 접어들었지.
아미고!
유럽 와인
신대륙 와인
신대륙 와인이란 유럽이 아닌 곳에서 생산된 와인?
미국과 칠레 등의 아메리카, 남아프리카공화국, 호주 등….
유럽이 아닌 지역에서 생산된 와인을 '신대륙 와인'이라고 해.
유럽 구대륙 와인
북아메리카
신대륙 와인
남아메리카
남아프리카 공화국
호주·뉴질랜드
신대륙 와인은 나름대로 역사도 있고 품질도 괜찮은 편이지만
신대륙 와인 맛보시겠어요?
유럽의 귀족인 '프랑스 와인'의 위세에 눌려 천대를 받아왔어.
나더러 그런 구정물을 마시라고?
유럽 시장을 뚫기 위해 피나는 노력을 했지만
품질도 좋다던데 푸대접이 보통 아니네!
유럽 소비자들은 노골적으로 홀대했지.
명함 내밀 데 내밀어야지.
어딜 감히 식민지 것들이!
와인시장도 유럽의 문화우월주의가 지배하고 있었던 거야.
와인은 역시!
프랑스 와인은 근본이 다르거든!
적어도 1976년까지는 말이야.
너희도 와인이냐?
유럽 와인
신대륙 와인
VIN
VIN

❖ 미국 와인의 약진

1976년, 미국 독립선언 200주년을 기념해
200YEARS
미국 독립 200주년 기념
1776~1976
파리에서 프랑스와 미국의 와인을 비교하는 시음회가 열렸어.
프랑스-미국 와인
비교 시음회
프랑스와 미국의 와인을 라벨을 감춘 채 맛보기로 한 거지.
아항, 블라인드 테이스팅!*
데귀스타시옹 아 라뵈글!**
글쎄… 재미는 있어 보이는데….
미국 와인이 제대로 망신당하고 싶은 게로군!
킬
킬
킬
프랑스 와인은 냄새만 맡아도 대번에 알 수 있지. 그 우아하고 섬세함이란!
미국 와인에 비하면 황제와 하인의 차이라고나 할까!
그러나 시음회의 결과는 놀라웠지.
여러 심사위원님께서 매긴 점수를 합산하여 최고 와인을 선정했습니다.
최고의 레드와인은 미국 캘리포니아 나파밸리의 카베르네 소비뇽 제품!
Best Red Wine
Wine of USA
Napa Valley California USA
Cabernet Sauvignon
최고의 화이트와인도 미국 캘리포니아 샤르도네 품종 제품이 선정되었습니다!
Best White Wine
California USA
Wine of USA
Chardonnay
이··이럴 수가…!
뜨아악
최고 등급 보르도와인을 제치고 미국 와인이 최고로 선정되다니!
이 '사건'은 미국 와인의 평판을 드높이고 신대륙 와인에 세계의 이목을 집중시켰지.
유럽 와인
USA 와인

*blind tasting **dégustation à l'aveugle

❖ 신대륙 와인의 전략

블라인드 테이스팅처럼 순수하게 맛과 질로만 평가받은 경우 프랑스 와인을 누른 신대륙 와인이지만
신대륙 와인
유럽 와인
역사와 전통, 그리고 문화라는 부가가치까지 지닌 프랑스 와인과 경쟁하기는 쉽지 않았어.
비교할 걸 해야지, 어디서 감히!
프랑스 와인
신대륙 와인은 프랑스 와인과 경쟁하기 위해 다른 전략을 채택했지.
대량생산으로 생산비를 낮춰
가격으로 경쟁하자!

신대륙, 특히 호주에서는 소수의 대기업이 와인산업을 장악해
대기업
와인산업
기계화에 의한 대량생산으로 세계시장에 비교적 저렴한 와인을 쏟아내고 있어.
호주의 와인산업은 거대 와인기업인 펜폴즈, 린더만, 하디가 장악했고
Penfolds
Grange
SOUTH AUSTRALIA
SHIRAZ
Penfolds
Lindermann
Hardy

*대규모 와인탱크

캐나다의 와인산업은 갤로 사가
ESTATE
GALO
뉴질랜드는 코번스, 몬태나 등이 독점하다시피 했지.
또 우월감에 젖었던 유럽 와인업자들이 대거 신대륙에 진출하기 시작했고
유럽의 양조기술 +
고급 포도 품종 +
신대륙의 기후와 토양
기술
자본
신대륙

*뉴질랜드의 상징새, 키위

고급와인을 선호하는 풍조가 확산되면서
비싸도 좋은 와인을 마시고 싶어….
유명한 소규모 와이너리의 명성은 그대로 유지하되 경영권은 대기업이 인수하는 등
대기업
유명 상호
와인산업에는 신대륙 진출붐, 고급화붐, 대기업 인수붐 등 대변혁이 이루어졌지.
글로벌화
신대륙 진출붐
고급화붐
대기업 인수붐
기술혁신
M&A 등 대기업화

❖ 필리프 로칠드 남작

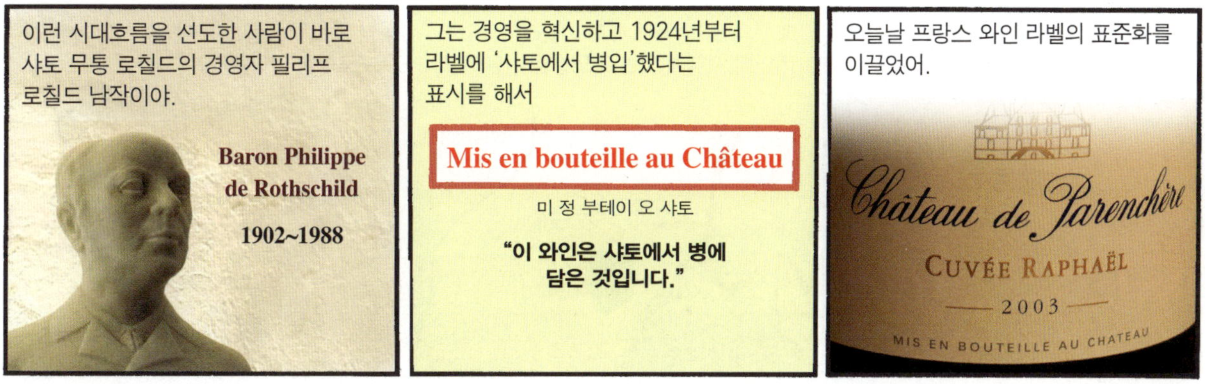

이런 시대흐름을 선도한 사람이 바로 샤토 무통 로칠드의 경영자 필리프 로칠드 남작이야.
Baron Philippe de Rothschild
1902~1988
그는 경영을 혁신하고 1924년부터 라벨에 '샤토에서 병입'했다는 표시를 해서
Mis en bouteille au Château
미 정 부테이 오 샤토
"이 와인은 샤토에서 병에 담은 것입니다."
오늘날 프랑스 와인 라벨의 표준화를 이끌었어.
Château de Parenchère
CUVÉE RAPHAËL
2003
MIS EN BOUTEILLE AU CHATEAU

1945년부터는 샤토 무통 로칠드의 와인병 라벨에 거장 미술가들의 그림을 넣어
와인산업과 예술을 접목시키기도 했지.
1999
Château
1976년 쇼크 이후
블라인드 테이스팅에서
레드·화이트 모두 캘리포니아 와인 선정!
프랑스 와인
USA

*무통 로칠드

*1999년도 라벨. 사비냑(Savignac) 작

1979년 캘리포니아 나파밸리의 유명 와인제조자 로버트 몬다비와 손잡고
Robert Mondavi
1913~2008
전설적인 와인 오퍼스 원을 탄생시켰는가 하면
2002
OPUS ONE
카베르네 소비뇽
카베르네 프랑
메를로
칠레의 와이너리인 에라주리즈와 협력
ERRAZURIZ
MERLOT
필리프 로칠드
ERRÁZURIZ

*두 사람의 초상화를 넣은 오퍼스 원의 라벨

'에스쿠도 로호(붉은 방패)'라는 와인을 생산했는데
BARON PHILIPPE DE ROTHSCHILD MAIPO CHILE
ESCUDO ROJO
2004
에스쿠도 로호는 로칠드의 스페인어야.
Roth schild
붉은(red) 방패(shield)
Escudo Rojo
방패 붉은
R
아항
칠레 와인 '붉은 방패'는 우리나라 사람들도 즐겨 마시죠.

❖ 와인기업의 변화

역으로 신대륙 자본이 유럽의 와인산업에 투자되기도 했어.
유럽
신대륙
$
호주의 BRL 하디 사가 이탈리아의 키안티 지역에 있는 포도밭을 사들이고
아드리아해
피렌체
키안티
키안티 클라시코
지중해
남부 프랑스 랑그독 지방에서도 포도밭을 구입했지.
보르도
프랑스
랑그독(Languedoc)
지중해
재벌그룹의 와인산업 진출도 활발해져
와인산업!
큰돈 되는 장사다!
유명한 패션브랜드인 루이뷔통이 샹파뉴 회사인 모에 에 샹동과 코냑 회사 엔시를 사들여
Moët
Henessy
샹파뉴
코냑
LVMH라는 거대그룹으로 부상하더니
LVMH
Louis
Vuitton
Moët
Henessy
Société
Anonyme(주식회사)
창립 : 1987
본부 : 프랑스 파리
CEO : Bernard
Arnaud
직원 : 150,000명(2021)
www.lvmh.com
1999년에는 스위트와인의 전설이자 토머스 제퍼슨이 사랑했던
이런 와인을 미국에서 생산할 수는 없을까?
소테른 지방(보르도)의 샤토 디켐을 인수해 세상을 놀라게 했어.
먹고 먹히고 손잡고 협력하고… 와인업계는 그야말로 춘추전국시대로군요!
인수
합병
협력
투자
와
인
산
업

*세계 최고의 스위트와인으로 불리는 샤토 디켐

와인산업뿐만 아니라 모든 산업이 글로벌화 과정에서 국경을 넘나들며 협력하고 합병하기 때문에
GLOBALIZATION
$
국
€
경
이런 추세는 시간이 갈수록 더욱 활발해질 것으로 전망돼.
인수
글로벌화
와인산업
투자
협력
합병
이러다간 프랑스의 그랑 크뤼 샤토들도 미국이나 일본 자본에 넘어가지 않을까요?

❖ 와인은 프랑스의 자존심

프랑스 와인은 프랑스가 자랑하는 하나의 음료이기 전에
A vôtre santé!*
당신의 건강을 위하여!
건배!
프랑스인들의 정체성 그 자체라고 할 수 있어.
VIN
FRANCE
그래서 와인은 프랑스인들에게 경제적 가치뿐 아니라 문화적 · 정신적 가치를 지니고 있지.
문화
경제
€
삶의 의미
철학
프랑스 와인 중 5대 샤토에 속하며 그라브 지방의 유일한 그랑 크뤼 와인인 샤토 오브리옹의 포도밭이
CHATEAU HAUT-BRION
2000
1935년 미국 은행가 딜런 가에 넘어가자
CHÂTEAU HAUT-BRION
FAMILY DILLON
프랑스는 큰 충격을 받고 자존심에 깊은 상처를 입었지.
이건 아니야!
우리 자존심까지 팔리다니!
그후 프랑스는 5대 샤토를 비롯한 주요 와이너리를 특별국가문화보호대상으로 지정해
CHÂTEAU LAFITE ROTHSCHILD
문화재 보호대상 프랑스 정부
프랑스 국적이 아닌 사람에게는 팔 수 없도록 법으로 제한했어.
그 얘긴 66쪽에서 이미 하셨는데요.
그만큼 중요하다는 얘기지!
프랑스의 '문화재'가 외국인에게 넘어가지 못하게 한 거지.
삽시다!
NON, MERCI!
외국인에겐 못 팔아요!
$
CHÂTEAU
와인이 문화재?
특별국가문화 보호대상?
프랑스인들에게 와인이란 정말 음료 그 이상이군요!
그들에게 와인은 문화 그 자체지!

*아 보트르 상테

❖ 와인의 역사는 프랑스 와인의 역사

이탈리아나 스페인 등에도 대단히 훌륭한 고급와인이 많지만
바롤로
프레스코발디
리오하
Barolo
Barolo, Frescobaldi
Rioja
이 나라들도 와인을 고급화하기 시작한 것은 20세기 후반에 들어와서야.
프랑스 고급와인에 사용되는 카베르네 소비뇽을 섞어서 만들자!
역시 가장 큰 벽은 프랑스 고급와인!
이탈리아
스페인
그러나 어느 나라 와인도 프랑스의 명주 가격에는 비교도 안 되고
사시카이아
페트뤼스
로마네 콩티
€ 300
€ 1,000
€ 2,000
프랑스 와인만큼 전설적인 존재로 군림하면서
샤토 마고!
샤토 오존!
오!
라 타슈!
몽라셰!
와인애호가들의 '경배'를 받는 와인은 없어.
신대륙 와인도 맛만 좋더만….
맛으로만 마시냐? 문화를 마셔야지!
그래서 와인의 역사는 곧 프랑스 와인의 역사이며
와인의 역사
Histore du Vin
프랑스 와인의 역사
Histoire du Vin Français
좀더 좁혀 말하면 부르고뉴와 특히 보르도 와인의 역사인 셈이지.
Histoire du Vin Bordeaux
와인의 역사
프랑스 와인의 역사
부르고뉴 보르도 와인의 역사
프랑스 남쪽 아키텐 지방의 보르도!
보르도 지방
지롱드강
대서양
메독
도르도뉴강
생테밀리옹
포므롤
오메독
가론강
보르도시
아키텐은 고대 로마인들이 '물의 땅'이라 불렀고
Aquitania ⇨ Aquitaine
아키타니아
⇩
aqua + tania
아쿠아=물 / 땅
물의 땅
'보르도' 역시 '물가'라는 뜻이니
Bordeaux
||
bord d'eau
가, 주변 물
bord of water
대서양
지롱드강
가론강과 도르도뉴강이 지롱드강으로 합쳐져 대서양과 만나는 물의 땅
끼잉!
이 물가의 땅에서 와인의 역사가 펼쳐진 셈이지.
가자, 프랑스로!
끼이잉
직접 가서 살펴보자!

와인은 어떤 포도로 어떻게 만들어지나?

포도 품종과 와인양조법

프랑스 보르도 생테밀리옹 지역 마을과 포도밭 정경.
우리는 와인을 마시기만 하면 되는데 저런 건 알아서 뭐 하지?
이건 와인을 즐기는 사람들이 알아야 할 기본 중의 기본이야.
아하… 우수한 메를로 품종이 재배되는 곳이 바로 이곳이군요!
좋아하는 와인 스타일은 결국 포도 품종으로 결정되지!

❖포도 품종

유럽과 프랑스의 관문 샤를 드골 공항! 내 열한 시간을 날아 널 찾아왔노라!
AIR FRANCE
Salon / Lounge
이제 렌터카 해서 보르도, 부르고뉴, 샹파뉴 등 와이너리 투어를 시작해볼까!

*샤를 드골 공항 2청사

자, 세계 와인의 제일 명산지 보르도로!
BORDEAUX
LIBOURNE
이제 어떤 포도로 어떻게 와인을 만드는지 우리 눈으로 직접 볼 수 있겠네요!
아싸!
우리야 와인을 마시는 소비자 입장이니까 마시기만 하면 되지, 굳이 그런 것까지 알 필요가 있을까요?
와인을 만드는 것은 양조업자의 몫이니 우리 소비자야 기초상식만 알고 있어도 되지만
포도 품종에 대해서는 반드시 알아두어야 해.
와인의 맛과 스타일을 결정하는 것은 역시 포도 품종이고, 우리의 기호를 결정하는 가장 큰 요인 또한 포도 품종이니까!

❖스타 포도 품종

우아~ 이 세상에 포도 품종이 얼마나 많은데 그걸 다….
이 지구상에는 수천 종의 포도 품종이 있고
포도품종 사전
백과사전에 기록된 포도 품종만 간추려도 400종에 달하지.
나라마다 지역마다… 끝이 없네!
끼야악!
그렇게나 많은 포도가?
우리가 알지 못하는 지방에서만 자라는 얼굴없는 무명의 포도 품종이 있는가 하면
나 몰라?
몰라!
세계적으로 인기리에 재배되고 있는 스타 품종도 있어.
꺄아
포도 품종에도 인기스타가 있다?
당근이지! 세계인의 사랑을 한몸에 받는 포도 품종!
세계 와인시장의 주요 상품들은 역시 이 스타 품종으로 만든 것들인데
카베르네 소비뇽
메를로
시라 (시라즈)
아무리 양조기술이 다르고 또 전혀 다른 풍토에서 자란 포도로 만들었다 해도 와인맛은 역시 포도 품종에 달려 있기 때문에
음, 카베르네의 이 고유한 맛!
와인애호가에게 포도 품종에 대한 지식은 필수적이고, 또 자신이 좋아하는 와인 스타일을 결정하는 중요한 열쇠지.
메를로의 부드러움이 좋아!
피노 누아는 역시 우아해!
샤르도네의 이 꾸리꾸리함!
같은 고기라도 돼지고기, 소고기, 닭고기 맛이 다르듯!
포도 품종에 따라 와인의 맛과 향이 달라진다는 거죠?
자, 이제 세계 와인시장을 장악하고 있는 스타 품종을 알아보자고!
세계 와인의 스타 품종
레드 8종
화이트 8종

와인세계를 지배하는
8대 스타 품종을
소개합니다!
카베르네 소비뇽(R)*
Cabernet Sauvignon
다른 이름
Bordeaux, Bidure,
Bordes tinto(스페인),
Lafite(러시아),
Sauvignon Rouge
원산지 : 미상, 남부 프랑스로 추정
전세계 약 15만 헥타르*에서
재배되고 있답니다!
재배지역
프랑스 보르도,
미국 캘리포니아,
불가리아, 루마니아,
이탈리아, 스페인,
신대륙(칠레, 호주,
남아공, 뉴질랜드 등)
카소
'세계 포도 품종의 왕자'라고 할 수
있는 대표적인 고급품종이며, 포도의
대명사로 통하는 스타 중의 스타 품종!
누가 나를 대적할
것인가?
전세계에서 고루 재배되고 있으며, 프랑스
와인과 경쟁하려는 신대륙 국가들이 가장
선호하는 비티스 비니페라종으로
카베르네 소비~농
유럽
아메리카
호주
서늘하거나 덥거나 심지어 뜨거운
기후에서도 잘 자라며, 여러 가지
토질에도 적응력이 좋고
CS
병충해에도 강해 와인제조업자들의
사랑을 받고 있지.
Caber
Sauvi
아주 싸고 대중적인 와인부터 세계 최고급
그랑 크뤼 클라세까지 다양한 품질의
와인을 만들 수 있지.
완벽한 정장 스타일의 와인
미국의 와인평론가이자 작가인 레슬리 스브로코의
비유*에 따르면, 카베르네 소비뇽은 '우아하고
단정한 정장 스타일의 와인'이다.
타닌이 풍부해 '젊은' 와인은 떫고
무거운 맛이 나기도 하지만
타닌
Tannin
포도 껍질과 씨에
함유된 물질로 해충을
방지하는 기능을 함
장기숙성용 품종으로는 매우
이상적이고, 환상적인 최고급와인을
생산해내지.

*(R)=Red, 레드와인 품종

*1헥타르(ha)=100m×100m

*지하에서 숙성중인 와인

*Leslie Sbrocco, 앞으로의 비유도 이에 따름. "와인을 여성의 옷에 비유한다면…."

또한 산도가 상당히 높은 품종으로
산도가 뭐지?
산도(酸度), Acidity=시큼한 맛.
와인의 시큼하고도 산뜻한 신선함이 여기서 비롯되지. 산도가 지나치면 시고, 너무 적으면 밋밋해* 매력이 없어.
맛이 너무 밋밋해 여운이 없군!
*flat
카베르네 소비뇽만으로 와인을 만드는 경우는 상당히 드물고
Cabernet Sauvignon
다른 품종과 블렌딩(혼합)해서 다양한 맛의 와인을 만드는 기본 품종이라고 할 수 있지.
보르도 와인은 블렌딩이 특징이랍니다!
보르도
프랑스 보르도 메독 지방에서 대표적인 카베르네 소비뇽 와인을 생산하지만
D 2
PAUILLAC 1
8 VERTHEUIL
19 LESPARRE
7 ST ESTÈPHE
12 ST SEURIN DE C.
*메독 지방
대부분 메를로, 카베르네 프랑 등과 블렌딩해서 개성있고 다양한 와인을 만들고 있어.
카베르네 소비뇽
메를로
카·프랑
블렌딩
카베르네 소비뇽은 프랑스 밖에서도 블렌딩의 최고 스타로
세계에서 가장 널리 선호되는 품종이 바로 카·소!
이탈리아의 최고급와인인 사시카이아 등 슈퍼토스카나 와인도
SASSICAIA
2001
BOLGHERI SASSICAIA
사시카이아
테누타 산 귀도* 사
85% 카베르네 소비뇽
15% 카베르네 프랑
*Tenuta San Guido
전설적인 프레스코발디 사가 만든 와인도
CASTELGIOCONDO
RISERVA
1999
BRUNELLO DI MONTALCINO
프레스코발디
1,000헥타르
사용 품종
산지오베제
카베르네 소비뇽
카베르네 프랑
메를로
시라
칠레의 콘차 이 토로 사와 프랑스 무통 로칠드 사의 합작 명품 알마비바*도
2003
Almaviva
알마비바
85헥타르
카·소비뇽 90%
카르메네레 7%
카·프랑 3%
*Almaviva
미국의 로버트 몬다비 사와 역시 프랑스 무통 로칠드가 함께 만든 고급와인 오퍼스 원도
오퍼스 원
카·소비뇽 87%, 메를로 2%, 말벡 3%, 프티 베르도 2%, 카·프랑 6%
모두 포도 품종의 왕자인 카베르네 소비뇽을 기본으로 만든 와인이니, 이 품종이 얼마나 중요한지 알겠지?
카베르네 프랑
카베르네 소비뇽
메를로

메를로(R)

Merlot

다른 이름
Merlot noir, Petit merle, Crabutet, Béney, Médoc noir, Plant Médoc, Sémillon rouge

원산지 : 프랑스 보르도

부드럽기 그지없는 메를로가 좋아!

세계적으로 메를로를 재배하는 포도원은 20만 헥타르에 이른답니다!
재배지역
프랑스 보르도 (특히 생테밀리옹, 포므롤, 메독 지방), 이탈리아, 스위스, 미국(캘리포니아, 워싱턴주) 등 신대륙

메를로라는 이름은 '지빠귀'를 뜻하는 프랑스어(Merle)에서 유래되었대.

유난히 달콤하고 과즙이 많은 이 포도를 종달새들이 즐겨 먹었다고 해서 이런 이름이 붙은 거지.

＊지빠귀 분포지역

메를로로 만든 와인은 부드럽고 향이 풍부하며
음, 이 부드러운 맛!
향기로운 과일향!

무겁지도 않거니와 산도도 낮아서 편안하게 마시기에 좋아.
메를로 한 잔 주세요.
예스, 마담!

워낙 부드럽고 우아해서 마치 포근한 캐시미어 스웨터 같은 와인이라고 하지.
캐시미어 스웨터 같은 와인*

＊레슬리 스브로코

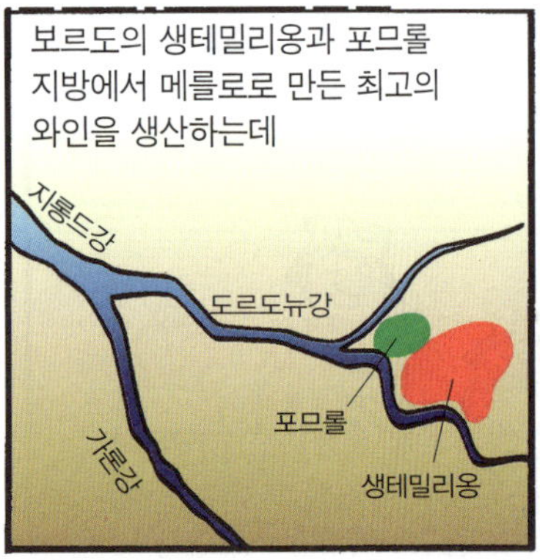
보르도의 생테밀리옹과 포므롤 지방에서 메를로로 만든 최고의 와인을 생산하는데
지롱드강
도르도뉴강
포므롤
가론강
생테밀리옹

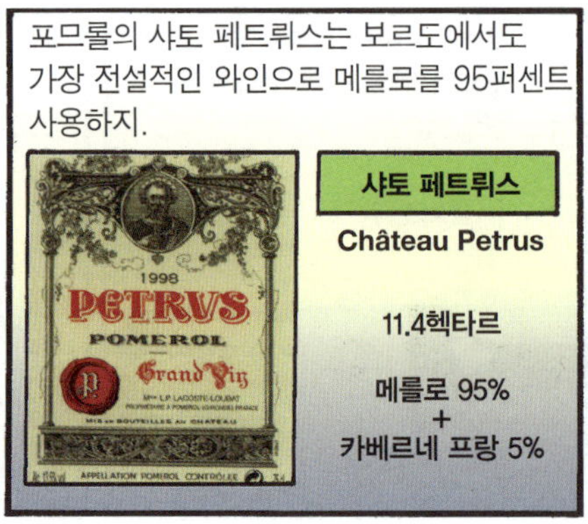
포므롤의 샤토 페트뤼스는 보르도에서도 가장 전설적인 와인으로 메를로를 95퍼센트 사용하지.
1998
PETRVS
POMEROL
Grand Vin
APPELLATION POMEROL CONTRÔLÉE
샤토 페트뤼스
Château Petrus
11.4헥타르
메를로 95%
+
카베르네 프랑 5%

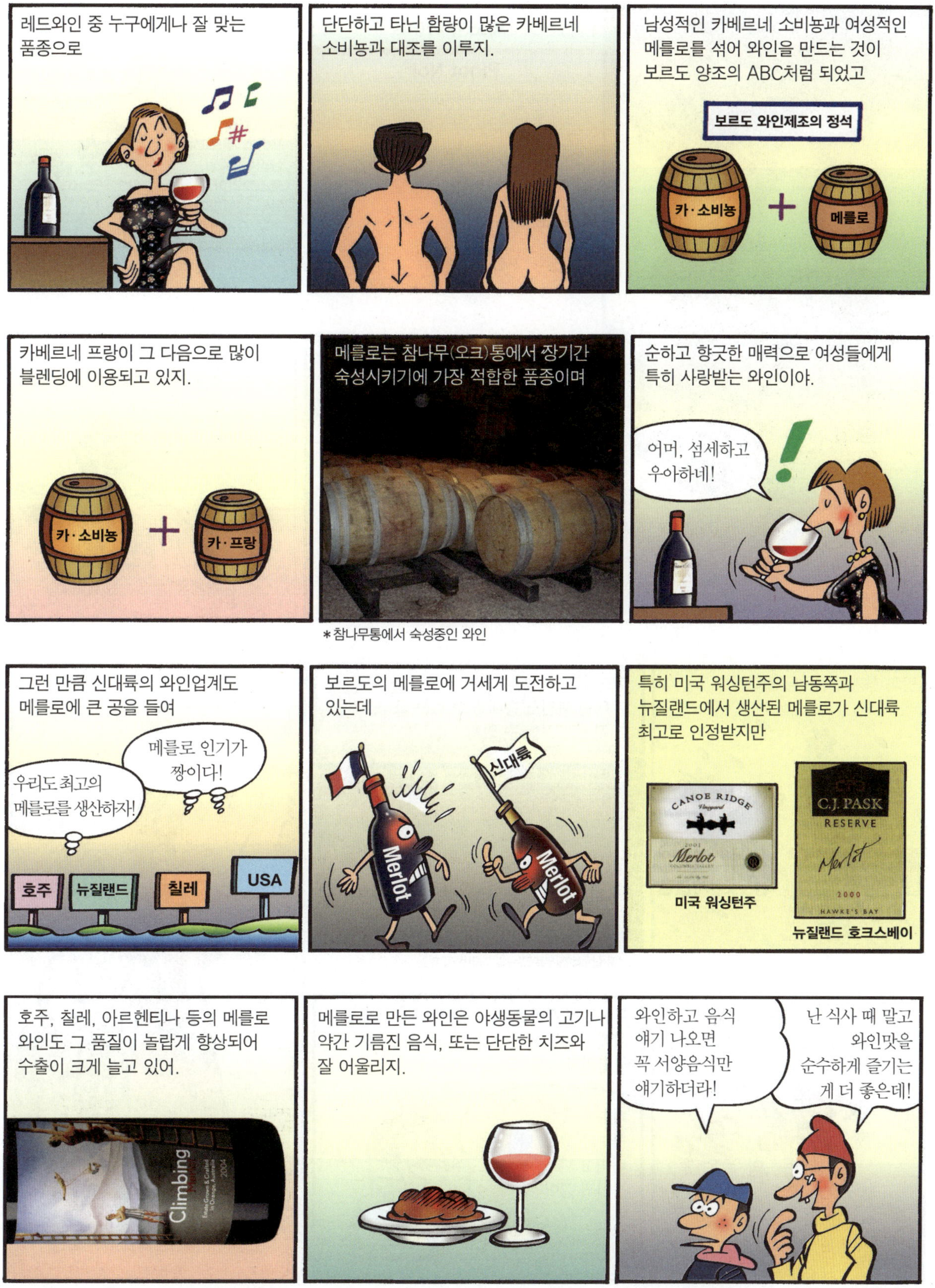
레드와인 중 누구에게나 잘 맞는
품종으로
단단하고 타닌 함량이 많은 카베르네
소비뇽과 대조를 이루지.
남성적인 카베르네 소비뇽과 여성적인
메를로를 섞어 와인을 만드는 것이
보르도 양조의 ABC처럼 되었고
보르도 와인제조의 정석
카·소비뇽
메를로
카베르네 프랑이 그 다음으로 많이
블렌딩에 이용되고 있지.
카·소비뇽
카·프랑
메를로는 참나무(오크)통에서 장기간
숙성시키기에 가장 적합한 품종이며
순하고 향긋한 매력으로 여성들에게
특히 사랑받는 와인이야.
어머, 섬세하고
우아하네!
그런 만큼 신대륙의 와인업계도
메를로에 큰 공을 들여
우리도 최고의
메를로를 생산하자!
메를로 인기가
짱이다!
호주
뉴질랜드
칠레
USA
보르도의 메를로에 거세게 도전하고
있는데
Merlot
신대륙
Merlot
특히 미국 워싱턴주의 남동쪽과
뉴질랜드에서 생산된 메를로가 신대륙
최고로 인정받지만
CANOE RIDGE
Merlot
미국 워싱턴주
C.J. PASK
RESERVE
Merlot
2000
HAWKE'S BAY
뉴질랜드 호크스베이
호주, 칠레, 아르헨티나 등의 메를로
와인도 그 품질이 놀랍게 향상되어
수출이 크게 늘고 있어.
Climbing
2004
메를로로 만든 와인은 야생동물의 고기나
약간 기름진 음식, 또는 단단한 치즈와
잘 어울리지.
와인하고 음식
얘기 나오면
꼭 서양음식만
얘기하더라!
난 식사 때 말고
와인맛을
순수하게 즐기는
게 더 좋은데!

*참나무통에서 숙성중인 와인

피노 누아(R)

Pinot Noir

다른 이름
Spätburgunder, Pinot Nero, Pignola(이탈리아), Pinot Tinto(스페인), Blauburgunder

원산지 : 프랑스 부르고뉴

아주 재배하기 까다로운 품종이래요.
재배지역
프랑스 부르고뉴와 샹파뉴, 독일, 오스트리아, 북부 이탈리아, 미국 오리건주와 뉴질랜드 등 신대륙

기후에 대단히 민감한 품종으로, 비교적 서늘한 지역에서 재배되는 '귀족'인데
귀족은 아무 데서나 살지 않는다!

껍질이 얇아 쉽게 터지고, 다루기도 어려운 '공주' 같은 품종이야.

맛과 향기도 공주님 같아서
PINOT NOIR

부드럽고 우아하며 화사한 맛과 향기는 그 어떤 와인도 흉내낼 수 없는 고급스러움 그 자체라고 할 수 있지.

*코트 샬로네즈(부르고뉴)의 메리퀴리 마을

피노 누아는 우아하고 고전적이며 글래머풍의 붉은 실크드레스라고나 할까?
고전적인 실크드레스 같은 와인*

*레슬리 스브로코

아마도 고대 로마시대 때 야생포도 가운데 이 품종을 선별해 재배하기 시작한 것으로 보이는데
딸꾹
현 부르고뉴 지방

부르고뉴 지방은 이 품종만을 재배한다는 점에서 여러 가지 품종을 재배하는 보르도와 구별되지.
다른 품종은 못 마시겠다. 다 뽑아 버리고 피노 누아만 심어라!

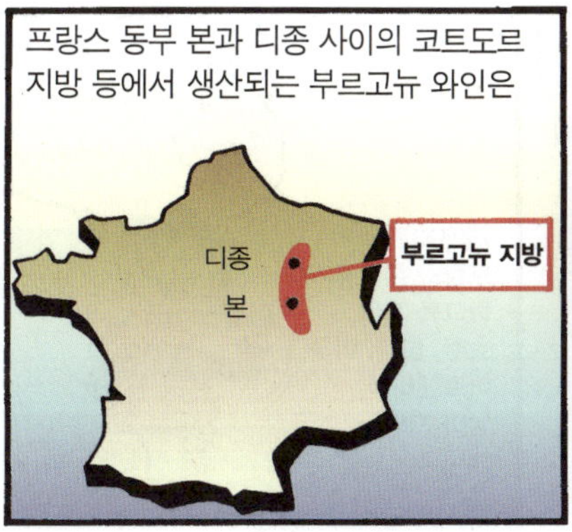
프랑스 동부 본과 디종 사이의 코트도르 지방 등에서 생산되는 부르고뉴 와인은
디종
본
부르고뉴 지방

세계 최고의 피노 누아 와인으로 세계적인 명성을 누리고 있지만 생산량은 극히 적기 때문에, 전세계에서 폭주하는 주문으로 인해 천문학적인 가격에 거래되지.
FAIVELEY
ECHEZEAUX
FAIVELEY
CHAMBERTIN CLOS DE BÈZE
CORTON
BATARD-MONTRACHET
FAIVELEY
CLOS DE VOUGEOT
MEURSAULT
CLOS DE MAZERAY
1
2
3
4
5
6
7

① € 84 ② € 119 ③ € 79 ④ € 95 ⑤ € 75 ⑥ € 38 ⑦ € 89 (유럽 가격)
*자료 : Wein Katalog Winter 2006/2007

보통사람에게는 '그림의 떡'이라고 할까?
한 병에 천만 원?
허걱
€ 8,000

예컨대 로마네 콩티 한 병을 사려면 온라인으로 예약한 후 몇 년을 기다려서

*로마네 콩티 본사

DRC* 지역 와인 열한 병과 로마네 콩티 한 병이 담긴 한 상자만 살 수 있는데, 그 가격이 천만 원대야.
아니면 훨씬 비싼 가격으로 와인전문점에서 사든지!

*Domaine Romanée Conti 지역 포도원

하지만 같은 부르고뉴의 피노 누아라고 해도 시큼하고 맛없는 와인도 얼마든지 있으니 조심할 것!
부르고뉴는 모두 극상품인 줄 알았는데…
이건 왜 이래?

다른 레드와인에 비해 밝고 부드러운 앵두색을 띠는 부르고뉴의 피노 누아 와인은
보르도
부르고뉴

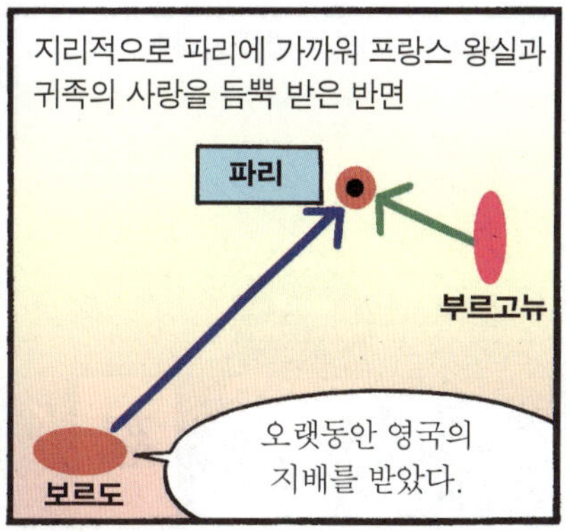
지리적으로 파리에 가까워 프랑스 왕실과 귀족의 사랑을 듬뿍 받은 반면
파리
부르고뉴
보르도
오랫동안 영국의 지배를 받았다.

파리에서 600킬로미터나 떨어진 보르도 와인은 '클라레'라 부르며 귀하게 여긴 영국인들에게 최고의 수입품이었어.
Claret!
이 맑고 향기로움이여!

한편 피노 누아는 최고의 샹파뉴를 만드는 품종이기도 해.
CHAMPAGNE
샹파뉴

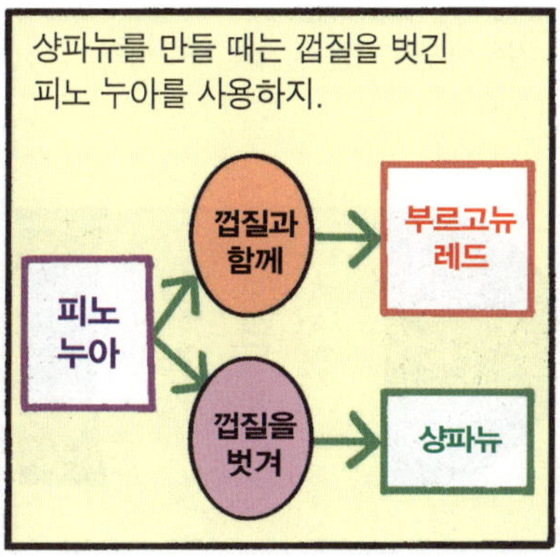
샹파뉴를 만들 때는 껍질을 벗긴 피노 누아를 사용하지.
피노 누아
껍질과 함께
부르고뉴 레드
껍질을 벗겨
샹파뉴

시라 / 시라즈(R)

Syrah(프랑스) / Shiraz(신대륙)

다른 이름
Schiras, Sirac,
Balsamina(아르헨티나)

원산지 : 이란(페르시아)

세계적으로 시라 재배지역은 계속 늘어나고 있어요!
재배지역
프랑스 론강 유역과 랑그독 지역, 호주, 칠레, 미국, 아르헨티나, 남아프리카공화국, 캐나다

21세기 들어 떠오르는 뉴슈퍼스타 시라(시라즈)!
이란
시라즈
Shīrāz
걸프해
카타르
사우디

'시라'라는 이름은 기원전 페르시아(지금의 이란)의 도시명에서 유래되었어.
Shīrāz
Syrah
시라즈

이 품종은 서리와 추위에 강하며
忍

척박한 토양에서도 잘 자라 전세계로 급속하게 번져나갔지.
생명력이 강해
어디서나 뿌리를 잘 내린다!

검은색에 가까운 잉크빛 자주색의 시라는
LONG BEACH
SOUTH AFRICA
Shiraz
2005

묵직한 맛과 향에서 강렬함이 느껴지는 상당히 자극적인 와인이야.
음, 강한 맛을 좋아하는 내 취향이군!

마치 맵시있고 세련되게 디자인한 붉은 가죽핸드백으로 대표되는 캐주얼한 스타일의 레드와인이야.
맵시있고 세련된 디자인의 붉은 가죽핸드백*

*레슬리 스브로코

산도가 꽤 높고 타닌도 풍부한 개성있고 힘찬 와인으로
시큼하고 떫은 듯하면서도 강하고 단단한 맛, 시라!
최근 들어 세계적으로 인기가 치솟고 있는 스타 품종이지!
SHIRAZ
호주의 양조장 재스퍼 힐
프랑스 론강 유역의 시라가 유명하지만
정작 프랑스에서는 시라 재배가 줄고 있는 데 반해
카·소비뇽, 메를로
피노 누아
시라
신대륙에서는 폭발적인 인기를 끌어 5만 헥타르였던 재배면적이 9만 헥타르까지 늘어났어.
*호주의 시라 재배(헌터밸리)
신대륙 중에서도 시라 품종이 가장 중요한 의미를 갖는 곳은 호주야!
시라즈!
시라!
호주
호주의 시라 재배면적은 무려 4만 500헥타르로, 전 세계 시라 재배지의 절반에 이르고
미국, 프랑스 등 기타 지역
호주 40,500ha
시라를 카베르네 소비뇽과 블렌딩해 알코올 함량이 15퍼센트에 이르는 강한 와인이 유행하고 있어.
시라
카베르네 소비뇽
그중에서도 펜폴즈 사의 그레인지는 호주 최고의 와인으로 손꼽히지.
Penfolds Grange
SOUTH AUSTRALIA
SHIRAZ
펜폴즈 그레인지
대규모 포도원을 소유한 와인제조사
1844년 펜폴즈 박사가 세움
페르시아가 원산지인 시라(시라즈)는 십자군전쟁 때 유럽으로 전파되었고
서유럽
그리스
중앙아시아
로마
중동
페르시아
Shiraz
Syrah
19세기에 들어 다시 호주로 전파되어 국가대표격인 품종이 되었으며
호주의 포도재배
1 시라 24.3%
2 샤르도네 18.3%
3 카·소비뇽 17.2%
4 메를로 6.5%
5 설타나 4.4%
6 세미용 3.8%
보르도, 부르고뉴 등 프랑스의 '우아한' 와인에 비해 강렬하고 힘찬 새로운 맛과 향으로 애호가들을 열광시키고 있지.
SHIRAZ

샤르도네(W)*

Chardonnay

다른 이름
Pinot Chardonnay, Auxeras, Melon Blanc, Beaunois, Monillon, Gelber Weissburgunder

원산지 : 프랑스 부르고뉴

*(W)=White, 화이트와인 품종

세계 인기 1위로 선풍적인 세몰이를 하고 있대요.
재배지역
프랑스
부르고뉴와 샹파뉴,
이탈리아, 오스트리아,
미국 캘리포니아, 호주,
뉴질랜드, 헝가리
샤르도네

카베르네 소비뇽이 레드와인의 왕자라면 샤르도네는 화이트와인의 여왕이라고 불러도 손색이 없어.
세계적으로 14만 헥타르의 포도원에서 경작되고 있는 청포도 품종이지.
화이트와인 있는 곳에
절대 빠지지 않는 샤르도네!
샤르도네
유럽
신대륙
아프리카

산도는 비교적 낮으면서도 신선한 과일향이 풍부하고
호두
바닐라
포도
꽃
망고
엷은 노란색에서 꿀빛 노란색에 이르기까지 다양하고 밝은 노란색을 띠며, 해산물과 잘 어울리지.
SILENI
CHARDONNAY
비교적 높은 알코올 함량, 시큼하면서도 묵직한 맛, 상큼한 향, 달콤한 뒷맛으로 가장 사랑받는 화이트와인이지만
검은색 베이스의 의상*
워낙 많은 지역에서 앞다투어 재배하다 보니 가장 흔한 화이트와인이 되고 말았어.
샤르도네 같군!*
= 허접스럽군!
잘못하면 허접한 샤르도네를 만날 수도 있는데, 이는 고귀한 명성을 자랑하는 부르고뉴 화이트와인도 마찬가지지.
어, 부르고뉴가 왜 이래?
진짜 쓰레기 같은 와인이네!

*1970년대 미국에서 유행한 말

*레슬리 스브로코

독일에서는 샤르도네를 '바이스부르군더'라고 부르는데, 이는 '백(白) 부르고뉴'라는 의미야.
Weissburgunder = Chardonnay
실제 유전적으로 부르고뉴의 다른 품종과 친척뻘 된다고 할 수 있어.
피노Pinot 부르고뉴 포도 품종
샤르도네 Chardonnay
피노누아 Pinot Noir
피노블랑 Pinot Blanc
피노그리 Pinot Gris
프랑스에서 샤르도네를 재배하는 면적은 약 35,200헥타르로, 부르고뉴의 그 유명한 화이트와인을 만드는 데 주로 쓰이지.
부르고뉴
샤블리 Chablis
몽라셰 Montrachet
뫼르소 Meursault
샤르도네 명산지
샹파뉴 지방도 샤르도네를 많이 재배해. 샹파뉴에는 50퍼센트 정도 샤르도네가 사용되며
샹파뉴
거품와인
샤르도네 사용 샹파뉴
샹파뉴
유명한 샹파뉴 블랑-드-블랑*은 100퍼센트 샤르도네로 만들어.
*Blanc-de-Blanc
세계 최대의 샤르도네 재배지는 미국으로, 그 면적은 약 44,500헥타르야.
우리를 빼고 샤르도네를 말하지 말라!
California
그 반 이상이 캘리포니아의 소노마밸리, 나파밸리에 집중돼 있지.
*캘리포니아주 나파밸리
30,500헥타르의 넓은 땅에 샤르도네를 경작하는 호주에서는
미국 샤르도네 44,500ha
호주 샤르도네 30,500ha
샤르도네가 시라즈에 이어 와인산업에서 두 번째로 중요한 핵심 품종이야.
시라즈
샤르도네
1
2
한때 미국에서 샤르도네가 선풍적인 인기를 끌어 와인의 대명사처럼 되자
샤르도네!
샤르도네 한 잔!
나도!
이런 대중성과 묵직한 맛에 반감을 가진 ABC 드링커가 유행하기도 했대.
나는 ABC-drinker!
?
ABC가 뭔데?
Anything But Chardonnay!*
*"샤르도네만 아니면 뭐든지 좋아요!"

리슬링(W)

Riesling

다른 이름
Klingenberger,
Johannesberg Riesling(미국),
Rheinriesling,
Riesling renano bianco(이탈리아)

원산지 : 독일 라인강 상류로 추정

샤르도네와 쌍벽을 이루는 화이트와인의 여왕!
재배지역
독일,
오스트리아,
프랑스,
룩셈부르크,
러시아 등 동유럽,
미국과 캐나다 등
신대륙

서늘한 곳에서 잘 자라는 리슬링 품종은
서늘한 게 좋아!
리슬링
샤르도네

추위에 강해 독일과 동유럽에서 널리 재배되는 화이트와인계 또 하나의 여왕!
샤르도네
리슬링

독일 와인산업에서 가장 중요한 품종으로

*세계 최초의 리슬링 양조장인 요하네스베르크성

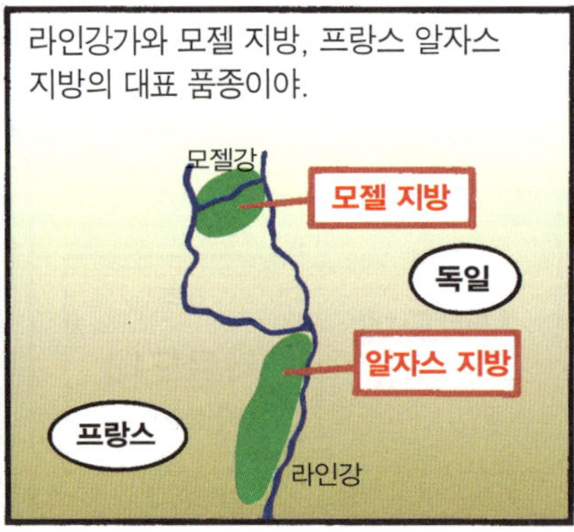
라인강가와 모젤 지방, 프랑스 알자스 지방의 대표 품종이야.
모젤강
모젤 지방
독일
알자스 지방
프랑스
라인강

신선한 과일향, 톡 쏘는 듯 신선한 느낌, 상큼한 맛으로 유명한 리슬링 와인은 아시아 요리와도 잘 어울리지.
아주 편안하고 맵시나는 속옷 같은 와인*

마실 때의 우아함이나 혀에 느껴지는 강한 맛은 다른 화이트와인과는 비교도 할 수 없는 매력이 있어, 19세기부터 지금까지 큰 사랑을 받고 있는 스타 중의 스타 와인이야.
PUR
SCHLOSS VOLLRADS
PHILIPPI
SCHLOSS VOLLRADS

*레슬리 스브로코

리슬링은 다른 화이트와인보다 산도가
비교적 높아 장기숙성이 가능한데
다른 화이트와인 2~3년
리슬링 와인 5~10년
상태
1 2 3 4 5~ 년
장기간 숙성한 리슬링에서는 광물질향
등 오묘한 향기가 나지.
오… 화이트 와인에서도 이런 향기가…!
화이트와인이 향을 내기 시작하면 대책이 없대!
또 당도가 아주 높기 때문에 다양한
맛의 와인을 만들 수 있는데

추위에 강한 리슬링 포도를 초겨울까지
수확하지 않고
당도가 가장 높은 초겨울에 수확해
와인을 만들면
가을의 마지막 햇빛까지 받아서
당도가 더 이상 높을 수 없을 만큼 익고 또 익었다!
귀부 와인과 맞짱!
달고 향기로운 '아이스와인'이 되기도 해.
언 포도
ICE WINE
얼음
왜 아이스와인이 비싼지 알겠죠?

껍질이 얇아서 습기를 빨아먹는 이끼의
침입을 받아 과육이 썩는 귀부현상이
일어나기도 하는데
Botrytis cinerea
보트리티스 시네레아
포도에 번식하는 곰팡이, 귀부균!
이 현상으로 과육에서 수분이 사라지고
당분만 남아
귀부(貴腐) : 귀하게 썩다
Pourriture noble(프)
Edelfäule(독)*
Noble rot(영)
아주 달디단 디저트용 스위트와인이
만들어지기도 하지.
시럽 같은 이 달콤한 맛!
귀부와인, 푸리튀르 노블!
으….
죽인다!

*에델포일레

리슬링은 독일 와인산업의 핵심으로
2만 헥타르가 넘는 독일 리슬링
포도원은 전세계의 20퍼센트가 넘고,
알자스 지방의 여섯 배에 달해.
독일 리슬링 재배지역
20,000ha
알자스 리슬링 재배지역
모젤강을 따라 펼쳐진 리슬링 포도와
모젤 와인의 중심부는 고대 로마가
세운 도시 트리어*야.

*요하네스베르크성, 1832년경 동판화

*Trier

소비뇽 블랑(W)

Sauvignon Blanc

다른 이름
Fumé Blanc,
Gros Sauvignon,
Muskat-Sauvignon

원산지 : 미상, 프랑스 보르도로 추정

샤르도네와 자웅을 겨루는 주요 품종!
재배지역
프랑스 보르도와 루아르, 오스트리아 스타이어 마르코트, 뉴질랜드 말버러 지역, 남아프리카공화국, 칠레 등

소비뇽 블랑은 화이트와인에서 샤르도네 다음으로 중요한 품종이야.
샤르도네
소비뇽 블랑
1
2

보르도가 고향인 이 품종은 세미용*과 함께 드라이한 화이트와인의 주종을 이루지.
우리는 파트너!
소비뇽 블랑
세미용
보르도

*Sémillon

풀과 과일 냄새 등 향이 상당히 자극적이고 산도가 비교적 높아서
음, 새콤하고 신선한 느낌!

드라이한 맛에 톡 쏘는 듯한 자극을 주지.
SHAW SMITH
Sauvignon Blanc
Adelaide Hills
750ml
13.0%Vol
쇼 앤드 스미스
호주 애들레이드 힐

생선과 초밥, 특히 아스파라거스와 함께 마시면 아주 잘 어울려.
빳빳한 흰 블라우스, 갓 세탁한 면셔츠 같은 와인*

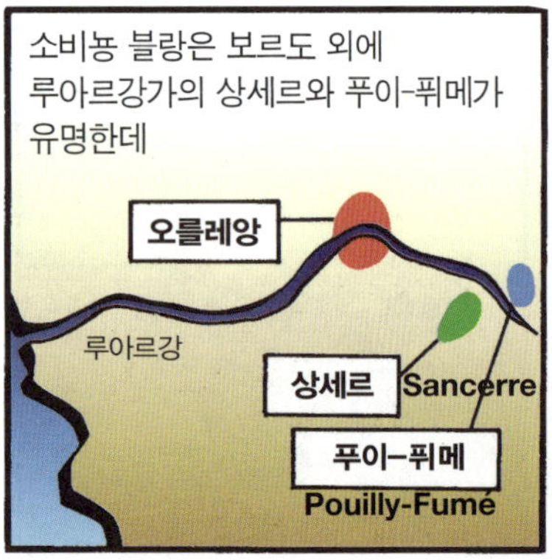

소비뇽 블랑은 보르도 외에 루아르강가의 상세르와 푸이-퓌메가 유명한데
오를레앙
루아르강
상세르
Sancerre
푸이-퓌메
Pouilly-Fumé

보르도에서는 세미용과 블렌딩하는 게 일반적이야.
소비뇽 블랑
세미용
우리는 찰떡궁합!

*레슬리 스브로코

소비뇽 블랑 와인 가운데 프랑스 상세르에서 만든 것을 토질상 최고로 꼽고
Génération
XIX
Alphonse Mellot
알퐁스 멜
루아르계곡
상세르
소비뇽 블랑으로 만든 화이트와인 중 최고로 친다.
신대륙에서는 미국과 뉴질랜드에서 큰 인기를 끌고 있지.
PALLISER ESTATE
MARTINBOROUGH
SAUVIGNON BLANC
2005
펄리서 에스테이트/뉴질랜드 마틴버러 소비뇽 블랑
미국에 이 품종이 처음 들어온 것은 1880년대로
프랑스 루아르의 상세르, 푸이-퓌메에서 직수입!
USA
크레스타 블랑카 와이너리의 설립자인 찰스 웨스트모어*가 소테른 지방 샤토 디켐의 소비뇽 블랑 포도나무를 들여와 심은 게 시초였어.
세계 최고의 묘목을 미국에 심어보자!
이 품종으로 만든 화이트와인은 1970년대 미국의 유명한 와인양조업자 로버트 몬다비가
로버트 몬다비*
1913~2008
1937년 스탠퍼드대 졸업
프랑스어 별칭인 '퓌메 블랑'*에서 따온 '블랑 퓌메'라는 상표로 출시해 히트를 치면서 일약 유명해졌어.
Fumé Blanc
Blanc Fumé

*Charles Westmore

*Robert Mondavi

현재 소비뇽 블랑 와인으로 가장 인기 있는 나라는 뉴질랜드로
화이트와인 보디감 순서
소비뇽 블랑 샤르도네 리슬링 게뷔르츠트라미너
가장 완벽한 조건의 토양을 갖추었다는 클라우디 베이의 말버러 지역은
CLOUDY BAY
TE KOKO
2002
클라우디베이
뉴질랜드 와인의 상징. 소유주는 뵈브 클리코 샹파뉴 사
소비뇽 블랑 팬들이 열광하는 컬트와인 생산지로 자리를 잡았지.
뉴질랜드 소비뇽 블랑, 정말 놀랍군!
세계적으로 붐이라지?
칠레에서는 카사블랑카 지역의 소비뇽 블랑이 유명하고
카사블랑카
수도
산티아고
태평양
마이포밸리
Maipo Valley
남아프리카공화국산 소비뇽 블랑의 인기가 높아지는 추세야.
GOUE VALLEI
Sauvignon Blanc
구 발레이
소비뇽 블랑
남아프리카공화국
향긋한 과일향과 새콤하게 톡 쏘는 맛이 특징인 소비뇽 블랑은 특히 여름에 차게 마시면 그 독특한 맛을 더 잘 즐길 수 있지.

세미용(W)

Sémillion

다른 이름
Sémillon Muscat,
Boal, Chevrier,
Colombier, Green Grape,
Malaga, St.-Émilion, Semilão

원산지 : 프랑스 보르도 소테른이
거의 확실

재배지역
프랑스 보르도
(특히 소테른, 바르삭,
카디악, 루피악 등),
호주, 칠레,
미국 캘리포니아
전 세계의
세미용 경작지는
64,000 헥타르!

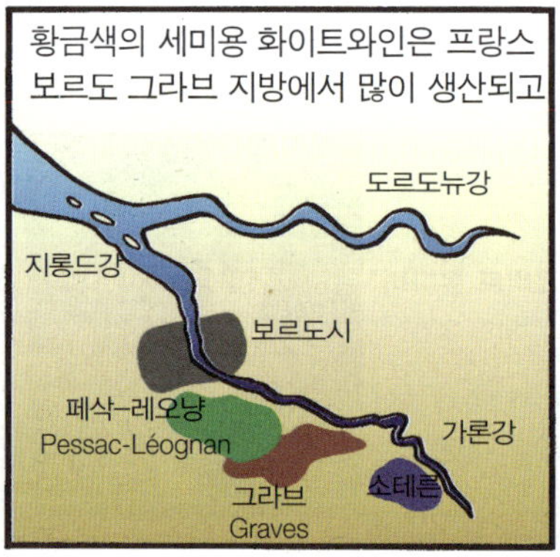

황금색의 세미용 화이트와인은 프랑스
보르도 그라브 지방에서 많이 생산되고
도르도뉴강
지롱드강
보르도시
페삭-레오냥
Pessac-Léognan
가론강
그라브
Graves
소테른

특히 전설적인 샤토 디켐이 자리잡고
있는 소테른에서 집중적으로 재배되고
있어.

*소테른 지방의 포도밭

레몬, 사과, 복숭아, 꿀과 열대과일의
향이 나는 세미용은
레몬
사과
복숭아
꿀

힘차면서도 우아한 맛으로, 소비뇽
블랑과 블렌딩해 고급 드라이
화이트와인을 만들거나
세미용
소비뇽
블랑

토머스 제퍼슨이 열광했던 세계 최고의
스위트와인을 만드는 원료가 되지.
이런 와인을 마실 수
있다는 것은 축복이다!
SAUTERNES
CHÂTEAU
D'YQUEM

보트리티스 시네레아라는 이끼류
곰팡이에 오염되어 물기가 빠지면
고당도의 과육만 남는데

*귀부포도

이런 포도송이만 골라 만든 달콤하기
그지없는 와인이 바로 귀부와인이고
리슬링이나 소비뇽
블랑도 가능하죠.
Sweet White Wine
(디저트와인)

그 오리지널이 바로 소테른의 세미용
품종이야.
세미용
최고급 스위트와인

새콤한 소비뇽 블랑에 무게감 있는 세미용을 블렌딩하는 것은 보르도 화이트와인의 기본으로
소비뇽 블랑
세미용
여기에 역시 화이트와인 품종으로 당도가 높은 뮈스카델을 함께 섞기도 해.
뮈스카델 Muscadelle
소비뇽 블랑, 세미용과 블렌딩해 스위트와인을 만드는 주요 품종
주산지 : 보르도
엉트르뒤메르 Entre-deux-mers
(가론강과 도르도뉴강 사이)
세미용은 한때 남아프리카공화국에서 대대적으로 재배하기도 했어.
1820년대에 이 나라 전체 포도원의 90퍼센트 이상에서 세미용을 재배했는데
그때는 네덜란드 식민지였지.
그들이 스위트와인을 좋아했으니 당연한 일이었지.
지금은 다른 품종의 인기에 밀려 1997년 현재 1퍼센트도 안 된다고 해.
시라즈
소비뇽 블랑
세미용
남아프리카 공화국
재배하기 까다롭고 일손이 많이 필요하다고 해서 기피하고 있지만
세미용은 손이 너무 많이 가서 재배하기 힘들어.
차라리 다른 품종으로 바꾸지 그래?
실제로는 별다른 병충해 없이 잘 자라고, 특히 귀부와인을 만드는 덴 최고의 품종이야.
그래도 스위트와인 만들려면 바꿀 수 없지.
미국에서는 캘리포니아에서 소비뇽 블랑과 함께 재배하지만
Sauvignon Blanc
Sémillon
신대륙 최고의 세미용은 역시 호주산이라고 할 수 있어.
- 2003 -
DE BORTOLI
NOBLE ONE
Botrytis Semillon
WINE OF AUSTRALIA
드 보르톨리
뉴사우스웨일스
호주
귀부와인
시드니 북부에 있는 헌터밸리의 세미용은
헌터밸리
Hunter Valley
멜버른
시드니
'헌터리버 리슬링'*이라는 애칭으로도 유명해.
ROSEMOUNT ESTATE
SHOW RESERVE
1998
SEMILLON
Hunter Valley
세미용은 최고의 디저트와인, 달콤한 귀부와인, 스위트와인의 대명사지만 드라이한 세미용도 인기가 좋아.
스위트 세미용
드라이 세미용

*남아공의 포도밭

*Hunter River Riesling

스타 품종에 이어 12개 주요 조연급 품종을 소개합니다!

카베르네 프랑(R)

Cabernet Franc

다른 이름
Breton(프랑스 루아르 지대), Grosse-Vidure, Bordo, Bouchet, Trouchet Noir

원산지 : 프랑스 보르도(Libournais)

재배지 : 프랑스 보르도와 루아르, 이탈리아 북동부, 신대륙

카베르네 소비뇽과 자주 비교되는 카베르네 프랑은
우리는 사촌!
카 · 소비뇽
카 · 프랑
산도도 타닌도 적어 카 · 소비뇽과 블렌딩하는 환상적인 파트너로
카 · 소비뇽의 단단하고 떫은 맛을 줄이며
부드럽고 가볍게 만들어준다!
카베르네 프랑
좁은 재배면적에 비해 대단히 중요한 품종으로 확실하게 자리매김했지.
카 · 소비뇽보다 타닌이 적어 일찍 숙성되지만, 장기간 숙성시킬 수 있는 특징도 있고
포도알이 일찍 익는데다가 추위에도 강해
악천후와 추위로 카 · 소비뇽이 흉작일 때 훌륭한 대안이 되기도 해.
구원투수 카 · 프랑!
C.S
C.F
생테밀리옹의 특급와인으로 그랑 크뤼 A급인 샤토 슈발 블랑은 카 · 프랑을 60퍼센트나 쓰는데
샤토 슈발 블랑
생테밀리옹 그랑 크뤼 A급
카 · 프랑 60%
메를로 40%
세계 최고의 카 · 프랑과 메를로의 블렌딩으로 인정받고 있지.
샤토 파비
생테밀리옹 그랑 크뤼
메를로 70%
카 · 프랑 20%
카 · 소비뇽 10%
Château Pavie
SAINT-ÉMILION GRAND CRU
1998
이렇듯 보르도의 위대한 최고급와인의 블렌딩에 빠지지 않는 품종이 바로 카 · 프랑이야.

말벡(R)

Malbec

다른 이름
Auxerrois, Gros Noir,
Pressac, Malbeck(아르헨티나)

원산지 : 프랑스 카오르(Cahors)로 추정

재배지 : 프랑스, 아르헨티나, 칠레, 페루,
미국 캘리포니아, 호주

이름이 400개나 되던 과거의 슈퍼스타지.

거친 듯 풍부한 타닌과 매콤한 듯 강한 맛의 말벡은
히히힝
야생마 같다고나 할까?
어두운 잉크빛에 가까운 진한 자주색 와인으로 그릴요리, 조림, 버섯요리에 잘 어울리지.
지금은 보르도에서 퇴출되어가고 있지만 1956년까지는 보르도의 슈퍼스타였어.
날씨가 변덕스러운 보르도를 떠나
날 알아주는 곳으로 가자!
Bordeaux
말벡의 재배중심지이자 원산지로 알려진 프랑스 남부 카오르 지방에서는 지금도 법적으로 말벡을 70퍼센트 쓰도록 되어 있어.
지롱드강
도르도뉴강
대서양
로(Lot)강
보르도
가론강
카오르
추위에 약한 이 품종은 1956년의 대한파 이후 보르도에서 메를로에 밀려났고
아듀! Adieu!
덜덜덜
메를로
말벡
강한 타닌성분을 블렌딩에 활용하기 위해 약간 재배하는 정도지.
보르도의 주요 품종
(레드)
카·소비뇽
메를로
카·프랑
말벡
그러나 말벡은 신대륙, 특히 아르헨티나를 대표하는 인기 품종으로 무려 1만 헥타르에서 경작되고 있으며
멘도사 지역에서 생산되는 말벡은 세계 최고품으로 손꼽히지.
NORTON
BARREL SELECT
MALBEC
2003
노튼 / 말벡 2003
아르헨티나
멘도사 지역
〈와인스펙테이터〉
평가
85/100점
말벡은 미국과 칠레 등에서도 재배가 늘고 있으며, 힘찬 와인을 즐기는 소비자들의 꾸준한 사랑을 받고 있어.
Good!

네비올로는 '안개'라는 뜻으로 이탈리아를 대표하는 전통 품종이랍니다!

네비올로(R)

Nebbiolo

다른 이름
Chiavennasca, Spanna, Lampia, Micket, Picotrendo, Prugnet, Pugnet, Rose

원산지 : 이탈리아 북서부 피에몬테

재배지 : 이탈리아 피에몬테와 롬바르디아, 스위스, 미국 일부

벽돌색에 가까운 체리빛 네비올로 와인은 이탈리아의 자존심이야.
타닌의 단단한 맛과 상큼한 산도는 부르고뉴 와인을 연상시킬 만큼 우아하지.
음… 이게 이탈리아 와인이야!
흙, 체리, 자두, 허브, 장미 향이 복합된 네비올로는 파스타, 야생동물 고기요리와 더할 수 없이 잘 어울려.
BAROLO
BARBARESCO
100% 네비올로로 만든 와인(DOCG*)

*DOCG : 이탈리아 최상급와인(원산지호칭보증제한)

포도알이 늦게 익어서 '젊은' 와인은 모나고 단단한 느낌이지만
시간이 지날수록 피노 누아처럼 우아하고 섬세한 맛과 향이 우러나는 고급와인이야.
특히 바롤로, 바르바레스코의 네비올로가 뛰어난데
스위스
이탈리아
밀라노
아스티
피에몬테
바르바레스코
Barbaresco
바롤로
Barolo
제노바
프랑스

1970년대 이후 보르도의 고급품종인 카·소비뇽, 메를로와 블렌딩하여
고급화, 글로벌화!
네비올로
카·소비뇽
메를로
세계적인 고급와인이 많이 생산되었지.
카베르네 소비뇽! 대표적 레드와인 품종….
고급와인의 전제조건인가?
비록 이탈리아인들의 자존심이 많이 상하긴 했지만 말야.
우리가 프랑스에 와인을 전해 주었는데
프랑스 품종을 네비올로와 섞다니!

산지오베제(R)

Sangiovese

다른 이름
Brunello, Morellino, Nielluccio(코르시카), Prunolo Gentile

원산지 : 이탈리아 토스카나로 추정

재배지 : 이탈리아, 미국, 캐나다, 아르헨티나

'제우스(Giove)의 피(San)'라는 뜻의 이탈리아 대표 품종이랍니다!

밝고 강렬한 루비색 와인을 만드는 산지오베제는 네비올로와 함께 이탈리아를 대표하는 2대 품종이야.
네비올로
산지오베제
시큼하고 드라이한 맛에서 복잡하고 우아한 맛까지 다양한 맛을 내는 산지오베제는
산지오베제 품종의 대표 와인격인
키안티 와인
병의 옛 모습이죠!
변종이 열다섯 가지나 될 정도로 지역마다 색다른 산지오베제 와인이 생산되고 있지.
SANGIOVESE
제우스의 피!
토스카나
에밀리아 로마냐
움브리아
등등

산지오베제 와인은 크게 두 가지로 나눌 수 있어.
단순하고 가벼운 북부의 '산지오베제 피콜로'와
고급스럽고 우아한 토스카나의 '산지오베제 그로소'!
Sangiovese Grosso
세련된 디자인의 이탈리아 하이힐*

*북부 이탈리아의 마을

*레슬리 스브로코

특히 피렌체와 시에나 사이에 있는 키안티 지역의 키안티 클라시코 마을이 산지오베제의 명산지로 알려져 있지.
피렌체
키안티 지역
키안티 클라시코
지중해
시에나
1970년대 이후 토스카나에도 프랑스 고급 품종과 블렌딩하는 붐이 불어
본 조르노!
봉주르, 산지오베제!
카·소비뇽, 메를로와 산지오베제를 블렌딩한 '슈퍼토스카나'가 인기를 끌고 있지.
SOLAIA
ANTINORI
솔라이아
안티노리 사
대표적인 최고급 슈퍼토스카나
산지오베제 20%, 카·소비뇽 75%, 카·프랑 5%

스페인을 대표하는 품종으로
리오하 와인을 만들죠!

템프라니요(R)

Tempranillo

다른 이름
Aragonez, Tinta Roriz(포르투갈),
Cencibel, Tinto Finto,
Tinte del país

원산지 : 스페인 리오하 지방

재배지 : 스페인, 포르투갈,
아르헨티나 등

'템프라니요'는 '일찍'을 뜻하는
스페인 말 '템프라노'에서 유래되었어.
temprano
일찍
tempranillo
작은 일찍
= 일찍 거두는 녀석

즉, 포도알이 다른 품종보다 일찍
익어서 수확시기가 빠르기 때문에
붙여진 이름이지.
스페인은
햇빛이
뜨거우니까!

세계 최대의 포도 경작면적을 자랑하는
스페인에서도 가장 많이 재배하는 고급
품종으로, 경작지가 무려 113,000헥타르에
달해.

*스페인의 포도밭(나바라)

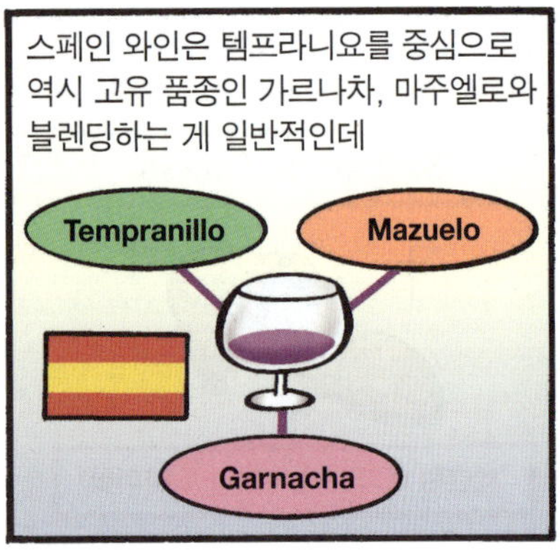
스페인 와인은 템프라니요를 중심으로
역시 고유 품종인 가르나차, 마주엘로와
블렌딩하는 게 일반적인데
Tempranillo
Mazuelo
Garnacha

템프라니요의 비율이 무려
60~90퍼센트에 달하니 그 중요성을
알 수 있지.
스페인에서는
내가 지존이다!

그중에서도 스페인이 자랑하는 리오하
와인은 과일향이 풍부하고 우아한
타닌이 느껴지는 연붉은색
고급와인이야.

*리오하의 보데가(양조장)

산도도 높지 않고 알코올 함량도
11~13퍼센트로 낮아서 부드럽게 마실
수 있지.

*보데가의 오크통에서 숙성중인 리오하 와인

우아한 부드러움과 달콤한 타닌으로
'젊은' 와인으로 마시기에도 부담이
없어서
카스티요 이가이
보데가 마르케스
템프라니요 78%, 마주엘로 15%,
가르나차 6%, 그라시아노 1%

'젊은' 와인보다는 숙성된 뒤에
마시는 게 좋은 카베르네 소비뇽과는
대조적이지.
그래서 카 · 소비뇽과
블렌딩하는 게 최근
유행이죠.

진판델(R)

Zinfandel

다른 이름
Primitivo, Primaticcio, Plavac Mali

원산지 : 미상

재배지 : 이탈리아, 미국 캘리포니아

미국에서 가장 많이 재배되는 품종이랍니다!
US ❤ Zinfandel

달콤하고 부드러운 맛에서 근육이 느껴질 정도로 힘찬 맛까지 다양한 맛을 자랑하는 진판델은
1825년
조지 기브스**
진판델
빈(Wien)*
USA

포도알이 익는 속도가 한 송이에서도 제각각이라 수확이 어렵다는 문제점이 있지만

당도가 높아 알코올 함량도 높은 (13.5~16%) 힘찬 와인을 만드는 원료로 특히 미국인의 사랑을 받고 있어.
검은색 가죽바지*

*오스트리아의 도시
**George Gibbs : 포도 품종 연구가

*레슬리 스브로코

1990년 13,200헥타르였던 미국의 진판델 경작지는 1998년 2만 헥타르를 넘어섰는데, 이는 캘리포니아 포도원 면적의 11퍼센트나 돼.
1998
20,000ha
1990
13,200ha
또 미국 내에서는 카베르네 소비뇽을 추월한 1위 품종이지.
미국에선 내가 지존이야!
강하면서도 크림같이 부드럽고, 그릴요리나 느끼한 음식에 잘 어울려.
Zinfandel
ALEXANDER VALLEY
1999
Scherrer Winery
SCHERRER OLD & MATURE VINES
셰러 와이너리
알렉산더밸리
캘리포니아, 미국
주품종 : 진판델
기타 : 카·소비뇽

특히 껍질을 제거하고 만든 '화이트 진판델'은 연한 핑크색임에도
Rosé
White Zinfandel
Rosé
= Blush Zinfandel
미국인들의 사랑을 받는 대표적인 화이트와인으로
Zinfandel
Liquor Store
더운 여름날 시원하게 해서 마시는 '섬머 와인'으로 인기를 끌고 있어.
더운 여름, 야외에서 마시는 찬 진판델! 정말 죽여준다!

그냥 먹기엔 부적절한 다른 품종과 달리 식용 포도로도 판매되는 품종이랍니다.

슈냉 블랑(W)

Chenin Blanc

다른 이름
Pineau de la Loire,
Pineau d'Anjou,
Franc-Blanc, Steen(남아공)

원산지 : 프랑스 앙주(루아르 지역)

재배지 : 프랑스 루아르, 남아공,
미국 캘리포니아,
아르헨티나 일부

슈냉 블랑은 리슬링보다 예민해 추위와 악천후를 견디지 못하는 까다로운 품종으로
에취
리슬링
슈냉 블랑
산도가 높아 톡 쏘는 듯한 신맛이 나서 처음 마시는 이에게는 호감을 주지 못해.
흠, 고거 성깔있네!
편안한 맛은 아니야.
그러나 '루아르의 피노'라는 별칭에서 알수 있듯, 부드러운 황금색의 슈냉 블랑은
파리
프랑스
앙주 Anjou
루아르강
대서양
슈냉 블랑의 원산지
낭트
투르

드라이한 화이트와인부터 달콤한 귀부와인까지 다양한 맛을 선사하지.
보트리티스균에 감염되기 쉬워
푸리튀르 노블*, 즉 귀부와인이 된다!
또 산도가 높기 때문에 발포성 와인의 주재료로도 쓰여.
슈냉 블랑을 가장 많이 경작하는 곳은 남아프리카공화국으로, 그 면적이 전체 포도원의 19.1퍼센트(1990)나 되는데
와이너리 오브 굿 호프
남아프리카공화국
€ 5.90
THE WINERY OF GOOD HOPE
CHENIN BLANC
SOUTH AFRICA
마시기 좋은 온도 : 9도

*Pourriture noble

*슈냉 블랑 100퍼센트로 만든 프랑스 루아르 와인

이는 프랑스 슈냉 블랑 경작지의 세 배에 이르는 면적이지.
슈냉 블랑 경작면적
1
3
미국 캘리포니아에서도 프랑스보다 넓은 면적에 슈냉 블랑을 재배하는데
우리나라는 워낙 땅이 넓으니까 모든 품종을 다 심거든!
슈냉 블랑
진판델
카·소비뇽
값이 싼 샤르도네 와인과 경쟁하기 위한 대량소비용이지.
넌 너무 흔해서 싸구려도 많잖아?
샤르도네
슈냉 블랑

게뷔르츠트라미너(W)

Gewürztraminer

다른 이름
Traminer, Roter Traminer,
Traminer Rosso, Traminer aromatico,
Ranfoliza, Roz

원산지 : 이탈리아 남티롤 또는 고대 그리스

재배지 : 독일, 프랑스 알자스, 오스트리아,
이탈리아, 헝가리, 호주, 미국, 스페인

이탈리아 티롤 지역
트라민*에서 이름이
유래했다는 설이 있대요.

* Tramin

독일어 'Gewürz'는 '양념'이라는 뜻으로,
이 품종은 말 그대로 알싸한 풍미가 있어.
würzig(뷔르치히)
= 매콤한, 쌉쌀한

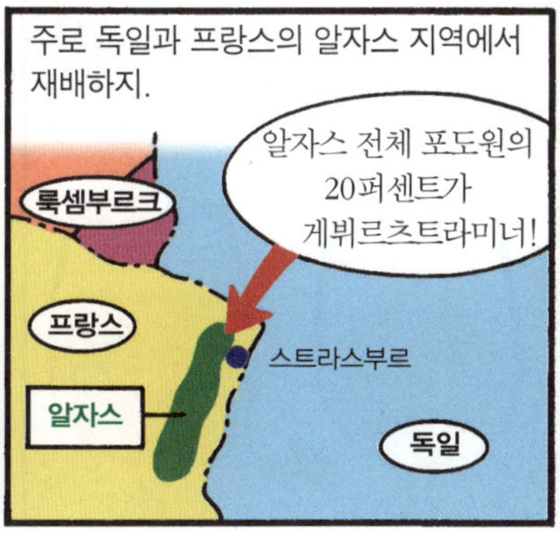
주로 독일과 프랑스의 알자스 지역에서
재배하지.
알자스 전체 포도원의
20퍼센트가
게뷔르츠트라미너!
룩셈부르크
프랑스
스트라스부르
알자스
독일

하루 중 상당히 오랫동안 햇빛을
받아야 하는 품종으로, 지역마다
수확시기가 다른데
북쪽 : 10~11월
남쪽 : 9~10월

일찍 수확한 포도로 만든 와인은
신비롭게 향긋한 반면
Frühlese
일찍 수확
밝은 노란색
좋은 품종에서는
장미와 리치 향이 남

늦게 수확한 것은 맛과 향이 강렬해서
전혀 다른 느낌을 주지.
Spätlese
늦게 수확
황금색
힘차고 남성적인 맛과 향
알코올 함량 13% 이상

산도는 낮고 알코올 함량은 높아서 묵직한
느낌에 자극적으로 느껴지기도 해.
킁 킁 킁

장미, 신선한 포도, 계피 향이 나며
NEW ZEALAND
GEWÜRZTRAMINER
2005
최근 인기가
높아지고 있는
뉴질랜드 와인
게뷔르츠트라미너

맛이 강한 만큼 훈제생선, 거위고기,
진한 치즈 등과 잘 어울리지.

드라이한 것부터 스위트와인까지 다양한 맛의
이 품종 와인은 아름다운 빛과 오묘한 향으로
사랑받고 있어.
장기숙성이 가능한
화이트와인!

부르고뉴 계열의
화이트와인!

피노 그리(W)

Pinot Gris

다른 이름
Grauburgunder, Ruländer, Pinot Grigno, Tokay Pinot Gris, Malvoisie(스위스), Szürkebarát(헝가리)

원산지 : 프랑스 부르고뉴 지방

재배지 : 프랑스, 독일, 오스트리아 등

피노(Pinot)는 부르고뉴 계통의 포도 품종에 붙는 이름인 만큼 피노 그리도 부르고뉴 와인의 특징을 가지고 있지.
Pinot
피노
부르고뉴 계통
포도 품종
피노 누아
피노 그리
피노 블랑
Red
White
White
짙은 황금색에서 옅은 갈색으로도 보일 정도로 강한 색의 와인을 만드는 이 품종은
껍질이 붉은색을 띠는데, 다 익으면 회색이 비치기도 한다 하여 '그리(gris : gray)'라는 이름이 붙었어.
GRIS
산도가 낮아 부드러운 대신 알코올 함량이 높으며 익은 사과, 아몬드, 꿀 향이 나고
HONEY
파스타나 조류, 숭어나 송아지고기, 고다 치즈 등 부드러운 음식에 잘 어울리지.
PINOT GRIS
프랑스 알자스 지역에서는 이 품종을 '토카이'라고 부르며, 보트리티스균에 오염된 귀부포도로 디저트용 귀부와인을 만드는데
Tokaj
PINOT GRIS
헝가리에 있는 유명한 와인지역 중에도 '토카이'라는 곳이 있어서
왜 남의 고유명사를 멋대로 쓰는 거야?
ALSACE FRANCE
TOKAJ HUNGARY
유럽연합에 '토카이'라는 명칭의 사용금지 신청을 낸 것이 받아들여져
프랑스는 토카이라는 말을 쓰지 마라!
당근이지!
EU
알자스에서는 '토카이' 또는 '토카이 달자스'라고 부를 수 없게 되었어.
Tokaj d'Alsace, 알자스의 토카이는?
NO!
그것도 안 돼!

실바너(W)

Silvaner

다른 이름
Sylvaner, Frankenriesling, Johannisberger, Arvine grande, Gros–Rhin, Gamay blanc

원산지 : 미상. 트란실바니아, 오스트리아로 추정

재배지 : 독일, 프랑스 알자스, 스위스, 이탈리아, 헝가리, 오스트리아, 크로아티아, 러시아

1960년대 말 독일의 대표 품종이었대요!
Germany

실바너는 고대 로마시대 플리니우스의 기록에도 나오는 가장 오래된 품종이지.
Naturalis historia
자연의 역사
Gaius Plinius Secundus 지음
1960년대 말 독일 전체 포도원의 30퍼센트가 이 품종을 재배했을 만큼 독일의 대표 품종이었으나
실바너 30%
리슬링, 게뷔르츠트 라미너 등
서리와 추위에 약하고 토질에 민감한 품종이라 대부분 리슬링으로 대체되어 점차 사라져가고 있어.
실바너
너 안 되겠다!
리슬링
산도가 낮고 사과, 아몬드, 짚, 마른풀, 복숭아, 흙 냄새가 나며
흠, 아주 복합적인 향이 나네!
흙이 빚어내는 오묘함….
조류, 야채, 아스파라거스와 잘 어울리지.
오스트리아에선 Sylvaner라 쓰고
스위스에선 Johannisberger 또는 Gros-Rhin으로 써.
실바너 와인 중 최고는 프랑스 알자스 지방에서 만든 것인데 그랑 크뤼급까지 있어.
실바너 화이트와인은 대부분 비싸답니다!
실바너 와인의 맛은 포도를 재배한 토질에 따라 큰 차이가 있는데
진흙에서 자란 포도는 좀 부드럽긴 해도 평범한 와인이 되지만
진흙
자갈
암반
자갈
암반
척박한 땅에서 자란 실바너로는 오히려 섬세하고 우아한 와인을 만들 수 있지.
그것 참 신기하지?
온실보다 자연에서 자란 과일이 더 맛있으니까.

DNA 분석 결과 이탈리아
네비올로와 친척뻘 된대요!

비오니에(W)

Viognier

다른 이름
Petit Vionnier, Viogne,
Vionnier, Galopine

원산지 : 미상

재배지 : 프랑스 남부, 오스트리아,
미국 캘리포니아, 아르헨티나,
브라질, 스페인 등

비오니에는 필록세라(뿌리혹벌레)의
창궐로 급격하게 줄어
비오니에
필록세라
1968년 재배지가 프랑스 전역에
겨우 8헥타르밖에 남지 않은 과거형
품종이었지.
I'm out!
비오니에
소비뇽
블랑
샤르도네
리슬링
그러나 강렬한 황금색과 풍부한 느낌은
다시 비오니에의 르네상스를 불러
Très bon!
맛있어!
원더풀, 비오니에!
1980년대부터 남부 프랑스와 미국에서
선풍적인 인기를 끌고 있어.
비오니에
와
와
Viognier
2000년 기준 프랑스의 비오니에
재배지역은 108헥타르에 달해.
8ha
20ha
108ha
1968
1980
2000
산도는 낮고 알코올 함량은 높으며
비단같이 부드러운 맛으로 아시아 요리,
닭, 새우, 가재 요리 등에 잘 어울리지.
포도가 완전히 익은 뒤에 거둬야
향기가 극대화되며 수확이 적은 만큼
희소가치가 있지만
비오니에는 만든 뒤 2~3년 안에
마셔야만 해.
5년 된 비오니에군!
아깝다, 맛이
변했을 거야!
장기숙성용 와인이 아니기 때문이지!
모든 와인을 장기
숙성시킬 순 없어.
오래 두면 식초로
변하는 것도 있지.

피노 블랑(W)

Pinot Blanc

다른 이름
Weissburgunder,
Pinot Bianco, Clävner,
Pinot Chardonnay, Beli Pinot,
Chasselas dorato

원산지 : 프랑스 부르고뉴

재배지 : 프랑스 알자스, 북부 이탈리아, 독일, 오스트리아, 뉴질랜드, 헝가리 등

피노 그리와 사촌뻘 되는 부르고뉴 계열 화이트와인!

많은 사람이 피노 블랑을 샤르도네와 구별하지 못할 정도로 비슷하지.
어떤 게 샤르도네고
어떤 게 피노 블랑이지?
그러나 피노 블랑은 샤르도네보다 약간 가벼우며
산도가 높아 좀더 새콤한 맛이 나.
새콤하고 신선한 이 느낌은 바로 적당한 산도 때문!
배, 사과, 호도, 허브, 들꽃 향기가 나며
버섯, 아스파라거스, 조개, 닭, 고다 치즈와 잘 어울리지.
버섯
해산물
닭
아스파라거스
꼴깍
이상적인 식사를 할 때 반주하는 와인으로, 특히 독일인들에게 인기가 높아.
피노 블랑 품종 중 가장 우수한 것은 알자스에서 생산되는데
피에르 프릭
Pierre Frick
피노 블랑을 블렌딩한 프랑스 알자스 그랑 크뤼 화이트와인
정작 원산지인 부르고뉴에서는 샤르도네 대용으로만 약간 재배할 뿐이야.
알자스
부르고뉴
독일
오스트리아
헝가리
부르고뉴 계열의 포도 품종
독일 이름
피노 누아 Pinot Noir — 슈페트부르군더 Spätburgunder
피노 그리 Pinot Gris — 그라우부르군더 Grauburgunder
피노 블랑 Pinot Blanc — 바이스부르군더 Weissburgunder

❖라벨

우아, 정말 다양한 품종이 있네요.
꼭 알아야 할 것만 엄선한 거래.
TOULOUSE
BAYONNE
BORDEAUX
그런데 이게 왜 와인소비자에게 중요한 거죠? 포도 품종을 모른다고 와인을 고를 수 없는 것도 아닐 텐데?
유럽의 와인과 신대륙 와인은 라벨에 큰 차이가 있어.
BERINGER
ZINFANDEL
프랑스 와인
미국 와인
라벨은 그 와인에 대한 중요한 정보를 모두 기록하고 있는데
● 회사(와이너리) 이름
● 포도 품종
● 제조연도(빈티지)
● 용량
● 알코올 함량
등등
구대륙, 즉 유럽의 와인은 대부분 생산자를 내세우고
Lalande de Pomerol
CHATEAU
LA CROIX ST ANDRÉ
2000
랄랑드 드 포므롤
(포도원 위치)
샤토 라 크루아 생탕드레
(제조회사)
빈티지 2000
(제조연도)
포도 품종을 밝히지 않기 때문에
우리 프랑스 와인은 와인을 아는 사람이 찾는 고급문화거든!
됐거든!
CHÂTEAU
와인에 대한 지식이 없는 사람은 당황할 수밖에 없지.
이거 무슨 품종으로 만든 거야?
이 샤토는 몇 등급짜린지 도통 알 수가 없네!
반면, 신대륙 와인은 대부분 포도 품종을 강조하기 때문에
Southern Right
SAUVIGNON BLANC
2006
WESTERN CAPE
서던 라이트
(제조회사)
소비뇽 블랑
(포도 품종)
2006
(빈티지)
아주 간단하게 자기가 좋아하는 와인을 선택할 수 있지.
오, 내가 좋아하는 메를로!
난 샤르도네가 제일 잘 맞더라!
MERLOT
USA
아항! 지금까지 설명한 각종 품종으로 만든 와인을 마셔보고 자신이 좋아하는 품종을 선택하면 되는 거군요!
바로 그게 핵심이지. 포도 품종을 모르면 와인까막눈이 되기 십상인데
품종이 뭔지 표시하지 않으면
와인 모르는 사람은 다 마셔보고 사라는 거야?
최근 유럽식에 대한 불만이 커지자 유럽 와인도 품종을 밝히기 시작했어.
CUVÉE PRESTIGE
2005
MERLOT
VIN DE PAYS DES COTEAUX DE L'ARDECHE
중저가 수출용 와인의 경우가 대부분이죠.
포도 품종을 표시한 프랑스 와인

❖포도의 수확

여기가 그 유명한 와인의 명산지 보르도, 그중에서도 메를로의 주산지인 생테밀리옹* 포도밭!
이제부터 레드와인, 화이트와인, 로제와인 만드는 걸 구경하자!
샹파뉴는 샹파뉴로 가야 볼 수 있죠?
D 122
SAINT EMILION

*Saint-Émilion

우아! 저 트랙터 좀 봐. 포도가 상하지 않게 고랑 사이로 다니게 만들었네!

포도는 품종에 따라 수확시기가 다르지만 대개 9~10월이면 열매를 거두고
기계로 수확하거나
샹파뉴 지방처럼 일일이 손으로 따거나!

수확한 포도를 샤토, 즉 와이너리에 옮겨오면서 와인 제조과정이 시작돼.
CHÂTEAU
포도

수확할 때가 되었는지는 당도측정기로 포도알을 관찰해 판단하는데
포도알을 짜 즙을 넣는다
렌즈
당도측정기

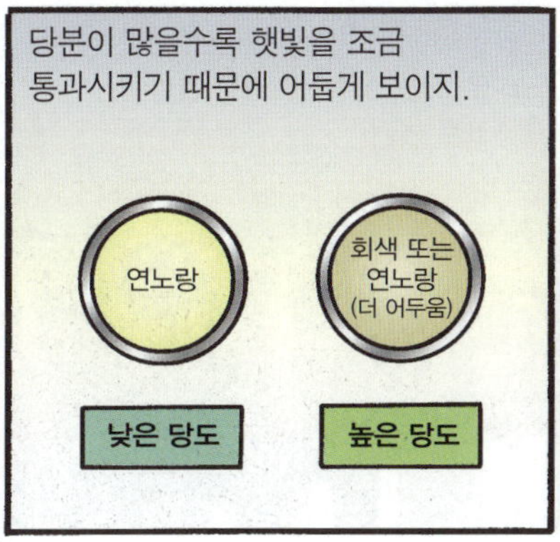
당분이 많을수록 햇빛을 조금 통과시키기 때문에 어둡게 보이지.
연노랑
회색 또는 연노랑 (더 어두움)
낮은 당도
높은 당도

포도는 밤안개에 싸여 차가운 이른 아침에 수확해야 신선함이 그대로 유지돼.

❖압착

운반해온 포도는 즉시 파쇄기에 넣어 줄기를 제거한 뒤
레드와인을 만드는 경우엔 흑포도를 으깨 껍질과 씨까지 발효탱크로 보내지.
그러나 화이트와인을 흑포도로 만드는 경우 으깨지 않고 곧장 눌러 즙을 짜는데
으깨면 껍질 색이 포도즙에 물들어 와인 색이 붉어지기 때문이야.
청포도로 만들 때에도 으깬 뒤에 눌러 즙을 짜는 경우와
으깬 포도
으깨지 않고 곧장 눌러 즙을 짜는 경우가 있는데, 이는 경우에 따라 와인맛이 달라지기 때문이지.
으깰 때에는 씨가 깨지지 않도록 조심해야 해. 잘못하면 씨에서 쓴맛이 배어나오거든.
쓰다!
포도씨
옛날에는 포도를 으깰 때 사람이 들어가 발로 밟았다죠?
맞아, 음악에 맞춰 포도 밟는 거 재미있어 보이던데!
넌 안 돼! 무좀 있잖아!
허걱!
줄기를 제거하고 으깬 포도즙을 '머스트'라고 하는데
포도즙=머스트(must)
무 드 레쟁! (moût de raisin)
레드와인의 경우 껍질, 씨, 포도즙을 나무나 콘크리트 또는 스테인리스로 만들어진 발효탱크로 옮겨
1차발효를 하게 돼.
발효=퍼멘팅(fermenting)
페르망타시옹! (fermentation)

❖발효

화이트와인은 줄기를 제거하고 으깬 즙, 즉 머스트를 거르면
포도
으깬다
머스트
과육, 껍질, 씨가 죽 같은 상태로…
즙을 머금은 껍질과 씨만 남고 즙은 흘러내리는데, 이처럼 자연스럽게 흘러나온 즙을 '프리 런 주스'라 하고
씨, 껍질
free run juice
껍질과 씨를 강하게 눌러 짠 즙을 '프레스드 주스'라고 하지.
pressed juice
프리 런 주스와 프레스드 주스!
뱅 드 구트*와 뱅 드 프레스**!
*vin de goûtte **vin de préss
이 두 가지를 따로따로 와인을 만들기도 하고, 적당히 섞어 만들기도 해.
프리 런 주스
프레스드 주스
발효탱크에 옮긴 포도즙은 10~20일 발효시키는데
*스테인리스 발효탱크
발효할 때 생기는 탄산가스와 열로 와인이 부글거리면서 끓게 되지.
*거품을 일으키며 끓는 발효과정
이때 온도가 지나치게 높아지지 않도록 조심스럽게 지켜보면서 조절해줘야 해.
온도가 너무 높으면 와인이 상해버리죠!
요즘에는 컴퓨터를 이용해 자동적으로 조절되도록 조치하기도 하지.
발효를 시작하기 전에, 날씨가 아주 나빠 포도의 당도가 지나치게 떨어지면
당도가 너무 떨어지네!
당도를 보충하기 위해 적당량의 설탕을 첨가하는데, 이를 고안해낸 샤프탈의 이름을 따 샤프탈리자시옹이라고 해.
Chaptalisation
당분을 추가하는 것
sugar
sucre
zucker
하지만 허용된 설탕의 양은 나라마다 법으로 정해져 있고, 설탕 첨가가 아예 금지된 나라도 있지.
장-앙투안 샤프탈
Jean-Antoine Chaptal
1756~1832
프랑스 화학자

❖이스트 첨가

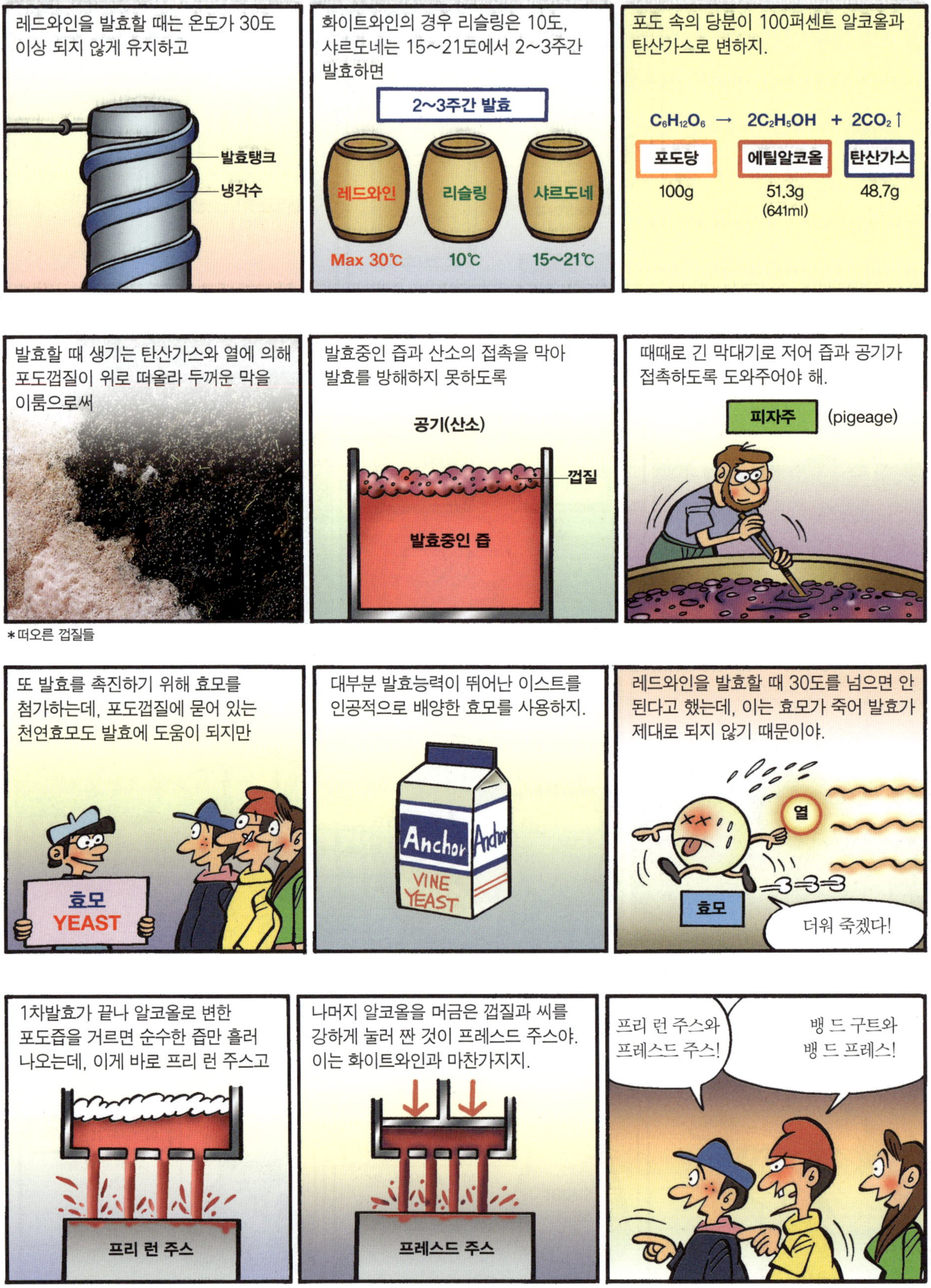

레드와인을 발효할 때는 온도가 30도 이상 되지 않게 유지하고
발효탱크
냉각수
화이트와인의 경우 리슬링은 10도, 샤르도네는 15~21도에서 2~3주간 발효하면
2~3주간 발효
레드와인
리슬링
샤르도네
Max 30℃
10℃
15~21℃
포도 속의 당분이 100퍼센트 알코올과 탄산가스로 변하지.
$C_6H_{12}O_6 \rightarrow 2C_2H_5OH + 2CO_2\uparrow$
포도당
에틸알코올
탄산가스
100g
51.3g (641ml)
48.7g
발효할 때 생기는 탄산가스와 열에 의해 포도껍질이 위로 떠올라 두꺼운 막을 이룸으로써
* 떠오른 껍질들
발효중인 즙과 산소의 접촉을 막아 발효를 방해하지 못하도록
공기(산소)
껍질
발효중인 즙
때때로 긴 막대기로 저어 즙과 공기가 접촉하도록 도와주어야 해.
피자주
(pigeage)
또 발효를 촉진하기 위해 효모를 첨가하는데, 포도껍질에 묻어 있는 천연효모도 발효에 도움이 되지만
효모
YEAST
대부분 발효능력이 뛰어난 이스트를 인공적으로 배양한 효모를 사용하지.
Anchor
VINE YEAST
레드와인을 발효할 때 30도를 넘으면 안 된다고 했는데, 이는 효모가 죽어 발효가 제대로 되지 않기 때문이야.
열
효모
더워 죽겠다!
1차발효가 끝나 알코올로 변한 포도즙을 거르면 순수한 즙만 흘러나오는데, 이게 바로 프리 런 주스고
프리 런 주스
나머지 알코올을 머금은 껍질과 씨를 강하게 눌러 짠 것이 프레스드 주스야. 이는 화이트와인과 마찬가지지.
프레스드 주스
프리 런 주스와 프레스드 주스!
뱅 드 구트와 뱅 드 프레스!

❖후발효

막 발효가 끝나 갓 태어난 와인에는 아직도 약간의 당분이 남아 있는데, 이를 잔당*이라고 해.
화이트와인은 그 많고 적음에 따라 스위트와 드라이로 분류하지.
드라이와인
2~4g/l
스위트와인
50~150g/l
주발효가 끝난 레드와인은 오크통이나 스테인리스탱크로 옮겨 후발효를 하게 돼.
주발효
1차발효
당분 ⇒ 알코올
후발효
2차발효
알코올 ⇒ 숙성
레드와인의 후발효

*殘糖 : residual sugar

이 두 번째 발효야말로 와인의 품질에 결정적인 영향을 미치지.
1차발효 때 생긴 탄산가스는 사라지고 레드와인의 사과산이 젖산으로 변하는데
Malic Acid
Lactic Acid
시큼 → 부드러움
이때 효모도 대부분 가라앉고 산도도 낮아지므로 감산(減酸)발효라고도 해.
감산발효
1g → 0.67g + 0.33g
사과산
젖산
탄산가스
그래서 숙성중에도 미세하게 탄산가스가 생기고 와인 양도 줄죠.
이 후발효가 제대로 이루어져야 최고 품질의 와인으로 거듭날 수 있어.
1차발효 후
거칠고 떫고 쓴 맛의 갓 태어난 와인
2차발효 후
거칠고 떫고 쓴 맛↓ 향과 부드러움↑
레드와인은 이 후발효가 꼭 필요하지만
써! 흑포도 껍질에 타닌이 청포도보다 훨씬 많아서
2차발효를 하지 않은 와인은 마시기 어렵죠.
화이트와인은 대부분 1차발효로 끝나지.
레드와인
1차
2차
화이트와인
1차발효
레드와인은 후발효에 의해 맛이 세련되고 좋아지며 향도 바뀌게 돼.
음, 아주 좋아졌군!
발효중에 생기는 미량의 탄산가스가 나갈 수 있도록 통에 작은 구멍을 뚫고
유리마개를 끼워두면 되지.

❖바리크

레드와인은 바리크*라고 하는
오크통이나 다른 발효탱크에서
1~2년간 후발효와 함께 숙성시킨 다음
효모찌꺼기와 기타 불순물을
제거하는데, 이때 계란 흰자를
이용하지.
225리터짜리 바리크 한 개에 든 와인에
4~5개의 계란 흰자를 넣으면
보르도 전통 바리크
225리터
부르고뉴 전통 바리크
228리터
계란 4~5개
계란 흰자

* barrique

타닌과 결합해 떫은맛을 줄이고,
효모찌꺼기와 엉겨붙어 와인통 밑에
고이거든.
포도찌꺼기,
죽은 효모 등
의 침전물
이 일을 몇 번에 걸쳐 다른 통으로
옮기면서 촛불에 비춰가며 불순물을
걸러내고
순수한 와인만 숙성시키는 까다로운
과정도 2차발효 때 거쳐야 해.

* 찌꺼기를 제거한 뒤 와인을 채워넣는다. 샤토 무통 로칠드

이때 가장 중요한 것이 바리크의
질이지.
보르도에서는 전통적으로 225리터짜리
통을, 부르고뉴에서는 228리터짜리 통을
쓰는데
'바리크'라고 부르는 이 오크통, 즉
참나무통은 와인의 향기에 결정적인
영향을 미치게 돼.
barrique
바리크
= oak barrel
오크통

세계 최고의 바리크는 프랑스 중부
리무쟁의 참나무로 만든 통인데
프랑스 리무쟁
(Limousin)
세계 최고급
미국 오크
품질 우수 / 가격 저렴
한 개에 약 150만 원이나 하는 고가의
수제품이야.*
₩1,500,000
세계 최고의 와인은 모두 새 바리크에서
숙성시킨다는 공통점이 있지.
새 바리크를 써야 신선한
참나무향이 배거든!

* 프랑스산 2007

❖숙성창고

값싼 와인은 대부분 몇 년씩 사용한 바리크에서 숙성한 것으로, 향이 크게 떨어져.
새 바리크
중고 바리크
600~1,200달러
다양한 가격
5~6년 이상 사용한 바리크는 다시 팔려나가 위스키 등 증류주의 숙성에 사용되는데
보르도
스코틀랜드
이 때문에 고급위스키에서 '보르도 바리크에서 숙성시켰음'이라는 표시를 볼 수 있지.
GLENMOORE
SINGLE MALT WHISKY
Matured in Bordeaux Oak Barrel
바리크가 너무 비싸서 사용하기 어려운 와인업자들은
중저가 와인 생산하면서 새 바리크 사 쓰면 망하지!
€ 5~20
참나무향을 내기 위해 숙성탱크에 참나무 널빤지를 넣거나
숙성탱크
참나무 널빤지
참나무를 잘게 부순 조각을 넣어 냄새가 배도록 하기도 해.
이렇게 1~2년간 2차발효와 숙성을 거친 와인은 병에 담게 되지.
바리크
유리병
포도밭을 소유하고 재배와 수확, 발효와 병에 담는 모든 과정을 완수한 제조업자는
포도재배
수확
양조
병입
비로소 병에 '샤토에서 병에 담았음'이라는 공식 표기를 할 수 있어.
Mis en bouteille au Château*
미 정 부테이 오 샤토
와인은 병에 담길 때까지도 맛과 향이 절정에 오르지 않는 경우가 대부분이지.
1차발효
2차발효
당분
알코올
알코올 중 사과산
젖산
탱크숙성*
공기 접촉
공기 접촉
그래서 병에 담은 뒤 3~6개월간 다시 병숙성과정을 거치는데 오래 숙성시키는 고급와인들은 어둡고 습기찬 지하창고에 뉘어서 저장하지. 와인을 이렇게 병숙성시키는 창고를 카브(cave)라고 해.
3차발효
공기 차단
병숙성
온도 10~15℃
습도 75% 정도
햇빛 ×

*참나무조각

*프랑스 와인

*탱크나 바리크

*로마네 콩티의 카브

❖블렌딩

병숙성과정에서는 절대 곰팡이가 피거나 코르크가 말라서는 안 돼.
와인이 상했거나
공기가 들어갔을 가능성이 있다!
킁킁
병숙성기간은 와인에 따라 다른데 10년 후, 20년 후에 마셔야 제맛이 나는 와인도 있어.
풍미도
화이트와인
고급 보르도 와인
5
10
15(년)
이런 정보는 책이나 업자들이 친절하게 안내해주지.
이 빈티지는 5년 뒤에 드세요.
가령 2007년에 수확한 포도는 1년간의 탱크숙성과 6개월의 병숙성을 거쳐야 하니까
빈티지 2007 레드와인
2007. 10
수확
발효
2차발효
탱크- 바리크 숙성
2008년 하반기나 2009년에 시장에 나오기 시작했겠지.
2008. 10
2009. 4
병입, 출하
3차발효
||
병숙성
블렌딩은 언제 하나요?
아무래도 병에 담기 직전이 아닐까?
블렌딩, 즉 섞기에는 프리 런 주스와 프레스드 주스를 적당한 비율로 섞는 것을 비롯해
프리 런 주스
free run juice
프레스드 주스
pressed juice
서로 다른 연도의 와인, 서로 다른 산지의 와인, 서로 다른 품종의 와인을 섞는 것 등 여러 가지가 있어.
카베르네 소비뇽
메를로
카베르네 프랑
전세계 와인업자들이 연구에 연구를 거듭해 맛있는 와인을 만드는 블렌딩 비법을 개발하고 있지.
블렌딩기술은 곧 상품성이고, 상품성이 곧 성공과 실패를 가름하기 때문에
우리가 재배한 포도 품질과
우리만의 노하우!
Château
독특하고 매력적인 블렌딩비법에 와인기업의 성패가 달려 있다고 해도 과언이 아니야.
CHATEAU HAUT-BRION
1999
샤토 오브리옹 1999
포이약
1등급 그랑 크뤼
45% 카·소비뇽
37% 메를로
18% 카·프랑
여러 가지 재료로 보물을 만드는 것 같네!
어떤 재료를 어디에 어떻게 쓰느냐에 따라 전혀 다른 디자인이 나오니까!

❖와인 제조과정

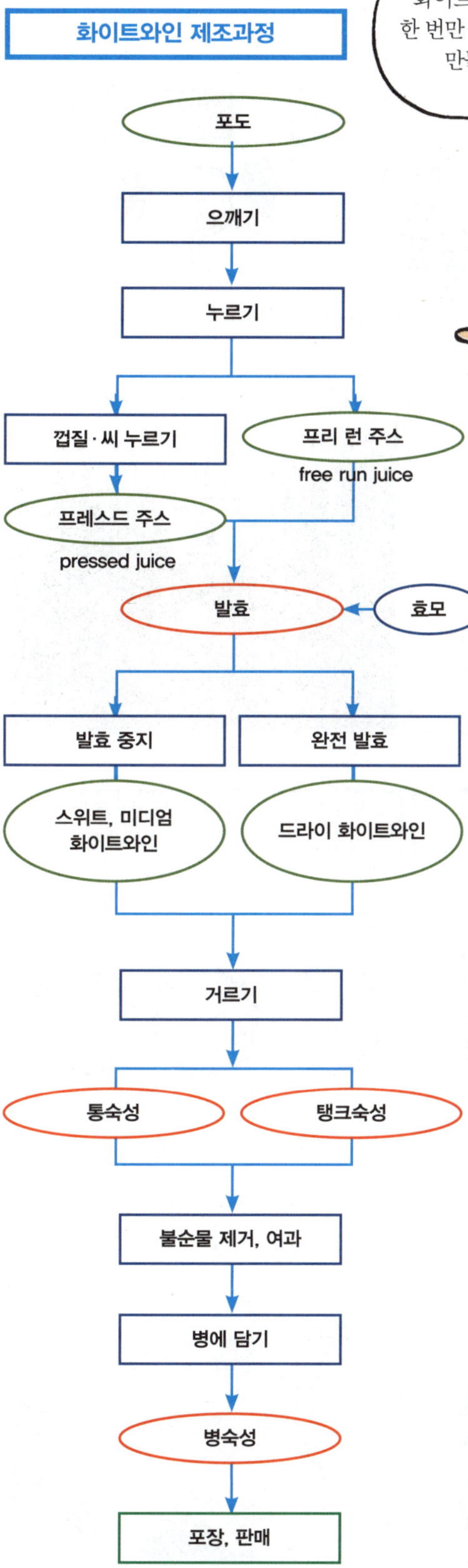

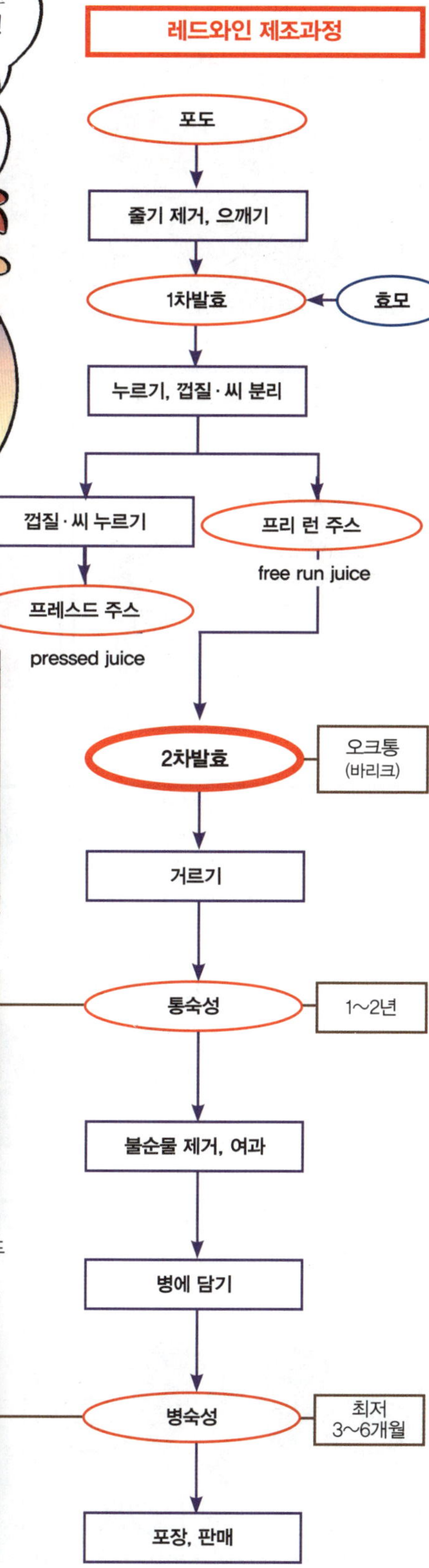

1차발효용 탱크 / 샤토 무통 로칠드

2차 오크통 발효 / 샤토 무통 로칠드

병숙성 / 로마네 콩티

❖ 로제와인 제조과정

그럼 로제와인, 즉 핑크와인은 어떻게 만들죠?
넌 아주 간단한 것도 모르는구나!
화이트와인과 레드와인을 섞으면 되잖아!
됐거든!
로제와인은 주로 흑포도로 만드는데 화이트와인과 레드와인 제조법의 중간쯤 되지.
화이트
로제
레드
초기 양조과정은 레드와인과 같지만
포도
줄기 제거, 으깨기
껍질 · 씨 포함
붉은색이 어느 정도 우러나면 껍질에서 더 이상 색이 우러나지 못하게 눌러서 껍질과 씨를 제거한 다음
누르기
껍질 · 씨 제거
화이트와인과 마찬가지로 발효시키지.
레드와인은 당분을 100퍼센트 발효시키기 때문에 대부분 드라이하지만
레드와인
당분
100%
알코올
탄산가스
로제와인은 당분을 조금 남겨두기 때문에 달콤한 맛이 나는 거야.
당분
발효
100%
달콤…
발효 정지
잔류 당분
흑포도로 만들기 때문에 껍질에서 우러난 색의 정도에 따라 엷은 핑크색에서 레드와인에 가까운 색까지 다양한 색의 로제와인을 만들 수 있어.
유럽연합은 흑포도에 청포도를 섞어 로제와인을 만드는 것은 허용하지만
청포도
흑포도
로제
OK
레드와인과 화이트와인을 섞어 로제와인 만드는 것은 금하고 있어.
핑크는 블렌딩이 아니거든!
화이트 와인
레드 와인
로제
NO!
그것 봐!
신선하고 새콤한 화이트, 우아하고 깊이있는 레드, 전혀 다른 성격이잖아!

*스테인리스탱크 발효조

❖샹파뉴 제조과정

샹파뉴 같은 발포성 와인은 어떻게 만들죠?
그것도 간단한 거 아닌가?
콜라나 사이다처럼 화이트와인에 탄산가스를 넣으면 되는 거 아냐?
또 엉뚱한 소리! 와인이 무슨 음료수냐?
그런 방법으로 만드는 스파클링와인도 있긴 해. 하지만 정통 샹파뉴는 전혀 다른 방법으로 만들지.
저가 발포성 와인
탄산가스 병입
정통 샹파뉴
샹파뉴를 만들려면 먼저 피노 누아나 샤르도네의 껍질을 제거하고 화이트와인을 만들어야 해.
CHAMPAGNE
피노 누아
샤르도네
샹파뉴 제조에 사용되는 주품종
완성된 화이트와인을 유리병에 담은 뒤
피노 누아
껍질 제거
샤르도네
발효
화이트 와인
병입
블렌딩하기도 함
소량(1리터당 24그램)의 설탕과 특수효모를 첨가하는데
설탕
(당분)
이 상태의 와인을 '리쾨르 드 티라주'라고 해
리쾨르 드 티라주
Liqueur de tirage
화이트 와인
설탕
특수 효모
이 액체를 유리병에 담고 임시로 맥주병 뚜껑 같은 것으로 단단히 봉한 다음
뚜껑으로 임시 밀봉
남아 있는 공기
액체 속의 설탕을 다시 한 번 발효시키는데
병 속에 남아 있던 공기와 접촉해 당분 발효
이것은 와인을 달게 하려는 게 아니라 설탕이 발효하면서 탄산가스가 생기게 하는 거야.
이때 병 속에서 생긴 탄산가스는 뚜껑 때문에 밖으로 나가지 못하고
밖으로 내보내줘!
와인 속에 녹아들어 발포성 와인이 되는 거지.
뚜껑 열릴 때까지 잠이나 자자!

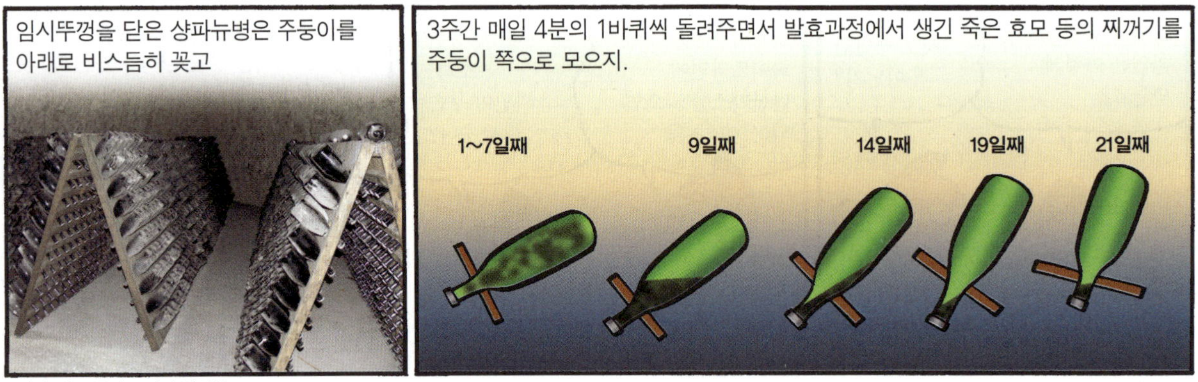
임시뚜껑을 닫은 샹파뉴병은 주둥이를 아래로 비스듬히 꽂고
3주간 매일 4분의 1바퀴씩 돌려주면서 발효과정에서 생긴 죽은 효모 등의 찌꺼기를 주둥이 쪽으로 모으지.
1~7일째
9일째
14일째
19일째
21일째

*마담 뵈브 클리코 사의 전시실

과거에는 매일 한 번씩 일일이 손으로 돌려주었지만
1/4 바퀴
이제는 기계화되어 자동적으로 샹파뉴병이 돌아가게 돼 있어.
이렇게 3주만 지나면 죽은 효모 등 찌꺼기가 병 주둥이로 모이고

*초기의 샹파뉴 돌리는 기계. 마담 뵈브 클리코 사

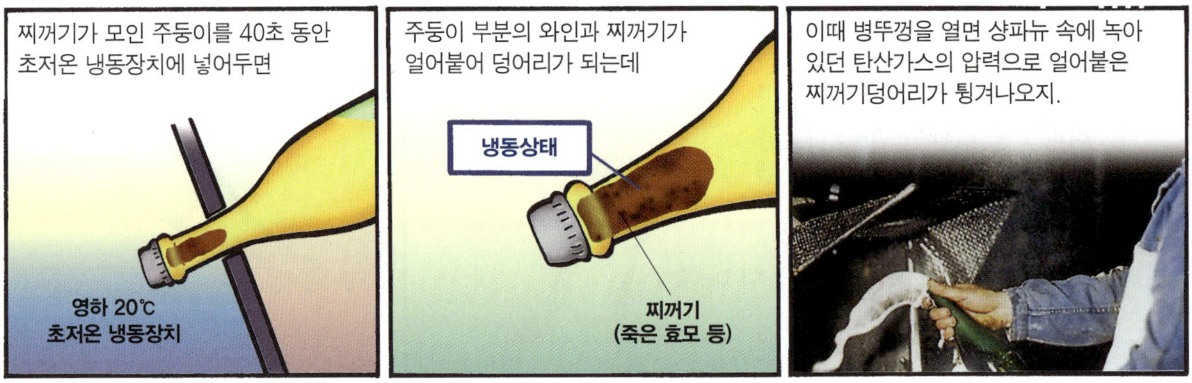
찌꺼기가 모인 주둥이를 40초 동안 초저온 냉동장치에 넣어두면
영하 20℃
초저온 냉동장치
주둥이 부분의 와인과 찌꺼기가 얼어붙어 덩어리가 되는데
냉동상태
찌꺼기
(죽은 효모 등)
이때 병뚜껑을 열면 샹파뉴 속에 녹아 있던 탄산가스의 압력으로 얼어붙은 찌꺼기덩어리가 튕겨나오지.

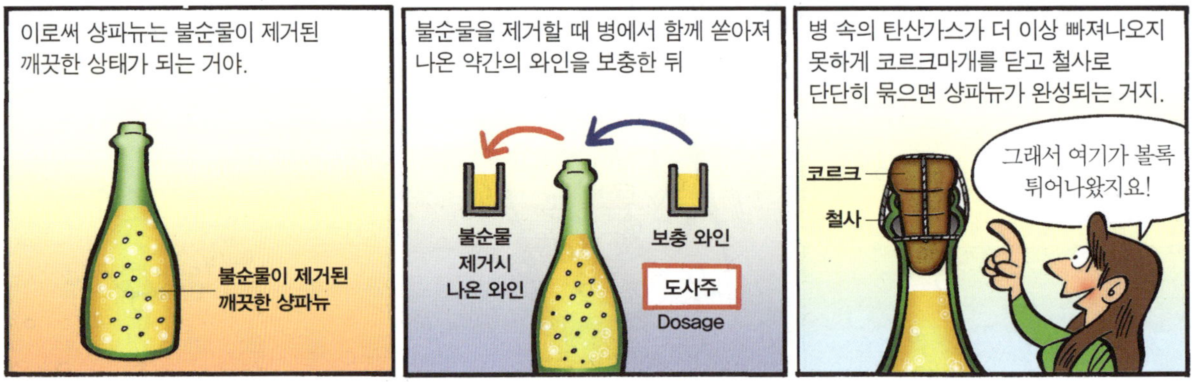
이로써 샹파뉴는 불순물이 제거된 깨끗한 상태가 되는 거야.
불순물이 제거된
깨끗한 샹파뉴
불순물을 제거할 때 병에서 함께 쏟아져 나온 약간의 와인을 보충한 뒤
불순물
제거시
나온 와인
보충 와인
도사주
Dosage
병 속의 탄산가스가 더 이상 빠져나오지 못하게 코르크마개를 닫고 철사로 단단히 묶으면 샹파뉴가 완성되는 거지.
코르크
철사
그래서 여기가 볼록 튀어나왔지요!

❖발포성 와인

이 기술은 19세기 초 뵈브 클리코라는 전설적인 여성 샹파뉴 경영자가 고안한 거래.
코르크마개를 닫기 전에 찌꺼기가 빠질 때 줄어든 화이트와인을 보충하는 것을 '도사주'라고 하는데
OUT
IN
도사주
보충 와인
이것은 화이트와인과 설탕시럽을 섞은 것으로
화이트와인
설탕시럽
(당분)
이 시럽의 양에 따라 샹파뉴가 드라이하거나 달콤해지게 되지.
DRY
드라이
SWEET
스위트
설탕이 거의 들어가지 않은 것은 드라이하고
설탕시럽의 양
적다
드라이
중간
미디엄
많다
스위트
중간이 미디엄, 많은 것이 스위트가 돼.
샹파뉴의 도사주 (설탕)g/l
Brut Nature Dosage Zéro 3g
Extra Brut (dry) 6g 미만
Brut* 15g 미만
Extra Sec 12~20g
Sec** 17~35g
Doux 50g 이상
샹파뉴란 프랑스 동부 샹파뉴 지역에서 만드는 발포성 와인을 일컫는 것으로
Appellation
Champagne
Contrôlée
다른 지역에서 생산된 발포성 와인에는 샹파뉴라는 명칭을 붙일 수 없어.
우리 독일 샹파뉴는…
다시 그 호칭을 쓰면…
고발
탄산가스로 인해 새콤하고 달콤한 맛과 향이 나는 발포성 와인은 세계적으로 큰 사랑을 받고 있는데
거품을 눈으로 즐기기 위해 샹파뉴잔은 길고 가늘답니다.
나라마다 고유한 발포성 와인이 있고, 이름도 다양하지.
크레망
Crémant
프랑스 샹파뉴 지역 외
스파클링와인
Sparkling Wine
미국
스푸만테
Spumante
이탈리아
카바
Cava
스페인
젝트
Sekt
독일
오, 예!
샹파뉴, 건배!
쟁

*랭스의 마담 뵈브 클리코 본사 시음실

*브뤼 : very dry **섹 : dry

❖셰리 제조과정

와인 중에는 알코올을 섞어 좀 독하게 만든 것도 있잖아요?
그걸 주정(酒精) 강화와인이라고 하는 거야.
포도 품종이 그다지 좋지 않은 샤랑트 지역에서 와인을 만든 뒤 이를 증류해 브랜디를 만들고
포도 ⇨ 와인 ⇨ 증류
이것을 바리크(참나무통)에서 오래 숙성시킨 것이 전통 브랜디야. 코냑이 대표적이지.
항해가 주된 교통수단이었던 시대에 와인은 곧잘 상해 항해중에 식초가 되었어.
아이구, 시어!
애 퇴 퇴
그래서 긴 항해에도 변하지 않는 와인을 만들기 위해 연구한 결과가 바로 주정강화와인이지.
유통기간 연장!
화이트 와인
알코올
주정강화와인
브랜디는 알코올 함량도 높고 잘 상하지 않아서 운반에는 편리했지만
독한 브랜디가 와인의 맛과 향을 따라갈 수는 없었기 때문에 주정을 강화한 와인이 등장한 거지.
크으
그것이 바로 스페인의 셰리, 포르투갈의 포트와인과 마데이라주야.
•Sherry 스페인
•Port 포르투갈
•Madeira 포르투갈
•Marsala 이탈리아
COSSART GORDON
MADEIRA
셰리는 스페인 남쪽 안달루시아 지방 세 도시의 삼각지대야.
프랑스
포르투 Porto
스페인
포르투갈
안달루시아
즉, 헤레스 데 라 프론테라, 산루카르 데 바라메다, 엘 푸에르토 데 산타 마리아의 삼각지대지.
이 지역에서 생산된 와인만 '셰리'라고 부를 수 있죠.
Sanlúcar de Barrameda
Jerez de la Frontera
El Puerto de Santa Maria
이 지역에서 생산되는 팔로미노 품종으로 만든 알코올 함량 11~12퍼센트의 드라이한 화이트와인에
품종 : 팔로미노
또는 '팔로미노 피노'라 함
드라이 화이트와인
알코올 함량 : 11~12%
역시 와인을 증류한 브랜디를 섞어 15~18퍼센트로 끌어올린 거야.
셰리라는 술은 세계 여러 곳에서 생산하지만
오리지널 셰리는 오직 이 지역에서 만드는 것뿐!
Jerez
스페인식
Xérès
프랑스식

*코냑의 생마르탱 교회

*헤레스의 고대 이름은 Ceres, 여기서 셰리라는 이름이 유래되었음

❖피노와 올로로소 셰리

드라이한 화이트와인을 기본으로 하기 때문에 셰리는 대부분 드라이한 맛이야. 물론 미디엄과 스위트 셰리도 있지만 말야.
SANDEMAN
MEDIUM DRY
SHERRY
Amontillado
17.5% Vol
셰리는 숙성과정에서 피노셰리와 올로로소셰리, 두 종류로 나눠지.
FINO
OLOROSO
피노는 알코올 함량이 15퍼센트 정도로 가벼운 편이지만 올로로소는 18퍼센트로 좀더 무겁지.
GONZALEZ BYASS
JEREZ
FINO MUY SECO
피노 셰리
무이세코=아주 드라이
(very dry)
알코올 함량 15.5%

알코올이 적게 함유된 피노의 숙성탱크에서는 화학작용에 의해 플로르(flor)라는 효모가 와인 위에 퍼지면서
셰리와 공기의 접촉을 막아 산화를 방지하기 때문에
플로르 효모
공기
셰리
대부분 화이트와인과 같은 색을 띠고 화이트와인처럼 차갑게 마시는 게 좋지.

*와인 위에 퍼진 플로르 효모

*셰리의 테이스팅

반면, 올로로소는 알코올 함량이 높아서 플로르가 생기지 않기 때문에 저장통 속에서 공기에 접촉한 채로 숙성되지. 그래서 피노보다 어두운 색이 되는 거야.
맨 위 통에 새 셰리를 채우고 맨 아래 통에서 20~30퍼센트를 빼낸다. 맨 위 통에서 맨 아래 통으로 내려오는 동안 셰리가 숙성해 깊은 맛을 내게 된다.
솔레라 시스템
매년 새 셰리를 채운다
파이프
매년 20~30% 빼낸다
셰리를 숙성시키는 데는 600리터짜리 큰 오크통이 사용돼.
셰리 오크통
보르도 바리크

셰리에는 크림(Cream) 셰리라 하여 아주 달게 블렌딩하는 것도 있지만
HARVEYS
BRISTOL CREAM
순수하고 드라이한 피노와 올로로소가 훨씬 고급으로 취급되고
크림셰리라고?
그냥 셰리는 좀 독해서….
크림셰리는 우아한 맛의 셰리 이미지를 망친 시장용 스위트와인이라는 비난을 받기도 하지.
김치 맵다고 물에 헹궈먹는 격이네!
하기야 그것도 자기 입맛이니까!

❖포트와인

스페인에 셰리가 있다면 포르투갈에는 포트와인이 있지!

포트와인이 생산되고 모이고 배에 실려 나가는 도시가 포르투*이기 때문에 '포트와인'이라는 이름이 붙었어.

*Porto항 : 포트와인이 집적, 수출되는 중심지

이 와인은 포르투갈 북부 도루*강 유역에서 재배되는 포도로 만드는데

*Douro

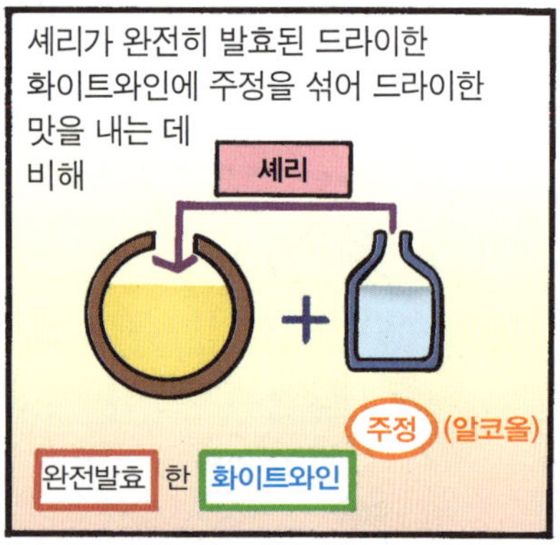

셰리가 완전히 발효된 드라이한 화이트와인에 주정을 섞어 드라이한 맛을 내는 데 비해
셰리
주정 (알코올)
완전발효 한 화이트와인

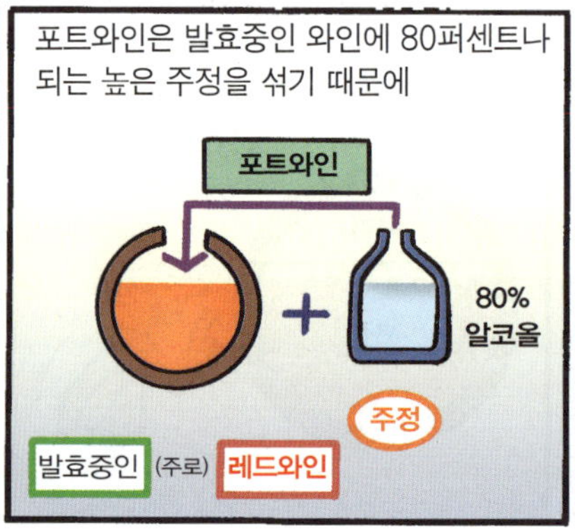

포트와인은 발효중인 와인에 80퍼센트나 되는 높은 주정을 섞기 때문에
포트와인
80% 알코올
주정
발효중인 (주로) 레드와인

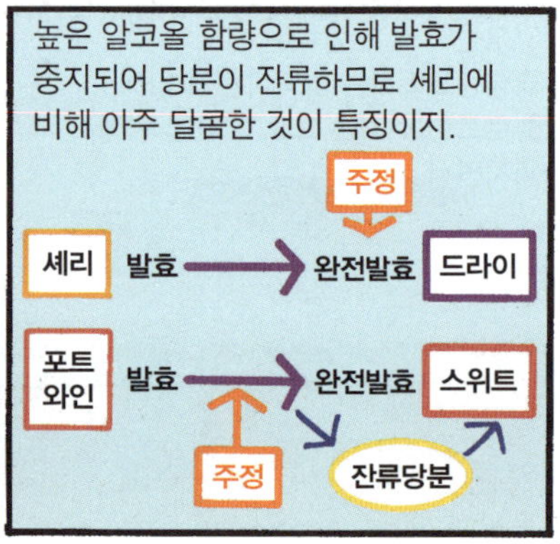

높은 알코올 함량으로 인해 발효가 중지되어 당분이 잔류하므로 셰리에 비해 아주 달콤한 것이 특징이지.
주정
셰리 발효 완전발효 드라이
포트와인 발효 완전발효 스위트
주정
잔류당분

당연히 알코올 함량도 높아서(20% 이상) 디저트와인으로 사랑받고 있어.
디저트와인은 식후에 마시는 것으로
달콤하거나 알코올 함량이 높은 것을 선호하지요.

또 일반 와인과 달리 알코올을 첨가하기 때문에 포도의 품종이나 품질보다는 블렌딩기술과 숙성이 더 중요하지.
강한 알코올로 인해
재료보다 기술이 더 중요!

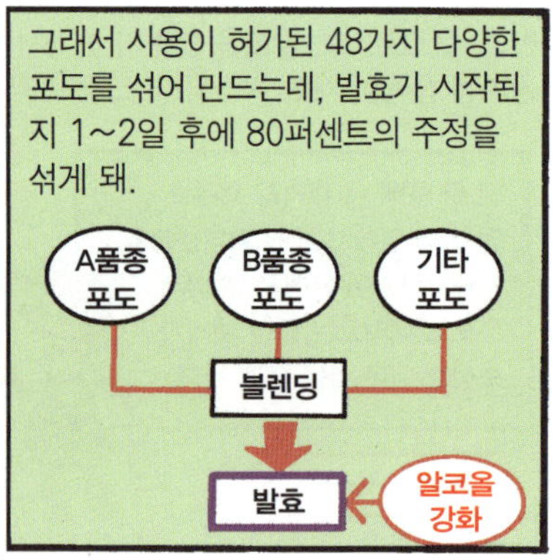

그래서 사용이 허가된 48가지 다양한 포도를 섞어 만드는데, 발효가 시작된 지 1~2일 후에 80퍼센트의 주정을 섞게 돼.
A품종 포도
B품종 포도
기타 포도
블렌딩
발효
알코올 강화

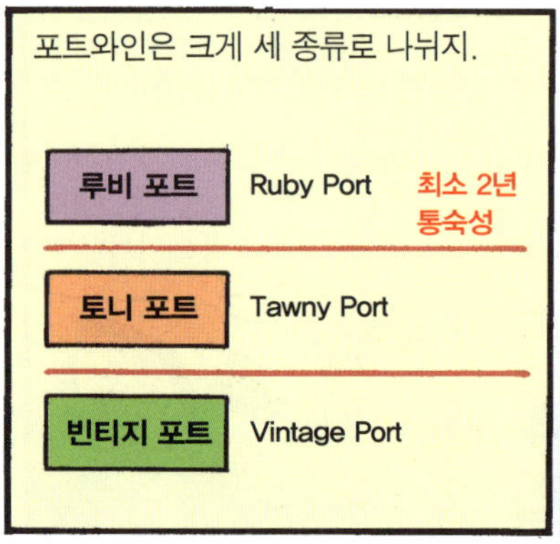

포트와인은 크게 세 종류로 나뉘지.
루비 포트 Ruby Port 최소 2년 통숙성
토니 포트 Tawny Port
빈티지 포트 Vintage Port

가장 대중적인 루비 포트는 흑포도로 만든 것과 청포도로 만든 화이트포트가 있는데
도루강 지역에서 재배하는 100여 종의 포도는 모두 포트와인을 만드는 데 쓸 수 있죠. 그중 레드와인 품종으로 허용된 것은 48종이랍니다!

둘 다 과일향이 풍부하고 가격도 그리 비싸지 않은 슈퍼용 와인이야.
FOUNDERS RESERVE
PORTO
SANDEMAN

토니 포트는 레드와인과 화이트와인을 블렌딩해 만들고
tawny : yellow brown
Red + White → Tawny
10년, 20년, 심지어 40년간 숙성시키는 고급 올드 토니 포트는 참나무통에서 숙성시킨 고급 레드와인으로 만드는데
대형 나무통 숙성
최소 2~3년 ⇒
소형 나무통(550l)에서 10~40년 숙성 올드 토니*
장기숙성으로 인해 부드러워진 타닌, 복잡미묘한 향이 매력적이야.
디저트 와인으로는
올드 토니와 마데이라가 그만이야!
*Old Tawny 또는 Aged Tawny : 10년 이상 숙성한 포트와인
빈티지 포트는 최고 품종 포도의 제일 잘 익은 열매만 사용해 최소 2년 이상 숙성시키지.
최고 품질의 포도가 수확된 해
빈티지 인가
최고 품종 포도 선택
가장 좋은 열매만 사용
빈티지란 수확연도를 일컫는 말이지만, 빈티지 포트라고 해도 매년 이 호칭을 쓸 수는 없대.
올해는 작황이 좋지 않아서
빈티지 포트를 만들 수 없다. 올해 이 호칭은 불법이다.
포르투갈
정말 최고의 포도가 수확된 해에만 빈티지 호칭을 쓸 수 있기 때문에 10년에 고작 서너 번뿐이래.
우리가 인가한 해에만 '빈티지 포트'라는 호칭을 쓸 수 있다!
국립 포트와인 연구소
빈티지 포트는 검은 병에 담는데, 필터링(여과)을 하지 않았기 때문에
COCKBURN'S 1991 VINTAGE PORT
찌꺼기가 와인 속에 남아 있으므로 이를 거르기 위해 디캔팅을 해야 해.
루비, 토니 등은 디캔팅할 필요 없음!
TAYLOR'S 20 Years Old PORT
포트와인은 기본적으로 20년 이상 된 것이 고급!
포트와인은 종류에 따라 10~12년 숙성한 뒤에 마셔야 하므로 값이 무척 비싼 고급와인에 속하지.
GRAHAM'S SIX GRAPES PORT
COCKBURN'S Fine Ruby PORT
기본적인 루비 포트
가장 저렴한 루비 포트
보통은 2~3년 통숙성한 뒤에 병에 담는데, LBV 포트는 4~6년 동안 통숙성을 한 뒤에 병에 담아.
LBV
= Late Bottled Vintage
늦게 병입한 빈티지
여과한 LBV
거르지 않은 LBV
즉시 마실 수 있음
디캔팅해야 함
LBV의 가격은 빈티지 포트의 절반 정도인데 생산자에 따라 품질이 크게 달라진대.
QUINTA DO CRASTO 1988 Late Bottled Vintage Port
포트와인은 숙성중인 와인통을 장식용으로 도루강가나 배 위에 쌓아놓는 것으로도 유명하지.

❖코냑과 아르마냑

와인을 증류한 브랜디의 경우 갓 증류되어 나온 심한 알코올냄새를 없애고
코를 찌를 듯한 역한 알코올냄새!
코옹
향기롭고 매혹적인 풍미가 배도록 장기간 오크통에서 숙성시켜야 해.
와인을 증류시켜 만드는 브랜디의 대표적인 명산지는 샤랑트 지방의 코냑과 가스코뉴 지방의 아르마냑이야.

*숙성중인 코냑

*와인을 증류해 코냑을 만드는 과정

코냑은 그 숙성기간에 따라 품질등급을 매기는 제도가 있는데
VS
VSOP
Napoléon
XO
VS=Vieille Réserve
비에유 레제르브(장기숙성)
VS는 일명 '별셋(★★★)'으로 알려진 기본 코냑으로, 가장 저렴한 미숙성품이야. VSOP는 4년 6개월 이상 숙성한 브랜디를 섞은 코냑으로 VS보다 고급품이지.
A.E.DOR
COGNAC V.S.
COGNAC NAPOLÉON
❶ ❷ ❸ ❹ ❺ ❻ ❼

*① € 28.90 ② € 49.90 ③ € 115 ④ € 135 ⑤ € 650 ⑥ € 700 ⑦ € 750 (유럽 가격, 2007년)

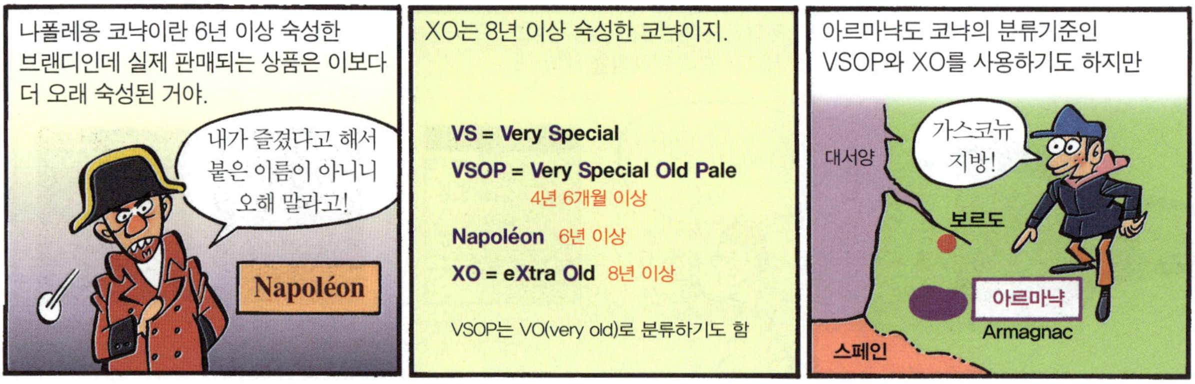
나폴레옹 코냑이란 6년 이상 숙성한 브랜디인데 실제 판매되는 상품은 이보다 더 오래 숙성된 거야.
내가 즐겼다고 해서 붙은 이름이 아니니 오해 말라고!
Napoléon
XO는 8년 이상 숙성한 코냑이지.
VS = Very Special
VSOP = Very Special Old Pale
4년 6개월 이상
Napoléon 6년 이상
XO = eXtra Old 8년 이상
VSOP는 VO(very old)로 분류하기도 함
아르마냑도 코냑의 분류기준인 VSOP와 XO를 사용하기도 하지만
대서양
가스코뉴 지방!
보르도
아르마냑
Armagnac
스페인

1999년부터 자체 제도도 함께 사용하고 있어.
아르마냑 Armagnac
2~6년 숙성
비에유 Vieille(old)
최소 6년 숙성
밀레짐 Millésime (vintage)
최소 10년 숙성
CASTARÈDE ARMAGNAC 1956
우아~ 와인의 세계는 정말 넓고 오묘하구나!
수천년간 만들고 마시고 연구를 거듭했으니….
자, 이제 진짜 와인의 세계로 들어가볼까?
옛써!

와인을 만나기 전에

미리 알아두어야 할 것들

*프랑스 보르도 오메독 지방 포이약 마을의 거리

- 테루아Terroir
- 빈티지Vintage / Millésime
- 타닌Tannin
- 바리크Barrique
- 공기와 온도
- 와인의 가격
- 와인의 평가
- 파리의 심판

테루아
Terroir
이건 결코 번역할 수 없는 프랑스어야!
번역하기 어려운 단어는 많지.
우리가 쓰는 말 중에 일러스트레이션이라는 단어 있잖니?
illustration!
1980년대 초 우리나라에 도입된 이 단어는 처음에는 '삽화'라고 번역되었지만
illustration
삽화·도해
그 의미가 '삽화' 또는 '도해'보다 훨씬 광범위해서
삽화 (揷畵) : 글에 끼워넣는 그림
도해 (圖解) : 설명을 위한 그림
개(Dog) :
다시 '일러스트레이션'이라고 영어음 그대로 쓰고 있지.
일러스트레이션 illustration
· 글(Text)을 제외한 모든 시각적 요소 (사진 포함)
· 사진과 대비되는, 손으로 그린 그림
· 디자인의 주요 요소로 타이포(문자) 이외의 요소
등등
'테루아'라는 프랑스어도 이와 같이 전 세계에서 공통으로 쓰이는 단어야. 특히 프랑스 와인업자들이 즐겨 쓰는데
우리 프랑스 와인은 테루아 와인!
다른 나라 와인과는 차원이 다르지.
정말 번역하기 어려운 다양한 의미를 지니고 있지.
같은 프랑스어인
'사부아 비브르*'도 번역하기 어렵거든!
*Savior vivre : '인생의 맛을 안다' '삶을 살 줄 안다'는 뜻
테루아란 라틴어에 뿌리를 둔 프랑스어 '테르'에서 파생된 말로
Terre
테르
흙, 땅, 土
Terroir
테루아
Terrace
테라스
집에 붙은 땅 위의 베란다
굳이 번역하자면 토양, 토질 등의 의미지만
d'un vin il a un goût de terroir ou il sent le, son terroir.
와인은 그 맛으로 자란 땅이 어디인지 알 수 있다.
테루아라는 와인용어에는 그보다 훨씬 복잡하고 다양한 의미가 포함되어 있어.
테루아
Terroir
토양
토질
외
의
여
러
요
소
...

테루아란 원래 프랑스 와인업자들이 와인맛을 표현하던 여러 단어 가운데 하나로
amer! (아메르, 쓰다)
chaleureux! (샬뢰뢰, 자극적이다)
질이 떨어지고 흙냄새 등 나쁜 냄새가 나는 저급와인을 일컫는 말이었지.
우~ 테루아!
푸웃
음, 역시 테루아네. 흙냄새가 강하고 맛이 영….
올해 와인맛은 영 아니올시다군!
그런데 1990년대 이후 테루아라는 말이 전 세계 와인업자와 애호가들에게 번져나가
테 루 아
테루아
테루아
테루아
유럽
신대륙
미국
좋은 와인의 절대적인 전제조건처럼 의미가 굳어지고 말았지.
역시 테루아가 정말 중요하군.
좋은 와인 = 테루아의 산물!
마치 마술이라도 부리는 것처럼 말야.
테루아가 무슨 뜻인데요?
토양, 토질 등의 의미라면서요?
테루아란 와인의 재료인 포도를 재배하는 데 필요한 모든 전제조건을 일컫는 말로
• 기후(Climate / Climat) : 온도와 강우량
• 태양 : 일조량, 일조시간
• 토양 : 포도원의 경사도 또는 언덕, 평지, 강가 등 땅의 성향
• 지질(Geology, 地質) : 흙의 물리적 · 화학적 성격과 자갈, 점토 등의 성분
• 습도(Hydrology) : 땅의 수분 정도와 물이 빠지는 조건 등

여기에 와인양조자의 기술과 포도재배에 쏟는 노력 등
인적(人的) 조건까지 모두 테루아의 개념에 포함되지.
일조량
토양
기후
토질
테루아
Terroir
기타
습도
양조 · 재배기술
프랑스 보르도 메독 지방의 샤토 코스 데스투르넬*의 소유주 브뤼노 프라**는 테루아를 이렇게 정의했어.
테루아에 대한 프랑스적 정의는…
포도와 포도재배에 영향을 미치는 모든 자연적인 전제조건이다.
테루아는 기후, 땅, 경사도 등 서로 영향을 주고받는 무수한 요건들로 구성되어 있다.
평지
구릉지역
급경사지
낮과 밤의 온도차, 비의 양과 빈도, 해가 비치는 양과 시간, 배수 정도 등은 일부분에 불과하다.
일조시간이 길다
같은 밭이지만 일조량과 강도가 다르다
일조시간이 짧다
이러한 모든 요건이 상호 작용해 하나의 포도재배 조건을 형성하는데, 프랑스 와인제조자들은 이를 '테루아'라고 한다.
그리고 프랑스는 가장 이상적인 테루아다!
우아….
그렇다면 세계 모든 포도밭의 테루아가 다 다르겠네요!
그래서 똑같은 와인이 있을 수 없는 거군요!
80억이 넘는 인류가 모두 얼굴이 각각 다르듯이 이 세상 모든 포도밭의 테루아도 전부 다를 수밖에 없지.
심지어 부르고뉴의 DRC* 포도원은 10미터만 떨어져 있어도 포도의 질이 다르다고 할 정도야.
그랑 크뤼라는 등급도 결국 훌륭한 테루아임을 프랑스 정부가 인증했다는 의미라고 할 수 있지.
Château Montrose
2003
2등급 그랑 크뤼
샤토 몽로즈
생테스테프
오메독
보르도
프랑스

*Château Cos d'Estournel **Bruno Prats

*DRC : Domaine Romanée Conti

가장 이상적인 테루아로는 강가에 자리잡은 언덕지대를 꼽아.
강가 언덕지대의 특징
태양빛을 거의 90도로 받아 이상적인 일조량을 얻을 수 있다.
강물은 공기보다 늦게 식는다. 가을에는 강물의 반사열을 얻을 수 있다.
밤에는 찬공기가 강 쪽으로 내려가고 강물은 찬공기를 이동시킨다.
포도밭
그러나 테루아는 말 그대로 훌륭한 와인의 재료가 되는 좋은 포도를 재배하기 위한 전제조건일 뿐
테루아
||
훌륭한 와인이 만들어질 조건
테루아 자체가 곧 좋은 와인이라는 의미는 절대 아니야.
경주돌이라고 모두 옥은 아니거든!
세계적으로 최고의 테루아는 프랑스 보르도와 부르고뉴 지방이라고 하지만
테루아
테루아
보르도
부르고뉴
보르도나 부르고뉴에서 생산했다고 해서 모두 좋은 와인은 아니잖아?
세계 최고 테루아라지만
보르도, 부르고뉴에도 허접한 와인은 얼마든지 있다!
하지만 테루아를 마치 와인의 생명인 양 소중하게 여겨서, 이런 완벽한 조건에서 만들어진 것을 테루아와인이라고 하기도 해.
테루아와인!
완벽조건
프랑스인들은 프랑스 와인만을 테루아와인이라고 하지.
다른 나라 와인들은
테루아와인으로 인정할 수 없다!
테루아가 좋은 포도와 와인의 전제조건이라면
전세계 포도원도 다 나름의 테루아가 있지 않나요?
물론이지. 그러나 프랑스 와인만이 진정한 테루아와인이고, 당연히 테루아와인이 세계 최고의 와인이라고 주장하는 거지.
한편 세계 와인업계는 테루아를 프랑스 와인업계가 마케팅 개념으로 사용하는 일종의 속임수라고 의심하고 있어.
테루아
여러 실험 결과가 테루아, 즉 전제조건 보다는 누가 만드느냐가 와인맛을 좌우한다는 사실을 입증했기 때문이지.
테루아
기술

한 예로, 1990년 보르도에서 생산된 100가지 와인을 비교한 적이 있는데
1990 1990 1990 1990
같은 품종으로 비슷한 테루아에서 생산된 포도를 서로 다른 양조장에서 만든 것이었어.
샤토 A 샤토 B 샤토 C 샤토 D 샤토 E
비슷한 조건의 테루아
결론은 와인맛을 결정하는 것은 테루아가 아니라 만드는 사람의 양조기술이라는 거였어.
B샤토 것이 E샤토보다 낫다!
와인맛은 기술에 달려 있어.
연구 결과, 비슷한 테루아의 포도를 서로 다른 기술자들이 만든 와인의 차이가
A B C
테 루 아
A B C
한 기술자가 여러 테루아에서 재배한 포도로 만든 와인의 차이보다 훨씬 크다는 사실이 입증되었고
A > C E > F
D E F
D E F
결국 와인맛을 결정하는 가장 중요한 요소는 전제조건인 테루아가 아니라 인간의 기술이라는 결론이 도출되었지.
양조기술
테루아
그럼 신대륙 와인들도 얼마든지 프랑스 테루아와인을 능가할 수 있겠네!
당근이지!
뒤집어 말하면, 테루아는 어디까지나 좋은 와인의 전제조건일 뿐
좋은 와인의 전제조건
양조기술 포도품종 테루아 등
최고의 테루아가 곧 최고의 와인이라는 보증은 아니라는 거야.
최고의 테루아 ≠ 최고의 와인
이처럼 테루아는 하나의 유행어일 뿐, 와인의 품질을 의미하는 것은 아니라고 할 수 있지.
테루아·· 테루아·· 테루아···
그러니 부르고뉴, 보르도, 나파밸리 등 유명한 테루아에 현혹되지 말고
부르고뉴 와인!
무조건 대단히 좋은 와인이겠지?
스스로 마시고 싶은 와인을 선택해야지, 좋은 와인이라는 선입견으로 선택하면 안 된다는 거야.
비싸니까 좋겠지!
그렇긴 한데, 값에 비하면 글쎄···.

빈티지

Vintage / Millésime

빈티지 2003!
밀레짐 2003!
PETRVS
POMEROL
2003

*샤토 페트뤼스 € 4,400(2023년 가격)

지역에 따라 매년 9~11월에 포도를 수확하고
수확한 포도를 발효해 와인을 만드는데, 포도를 수확하고 와인을 제조한 해를 '빈티지'라고 해.
Vintage
Millésime
포도를 수확하고 와인을 제조한 해!
그러니까 '빈티지 2007'은 2007년에 수확한 포도로 2007년에 만든 와인이라는 뜻이지.
빈티지 2007
2007년에 수확한 포도로 2007년에 와인을 만들었음.
'빈티지'라는 말에는 '오래되었다(old)'는 의미도 있고
이거 빈티지 가구입니다!
역시 고풍스럽군!
'고품질'이라는 의미도 있지만, 일반적으로 와인의 빈티지라고 하면
Vintage
오래되어 값진
고전적인
빈티지형 인간*!
!
그해 1년간 생산된 포도로 만든 와인이라는 뜻이야.

*시대에 뒤떨어진 사람

포르투갈의 대표적인 주정강화와인인 포트와인은 '빈티지'의 의미가 달라서
CROFT
PORT
VINTAGE
1994
DOW'S
2000
VINTAGE
PORT
FONSECA
VINTAGE PORT
1994
최고수준에 도달한 극상품 포도로 만든 포트와인을 '빈티지'라고 하지.
오!...
1998 빈티지라… 최고급품이구나!
1998
하지만 일반적으로는 해에 따라 와인의 품질을 비교하는 잣대가 되고 있어.
보르도 그랑 크뤼
1982
1990
1997
최고품질 빈티지
실망스러운 빈티지

빈티지는 라벨에 표시된 해에 생산된 포도로 만든 와인을 뜻하지만
2001
2001년에 생산된 포도로 만든 와인
해당 연도에 생산한 포도 로 만든 와인
= Same Year Content (SYC)
나라마다 규정이 달라서 다른 해에 생산된 포도를 약간 섞는 게 허용되기도 해.
빈티지 2007
금년에 수확한 포도 + 작년에 생산한 포도
2007
2006
포도는 쉽게 상해서 보관이 어렵기 때문에 라벨에 표시된 연도의 와인에 다른 해에 제조된 와인을 섞는 거지.
포도를 보관하는 게 아니라
와인
Old (지난해)
금년 와인
SYC
칠레나 남아프리카공화국에서는 SYC가 75퍼센트 이상이면 라벨에 빈티지 표시를 할 수 있고
25%
SYC 75%
빈티지 2007
유럽연합, 호주, 뉴질랜드에서는 85퍼센트 이상
15%
SYC 85%
빈티지 2007
미국에서는 95퍼센트 이상이 SYC여야 라벨에 빈티지 표시를 할 수 있지만
5%
SYC 95%
빈티지 2007
수입와인은 85퍼센트가 SYC면 빈티지 표시를 할 수 있지.
OK!
15%
SYC 85%
USA
한편 빈티지 표시를 하지 않는 와인*도 있는데
어, 이건 빈티지 표시가 없네!
이는 2년 이상 차이가 나는 포도들을 섞어서 만든 와인이라는 뜻이며, 대개는 값싼 대량소비 와인이야.
어쩐지….
€ 2.50
같은 와인이라도 빈티지에 따라 가격이 천차만별이지.
샤또 페트뤼스 프랑스/1986 ₩3,197,000
샤또 페트뤼스 프랑스/1992 750㎖ ₩1,886,000
샤또 페트뤼스 프랑스/2001 750㎖
빈티지는 와인의 품질을 평가하는 대단히 중요한 잣대로, 이를 안내하는 책자가 무수히 많지만
St-Péray N-Rh; w; sch ☆☆ 99′ 01′ 03′ 04′ – Weißwein, v. a. aus der Mar
sanne-Traube, von der nördlichen Rhône, z. T. als Schaumwein bereitet
Eine probierenswerte Kuriosität. Spitzenerzeuger: S. Chaboud, Chapou
tier, B. Gripa, Lionnet, J.-L. Thiers, du Tunnel und Voge sowie die Ge
nossenschaft in Tain. Jaboulet-Aîné pflanzt hier derzeit neue Reben.
St-Pourçain-sur-Sioule ZF; r rs w ☆→☆☆ BV – Wein aus einer Nische
in Allier. Leichte Rot- und Roséweine von Gamay und/oder Pinot noir
Weißweine von Tressalier und/oder Chardonnay (wird immer beliebter
oder Sauvignon blanc. Neuere Jahrgänge verbessert. Erzeuger u. a.: Dom
de Bellevue, Pétillat, Ray und eine gute Genossenschaft.
St-Romain Bg; r w ★★ w 99 00′ 02′ 03 04 – Lang übersehener Ort hin-
ter der Côte de Beaune. Empfehlenswert v. a. die festen, frischen Weiß-
weine. Die Rotweine haben einen sauberen »Biss«. Spitzenerzeuger: de
Chassorney, Fèvre, Jean Germain, Gras, Latour, Leroy.
St-Véran Bg; w ★★ 99 00′ 02′ 03 04 – Eine Nachbarappellation von
빈티지의 중요성에 대한 찬반논란 또한 점점 뜨거워지고 있어.
별 의미 없다!
아주 중요하다!

*non vintage wine

*빈티지의 차이를 알려주는 안내서. 진한 연도 : 좋음, 빨간 연도 : 아주 좋음, 얇은 연도 : 보통

모든 농사가 그렇듯, 포도 또한 풍년이 있으면 흉년이 있기 마련이고
풍년
흉년
같은 밭에서도 기가 막히게 좋은 포도가 열리는 해가 있는가 하면
알도 굵고 당도도 높다
풍년
비가 많이 내리고 날씨가 서늘해 당도가 크게 떨어지고 수확량이 적은 해도 있지.
알도 작고 당도도 낮다
흉년
질 좋은 포도로 만든 와인이 시원찮은 포도로 만든 와인보다 품질이 훨씬 좋으리라는 건 쉽게 짐작할 수 있어.
그래서 같은 샤토의 와인이라고 해도 빈티지에 따라 품질과 가격 차이가 극심할 수밖에 없지.
빈티지 1997
샤토 A
샤토 A
빈티지 2000
€ 112
€ 372
특히 포도재배 북방한계선 지역은 날씨가 아주 변화무쌍해서
포도재배 북방한계
연평균 20~10℃
해에 따라 여름에 날씨가 더워 질이 썩 좋은 와인이 생산되기도 하고
올해 포도농사는 끝내주겠네!
기후가 나쁜 해에는 기대에 영 못 미치는 와인이 생산되기 때문에
여름 내내 비 오고 추웠으니 포도농사 다 망쳤군!
빈티지를 아주 중요하게 여기지.
샤토 마고 Ch. Margaux
●Normal 보통
●Good 좋음
●Very Good 아주 좋음
1978 1981 1982 1983 1984
1986 1987 1988 1989 1990
1995 1996 1998 1999 2000
2001 2002 2003
*Johnson 2006
구대륙(유럽)은 이런 기후변화에 비교적 민감한 편인데
올해 와인은 별볼일없겠네!
쿨럭
쿨럭
유럽
특히 보르도 지방의 빈티지는 해마다 기복이 심해.
BORDEAUX
나, 이거야 원!
이를 두고 일부에선 의혹의 눈길을 보내기도 하지.
보르도만 유독 빈티지를 강조하는 건
빈티지로 가격을 조작하려는 것 아닌가?

세계의 와인을 크게 두 종류로 나눈다면 구대륙과 신대륙 와인으로 나눌 수 있지.
구대륙 와인
프랑스, 이탈리아, 독일 등
유럽
신대륙 와인
미국, 호주, 뉴질랜드, 남아공, 칠레 등
신대륙
신대륙은 기후가 비교적 안정적이어서 해에 따라 차이가 별로 크지 않기 때문에
신대륙 와인에서는 빈티지가 거의 무의미하다고 봐야 하지만
빈티지 안 봐?
난 품종을 보고 사거든!
와인소비자들이 대개 와인의 고향(?)인 유럽의 전통을 높이 사고 빈티지가 없으면 싸구려와인이라는 선입견이 있어서
빈티지도 없는 걸 보니 대량소비 와인이군!
생산연도를 밝혀달라고 요구하기 때문에 라벨에 빈티지 표시를 하는 거야.
이 와인의 좋은 빈티지가 뭐죠?
샤토마다 다른데 다 어떻게 알아?
신대륙 와인은 빈티지가 별 의미 없다!
기후가 안정되어 포도의 품질이 매년 고른 편이니까!
사실 구대륙도 빈티지에 따라 가격이 둘쭉날쭉할 만큼 기후변화가 심한 것은 아니어서
빈티지에 따른 기타 유럽 지역의 와인가격
빈티지에 따른 보르도 지역의 와인가격
보르도 와인을 제외하고는, 빈티지가 품질을 의미한다기보다는
보르도 제외
빈티지≠품질
몇 년 숙성된 와인인가를 판단하는 기준으로서의 역할이 더 크지.
빈티지 1995
음, 12년 숙성된 와인이로구나!
빈티지가 유독 중요하게 작용하는 것은 보르도 고급와인으로
보르도 그랑 크뤼급 와인!
바로 얘네들의 가격!
빈티지에 따라 엄청난 가격차가 나는데
같은 샤토 와인인데
빈티지가 다르다고 값이 두 배나 되다니!
타닌성분이 많은 장기숙성용 고급와인의 경우 빈티지에 따라 업계에 엄청난 영향을 줄 정도야.
자, 전설적 빈티지인 1986년산입니다. 5천 달러부터 시작합니다!

보르도 와인 5대 샤토 중 하나인 샤토 무통 로칠드의 와인은 예술가들이 디자인한 라벨로 유명해.
1988년 작고한 샤토의 소유주 필리프 로칠드 남작은 1945년 빈티지부터
Baron Philippe de Rothschild
1902~1988
CHÂTEAU MOUTON ROTHSCHILD
매년 세계적인 예술가들에게 라벨 디자인을 의뢰했지.
필리프 쥘리앵
Philippe Julien
이 작업에는 20세기 최고의 예술가들이 대거 참여해 라벨 자체가 하나의 예술품이 되었지만
Château Mouton Rothschild
아무리 위대한 작가라도 빈티지의 좋고 나쁨에 따라 작품의 성패가 달라지고 말았지.
작가 A
작가 B
€ 350.—
€ 875.—
위대한 예술가들이 빈티지에 따라 유명해지기도, 스타일을 구기기도 했다니, 정말 우습네요.
예컨대 파블로 피카소, 살바도르 달리, 호안 미로 같은 거장들의 라벨은 빈티지가 별로 신통치 않은 탓에 값이 떨어졌고
1958 살바도르 달리
1969 호안 미로
1973 파블로 피카소
마르크 샤갈, 앤디 워홀, 존 휴스턴 같은 이들은 빈티지가 좋아서 더 비싼 값에 거래되는 라벨의 디자이너가 되었지.
1970 마르크 샤갈
1975 앤디 워홀
1982 존 휴스턴
작품료는 얼마나 받았을까요?
엄청나게 많이 받았겠지!
그들은 7,500달러, 우리 돈으로 약 1,000만 원 상당의 와인 네 박스를 받았어. 자신의 작품이 라벨로 붙은 와인 네 박스!
$ 7,500
4박스=24병
하지만 빈티지에 따라 값이 달라져서, 샤갈은 피카소의 몇 배나 되는 작품료를 받은 셈이 되었지.
샤갈
피카소

그러나 기술의 발달로 테루아가 점차 그 마법과도 같은 힘을 잃어가듯이
꿇어라!
테루아
테크닉
와인구매에 전지전능한 영향을 미치는 빈티지도 점점 도전을 받고 있어.
그건 옛날 얘기!
빈티지
가격 대비 품질
그 핵심은 '빈티지'를 너무 과대포장해서 장사에만 이용한다는 비판이야.
샤토 A
샤토 A
샤토 A
1986 ₩3,180,000
1997 ₩490,000
2000 ₩820,000
〈뉴욕타임스〉의 와인평론가 프라이얼*은…
빈티지 차트는 휴지조각에 지나지 않는다.
업자들이 빈티지라는 구시대 유물을 가지고 가격을 조작하고 있다!
빈티지 차트가 뭐죠?
와인애호가들을 위해 발행되는 와인소개서로
유명와인 빈티지의 좋고 나쁨을 안내해주는 책이야.
RENÉ GABRIEL
BORDEAUX TOTAL
Pocket Guide
The Little Johnson 2007

* Frank J. Prial

수많은 와인의 좋고 나쁜 빈티지를 다 기억할 수 없는 소비자들은
부르고뉴 샹볼 뮈지니 90, 93, 95, 97이 그레이트!
보르도 생테밀리옹 82, 86, 88, 89, 90, 95… 이걸 다 외워야 하나?
이 빈티지 차트를 길잡이 삼아 와인을 구입하곤 하지.
샤토 ○○○ 빈티지 2003
그저그런 빈티지네. 그래서 싼가?
그러나 최근의 연구결과들이 한결같이 주장하는 것은
테루아, 빈티지에 목매지 마라!
품질에 비해 억수로 돈 많이 쓰지 않으려면!
기술이 발달한 현대에는 빈티지에 관계없이 기가 막히게 좋은 와인을 얼마든지 만들어낼 수 있다.
평범한 해에도 수확이 나쁜 해에도 훌륭한 와인을 만들 수 있다. 좋은 와인의 전제조건은 테루아도, 기후도 아닌 기술이다!
OK
기술
나쁜 빈티지
좋은 와인
기술이 놀랍게 발달해 언제나 품질 좋은 와인을 생산할 수 있으므로 빈티지는 더 이상 의미가 없다!
이 빈티지는 어때요?
요즘은 다 고만고만해요.

실제로 좋은 빈티지 와인과 나쁜 빈티지 와인을 블라인드 테이스팅해보면
A
B
C
라벨을 가리고 테이스팅 하기
구별을 못하는 경우가 거의 대부분이고
이게 단연 최고의 빈티지임이 분명해!
히히… 제일 나쁜 빈티진데!
또 구별한다 해도 빈티지 차트와 동떨어진 경우가 많다고 해.
어… 차트에서는 최고라고 했는데?
시음결과는 '아니올시다'인데!
따라서 와인의 맛에 대한 평가는 기호와 취향에 따라 달라지며
이게 최고의 와인이다!
그게 바로 귀하의 입맛입니다요!
빈티지 차트 등은 전문가들의 추천 정도에 불과하므로
내 취향으로는 샤토 ○○○의 경우 78, 81, 88, 89, 90, 94 빈티지가 좋더라!
빈티지 차트
소비자는 빈티지에 얽매일 필요가 없다고 할 수 있지.
별볼일없다는 97년 빈티지도 난 좋기만 하더라!
흥
양조학의 권위자인 웨일 교수*는 심지어 이렇게 주장하기도 해.
나쁜 빈티지 와인을 사라!
*Roman Weil : 시카고대 교수, 미국 양조학회 공동회장
실제 품질에 비해 가격이 훨씬 싸기 때문에 이득이 크다!
좋은 빈티지
평범한 빈티지
A 샤토
A 샤토
€ 128.—
€ 43.—
이 말은 좋은 빈티지 와인은 품질에 비해 가격이 터무니없이 비싸다는 뜻이고
품질
가격
품질
가격
나쁜 빈티지 와인
좋은 빈티지 와인
기술이 발달한 지금 좋은 빈티지와 나쁜 빈티지의 품질차이는 가격차만큼 그렇게 뚜렷하지 않다는 뜻이기도 해.
나쁜 빈티지
가격
품질
품질
가격
좋은 빈티지
또한 와인업계, 특히 빈티지 신화로 치장하고 턱없는 폭리를 취하는 보르도 고급와인에 대한 경고이자
전설적인 빈티지!
빈티지
품질보다 명성에 터무니없는 가격을 지불하는 소비자에 대한 경고이기도 하지.
바가지 씌웠다!

타닌
Tannin / Tanin

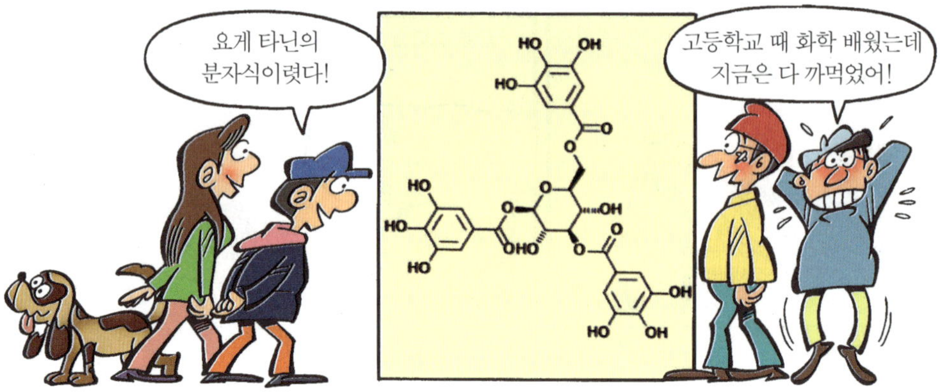

요게 타닌의
분자식이렷다!
고등학교 때 화학 배웠는데
지금은 다 까먹었어!

타닌은 여러 종류의 식물에 함유되어 있는
요소로
영어 Tannin
독어 Tannine
프랑스어 Tanin
스페인어 Tanino
타닌
찻잎, 포도, 참나무 등에 많이 함유되어
있는데
포도에는 특히 껍질과 씨에 많이 들어
있지.
과육
씨
껍질
타닌이 많이 들어 있는 부위
타닌은 병충해를 막는 등 식물 자체 면역
기능도 하지만
STOP
타닌
병충해
와인에서는 주로 산화를 막아주는
역할을 담당하지.
산소
천천히, 천천히!
이 타닌이야말로 레드와인의 품질에
결정적인 영향을 미치는 주요 요소라고
할 수 있어.
타닌
레드와인
타닌은 떫고 씁쓸한 맛을 내지만
쓴맛
혀
짠맛
신맛
단맛
와인이 숙성해가는 과정에서 떫은맛이
사라지고 비단결처럼 부드러워지도록
변화시키기도 하고
오....
이
신비로운
조화!
떫고 쓴 맛이 그대로 있어 영 마실
수 없는 저질와인을 만들기도 하기
때문이야.
애퇴퇴..
이건 도저히
마실 수가 없어.

타닌은 청포도보다 흑포도의 껍질과 씨에 많아서
청포도
흑포도
껍질을 벗긴 청포도를 눌러짜서 만든 화이트와인은 한 번만 발효시켜도 되지만
껍질째 눌러짜기도 함
레드와인은 씨와 껍질을 함께 발효시키기 때문에 갓 양조된 레드와인은 타닌맛이 아주 강할 수밖에 없지.
그래서 레드와인은 반드시 오크통이나 스테인리스탱크로 옮겨 2차발효를 하는 거야.
최소 1~2년의 숙성기간 동안 타닌의 떫은맛을 어떻게 부드럽게 만드느냐가
그 와인의 품질을 결정하는 아주 중요한 요소지.
이게 바로 숙성기간이 짧은 상태로 시장에 새로 나온 '젊은(young)' 와인이 대개 떫은맛이 나는 이유야.
그래서 영 와인은 공기와 더 많이 접촉시켜주기 위해 디캔팅을 하는 경우가 많다.
또 타닌 자체가 와인의 산화를 막는 기능을 하기 때문에
천천히
천천히
타닌
와인을 장기간 보존할 수 있느냐 없느냐도 바로 이 타닌 함량으로 결정나지.
타닌 함량이 많은 보르도 와인은 장기 보관할 수 있다!
타닌의 이 떫은맛을 줄이기 위해 연구를 거듭하고 있는 와인제조자들은
최근에는 1차발효를 끝낸 뒤 껍질과 씨를 눌러짜낼 때
씨, 껍질과 함께 발효
1차발효
씨, 껍질
너무 세지 않게 부드럽게 압력을 가해 타닌을 가급적 줄이는 방법을 쓰기도 해.
세게 눌러짜면 껍질과 씨의 타닌이 너무 많이 나온다!

보르도의 레드와인들이 장기숙성은 물론 수십년씩 보관해도 품질이 변하지 않는 것은
샤토 마고
1983년(왼쪽)
샤토 라투르
1982년(오른쪽)
보르도에서 재배하는 포도 품종들이 타닌을 풍부하게 함유하고 있기 때문이지.
*보르도의 포도밭
오랜 숙성 뒤에는 타닌의 떫고 쓴 맛이 비단같이 부드럽고 신비롭게 변하는데
이래서 레드와인은 2차발효가 생명이야!
1차발효가 골조라면 2차는 인테리어!
바리크에서 2차발효를 하는 동안
참나무에서 우러나온 타닌이 와인에 스며들어
타닌
복합적이고 오묘한 맛과 향기를 더해주기도 하지.
음…
오…
아
최신 연구결과에 따르면, 인체에서 동맥을 경화시키는 펩티드(peptide), 즉 아미노산의 결합과 생산을
펩티드
아미노산의 중합분자
보통 소수의 아미노산이 연결된 형태를 펩티드라 하고 많은 아미노산이 연결되면 단백질이라 부른다.
억제하는 기능을 타닌이 한다.
워, 워!
타닌
펩
티
드
따라서 타닌을 함유한 와인이 동맥경화증 억제에 도움이 된다고 할 수 있지.
정상 동맥
단백질이 끼어 경화된 동맥
이 연구결과를 뒷받침하는 근거로, 건강하게 장수하는 사람이 많은 프랑스 남서부 지방과 이탈리아 사르데냐섬을 제시하기도 하는데
실제로 이 지방에서 생산되는 와인들에 타닌이 많이 함유되어 있거든! 와인이 장수에 도움이 된다는 증거는 전혀 없지만….
장수하려면 와인을 적당히 마셔라!
프렌치 패러독스의 증거라 우길 만하네요.

바리크
Barrique

이게 샤토 라피트 로칠드의 카브에서 숙성중인 와인의 바리크!
대단해요!
바리크란 원래 '나무통'을 뜻하는 프랑스말이야. 그런데 와인업계에서는
Barrique
= barrel
cask
이것이 오크통, 즉 와인을 숙성시키는 참나무통을 일컫게 되었고
바리크=참나무통
보르도에선 225리터, 부르고뉴에선 228리터들이로 규격화되어
보르도
부르고뉴
225 l
228 l
전세계적으로 바리크란 225리터들이 와인숙성 나무통, 특히 참나무통을 뜻하는 고유명사가 되었지.
영어로는 오크 배럴
또는 오크 캐스크라고 하죠.
남아공
뉴질랜드
캐나다
칠레
아르헨티나
호주
미국
그래서 오늘날 '바리크'라고 하면 대개 '참나무통(오크통)에서 숙성시킨 와인'이라는 뜻으로 통하고 있어.
참나무통을 일컫기도 하지만
참나무통에서 숙성시킨 와인을 뜻하지.
또 1830년 프랑스의 7월혁명 때
정부군과 맞서 싸우던 시위군중이 바리크에 흙을 담아 쌓고 자신들을 보호한 데서
방해물 또는 장벽이라는 뜻의 바리케이드라는 말이 생겨나기도 했지.
영어로 바리케이드 (barricade)!
프랑스어로 바리카드 (barricade)!
아항~!

*〈1830년혁명〉: 들라크루아 그림

*생드니 포르트(문)의 전투

바리크는 참나무(오크)에서 배어나오는 타닌과 바닐라향 등으로
와인의 숙성에 대단히 중요한 역할을 하는데, 특히 향기(부케)에 큰 영향을 미치지.
아로마
부케
딸기향, 바닐라향 등 과일이나 꽃 향기
숙성으로 인한 복합적인 냄새 (과일, 흙, 오크향 등)
특히 오크통이 새것일수록 와인에 미치는 영향이 크기 때문에
그거야 당연한 얘기죠!
향
향
방향제
방향제
최고급와인일수록 새로 만든 오크통에 담아 숙성시키는 것이 원칙처럼 굳어졌어.
새 술은 새 부대에!
하기야 새 통, 새 나무에서 강한 향이 우러나겠지.
몇 년씩 우려낸 통은 그만큼 향이 약할 수밖에….
그러나 오크통에서 숙성시키는 게 모든 와인에 다 좋은 건 아니야.
대부분의 레드와인, 특히 카베르네 소비뇽이나 샤르도네(화이트) 같은 힘찬 와인들은 참나무통과 함께 신비로운 변화를 이뤄내지만
POWER+CHARACTER
리슬링같이 섬세하고 은은한 향기가 특징인 와인은 오크의 강한 향 때문에 오히려 그 특성을 잃을 수도 있거든!
FINE+POWER = ?
바리크란 멋진 드레스에 향수를 뿌리는 셈이네!
향수냄새 너무 강하면 안 좋거든!
오크통은 프랑스의 리무쟁과 알리에 등지에서 나는 참나무로 만든 것을 최고로 쳐왔지만
프랑스
알리에**
대서양
리무쟁*
리용
보르도
지금은 전세계적으로 참나무를 재배하고 있기 때문에
프랑스, 헝가리, 미국, 남미, 호주 등 지역에 따라 참나무통에서 배어나는 향이 모두 다르다는 것도 참 신비로운 자연의 조화지!
프랑스 오크
미국 오크
헝가리 오크
호주 오크

*프랑스의 참나무숲

*Limousin **Allier

*바리크를 만들기 위해 쌓아놓은 통참나무

바리크는 프랑스 리무쟁산이 세계 최고답게 한 개에 100만 원선으로 가장 비싸고
미국산 등도 50~60만 원이나 하는 등 꽤 비싸게 거래되는데
Made in France
Made in USA
€ 700~800
€ 350~450
첨단기술과 오랜 경험 없이는 만들 수 없기 때문이지.
최고기술자 아니면 못 만들지!
이렇듯 비싼 가격 때문에 바리크에서 숙성시키지는 못해도 참나무통의 향기는 포기할 수 없는 양조업자들은
다른 나무로 만든 통에 참나무를 넣어 그 향을 우려내거나
다른 나무로 만든 통
참나무 널빤지
더 저렴한 방법으로 참나무조각을 넣기도 하는데, 이런 방식으로 만든 와인을 '바리케'라고 해.
BARRIQUÉ
바리케
참나무나 참나무조각을 넣어서 숙성시킨 와인
바리크는 고도의 지식과 기술로 조심스럽게 만들어야 하는데, 그 과정에서 가장 중요한 것은 속을 그슬리는 기술이야.
와인에서 그을음냄새가 나는 것이 바로 바리크 속을 그슬렸기 때문인데
너무 약하지도 세지도 않게 속을 그슬리는 기술이야말로 와인의 향기가 각각 달라지게 만드는 요인 중 하나지.
그을음냄새가 너무 밍밍해.
너무 탄내가 나네!
와인애호가들이 이 향기에 반해 참나무향이 강한 와인을 고급으로 치니까
오, 이 은은한 오크향!
고급와인이라는 징표야!
양조업자들이 앞다퉈 바리크향이 강해지도록 여러 가지 잔재주를 피우기도 하지만
참나무를 잘게 부순 조각
아예 참나무를 갈아 통 속에 넣기도
너무 지나친 바리크향은 와인 고유의 맛과 향을 떨어뜨릴 수도 있지.
부케는 없고 오크향만 나네!
오크향으로 싸구려인 걸 감추려고?

숙성통에 참나무조각을 넣는 바리케와인은 유럽연합 가입 국가에서 금지되었다가
그렇게 '척하는' 저질와인은 제조 금지, 수입 금지!
바리케 NO!
2006년 10월부터 제조 및 수입이 허가되었어.
신대륙 와인과 경쟁하려면 정통파만 고집해서는 안 된다!
그러나 인공향료 첨가는 엄격히 금지되었고, 전통적인 바리크에서 숙성시킨 와인은 라벨에 이 사실을 명기할 수 있도록 허용했지.
바리크에서 숙성했음
으쓱! 우쭐!
matured in Oak Barrel
mûri en Barrique
gereift im Eichenfass
참나무향이나 그을음냄새 때문에 바리크가 그렇게 중요한 건가요?
그것 때문만은 아닐 거야!
바리크가 시멘트나 스테인리스로 만든 숙성통보다 훨씬 좋은 이유는
참나무조각을 이어 만든 통이 공기를 차단한다고는 해도
극히 미세한 연결틈새로 와인이 숙성되면서 생기는 탄산가스를 배출해 맛이 거칠어지지 않고
탄산가스
탄산가스
탄산가스 배출
시멘트 · 스테인리스
바리크
찌꺼기가 잘 가라앉아서 와인이 투명하고, 맛이 탁해지지 않는다는 점
찌꺼기 불순물
참나무향뿐만 아니라 나무향이 와인에 스며들어 오묘하고 복합적인 맛과 향을 내고
오크향
나무향
색을 선명하게 하는데다가 타닌이 부드러워지는 속도가 빠르고
알코올이 조금씩 산화되는 과정에서 복합적인 부케가 형성된다는 장점이 있기 때문이지.
과일향
오크향
오
그을음냄새
흙냄새
건초냄새
초콜릿향
그래서 세계 최고급와인들은 모두 바리크에서 숙성하는구나!

재질이 단단해 배를 만드는 데 이용되는
참나무는 세계에서 가장 비싼 나무로
로마시대부터 와인을 저장하는 용기로
사용되었지.
세계 최고의 참나무를 생산하는 프랑스
리무쟁에서는 약 400만 헥타르의
참나무숲을 국가가 직접 관리하고 있는데
정사각형으로 보면
4,000,000 ha
200km
200km
아무나 함부로 못 벤다!
이는 17세기 루이 14세의 재무장관
콜베르의 명으로 만들어졌어.
Jean-Baptiste Colbert
1619~1683
참나무 바리크의 진가를 처음 인정한
것은 영국인들이었지.
Very good!
영국은 와인을 생산하지 못하고 전량
수입했기 때문에
춥고 습해서 포도농사가 안 돼요!
와인 운반에 각별한 관심을 갖고 연구에
연구를 거듭한데다가
어떻게 하면 와인을 상하지 않게 운반할 수 있을까?
오랫동안 보르도 지방을 점령했던
까닭에*
영국(노르만) 영토 (1175년경)
프랑스
보르도
*백년전쟁까지
와인을 참나무통에 담아 운반하는 것이
가장 오래 상하지 않고 잘 보존된다는
사실을 처음으로 알아낸 거지.
영국인들은 생산자가 아니라 소비자
입장에서 와인을 대했기 때문에
우리 와인이 최고!
비교해본 다음에 말하지!
생산자
소비자
세계적인 와인은 프랑스나 이탈리아가
생산하지만
보르도, 부르고뉴, 알자스, 샹파뉴….
피에몬테, 토스카나….
세계적인 와인평론가는 영국인과
미국인이 많지.
이 와인은 어떻고 저건 어떻고….
영국은 미국 문화에 큰 영향을 주었거든!

참나무통이 널리 알려지게 된 일화가 있어.
19세기 초 보르도 생테스테프의 루이-가스파르 에스투르넬이라는 와인양조업자가
Louis-Gaspard Estournel
1753~1844
COS D'ESTOURNEL
1975
보르도 생테스테프의 샤토 코스 데스투르넬*
인도와 아라비아 일부에 와인을 수출하고 있었는데
보르도
아프리카
대서양
인도
팔리지 않은 와인이 다시 프랑스로 실려왔을 때 와인이 담긴 참나무통에 'R'이라는 표시를 했대.
R=Retour des Indes : 인도에서 되돌아온 물건
R
그런데 'R'이라고 표시된 통의 와인이 처음 실려갈 때보다 맛과 향이 훨씬 좋아졌던 거지.
C'est très très bon!*
그 이유가 바로 오크통, 즉 바리크라는 사실이 밝혀지면서
오… 바리크!
R
그는 자신이 만든 모든 와인을 바리크에 담아 운송했고, 이후 바리크가 전세계적인 추세로 자리를 잡게 된 거야.
모든 와인은 바리크에 담아 저장, 운송한다!
우리도!
우리도!
보르도
전세계
바리크숙성은 1980년대에 전세계 와인산업으로 퍼졌는데
전체 유럽
1990년대 고급화붐
1980년대 바리크붐
1970년대 와인붐
신대륙
특1등급 그랑 크뤼인 샤토 마고는 자체 바리크제작소를 가지고 있을 정도로 중요하게 생각하고 있지.
뚝딱
뚝딱
CHÂTEAU MARGAUX
바리크제작소
세계적으로 '바리크와인=고급와인'이라는 선입견이 번져 있겠군요!
고급와인을 만들 때 새 바리크를 사용한다는데, 그럼 한 번 사용한 것은 버리나요?
버리긴! 꽤 비싼 가격으로 계속 팔려나가지!
1급 그랑 크뤼
하급 샤토
더 하급 샤토
100만 원
40~50 만 원
20~30 만 원

*2등급 그랑 크뤼

*세 트레 트레 봉 : 너무너무 맛있다!

그럼 그렇게 우려내고 또 우려낸 바리크는 어떻게 하죠? 쓰레기로 버리나요?
천만에! 6~7년간 우려낼 대로 다 우려낸 바리크도 다시 귀족대우를 받으며 팔려나가지. 어디로 가느냐고?
바로 영국, 위스키제조자들에게 팔려가는 거야.
프랑스 바리크
위스키
스코틀랜드
위스키?
???
위스키는 증류주인 만큼 맛보다는 향으로 승부하는데
와인
위스키
맛, 향, 색
향
이 위스키의 향을 결정하는 것은 숙성하는 나무통이고, 그중에서도 오크 바리크가 단연 최고인데
*위스키 숙성용 바리크
새 바리크는 향이 너무 강해서 오히려 위스키의 고유한 냄새를 눌러버리기 때문에
참나무향
오랫동안 와인을 숙성하는 데 사용되어 강한 참나무향은 줄고
참나무향
참나무향
새 바리크
오래 사용한 바리크
대신 와인의 은은한 향이 밴 바리크가 각광을 받고 있는 거지.
밸런스
참나무향
위스키 고유의 향
그래서 고급위스키 라벨에는 '보르도 바리크에서 숙성시켰음'이라는 표시가 있어.
ESTABLISHED 1815
MATURED IN BORDEAUX OAK CASK
우리에게 잘 알려진 블렌딩 위스키보다는
블렌딩 위스키
여러 종류의 위스키를 섞은 것
· 조니 워커
· 시바스 리걸
· 밸런타인
담백하고 고유한 향과 맛을 강조하는 싱글 몰트 위스키를 숙성하는 데 바리크가 많이 사용되고 있지.
싱글 몰트 위스키
하나의 오크통에서 숙성시킨, 섞지 않은 위스키
· 글렌피딕
· 라프로익
LAPHROAIG
SINGLE ISLAY MALT SCOTCH WHISKY

공기와 온도
와인의 맛을 좌우한다!

와인을 음미하는 데
가장 중요한 와인잔!

와인과 공기, 즉 산소는 최고의 파트너이자 천적(天敵)이라고 할 수 있어.
산소
산소는 포도즙을 산화, 즉 발효시켜 감미로운 와인으로 만들지만
산소
포도즙
와인을 다시 산화시켜 식초로 만드는 주범이기도 하지.
산소
식초
그래서 와인을 다룬다는 것은 곧 산소와의 조화와 투쟁을 의미한다고 할 수 있어.
산소
산소
고대부터 코르크마개가 사용되기 전까지 수천년 동안 와인의 장기보존이 불가능했던 것은
와인이 산소와 접촉해 상해버렸기 때문이야.
애퇴퇴
에구, 시어!
한편 와인을 어떤 온도로 마시느냐에 따라
레드
14~18℃
화이트
6~12℃
샹파뉴
4~8℃
최고급와인을 개성없는 싸구려 와인처럼 감동없이 마셔버릴 수도 있고
꿀꺽꿀꺽
이 비싼 와인을 원샷에?
값싼 와인도 적절한 온도로 최고급와인처럼 맛있게 마실 수도 있지.
와
진짜 죽인다!

❖ 코르크마개

와인을 보관하는 데 가장 이상적인 마개는 두말할 것도 없이 코르크야.
*코르크나무
코르크는 17세기쯤 포르투갈에서 포트와인 마개로 처음 사용되었어.
그러니 세계 코르크 생산량의 90퍼센트를 포르투갈에서 생산하는 것도 우연이 아니지.
*마개를 찍어낸 코르크나무 껍질
코르크는 탄력이 있어서 병에 넣거나 빼기 쉽고
젖으면 팽창해서 공기를 완벽하게 차단해준다는 장점이 있기 때문에 전세계에서 와인병 마개로 사용하고 있어.
와인을 눕혀서 보관하는 것도 코르크가 와인에 젖어 있어야 말라서 갈라지지 않기 때문이지.
와인
코르크
그러나 코르크도 시간이 오래 지나면 미세한 균열이 생기고
바깥쪽부터
그 틈새로 산소(공기)가 스며들어 와인이 변질되기 때문에
우리는 아무리 작은 틈새라도 비집고 들어간다!
장기보관용 고급와인은 약 30년에 한 번씩 코르크를 바꿔줘야 해.
헌 코르크
새 코르크
Recorking
약 30년에 한 번
코르크야말로 와인의 장기보관을 가능하게 한 혁명적인 소재지.
와인 수명
30년 이상
코르크마개가 사용되기 전에는 새로 만든 와인을 한 해 안에 마셔야 했기 때문에
벌컥벌컥
시기 전에 마셔야지, 아까워라!
오늘날처럼 장기숙성와인의 오묘한 맛을 즐길 수 없었어.
*1920년대 로마네 콩티

❖ 숨쉬기, 브리딩

오랫동안 병 속에서 공기와 접촉하지 않은 채 잠자던 와인은
Z Z Z
코르크마개가 열리는 순간 공기와 접하면서 잠에서 깨어나 신비롭게 '피어나기' 시작하는데
후아~
이를 와인이 '숨을 쉰다'고 해서 브리딩이라고 하지.
산소
BREATHING
RESPIRATION
ATMUNG(독)
오래 보관한 와인은 보통 마시기 두어 시간 전에 마개를 열고 세워두어
OPEN
2~3시간
세워둔다
와인이 숨을 쉬도록 해야 한다고들 하는데
이는 와인이 산소와 접하면서 맛과 향이 피어오르도록 적절한 시간을 주는 거야.
와인
산소
그러나 최근 전문가들은 이 주장이 근거가 없다고 반박하고 있어.
그거 다 옛날 얘기예요!
첫째, 병에 담긴 와인이 공기와 접촉하는 면적은 불과 3제곱센티미터에 불과한데
3cm²
공기와 접촉하는 면적
공기와 접하지 않는 부분
이 정도의 면적이 와인 한 병에 미치는 영향은 거의 없다고 봐야 하며
3cm²
3cm²에 두 시간 공기가 접촉되었다고 뭐가 달라지겠수?
둘째, 와인병을 세워두는 것은 찌꺼기가 밑으로 가라앉도록 하는 것인데
와인
와인 찌꺼기 불순물
와인병 바닥이 오목하게 들어간 이유
현대의 양조기술은 찌꺼기가 전혀 남지 않을 정도로 발달했기 때문에
마시기 전에 굳이 두어 시간씩 열어둘 필요가 없다는 거지.
찌꺼기가 있어도 마셔도 되거든요!

❖ 디캔팅

와인을 병에서 디캔터로 옮기는 것도 와인이 공기와 접하도록 하기 위한 거야.
공기와 오래 접촉할 수 있도록 와인을 실처럼 가늘게 따르는 거지.
가늘게 따를수록 오래 따르게 되고
와인이 더 오래 공기와 접촉하거든!
그러나 오래된 고급와인에 디캔팅은 금물이고
공기와 충분히 오래 사귀었거든!
Romanee Conti 1989
326 bt + 3 math
병에서 잔에 직접 따라 잔 속에서 공기를 만나 맛과 향이 피어오르도록 해야 하기 때문에
디캔팅을 하기보다는 와인에 맞는 좋은 잔에 마시는 게 와인의 맛과 향을 살리는 지름길이지.
보르도
부르고뉴
화이트와인
디캔팅하는 거 폼나 보이던데!
쇼를 해라, 쇼를!
디캔팅이 필요한 경우는 만든 지 얼마 안 된 젊은(young) 와인으로
특히 5년 미만의 보르도 와인은 아직 타닌이 강하거든!
아직 충분히 숙성되지 못한 탓에 떫고 강한 맛이 제대로 '열리지 않은' 상태라서
음… 아직 덜 열렸군!
디캔팅을 통해 공기와 접촉시켜주면

＊알베르-오귀스트 푸리의 그림. 1886년

와인이 '열리면서' 떫은맛이 약해지고 부드러워지는 효과가 있지.
같은 와인인데 확 달라졌네!
오매~
최고급 장기숙성와인과 화이트와인은 절대로 디캔팅하지 마라!
산소
오히려 젊고 어린 와인이 디캔팅을 하면 부드러워진다!
산소

❖ 스크루캡

그런데 코르크마개가 아닌 돌려따는 알루미늄마개도 있던데요?
스크루캡*? 그거 싸구려와인이란 뜻이야!
특히 뉴질랜드 와인을 중심으로 돌려따는 스크루캡이 확산되고 있어.
사실 기계로 밀봉한 스크루캡은 산소, 즉 공기를 코르크마개보다 더 효과적으로 차단하지.
금속으로 완전 밀봉
코르크 조직 사이로 미세하게 공기 유입
스크루캡
코르크마개

*screw cap

그러나 주로 신대륙 와인에 스크루캡이 확산되는 이유는
이거 소주 따는 기분이네!
특히 뉴질랜드 와인은 대부분이 스크루캡!
까득!
스크루캡은 공기가 완전히 차단되기 때문에 미세하나마 병 속에서 이루어지는 숙성이 전혀 진행되지 않는데
산소
산소 완전 차단
스크루캡
이는 신대륙 와인이 거의 대부분 장기숙성용이 아니기 때문이거니와
장기숙성용 와인은 프랑스와 경쟁이 안 되거덩!

대개 대량생산, 대량소비되는 와인이어서 코르크마개를 빼내는 도구 없이도
언제 어디서나 쉽게 딸 수 있는 편리함이 필요하기 때문이야.
코르크따개 어디서 구하지?
벌써 열었어!
까득!

*대량생산 와인탱크

와인을 가장 맛있게 마시는 방법은 각각의 와인에 맞는 온도로 마시는 거지.
레드와인
화이트와인
샹파뉴
화이트와인은 서늘하게, 레드와인은 실온으로 마시는 게 좋다던데요!
그런데 실온이면 22~24도 아냐?
미지근하지 않을까?

❖ 와인을 맛있게 마시는 온도

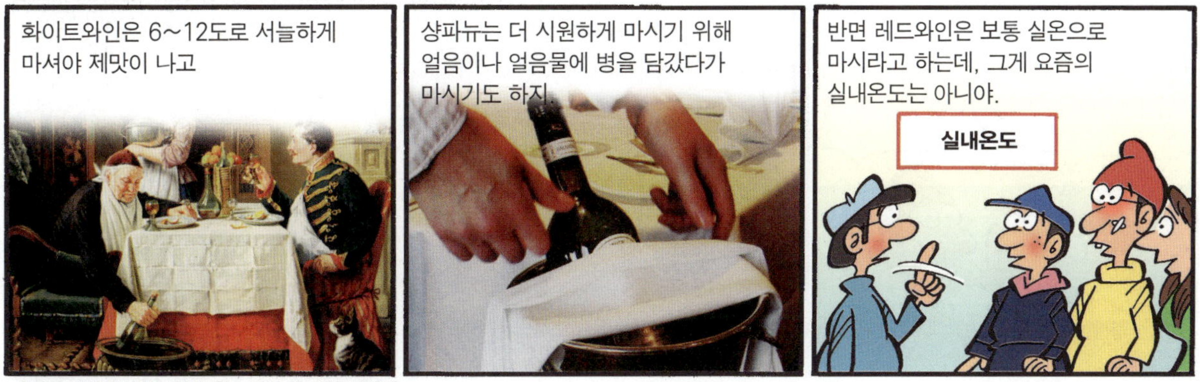
화이트와인은 6~12도로 서늘하게 마셔야 제맛이 나고
샹파뉴는 더 시원하게 마시기 위해 얼음이나 얼음물에 병을 담갔다가 마시기도 하지.
반면 레드와인은 보통 실온으로 마시라고 하는데, 그게 요즘의 실내온도는 아니야.
실내온도

*찬물에 식혀 마시기도 한다. 찰스 메어 웹 그림. 1883년

옛날에는 난방이 제대로 되지 않아 실내에서도 옷을 많이 입고 좀 춥게 지냈지만
요즘에는 난방시설이 좋아져서 옛날보다 훨씬 따뜻하게 지내고 옷도 덜 입잖아!
한겨울에 반팔차림으로?
요즘 실내온도는 보통 20도를 넘지만
집이 왜 이렇게 추워?
24도에 맞춰놓은 거예요….

옛날엔 평균 실내온도가 18도 정도였고, 이 온도가 바로 레드와인 마시기에 좋은 '실온'이야!
그러니까 레드와인은 비교적 서늘하게, 14~18도로 마셔야 제맛이 나는데
레드와인
14~18℃
만든 지 얼마 안 된 '젊은' 와인일수록 조금 차게 마셔야 떫은맛이 튀지 않아.
음, 서늘하게 마시니 떫은맛이 좀 죽는군!

대신 최고급 장기숙성와인은 18도 정도에서 마셔야 그 맛과 향을 제대로 즐길 수 있지.
Oh, my God!
피어오르는 이 기막힌 향기를 어쩔 거냐구!
와인저장소나 와인냉장고가 레드와인 저장에 14도로 맞춰져 있는 까닭은
옛날 지하 와인저장고(카브)의 온도가 바로 14도였기 때문이야.

❖ 와인잔

잔에 따른 와인은 온도에 매우 민감하다면서요?
와인은 온도에 따라 맛이 달라지기 때문에
체온이 와인에 영향을 미치지 못하도록 잔을 들 때 다리를 잡아야 한다던데요!
그것도 근거없는 얘기야. 와인잔은 잡고 싶은 대로 잡으면 돼!
손으로 와인잔 볼을 잡으면 당연히 와인에 체온이 전달되겠지.
⇐ 체온
하지만 그 한 잔 마시는 동안 손바닥 온도가 와인에 미치는 영향은 무시해도 좋은 수준이야.
내가 널 마시는 거니까 내 맘대로 마실 거야!
세계적인 크리스털 제조사인 리델의 와인잔은 명성이 자자하지.
*사진 : http://www.riedel.com
수십 종에 이르는 세계 최고급 와인잔을 생산하고 있는 리델이
몇 년 전부터 제조 · 판매하고 있는 레드와인잔 'O' 시리즈는
손잡이, 즉 스템을 완전히 없애고 손으로 볼을 잡고 마시도록 했는데
놀랍게도 폭발적인 인기를 끌어 한동안 리델사 전체 매출의 30퍼센트를 차지하고 있대.
'O' 시리즈
매출 30%
이것만 봐도 와인잔을 어떻게 잡든 그건 마시는 사람 마음이고, 손바닥 온도가 와인에 미치는 영향은 별로 없다는 걸 알 수 있잖아!
와인잔 잡기 ＝ 마시는 사람 마음대로
오...
마구 깨지고 있는 와인에 대한 선입견이여!

와인의 가격
태어나기 전에 정해진다!

와인을 경매하고 있구나!
AUCTION
CHRISTIE'S

이 세상에 와인만큼 가격이 천차만별인 상품도 별로 없을 거야.
MOUTON ROTHSCHILD 1893

한 병에 1천 원짜리 테이블와인부터 수천만 원에 이르는 최고급와인까지
Romanée Conti 2002 2255

와인은 소비자의 구매능력에 따라, 또 기호에 따라 가격대가 정말 다양하지.
허걱
한 병에 500만 원?
WINE SALE 30% OFF

그렇다면 와인의 가격은 어떻게 매겨지고, 실제 우리가 마시는 와인의 순수한 가격은 얼마나 될까?
샤토 라피트 로칠드 2003
€ 565
샤토 레장드 R 2004
€ 12.70

한 와인업자가 공개한 와인 한 병의 가격을 살펴볼까?
$ 12.30
와인판매소(소매) 가격
약 16,000원
WINE

이 가운데 순수한 와인 750밀리리터(1병)의 가격은 놀랍게도 판매가격의 3분의 1에도 미치지 못해.

판매소(소매) 가격	$12.30
병 속의 와인 가격	$4.03(생산비)
코르크, 라벨	$0.26
수송비(병당)	$0.36
생산자 이윤	$0.93
세금	$2.27
상인 이윤	$2.62
소비세	$1.83

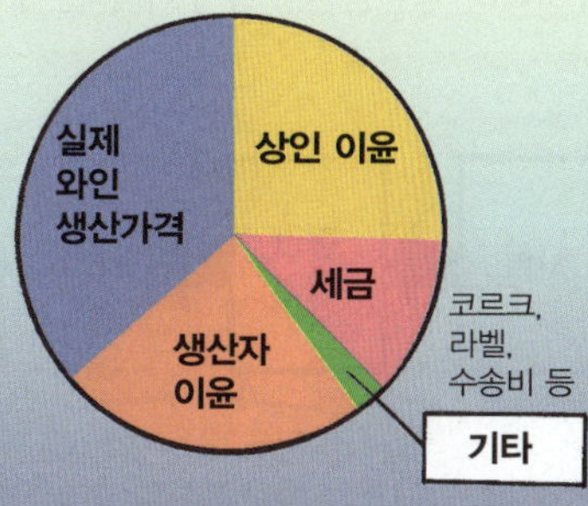
실제 와인 생산가격
상인 이윤
세금
생산자 이윤
코르크, 라벨, 수송비 등
기타

우리나라 와인값이 미국이나 유럽보다 20~50퍼센트 비싸니까
소비자가 와인을 잘 모른다고
엉터리 빈티지에다 이런 가격을 붙여?

약 2만 원짜리 와인이라면 우리가 마시는 실제 와인의 값은 4천 원 정도인 셈이지.
20,000원
12,000원
유럽·미국 가격
약 4,000원
실제 와인 가격

❖ 와인의 매매

와인 각각의 가격은 그렇다 치고, 전체적인 와인값은 어떤 과정을 거쳐 형성되는 거죠?
지난 30년 동안 세계적으로 와인붐이 일어 와인의 가치가 크게 올라갔어.
와인붐
특히 프랑스의 고급와인이나 신대륙의 컬트와인은 값이 천정부지로 치솟았지.
프랑스 프리미엄와인
신대륙 컬트 와인
컬트 와인이 뭐지?
극소량만 생산하는 희귀한 고급와인으로 상품가치가 높은 와인이래.
샤토 페트뤼스, 샤토 무통 로칠드 같은 최고급와인은 1년 만에 가격이 두 배로 뛰기도 하고
2~3등급 그랑 크뤼 와인 중에서도 50퍼센트 이상 가격이 오른 것들이 많아.
Ch. Léoville-las-Cases
Ch. Pichon Longueville de Lalande
50% 이상
● 샤토 레오빌-라스-카스
● 샤토 피숑 롱그빌 드 랄랑드
이들 와인의 가격 상승은 그간의 주가 오름세보다 훨씬 가팔랐고
고급와인 가격
주가
지난 30년간
자연히 고급와인을 마시려는 목적보다 투자할 생각에 수집하는 사람이 늘어났지.
재산
프리미엄와인
컬트와인
심지어 와인수집가가 사망한 뒤 그 와인을 물려받은 사람이 엄청난 상속세를 내기도 했어.
수집한 와인은 재산이므로 세금을 내야 한다!
땅 땅 땅
와인은 생산자가 소비자에게 직접 파는 게 아니라, 중간상인을 통해 거래되는데
샤토
중간 상인
소비자
와인도 다른 상품과 같은 유통구조!
포도를 수확하고 와인양조가 끝나 바리크에 담기면
샤토와 중간상인 사이에 거래가 이루어지지.
올해 작황은 어떻습니까?
어서 오세요!
샤토
CHÂTEAU

*로마네 콩티의 바리크

❖ 와인 선물시장

병에 담기 전 아직 바리크에 들어 있는 와인을 엉 프리뫼르*라 하는데
엉 프리뫼르
1차발효
바리크
2차발효
병입
와인은 이 상태에서 이미 판매업자에게 팔리고
바리크당 225리터, 바리크 한 개에 1,300유로 드리겠소.
올핸 인건비가 올라 5퍼센트 더 주셔야….
3년 뒤에 판매업자에게 양도되지.
엉 프리뫼르
바리크
병입
출하
2년 숙성
1년 숙성
총 3년 뒤

*en primeur

샤토들은 선금을 받기 때문에 자금을 즉시 회수할 수 있고
판매는 신경 꺼도 되니 편하군!
샤토
품질도 묻지 않고 사주기 때문에 시중가격보다 훨씬 싸게 판매업자에게 넘기는데
225리터
약 300병
€ 1,300
병당 € 8이면
€ 2,400
병입 판매시
일단 팔린 와인은 이미 '상품'이 되어 몇 차례씩 사고팔리면서 주인이 바뀌기도 해.
엉 프리뫼르
상인A
상인B
상인C
주식이나 채권처럼 거래된답니다.
말하자면 미래의 상품을 사고파는 선물시장이 형성되어
2년 뒤에 시장에 풀립니다.
선물(先物) 시장
샤토 얼씨구 2007 빈티지
출하도 되기 전에 시장에서 계속 거래되는 거야.
상인
A
B
C
D
E
F
샤토 얼씨구
막상 3년 뒤에 와인이 출하되어 그 신비의 베일을 벗었을 때
바리크
바리크숙성 2년
병숙성 1년
출하
품질이 좋다고 판정된 해라면 그 즉시 시장가격이 두 배 이상 뛰기도 하고
품질, 죽인다!
200%
와인가격
품질이 기대 이하면 값이 오히려 떨어지기도 하지.
이 빈티지는 아니올시단데?
와인가격
이때 가장 중요한 것이 바로 빈티지이기 때문에, 보르도에선 와인 장사는 곧 빈티지 장사라고들 하지.
빈티지가 가장 중요한 보르도!
와인 장사는 빈티지 장사!
BORDEAUX

❖ 보르도 와인의 가격

예컨대 보르도는 1982년, 1986년, 1990년의 와인 품질이 극상품으로 판정되어
보르도
Bordeaux
1982
1986
1990
극상품
그해 엉 프리뫼르에서 낮은 가격에 거래되었던 와인이 1년만에 100퍼센트 오르기도 하고
엉 프리뫼르
(통숙성중인 와인)
100%
1년 뒤
1982년과 1990년 빈티지는 무려 1천 퍼센트까지 가격이 뛴 와인도 있어.
1990
1982
1,000%
출고 후 거래가격
이런 대박이 있는가 하면, 1997년 빈티지는 오히려 엉 프리뫼르 가격보다 떨어져 쪽박을 차기도 했지.
1997 빈티지
엉 프리뫼르 가격
하락
보르도 와인 장사는
빈티지 장사라는 말이 이해가 되는군요!
끄덕
끄덕
와인가격에는 또 전문가의 평가가 대단히 중요한 역할을 하지.
그저 그렇군!
엑설런트!
실망이네!
대단한 맛과 향이다!
매년 4월 첫째주가 되면 보르도의 샤토들은 문을 활짝 열고 손님들을 맞는데
이들이 바로 와인판매상과 와인전문 감정가들이지.
감정가들은 와인의 맛을 보고 점수를 주는데
EXEMPLE D'UNE FICHE DE DÉGUSTATION
NOM DU DOMAINE . . AALTO P.X
A.O.C.-RÉGION . . . RIBERA DEL DUERO . . . . PAYS . . . . ESPAGNE
CÉPAGE . . . . TEMPRANILLO . . . . MILLÉSIME . 2001
L'ŒIL
ROBE . . . . . . POURPRE
REFLETS . . . . . . VIOLINES
LIMPIDITÉ . . . . . . LIMPIDE
MATIÈRE COLORANTE . . . . . . RICHE
FLUIDITÉ . . . . . . CONSISTANTE
EFFERVESCENCE . . . . . . AUCUNE
LE NEZ
1ER NEZ
ÉVOLUTION DU BOUQUET . . . . . . SECONDAIRE
INTENSITÉ . . . . . . FORTE
PERSISTANCE . . . . . . BONNE
MATURITÉ DU FRUIT . . . . . . MATURE
ÉLEVAGE EN BOIS . . . . . . ÉLÉGANT
QUALITÉ . . . . . . EXCELLENTE
2E NEZ
NATURE DU BOUQUET . . . . . . VINEUX-FRANC-FIDÈLE
FAMILLE D'ARÔMES . . . . . . FRUITS-ÉPICES-BOIS-FLEURS
PARFUMS . . . . . . MÛRES SAUVAGES-POIVRE NOIR-PRUNEAUX-CACAO
TOMATE SÉCHÉE-RÉGLISSE VIOLETTE...
미국인 로버트 파커* 등 세계에서 가장 영향력 있는 감정가가 100점 만점에 99점이나 100점을 주면
75점
90점
100점
A
B
C
그 와인은 그날로 가격이 두세 배 뛰기도 해.
쓩
가격 A
가격 B
가격 C
우아~
와인 실컷 마시고 대우받고… 나도 와인전문가나 될까?

*Robert Parker

❖ 와인가격의 상승

와인이 재산으로 인식되기 시작하면서
Grands Echézeaux 1953
0 btles
38 magnums
이른바 컬트와인이 중요한 수집대상으로 떠올랐는데
Grace Family
Harlan Estate
Screaming Eagle
Colgin
Shafer
재산가치를 지닌 컬트와인이라면 적어도 세 가지 조건을 만족시켜야 해.
CULT WINE
컬트와인
종교적 숭배에 가까운 열광적 사랑을 받는 희귀한 와인
첫째, 극히 소량만 생산해 희귀와인으로 구하기 어렵고
한 병 사고 싶은데요!
대기자명단에 올리세요. 10년 뒤면 차례가 올 거예요.
둘째, 재산으로 보유해야 하는 만큼 장기간 보관할 수 있어야 하며
셋째, 품질에서도 뛰어난 전문가들로부터 높은 평가를 받아야 하지.
PP(파커포인트) 95! 최고의 품질!
컬트와인은 주로 신대륙 와인인데, 특히 캘리포니아와 호주 와인에 많고
· Astralis Shiraz Clarendon Hills
· Balmoral Shiraz Rosemount
등등
유럽에서도 슈퍼토스카나 같은 이탈리아 와인과
ORNELLAIA
스페인의 몇몇 와인이 컬트와인으로서 와인수집가들의 사랑을 받고 있지.
RIBERA DEL DUERO · DENOMINACIÓN DE ORIGEN
PINGUS
2003
750 ml
재배면적 : 5ha
품종 : 템프라니요
Domino de Pingus
세계적인 와인붐으로 인해 와인을 즐기는 소비대중이 크게 늘어났지만
제한된 프리미엄와인(고급와인)을 찾는 애호가도 늘고 있기 때문에
명품패션!
명품와인!
고급와인의 가격은 계속 오르고 일반 대중와인과의 가격차가 자꾸 커지는 양극화현상이 두드러지고 있어.
명품 고급와인 가격
양극화
일반 대중와인 가격

＊캘리포니아의 컬트와인들

＊오르넬라이아 / 재배면적 : 9ha / 카 · 소, 메를로, 카 · 프랑 등

❖ 가장 비싼 와인

그럼 지금까지 가장 비싸게 팔린 와인은 뭔가요?
비싼 와인은 개인적으로 사고파는 게 아니라 대부분 세계적으로 유명한 경매장에서 거래되지.
세계 유명 경매장
•Christie's
•Sotherby's
•Bonhams
•Dorotheum
•Lyon & Turnball
지금까지 거래된 와인 가운데 최고가는 할란 사가 만든 레드와인인데
Harlan Estate
캘리포니아
NAPA VALLEY
HARLAN ESTATE
재배면적 : 16ha
이 회사 제품의 버티컬 빈티지로 1987년부터 1996년까지 25병이
버티컬 빈티지
수직 빈티지
한 회사 제품으로 연도별 빈티지
1987년산
1988년산
1989년산
⋮
1995년산
1996년산
25병
70만 달러(9억)에 팔린 기록이 있어.
ㄱㄱ악
70만 달러?
이는 병당 28,000달러(약 3,600만 원)인 셈이야.
그건 마시려는 게 아니고 수집 · 보관용이네!
한 병으로는 2004년 미국의 유명한 영화감독 프랜시스 코폴라의 아들 로만 코폴라가 1847년산 샤토 디켐 한 병을 71,675달러에
$71,675
‖
약 9,400만 원
Château d'Yquem
1847
미국의 억만장자 맬컴 포브스가 1987년 샤토 라피트 한 병을 185,600달러에 구입하기도 했어.(2억 4천만 원)
FORBES MAGAZINE
185,600달러!
와인 한 병에 2억 4천만 원!
흐억 !!

*맬컴 포브스가 세운 〈포브스매거진〉 사옥

이 와인은 미국 제3대 대통령이자 대단한 와인애호가였던 토머스 제퍼슨이 수입해
병에 자신의 이니셜인 'Th. J.'를 새겨넣은 '역사적인 와인'으로
Th.J.
와인의 가치라기보다 미국 역사와 제퍼슨 이니셜의 가치네요!
전하는 얘기로는, 코르크가 이미 갈라져 공기가 새들어가서 '마실 수는 없는' 와인이래.
세계에서 가장 비싼 식초로군!
Th.J.

*1640~1850년 와인병의 변화

❖ 샤토 마고 1787년산

초고가이지만 가장 운이 없었던 와인은?
마시지도 못할 거면서 뭐 하러 물어?
재미있잖아! 와인 마실 때 화젯거리도 되고!
한 병에 50만 달러를 호가했던 1787년산 샤토 마고로
Château Margaux
1787
$500,000
=650,000,000원
6억 5천만 원
6억 하고도 …
5천만 원!
끄아악
이 가격은 와인중개상인 윌리엄 소콜린이 소유주를 대신해 경매에 내건 거야.
Château Margaux
1787
$500,000
그… 와인이 정말 팔렸나요?
그걸 도대체 누가 산 거죠?
그런데 그 와인은 팔 수도, 마실 수도 없게 되어버렸단다.
???
경매장 직원의 실수로 그만 깨져버렸거든!
쨍그렁
끄아아
6억 5천만 원짜리 실수를!
이럴 때를 대비해서 와인가격의 절반 정도인 225,000달러의 보험에 가입되어 있었기 때문에
경매가격
$500,000
보험가입
$225,000
Château Margaux 1787
와인 주인과 중개상 소콜린에게 각각 112,500달러가 지급되었지.
보험금
$225,000
와인 소유주
$112,500
중개상
$112,500
이 와인 역시 토머스 제퍼슨이 수입해 'Th. J.'라는 이니셜을 새겨넣은 와인이었지.
Th. J.
토머스 제퍼슨… 미국 최초이자 가장 유명한 와인애호가, 그의 명성은 200년이 지난 지금도 여전하네요!

와인의 평가

그러나 평론가도 기호가 있다!

기호는 천차만별!
평가는 참고사항일 뿐!

*〈와인을 음미하는 신사들〉 : 개빈 해밀턴 그림. 1730년대

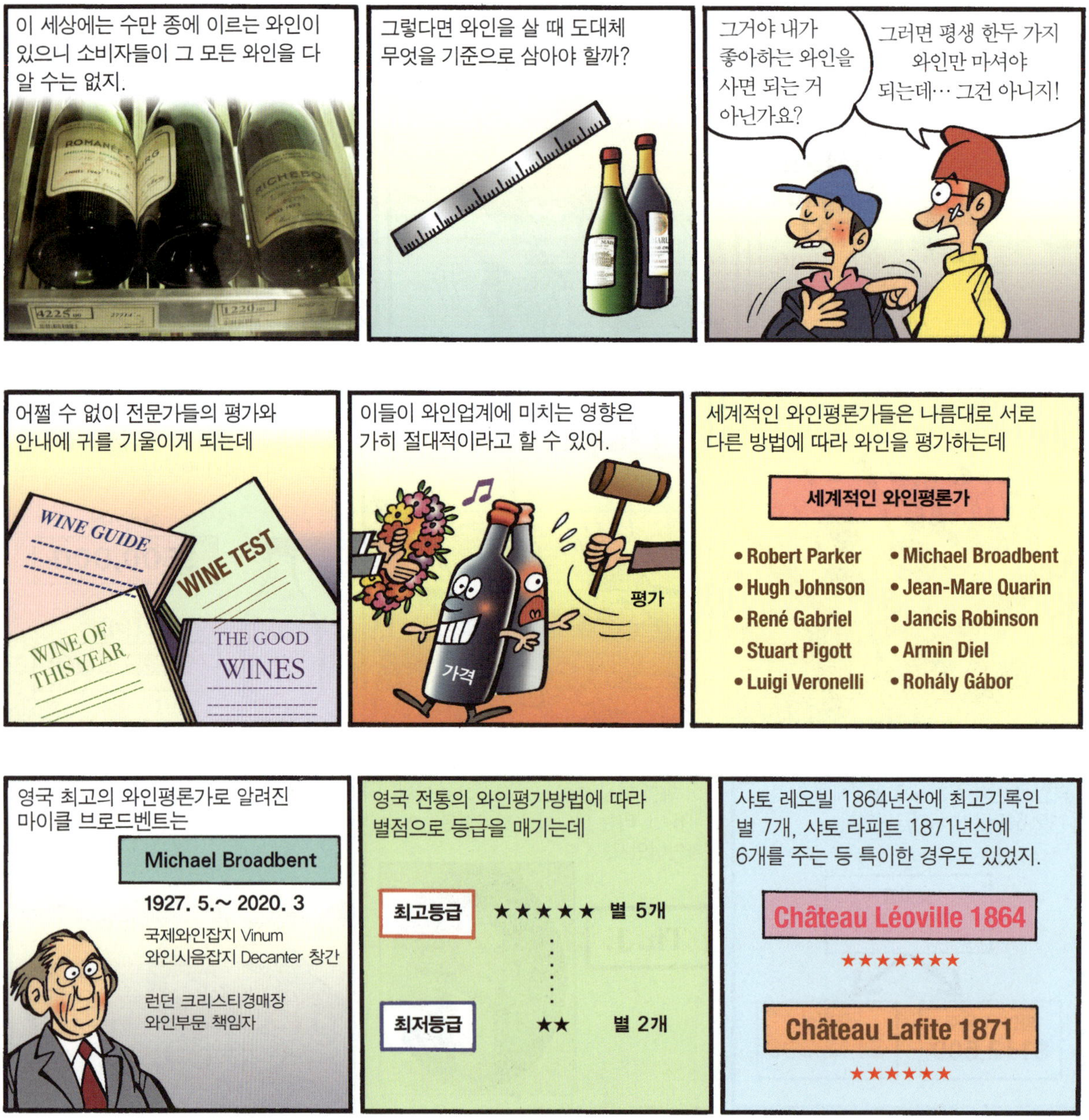
이 세상에는 수만 종에 이르는 와인이 있으니 소비자들이 그 모든 와인을 다 알 수는 없지.
그렇다면 와인을 살 때 도대체 무엇을 기준으로 삼아야 할까?
그거야 내가 좋아하는 와인을 사면 되는 거 아닌가요?
그러면 평생 한두 가지 와인만 마셔야 되는데… 그건 아니지!
어쩔 수 없이 전문가들의 평가와 안내에 귀를 기울이게 되는데
WINE GUIDE
WINE TEST
WINE OF THIS YEAR
THE GOOD WINES
이들이 와인업계에 미치는 영향은 가히 절대적이라고 할 수 있어.
평가
가격
세계적인 와인평론가들은 나름대로 서로 다른 방법에 따라 와인을 평가하는데
세계적인 와인평론가
• Robert Parker
• Hugh Johnson
• René Gabriel
• Stuart Pigott
• Luigi Veronelli
• Michael Broadbent
• Jean-Mare Quarin
• Jancis Robinson
• Armin Diel
• Rohály Gábor
영국 최고의 와인평론가로 알려진 마이클 브로드벤트는
Michael Broadbent
1927. 5.~ 2020. 3
국제와인잡지 Vinum
와인시음잡지 Decanter 창간
런던 크리스티경매장
와인부문 책임자
영국 전통의 와인평가방법에 따라 별점으로 등급을 매기는데
최고등급 ★★★★★ 별 5개
최저등급 ★★ 별 2개
샤토 레오빌 1864년산에 최고기록인 별 7개, 샤토 라피트 1871년산에 6개를 주는 등 특이한 경우도 있었지.
Château Léoville 1864
★★★★★★★
Château Lafite 1871
★★★★★★

❖ 로버트 파커

이탈리아의 와인평론가 감보로 로스*는 이탈리아 전통에 따라 유리잔(와인잔)으로 평가해서
*Gamboro Ross
최고와인에는 3개, 하급와인에는 1개를 주어 품질과 등급을 정하는데
Top
톱클래스 / 고급
Middle
보통와인
Low
하급와인
이것을 트레 비키에리*, 즉 3개의 글래스 시스템이라고 해.
고급, 보통, 하급이라고?
너무 단순한 분류 아닌가?
*tre bicchieri
세계 와인업계에 가장 큰 영향을 미치는 평론가는 미국의 로버트 파커야.
Robert Parker
1947. 7. 23~
미국 메릴랜드주 볼티모어 출생
그는 원래 대학에서 법을 전공한 변호사였지만
FARM CREDIT BANKS
R. Parker
Attorey 변호사
볼티모어
젊었을 때 프랑스 여자친구의 집인 알자스를 방문했다가 와인의 세계에 빠져버렸대.
*알자스의 포도밭
그는 20대 후반이었던 1975년부터 와인에 대한 글을 쓰기 시작했고
I'll be a consumer advocate.
소비자의 보호자가 되련다!
1978년에는 〈와인애드버케이트〉라는 와인소비 안내잡지를 창간하더니
Wine Advocate
와인변호사
와인애호가를 보호한다는 의미!
1984년에는 아예 변호사 일을 접고 와인전문가, 비평가, 작가 일에 전념하기 시작했어.
변호사
Wine
그의 책 〈보르도〉 〈파커의 와인가이드〉 등은 전세계 와인애호가들에게 가장 사랑받는 와인안내서야.
The Wine of Rhône Valley 1997
Bordeaux R. Parker 1985
Parker's Wine Buyer's Guide 1987
주로 프랑스, 이탈리아, 캘리포니아 와인에 대해 평론하는 그는 프랑스에서 레지옹 도뇌르 훈장을 받았고
Légion d'Honneur
레지옹 도뇌르
코트 뒤 론 지방 샤토네프 뒤 파프의 명예주민으로 추대되기도 했어.
우리 와인을 널리 알려준 답례로….
난 샤토네프 뒤 파프의 주민!

❖ 파커포인트

1999년 당시 프랑스 대통령 자크 시라크는 훈장수여식에서 파커를 이렇게 평가했어.
로버트 파커 씨는 세계가 가장 주목하는 영향력 있는 프랑스 와인의 평론가입니다.
빌 클린턴 대통령이 파리를 방문했을 때 그를 위해 어떤 와인을 선택할지 자동적으로 파커 씨의 자문을 구하게 되더군요.
오늘날 와인업계에서 파커는 거의 신(神)적인 존재라고 할 수 있어. 그의 평가에 따라 와인가격이 오르고 내리지.
PARKER
WINE
미국에서는 초등학교 학생들의 성적을 65~100점으로 평가하는데
더 이상은 없다!
100점
만점
65점
최저
더 아래는 낙제!
파커는 이 방법에 따라 와인에 50~100점의 점수를 매기지.
100점
만점
50점
최저
PARKER POINT (PP)
파커의 평가에 따르면 50~59점짜리는….
이건 도저히 마실 수 없는 저급와인이야!
퇴퇫
60~69점짜리 와인
수준미달의 하급와인으로 산도가 지나치게 높거나 타닌이 강하며 맛도 떨어지고 고약한 냄새가 나는 와인.
낙제!
70~79점짜리 와인
(PP 70~79)
수준급와인으로 그런대로 마실 만하다.
평범한 와인!
80~89점짜리 와인
(PP 80~89)
아주 수준 높고 좋은 와인이다. 별다른 결점이 없는 우량품!
오…
90~95점짜리 와인
(PP 90~95)
환상적인 와인. 복잡하고 다양한 캐릭터가 돋보이는, 예외적으로 우수한 와인!
와우!
96~100점짜리 와인
(PP 96~100)
더 이상 바랄 게 없는 극상품이다. 구매, 소비, 소장 가치가 충분하다!
NON PLUS ULTRA!
더 이상의 와인은 없다!
파커가 90점 이상 준 와인은 당연히 그날로 값이 껑충 튀어오르겠지!
파커
포인트
슝
새… 생큐 미스터 파커!

❖ 파커에 대한 비판

파커의 평가가 과연 그렇게 공정하고 정확할까요?
전문가, 그것도 세계 최고의 전문가란 명칭이 거저 생겼겠니?
바로 그게 문제야! 세계 최고수준의 전문가라는 선입견 때문에 그의 점수에 따라 와인가격이 춤을 추는 거지.
파커 포인트
파커 포인트
파커가 와인 한 가지를 테이스팅하는 시간은 몇 초에 불과해. 1년에 수천 종의 와인을 시음해야 하니까.
퉷!
그 몇 초만에 다른 사람이 온갖 정성 다해 만든 와인에 73점, 83점, 94점… 이렇게 간단하게 평가할 수 있을까?
87점 68점 72점 93점 77점 85점 97점
그래서 파커도 자신의 평가는 결코 학문적이거나 과학적인 것은 아니라고 말했어.
내 평가는 어디까지나 소비자들이 참고하라는 것일 뿐이다.
한편, 파커의 점수에 대한 비판도 많아.
파커포인트는 그의 취향과 그때의 기분을 반영할 뿐이다!
그의 입맛에 와인산업이 아부를 해야 하다니!
예컨대 영국의 저명한 와인평론가가 사상 최초로 100점보다 높은 101점을 준 와인에
Serena Sutcliffe
서리너 서트클리프
Billecart-Salmon
Cuvée Nicholas-François
1959
101점
파커는 훨씬 낮은 점수를 주어 그의 평가가 객관성을 잃었다는 비판이 제기되었지.
서리너 S.
101점
R. 파커
83점
장난하나? 말도 안 돼!
또 감미롭고 부드러울수록 높은 점수를 주고 독특한 개성에는 인색하다는 불평도 높아.
달콤하고 부드러운 맛
강하고 개성있는 맛
높은 PP
낮은 PP
아주 소규모로 운영되는 극소량 생산자들의 와인을 가라주와인(일명 부티크와인)이라고 하는데
Garage Wine
(Boutique Wine)
차고에서도 만들 수 있을 만큼 극소량 생산!
가라주와인
이 희귀한 가라주와인에 비교적 좋은 점수를 주기 때문에
조금 만들었으니 모든 정성을 다 기울였겠지!
요건 희귀하니 가산점 10점!
이들은 아예 파커의 입맛에 맞게 만든다고 해. 이것도 역시 구설수에 오르고 있지.
파커에게 점수만 많이 받으면
가격이 몇 배나 오르니까!
무조건 파커 입맛에 맞춰라!
모로 가도 서울만 가면 된다!

❖ 존 드보르작의 파커포인트 비판

파커의 와인점수, 이른바 파커포인트(PP)는 와인숍에서 선전용으로 이용되고
PP 95
이를 믿는 소비자들은 앞뒤 재지 않고 구입하기 때문에
비싼데, 알고 사는 거예요?
몰라. 하지만 PP 95면 대단한 와인일걸!
파커포인트에 대한 이런 맹목적인 믿음을 경계하는 사람도 많아.
웬 파커교 광신도가 이리도 많담?
PP
파커포인트
PP
그중에는 노골적으로 파커포인트를 비판하고 비아냥거리는 사람도 있는데
개인 취향으로 매긴 점수를
성경이나 꾸란처럼 맹신하다니!
존 드보르작 같은 이가 대표적이지. 〈와인프로텍터〉의 평론가인 그는
존 드보르작
John Dvořák
Wine Protector
파커의 50~100점짜리 평가를 대놓고 공격했어.
파커포인트에 목매는 사람들, 정말 웃긴다!
한 개인의 기호에 모든 걸 맡기다니!
PP 100 와인
말도 안 된다! 완벽한 와인이란 존재할 수 없고, 이론상으로도 불가능하다.
100점 = 만점
완전, 완벽한 와인
⇩
있을 수 없음!
100점을 준다는 것이 업계의 관심을 끌겠지만
뭬야?
도대체 어떤 와인이?
100점 만점짜리가 나타났다!
업계 자체를 우스갯거리로 만드는 행위다.
만점짜리 와인이라니, 말도 안 돼!
그럼, 말도 안 되지!
값만 엄청 뛰겠군!
낄 낄
PP 99~95 와인
어떤 조건에서도 팔리는 굉장한 와인임에는 분명하지만…
오…
PP 98
이런 와인을 비판한다면 무식하다는 비판을 감수해야 하는 '대단한 와인일 수밖에 없는 와인'이다!
내 취향은 아닌데…
PP 98 와인을 감히!
하기야 파커가 98점을 주었다는데….
감히 누가 나서서 안 좋은 와인이라고 주장하겠어?

PP 94~91 와인
훌륭할지는 모르지만 실제 얼마나 훌륭한지는 확신할 수 없는 와인이다.
흠..
91점과 94점의 차이는 불과 3점인데 이 3점은 과연 감정하는 이의 기분차이일까, 진정한 와인의 차이일까?
요걸 92점을 줄까···
93점을 줄까?
이처럼 애매한데도 마치 정밀한 차이라도 있는 것처럼 확신하는 듯한 점수가 문제다.
진짜 이런 미묘한 차이가 납니까?
나~ 고말고! 나, 간다!
93 92 91 94
A B C D
그래도 추천할 만한 와인이겠지만 비싼 값을 지불한 소비자가 파커를 원망할 가장 애매한 와인!
비싼 가격에 비하면 '아니올시다'네!
그러게요···.
PP 90 와인
이 와인은 어쩌면 닭똥 같은 와인일 수 있다!
엇, 이 와인 왜 이래?
시음자가 더 좋은 점수를 주기엔 곤란하고
이 샤토의 명성이 아무리 대단해도
절대 90점 이상 줄 순 없다!
더 낮게 주고 싶어도 자칫 실수할까봐 조심스러워 일단 90점을 주었어도
하지만 90점 이하를 주면
자기네 명예를 지키려고 죽기살기로 대들겠지!
마음속으로는 89점을 주고 싶은 와인인지도 모른다.
솔직히 80점대짜리밖엔 안 되는데!
PP 90
이것은 무슨 의미인가?
와인을 마시는 사람은 바로 당신이다!
당신이 마셔보고 당신이 평가하라!
PP 89~86 와인
마실 만한 와인이고, 어쩌면 좋은 와인일지도 모른다.
하지만 틀릴지도 모른다. 도대체 누가 안단 말인가?
잘 모르니 90점대는 줄 수 없지만
점수는 일단 좋게 주고 보자!
종합점수 87
PP 85~81 와인
당신의 목은 정말 타고 있다. 이런 걸 다 마시다니!
꿀꺽
꿀꺽

PP 80~75 와인
이런 와인은 아예 뚜껑을 안 따는 게 낫다!
아예 사지 말라고 광고하나?
PP 78
PP 75 이하 와인
이 와인에 대한 진심을 입밖에 내면 고발당할지도 모른다!
명예훼손이다!
아주 유머스럽지만 파커에 대한 불신이 여실히 드러나네요.
75점만 돼도 파커는 '마실 만한' 와인이라고 했는데….
이런 얘기까지 나오는 건 아무래도 파커포인트의 위력이 너무 크기 때문이겠지!
Parker Power!
로버트 파커는 지난 20여 년간 모두 127개의 와인에 100점 만점을 주었다.
100점 만점
||
127개
이는 그의 말대로 극히 드문 수지만
내가 테스트한 와인의 0.1퍼센트만 100점을 받았다.
1천 가지 와인 중 하나만 100점이란 얘기!
0.1퍼센트가 127개니, 그가 테스트한 와인이 적어도 13만 개는 된다는 얘기지.
그가 100점을 주면 그 순간 그 와인의 값은 몇 배로 뛰고
원래 가격
PP 100
€ 100 ⇨ € 450
이름없는 와이너리가 한순간에 세계적인 샤토로 둔갑하기도 해.
샤토 보라미가 PP 100을 받았대!
그 샤토가 대체 어딘데?
보라미, 샤토 보라미!
와글 와글
어떤 와인숍에서는 '완벽한 선물세트'라는 제목으로
a perfect gift
A PERFECT GIFT ON SALE
파커가 100점을 준 와인만 한 세트 12병으로 묶어 1만 달러에 팔기도 했다.
PP 100 컬렉션
PP 100 12병 세트
$10,000
또 2004년엔 100상자에 15만 달러로 내놓은 와인이 파커점수 100점이 나오자 당일 경매에서 30만 달러로 뛴 적도 있어.
$150,000 → $300,000
PP 100
당일

❖ 파커가 선정한 최고의 와인

로버트 파커가 2000년 보르도 빈티지가 완벽하고 대단하다고 선언하자
빈티지 2000, 위대한 극상!
이보다 좋을 수는 없다!
보르도의 와인업자들은 와인가격을 터무니없는 수준으로 올려버렸어.
€350 €115
€290 €78
€450 €150
€299 €89
파커가 이에 항의해 2001년 보르도 와인 테스트를 거부하자
나 안 해!
모두 나보고 욕하잖아!

업자들은 하는 수 없이 와인가격을 종전 수준으로 돌려놓았지.
€150 €350 €115
€98 €290 €78
€250 €450 €150
€110 €299 €89
와인업계에서는 그의 말 한 마디가 정말 황제의 말이나 다름없군요!
그는 직접 학원을 열고 자신이 뽑은 최고의 와인을 테스트하는 과정을 만들었어.
로버트 파커
와인테이스팅 코스
참가자 모집

12종의 와인을 연도별로 한 잔씩 시음해보는 코스인데
1인당 참가비가 2천 달러래.
$2,000
와인 열두 잔에 2천 달러라!

2천 달러?
와인 12종 시음에 260만 원이라고?
와, 그래도 세계 최고의 와인을 12종이나 맛볼 수 있으면 얼마나 좋을까?

로버트 파커가 선정한 최고의 와인 12종 (연도별)

- 1975 La Mission-Haut-Brion
- 1976 Penfolds Grange(호주)
- 1982 Château Pichon-Longueville Comtesse de Lalande
- 1986 Château Mouton Rothschild
- 1990 Paul Jaboulet Aîné Hermitage La Chapelle
- 1991 Marcell Chapoutier Côté-Rôtie La Mordorée
- 1992 Dalla Valle Vineyards Maya Cabernet Sauvignon
- 1996 Château Lafite-Rothschild
- 1997 Screaming Eagle, Napa Valley Cabernet Sauvignon (미국)
- 2000 Château Margaux
- 2000 Château Pavie St.-©milion
- 2001 Harlan Estate

1976년 5월 24일

파리의 심판

Judgement of Paris

세계 와인산업에
대변혁을 초래한 사건!

*〈최후의 심판〉 미켈란젤로

1976년까지만 해도 프랑스는 자타 공인 세계 최고의 와인생산국이었어.
프랑스 와인만이 위대하다!
나머지는 모두 허섭스레기!
하지만 1976년 5월 24일, 이 명예는 치욕으로 바뀌고
이 책 중간쯤에서 이미 얘기했죠?
미국 와인이 세계적으로 명성을 얻으면서 신대륙 와인의 가치가 입증되었지.
짠
USA
파리에서 와인중개업을 하던 영국인 스티븐 스퍼리어는 1976년 미국 독립 200주년을 기념해
스티븐 스퍼리어
Steven Spurrier
프랑스와 미국 와인 비교시음회를 열자고 제안하면서
캘리포니아 나파밸리 와인이 아주 좋아졌다던데….
최고의 와인을 라벨을 가리고 마셔보는 블라인드 테이스팅을 하자고 했어.
비교시음회를 해보면 아무리 좋은 미국 와인도
프랑스 와인과는 비교가 되지 않는다는 사실이 증명되겠죠!
심사위원은 제안자인 스퍼리어 외에 열 명을 선발 위촉했는데
프랑스 와인
캘리포니아 와인
비교시음회
BLIND TASTING
모두 프랑스인이었을 뿐 아니라 프랑스 와인계의 거물이었어.
팔은 안으로 굽는다고
미국 와인을 봐줄까봐 미국인 심사위원은 사절!
심사위원 10명
전원 프랑스인 와인전문가
이들에게 이 시음회의 결과는 너무나 뻔했지.
미국 와인이 감히 프랑스 와인에 도전을 해? 이 기회에 하늘과 땅 차이를 보여주마!

페트리샤 갈라게
Pétricia Gallagher
아카데미 드 뱅
오데트 칸
Odette Kahn
라 르뷔 뒤 뱅 드 프랑스*
장-클로드 브리나
Jean-Claude Vrinat
고급식당 Taillevent 주인
레몽 올리버
Raymond Oliver
고급식당 Le Grand Vefour 주인
크리스티앙 반네케
Christian Vannequé
유명 소믈리에

*La Revue de Vin de France, 1972년 창간

오베르 드 빌렌
Aubert de Villaine
로마네 콩티 공동소유주
피에르 타리
Pierre Tari
샤토 지스쿠르* 소유주
피에르 브레주
Pierre Bréjoux
프랑스 AOC 이사이자 수석심사관
미셸 도바즈
Michel Dovaz
프랑스 와인연구소**
클로드 뒤부아-미요
Claude Dubois-Millot
와인전문가이나 시음회에는 처음 참가

*Château Giscours : 보르도 마고 3등급 그랑 크뤼 **Institute Œnologique de France

출품된 와인의 라벨을 완전히 가리고
와인들에 대한 어떠한 사전정보도 철저히 금지되었어.
이렇듯 순수하게 시음하고 심사위원들의 점수를 합산해 최우수와인을 선정했지.
C. Vannequé
A. de Villaine
P. Bréjoux
M. Dovaz
C. Dubois-Millot
Total

*왼쪽부터 갈라게, 스퍼리어, 칸

이 시음회는 화이트와인 10종, 레드와인 10종의 순서로 진행되었는데
그 결과가 발표되자 당사자인 프랑스인 심사위원들은 물론 전세계 와인업계가 발칵 뒤집혔어.
경악
PARIS
이것이 바로 '파리의 심판'이라고 하는 그 유명한 사건이야.
Judgement of Paris
와인에 대한 통념

화이트와인 평가결과 부르고뉴와 캘리포니아 샤르도네 와인 비교

순위	와인	국가
1.	Chateau Montelena 1973 샤토 몬텔레나	미국
2.	Meursault Charmes Roulot 1973 뫼르소 샤름 룰로	프랑스
3.	Chalone Vineyard 1974 캘론 바인야드	미국
4.	Spring Mountain Vineyard 1973 스프링 마운틴 바인야드	미국
5.	Beaune Clos des Mouches, Joseph Drouhin1973 본 클로 데 무슈, 조제프 드루앵	프랑스
6.	Freemark Abbey Winery 1972 프리마크 애비 와이너리	미국
7.	Batard–Montrachet, Ramonet–Proudhon 1973 바타르–몽라셰, 라모네–프루동	프랑스
8.	Puligny–Montrachet Le Pucelles, Domaine Leflaive 1972 퓔리니–몽라셰 르 퓌셀	프랑스
9.	Veedercrest Vineyard 1972 비더크레스트 바인야드	미국
10.	David Bruce Winery 1973 데이비드 브루스 와이너리	미국

레드와인 평가결과 ( ) 안은 점수 20점 만점

순위	와인	국가	점수
1.	Stag's Leap Wine Cellars 1973 스태그스 리프 와인 셀러스	미국	(14.14)
2.	Château Mouton Rothschild 1970 샤토 무통 로칠드	프랑스	(14.09)
3.	Château Montrose 1970 샤토 몽로즈	프랑스	(13.64)
4.	Château Haut–Brion 1970 샤토 오브리옹	프랑스	(13.23)
5.	Ridge Vineyards Monte Bello 1971 리지 바인야드 몬테 벨로	미국	(12.14)
6.	Château Léoville–las–Cases 1971 샤토 레오빌–라스–카스	프랑스	(11.18)
7.	Heitz Wine Cellars 'Martha's Vineyard' 1970 헤이츠 와인 셀러 '마서의 바인야드'	미국	(10.36)
8.	Clos Du Val Winery 1972 클로 뒤 발 와이너리	미국	(10.14)
9.	Mayacamas Vineyards 1971 마야카마스 바인야드	미국	(9.77)
10.	Freemark Abbey Winery 1967 프리마크 애비 와이너리	미국	(9.64)

한 심사위원이 '위대한 프랑스 와인'으로 지목한 것은 캘리포니아산이었고
하늘이 두쪽나도 이건 프랑스…
캘리포니아!
US

향이 없는 것으로 보아 캘리포니아산이 분명하다고 한 와인은 몽라셰였어.
프랑스 와인의 향기는 절대 이렇지 않아!
프랑스 부르고뉴!

이 사건은 프랑스 와인은 물론 프랑스 국민들의 자존심에도 치명적이어서
파리의 심판
쿵

프랑스 TV와 방송, 신문 등 언론에서는 쉬쉬하며 덮으려 했지만
쉬
쉬
쉬잇
개그쇼에 지나지 않는 단순 해프닝!

미국은 물론 전세계 언론이 이를 대서특필했고
알나리 깔나리
프랑스 와인의 진상
USA, 세계 언론

미국에서는 심지어 '파리의 심판'이라는 제목으로 영화까지 만들었지.
그토록 우쭐대던 프랑스 와인…
그것은 한낱 과대포장된 허상이었어!
파리의 심판

결과가 발표되자 시음회장은 아수라장으로 돌변했어.
우당탕퉁탕
심사위원들은 무효라고 주장하면서
이건 의도적으로 조작된 음모다!
프랑스 와인을 모욕하려는 불순한 동기로 마련된 행사요!
채점표를 돌려달라고 아우성을 치고, 주최측은 또 감추려고 난리법석이었지.
이 사실이 외부에 알려지면 난 죽어!
됐거든!

심사위원들은 결과가 조작됐다고 하면서 시음회 자체를 없던 걸로 하자고 우겼어.
제발, 우리 좀 살려주라!
없던 일로 해주라, 응, 응?
이 사건은 프랑스와 프랑스 와인업계에는 악몽과도 같았지만
1976…!
나쁜 꿈을 꾼 게 분명해!
미국과 신대륙 와인이 새롭게 태어나는 혁명적인 계기가 되었지.
누가 날 우습게 봐?
빵
USA

그후 '복수'를 다짐한 프랑스 와인업계에 의해 여러 차례 비교시음회가 열렸지만 놀랍게도 번번이 미국 와인이 승리했어.

1986년 비교평가 결과

순위	와인	국가
1.	Heitz Wine Cellars 1970	미국
2.	Mayacamas Vineyards 1971	미국
3.	Ridge Vineyards Monte Bello 1971	미국
4.	Stag's Leap Wine Cellars 1973	미국
5.	Clos Du Val Winery 1972	미국
6.	Château Montrose 1970	프랑스
7.	Château Mouton Rothschild 1970	프랑스
8.	Château Léoville-las-Cases 1971	프랑스
9.	Freemark Abbey Winery 1967	미국
10.	Château Haut-Brion 1970	프랑스

2006년 비교평가 결과

'파리의 심판' 30년 설욕전

순위	와인	국가
1.	Ridge Vineyards Monte Bello 1971	미국
2.	Stag's Leap Wine Cellars 1973	미국
3.	Mayacamas Vineyards 1971	미국
4.	Heitz Wine Cellars 1970	미국
5.	Clos Du Val Winery 1972	미국
6.	Château Mouton Rothschild 1970	프랑스
7.	Château Montrose 1970	프랑스
8.	Château Haut-Brion 1970	프랑스
9.	Château Léoville-las-Cases 1971	프랑스
10.	Freemark Abbey Winery 1967	미국

우아아아…

미국 등 신대륙엔 새로운 탄생, 프랑스엔 뼈저린 반성의 기회가 됐지.
계속 방심하다간 또 당한다!
우리가 프랑스 와인보다 못할 게 없다!
USA
신대륙

그렇다면 굳이 비싼 와인이 아니더라도 얼마든지 맛있는 와인을 즐길 수 있다는 얘기네요!
그렇지. 유명한 와인 이름에 주눅들어 비싼 값을 지불하기보다는
오, 프랑스 와인에 그랑 크뤼!
이 정도면 당연히 비싸겠지.
내가 좋아하는 와인 스타일이 어떤 것인지 찾아내 즐기는 게 중요해.
못 들어본 이름인데… 괜찮겠어?
마셔보니 가격에 비해 아주 좋더라고!
인간이 와인을 마셔야지, 와인이 인간을 마셔서는 안 된다 이 말이지.
이 와인으로 말할 것 같으면 보르도의….
쇼 그만하고 그냥 마셔!
그러자면 우선 와인에 지배당하지 말고 와인을 지배해야겠군요!
내 말이!
파커포인트다 뭐다 하는 것도 그저 참고용일 뿐 거기 얽매일 필요는 없겠어요.
내 말이!
암, 파커가 아무리 100점을 주었어도 내 입엔 전혀 안 맞을 수도 있거든!
지금 가장 시급한 건 와인에서 거품을 걷어내는 것이라는 걸 깨달았어요.
진정으로 와인을 즐기는 것은 와인주권을 확보하는 것으로부터 시작된다!
비싼 와인이 반드시 좋은 와인은 아니다! 저렴하다고 나쁜 와인도 아니다! 내 입에 맞는 와인이 좋은 와인이다!
수백, 수천의 샤토가 어쩌고 저쩌고 하는 말에 주눅들지 말자! 와인은 단지 우리가 즐기는 알코올음료일 뿐이다!

2권 〈세계의 와인〉으로 이어집니다.

와인의 세계 깊이 들여다보기

부록

세계의 포도 품종 • 올드와인의 레벨 • 1992년 이래 세계 최고의 소믈리에 • 와인병의 크기와 호칭 • 마시기에 적당한 와인의 온도 • 세계의 와인생산 • 와인소비 상위 10개국 • 와인수출 상위 10개국 • 와인수입 상위 10개국 • 와인의 보디 • 세계 50대 블루칩와인 • 세계 50대 컬트와인 • 와인 용어사전 • 참고문헌

● 세계의 포도 품종

- **포도 (Vitaceae)**
  - **유럽계 포도 (Vitis vinifera)**
    - 동양원산포도 (Orientalis)
      - 카스피계 (Caspica) — 일본과 중국 등지에서 재배, 와인으로 만듦. 일본 고슈(甲州) 등.
      - 서남아시아계 (Antasiatica) — 레이디핑거, 로자키, 머스캣 오브 알렉산드리아, 톰슨 시드레스 등.
    - 서양원산포도 (Occidentalis) — 카베르네 소비뇽, 메를로, 시라, 피노 누아, 가메, 카베르네 프랑, 산지오베제, 네비올로, 템프라니요, 샤르도네, 리슬링, 세미용, 슈냉 블랑, 피노 그리 등.
    - 흑해연안원산포도 (Pontica)
      - 발카니카계 (Balcanica) — 블랙 함부르크, 풀민트, 그로콜만 등.
      - 게오르기카계 (Georgica)
  - **아메리카계 포도** — 캠벨 얼리, 나이아가라, 콩코드, 포틀랜드, 델러웨이 등.
    - (Vitis labrusca) — 일명 '여우포도(fox grape)'. 젖은 여우털 냄새가 난다 하여 붙여진 이름. 미국 토종포도로 미국 중부와 조지아주, 캐나다 남부에서 재배.
    - (Vitis riparia) — 일명 '강변포도(riverbank grape)' 또는 '서리포도(frost grape)'. 역시 미국 토종포도다.
    - (Vitis rupestris) — 미국 토종포도로, 미국 남서부에서 재배한다.
  - **아무르계 (Vitis amurensis)** — 러시아와 중국의 국경인 아무르강 주변이 원산지여서 붙여진 이름. 추위에 강한 점이 특징이다.
  - **산 포도 (Vitis coignetiae)** — 동아시아계 포도로, 한국과 일본에서 자라는 야생포도. 와인제조에는 적합하지 않으나 20세기 초 포도나무 해충으로 유럽의 와인산업이 초토화되었을 때 일본이 이 포도로 만든 와인을 유럽에 수출하기도 했다.

(대표 품종)

포도 중에서 와인을 만드는 품종을 학술용어로 '와인이 되는 포도나무(Vitis vinifera silbestris)'라고 해요.
라틴어
vitis=포도
vini=와인

viticulture=포도경작법
viniculture=와인제조법

*참고자료 : WINE GUIDE(메루코무 발행, 2005)

● 올드와인의 레벨

오래된 와인은 코르크마개의 미세한 조직 사이로 증발해 양이 조금씩 줄어든다. 따라서 오래된 와인을 구입할 때에는 그 주위(酒位)를 잘 확인해야 한다. 양심적인 경매인이라면 20년 이상 된 와인을 팔 때 그 레벨을 정확하게 고지한다. 레벨의 명칭은 국제경매에서 공통으로 통한다. 건조한 곳에서는 습한 곳보다 빨리 증발하며, '미들 숄더' 이하는 산화도가 지나칠 수 있으므로 경계해야 한다.

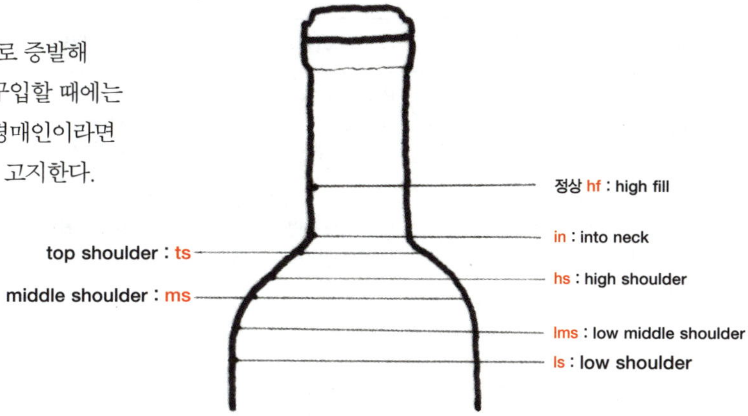

● 1992년 이래 세계 최고의 소믈리에(월드 베스트 소믈리에 경연 우승자)

1992 : 필리프 포르-브라크(Philippe Faure-Brac, 프랑스)
1995 : 신야 다사키(Shinya Tasaki, 일본)
1998 : 마르쿠스 델 모네고(Markus Del Monego, 독일)
2000 : 올리비에 푸시에(Olivier Poussier, 프랑스)
2004 : 엔리코 베르나르도(Enrico Bernardo, 이탈리아)
2007 : 안드레아스 라르손(Andreas Larsson, 스웨덴)
2010 : 제라드 배싯(Gerard Basset, 영국)
2013 : 파올로 바소(Paolo Basso, 스위스)
2016 : 욘 아르비드 로센그렌(Jon Arvid Rosengten, 스웨덴)
2019 : 마르크 알메르트(Marc Almert, 독일)

● 와인병의 크기와 호칭

와인수집가들은 여러 가지 이유로 큰 병을 선호한다. 첫째, 멋진 장식효과가 있다. 둘째, 큰 병에서 더 효과적으로 숙성되는데, 이는 와인에 산소가 고르게 공급되기 때문이다. 대형 파티에서도 큰 병이 자주 사용된다.

보통	매그넘	더블매그넘	제로봄	임페리얼	살마나자르	발타자르	네부카드네자르(나부코)
0.75*l*	1.5*l*	3*l*	5*l*	6*l*	9*l*	12*l*	15*l*
Normal Bottle	Magnum	Double Magnum	Jeroboam	Impériale	Salmanasar	Balthasar	Nebukadnesar
	샹파뉴에서는 '제로봄'이라 부른다.		주로 보르도에서 사용.	샹파뉴에서는 '메투살렘(Methusalem)'이라 부른다.			

● 마시기에 적당한 와인의 온도(화이트, 레드 와인)

온도	프랑스	이탈리아	독일	스페인	신대륙 와인
6도	Vin de Pays Rosé	Prosecco Frizzante Galestro Pinot Grigio	QbA, Sweet Dry White Winzer-Sparkling	Rosado(Rosé)	White Zinfandel
8도	샹파뉴 화이트 부르고뉴 Sancerre Muscadet 샤블리 드라이 보르도 Rosé de Provence	Prosecco Spumante 남부 티롤 와인 Chardonnay Soave Gavi Arneis	QbA, Kabinett 빈티지 스파클링	Albariño 카바(발포성 와인)	Sauvignon Blanc
10도	Pouilly Fumé 샤블리 그랑 크뤼 뫼르소 게뷔르츠트라미너 리슬링 그랑 크뤼 Tavel Rosé Lirac Rosé de Provence 소테른(Sweet)	Chardonnay Barrique Verdicchio Friuli 화이트와인	Spätlese / Auslese-trocken Beerenauslesen		Fumé Blanc
12도	Puligny-Montrachet Montrachet 코르통-샤를마뉴 뮈지니(화이트) Tokay d'Alsace	Marsala Vin Santo	Grauburgunder Auslese	셰리	Chardonnay Barrique (오크통 숙성 샤르도네)
14도	Vin de Pays 보졸레 프리뫼르	Kalterer See Valpolicella Bardolino Lambrusco	Trollinger		
16도	Vin de Pays Mercury Mâcon Rouge Chinon 보졸레 크뤼 모든 부르고뉴 레드 와인 Bordeaux Supérieur Madiran Côtes-du-Rhône	키안티 Vino Nobile Rosso di Montalcino Barbera d'Alba Merlot del Piave Pinot Nero(남티롤) Lagrein Cabernet Friuli Sangiovese di Romagna Valtellina Rosso	Spätburgunder Dornfelder Lemberger	Valdepeñas	Pinot Noir
18도	Médoc Haut Médoc Pauillac Margaux St.-Émilion Pomerol Graves Cahors Côtes de Languedoc Côtes de Roussillon Côtes de Provence Château neuf-du-Pape Côte Rôtie Hermitage	Chianti Riserva Brunello di Montalcino Aglianico di Vulture Taurasi Barbera d'Asti Barbaresco Barolo Amarone Merlot(남티롤)		Rioja Ribera del Duero Tinto Navarra Priorato	Cabernet Sauvignon Zinfandel Shiraz Pinotage Malbec

● 세계의 와인생산

순위(1~15)	국가	재배면적(ha)	생산량(hl)
	유럽		
	그리스	112,026	2,416,000
9	독일	103,421	8,744,000
13	루마니아	188,891	4,451,000
	룩셈부르크	1,263	98,000
	마케도니아	25,559	936,000
	몰타	395	11,000
	벨기에	527	13,000
	보스니아	4,873	69,000
	불가리아	65,870	841,000
	세르비아	21,328	705,000
	스위스	14,629	609,000
3	스페인	962,531	35,000,000
	슬로바키아	15,075	346,000
	슬로베니아	14,789	581,000
	알바니아	11,339	159,000
	영국	490	65,000
	오스트리아	46,000	2,460,000
1	이탈리아	718,457	50,232,000
	체코	17,866	618,000
	크로아티아	23,063	526,000
10	포르투갈	194,268	7,359,000
2	프랑스	797,600	37,648,000
	헝가리	64,470	2,590,000
	동유럽		
	조지아	49,450	2,100,000
12	러시아	97,500	4,522,000
	리투아니아		32,000
	몰도바	138,000	1,430,000
	벨라루시		340,000
	아르메니아	16,072	117,000
	아제르바이잔	17,301	71,000
	에스토니아		110,000
	우즈베키스탄	117,804	169,000
	우크라이나	105,000	1,296,000
	카자흐스탄	41,800	660,000
	키르기스스탄	13,572	233,000
	타지키스탄	35,909	28,000
	투르크메니스탄	20,387	498,000

순위(1~15)	국가	재배면적(ha)	생산량(hl)
	오세아니아		
15	뉴질랜드	40,720	2,664,000
5	호주	146,244	14,820,000
	아프리카		
8	남아공	125,586	10,792,000
	마다가스카르	2,759	78,000
	모로코	42,286	409,000
	알제리	68,202	600,000
	이집트	84,626	53,000
	짐바브웨	447	14,000
	튀니지	22,621	350,000
	아메리카		
	멕시코	35,955	396,000
4	미국	393,274	24,070,000
	볼리비아	4,264	84,000
14	브라질	80,605	3,600,000
7	아르헨티나	211,099	12,482,000
	우루과이	6,413	749,000
6	칠레	209,625	13,436,000
	캐나다	13,191	656,000
	쿠바	1,753	131,000
	파라과이	377	17,000
	페루	40,385	795,000
	중동		
	레바논	7,732	100,000
	키프로스	7,769	66,000
	이스라엘	8,761	200,000
	튀르키예	419,488	622,000
	아시아		
	인도	166,625	180,000
	일본	17,738	830,000
11	중국	782,600	5,808,000
	태국	4,934	
	한국	14,350	

*1ha=100m×100m=10,000m2 *1hl=100l *자료 : OIV 2021년 통계

● 와인소비 상위 10개국 (2021년)

1. 미국
2. 프랑스
3. 이탈리아
4. 독일
5. 영국
6. 중국
7. 러시아
8. 스페인
9. 아르헨티나
10. 호주

● 와인수출 상위 10개국 (2021년)

1. 스페인
2. 이탈리아
3. 프랑스
4. 칠레
5. 호주
6. 남아프리카공화국
7. 독일
8. 아르헨티나
9. 미국
10. 포르투갈

● 와인수입 상위 10개국 (2021년)

1. 독일
2. 미국
3. 영국
4. 프랑스
5. 네덜란드
6. 중국
7. 캐나다
8. 벨기에
9. 러시아
10. 이탈리아

자료 : OIV 통계

프랑스가 수입하는 와인은 가공해서 다시 수출하기 위한 거래요.
구대륙과 신대륙이 골고루 있네!
와인수입국 중 우리나라는 24위래!

● 와인의 보디

가벼운 화이트와인

Vinho Verde
Alsace(Pinot Blanc)
Sancerre/Pouily-Fumé
White Burgundy(Macon, some Chablis)
Pinot Gris(Oregon, California)
New World Sauvignon Blanc
Alsace(Pinot Gris, Gewurztraminer, Riesling)
White Bordeaux/Graves
White Burgundy(fine Chablis and Côte de Beaune whites)
Viognier
New World Chardonnay

무거운 화이트와인

가벼운 레드와인

Beaujolais
Rioja(Crianza)
Dolcetto
Red Burgundy
New World Pinot Noir
Chianit(not Reserva)
Côtes-du-Rhone
Rioja(Reserva and Gran Reserva)
Chianti(Reserva)
New World Cabernet Franc
Red Bordeaux
Merlot
Primitivo
Malbec
Zinfandel
Syrah/Shiraz/many fine Rhónes
Brunello
Super Tuscans
New World Cabernet Sauvignon
Northern Rhône(Hermitage and Côte Rôite)
Barolo and Barbaresco

무거운 레드와인

● 세계 50대 블루칩와인(고가와인)

프랑스
Château Mouton-Rothschild
Château Lafite-Rothschild
Château Latour
Château Margaux
Château Haut-Brion
Château d'Yquem
Château Ausone
Château Cheval Blanc
Château Léoville-Las-Cases
Château Pichon Lalande
Château la Mission Haut-Brion
Château Ducru-Beaucaillou
Château Pétrus
Château le Pin
Château l'Evangile
Château l'Eglise-Clinet
Château Lafleur
Romanée Conti/Dom.Rom.-Conti
La Tâche/Dom.Rom.-Conti
Montrachet/Dom.Rom.-Conti
Montrachet/Comtes Lafon
Musigny/Comte de Vogue
Clos de Vougeot/Domaine Leroy
Richebourg/Méo-Camuzet
Château neuf-du-Pape/Rayas
Hermitage La Chapelle/Jaboulet
Hermitage/Jean-Louis Chave
Cornas/Auguste Clape
Côte Rôtie La Mouline/Guigal
Montus Cuvée Prestige/Brumont
Champagne Clos du Mesnil/Krug
Champagne Grand Cru/Sélosse
Champagne Vielles Vignes/Bollinger
Champagne Cuvée S/Salon
Champagne Cristal/Roederer

스페인
Unico/Vega Sicilia
Pesquera Res. Janus/A.Fernandez

포르투갈
Vintage Porto/Taylor's

이탈리아
Sassicaia/Tenuta San Guido
Ornellaia/Tenuta dell'Ornellaia
Solaia/Marchesi Antinori
Sori San Lorenzo/Gaja
Barolo Ris. Monfortino
G. Conterno

호주
Grange/Penfolds
Hill of Grace Shiraz/Henschke

미국
Opus One/Robert Mondavi
Dominus/Christian Moueix

오스트리아
Grüner Veltliner Smaragd M/F. X. Pichler
Grande Cuvée/Alois Kracher

독일
Riesling Eiswein/Egon Müller

● 세계 50대 컬트와인(인기 소량생산 희귀와인)

프랑스
La Tâche/Dom.Rom.-Conti
Montrachet/Dom.Rom.-Conti
La Mondotte/Comtes Neipperg
Valandraud/Jean-Luc Thunevin
La Gomerie/G. et D. Bécot

미국
Cab. S./Screaming Eagle
Cab. S./Bryant Family
Cab. S. Eisele Vyd/Araujo
Cab. S. Herb Lamb Vyd/Colgin
Cab. S. Volcanic Hill/Diamond Creek
Maya/Dalla Valle
Harlan Estate
Cab. S./Grace Family
Cab. S. Hillside Select/Shafer
Cab. S. Howell Mountain/Dunn
Cab. S. Spec. Selection/Caymus
Cab. S. Montebello/Ridge
Pinot Noir/Marcassin

호주
Astralis Shiraz/Clarendon Hills
Balmoral Shiraz/Rosemount
Cab. S. BIN 707/Penfolds
Cab. S./Greenock Creek
Cab. S. Merlot/Cullen
Mount Edelstone/Henschke
Odyssey Shiraz/Katnook Estate
Run Rig Shiraz/Torbreck
Shiraz Hanish/Veritas
Shiraz Reserve/Fox Creek
Shiraz Reserve/Noon
Shiraz/Turkey Flat
Spatacus Shiraz/Punter's Corner
Terra Rossa First Growth Parker

남아프리카공화국
Cab. S. Peter Barlow/Rustenberg
Cab. S./Thelema Mountain
Merlot/Veenwouden
Shiraz/Boekenhoutskloof
Vergelegen

칠레
Almaviva
Montes Alpha M/Montes
Seña

이탈리아
Babera d'Asti Quorum/Hastae
Masseto/Ornellaia
Merlot Vigna l'Apparita/Ama
Montiano/Falesco
Paleo/Le Macchiole
Redigaffi/Tua Rita
Rubino/Palazzola
Tenuta di Trinoro
Vigna Larigi/Elio Altare
Villa Fidelia/Sportoletti

스페인
L'Ermitâ/Alvaro Palacios
Pingus/Domino de Pingus

• 와인 용어사전

ㄱ

가라페이라(Garrafeira) 약 2년 동안 숙성시킨 뒤 병에 담는 최고급 포르투갈 와인으로, 병입한 뒤에도 병 속에서 오랜 기간 숙성시키기도 한다.

고블레(Goblet) 주로 프랑스의 보졸레, 스페인 등 건조한 지역에서 많이 활용되는 포도나무 재배법으로 고블레잔 모양으로 가지를 묶는다. 사람의 수작업이 많이 필요하지 않아 편리하다. 성장을 제약할 필요가 없는 품종이나 태양빛을 많이 받고 비가 오지 않는 지역에 적합하다.

귀부병(Noble rot) 건조한 기후의 가을볕을 받아 수확하기 좋은 상태의 포도를 일부러 부패시켜 보트리티스 시네레아를 침투시키면 생기는 병. 포도껍질부터 부패시켜 쭈글쭈글하게 만든다. 이 상태의 포도를 압축시키면 당도가 가장 높다.

귀부와인(Botrytized wine) 보트리티스균이 침투한 포도로 만든 와인을 일컫는 말.

그랑드 마르크(Grande marque) 샹파뉴 지방의 그랑드 마르크 협회에 등록된 샹파뉴업체를 일컫는 말로, 자신들의 상표로만 와인을 생산 판매한다. 현재 28개 업체가 샹파뉴하우스를 이끌고 있다.

그랑 레제르바(Gran reserva) 아주 좋은 와이너리에서 만든 스페인의 레드와인. 이 와인은 숙성기간이 법으로 정해져 있다. 바리카(참조)에서 최소 3년 이상 숙성해야 한다.

그랑 뱅(Grand vin) 샤토에서 가장 좋은 포도로 만든 와인이라는 뜻으로, 보르도 지방에서 사용하는 용어다.

그랑 크뤼(Grand Cru) 최상급 프랑스 와인. 프랑스 보르도, 부르고뉴, 알자스 지방에서는 최고급 포도원과 최고급 와인을 만드는 마을을 가리킨다.

그레이병(Grey rot) 우박이나 해충의 피해로 부패한 포도를 일컫는 말. 귀부병(참조)의 원인균과 뿌리가 같다. 그레이병은 수확에 엄청난 영향을 미쳐서 그해 와인생산 전체가 불가능해질 정도가 되기도 한다.

ㄴ

네고시앙(Négociant) 와인을 구입해 숙성, 블렌딩한 뒤 병입해 판매하는 와인상인이나 중간 제조업자를 일컫는 프랑스어.

누벨로(Novello) '새로운'이라는 뜻의 이탈리아어.

누보(Nouveau) 햇포도로 담근 와인을 일컫는 프랑스어.

ㄷ

데고르주망(Dégorgement, disgorging) 스파클링와인 제조과정 가운데 하나로, 2차발효 뒤 발생하는 찌꺼기를 제거하는 일을 일컫는다. 샴페인의 투명도와 당도를 조절하기 위해 이 과정을 거치는데, 병목에 있는 소량의 원액을 코르크마개와 함께 급속 냉각시켜 동시에 제거한다.

도멘(Domaine) 샤토와 같은 뜻. 부르고뉴 지방의 포도원을 가리킨다.

도사주(Dosage) 첨가물을 가미한다는 뜻으로, 스파클링와인을 데고르주망(참조)한 뒤 그 안에 브랜디와 설탕을 첨가한다. 당도에 따라 브뤼(brut, 리터당 15그램), 엑스트라 드라이(extra dry, 리터당 12~20그램), 섹(sec, 리터당 17~35그램), 드미섹(demi-sec, 리터당 33~50그램)으로 나눈다.

도세(Doce) 단맛이 많이 나는 포르투갈 와인.

두(Doux) 리터당 45그램의 설탕을 가미해 만든 스파클링와인 가운데 가장 달콤한 와인.

둘세(Dulce) 단맛이 많이 나는 이탈리아와 스페인의 와인.

드라이(Dry) 당도가 없거나 가장 낮은 상태를 표현할 때 쓰는 말로, 제일 드라이한 스파클링와인을 브뤼(참조)라고 부른다.

드미섹(Demi-sec) 당도와 드라이한 정도가 중간인 스파클링와인.

디캔팅(Decanting) 병 속에 있는 와인을 디캔터라는 바닥이 넓고 주둥이가 긴 투명한 유리나 크리스털 병으로 옮겨 담는 작업. 이 과정을 거친 와인은 산소와의 접촉을 통해 맛과 향이 살아난다.

DO(Denominación de Origen) 스페인 고급와인 가운데 가장 일반적인 등급.

DOC(Denominación de Origen Calificada) 스페인에서 최상급와인 종류를 표시하는 약자.

DOC(Denominazione di Origine Controllata) 이탈리아 최상급와인.

DOC(Denominação de Origem Controlada) 프랑스의 AOC와 비슷한 포르투갈의 와인인증기준.

DOCG(Denominazione di Origine Controllata e Garantita) DOC 와인보다 더 최상의 이탈리아 와인.

ㄹ

란시오(Rancio) 산화 혹은 갈변시킨 와인. 색깔이 진하고 알코올 함량이 높은 스페인 카탈루냐 지방의 와인을 가리키기도 한다.

란트바인(Landwein) 원래는 지방 와인을 뜻한다. 이 와인의 가장 하위에 있는 것이 타펠바인(참조)이다.

랑드망(Rendement) '수확'이라는 뜻의 프랑스어.

래킹(Racking) 와인에 생긴 침전물을 제거하기 위해 다른 통으로 이동하는 과정. 과즙이나 와인을 정치시켜 찌꺼기를 가라앉힌 뒤 맑은 상등액만 따라낸다.

레제르브(Réserve) 유럽에서는 합법적인 조건하에서만 라벨에 명시할 수 있는 용어로, 같은 해에 생산된 포도로 만든 다른 와인보다 오래 숙성시켜 생산한 와인에 사용된다. 일반적으로 다른 와인들보다 높은 가격에 팔리지만 품질이 반드시 그에 비례하는 것은 아니다. 레드와인은 숙성창고 안에서 약 3년, 화이트와인과 로제와인은 숙성창고에서 2년, 바리크에서 6개월 정도 숙성시켜야 이 용어를 사용할 수 있다. 스페인어로는 레제르바(Reserva), 영어로는 리저브(Reserve)라고 한다.

레치오토(Recioto) 포도즙을 내기 전에 일정 시간 건조시킨 포도로 만든 달콤한 이탈리아 레드와인.

레콜트(Récolte) 수확 혹은 수확물이라는 뜻의 프랑스어.

로사도(Rosado) 로제와인의 스페인어. 이탈리아어로는 로사토라고 한다.

로티(Rôti) '구운'이라는 뜻의 프랑스어. 귀부병에 걸린 포도송이로 만든 달콤한 와인맛의 성격을 표현할 때 쓰는 말이다.

루비(Ruby) 3년 정도 숙성시킨 포르투갈의 포트와인을 일컫는 말.

리제르바(Riserva) 통이나 병에 넣고 일반 숙성시간보다 좀더 지난 이탈리아의 DOC나 DOCG 와인 종류.

리치(Rich) 매우 달콤한 스파클링와인.

리쿠오로조(Liquoroso) 디저트용 주정강화와인.

ㅁ

마데라이즈드(Maderized) 지나친 산화나 과열, 오랜 숙성으로 와인이 상하게 된 것을 말한다. 이런 와인은 호박색을 띠며, 마데이라와인의 캐러멜향과 비슷한 향이 난다. 마데이라와인에서 유래된 표현이다.

만사니야(Manzanilla) 가장 드라이하고 가벼운 스페인 셰리.

매그넘(Magnum) 표준 와인병의 두 배 크기, 1.5리터가 들어가는 병을 일컫는다. 0.75리터들이의 보통 와인병보다 매그넘에서 더 좋은 와인으로 숙성된다.

머스트(Must) 으깨고 압축해 만든 발효 전 포도즙 상태를 일컫는 말. 알코올 발효 전 상태를 총칭한다.

메토드 뤼랄(Méthode rurale) 스파클링와인 만드는 방법을 일컫는 말. 탄산을 만들기 위해, 적당하게 발효가 되면 와인을 병에 담아 밀봉한다.

메토드 트라디시오넬(Méthode traditionnelle) EU의 승인을 받아 프랑스 샹파뉴 지방에서 스파클링와인을 만들 때 쓰는 제조방법을 일컫는 말. 기본 와인이 들어 있는 병 속에 티라주(tirage)라는 효모와 당의 혼합용액을 넣는다. 이때 당이 많이 첨가되면 압력이 높아져 병이 깨진다. 잘 밀봉한 다음 서늘하고 어두운 곳에서 2차발효시킨다. 2차발효는 새로 첨가된 당과 효모가 샹파뉴의 거품이 되는 이산화탄소를 생성하는 것을 말한다. 2차발효 후 적어도 18개월 이상 숙성시켜야 고급 샹파뉴를 얻을 수 있다. 이탈리아어로는 메토도 클라시코 혹은 메토도 트라디지오날이라고 부른다.

모스토(Mosto) 과당제로 사용하는 으깬 포도를 일컫는 이탈리아어.

무알뤼(Moelleux) 달콤한 화이트와인을 일컫는 프랑스어.

뮈타주(Mutage) '강화'라는 뜻의 프랑스어.

미디엄(Medium) 아몬티야도(참조) 셰리의 당도를 표현할 때 쓰는 말.

미스텔(Mistelle) 포도즙에 증류주를 첨가해 만든 강화와인을 일컫는 말로 일반 와인보다 더 강하고 달콤하다.

밀레짐(Millésime) 빈티지를 뜻하는 프랑스어.

ㅂ

바리에탈(Varietal) 단품종 포도나무로 만든 와인을 일컫는 말이다.

바리카(Barrica) 와인을 숙성시키거나 숙성된 와인이 담긴 통을 일컫는 스페인어. 보통 225리터들이다.

바리크(Barrique) 프랑스 보르도 지방에서 225리터짜리 오크통을 일컫는 말. 지금은 와인을 숙성시킬 때 쓰지만, 전에는 운송용으로 사용했다. 1바리크는 지역마다 용량이 다르다. 이탈리아 무스카데 지역에서는 228리터, 앙주와 투렌에서는 232리터다. 프랑스는 와인을 숙성시키는 통의 명칭과 용량이 지역마다 다르다(푸드르 참조).

방당주(Vendange) 포도수확을 일컫는 프랑스어.

방당주 베르트(Vendange verte) 있는 그대로 해석하면 '그린 빈티지'라는 뜻의 프랑스어다. 초여름에 포도의 생산량을 조절하기 위해 덜 익은 포도송이를 따버리는 과정을 말한다.

방당주 타르디브(Vendange tardive) 늦은 수확을 일컫는 프랑스어. 달콤한 알자스 와인을 가리킬 때 쓴다.

배합(Assemblage, 아상블라주) 서로 다른 품종, 포도원, 지역의 와인을 혼합하는 기술로 블렌딩(blending)이라고도 한다. 대개 특급비밀로 방법을 공개하지 않는다.

뱅 그리(Vin gris) 흑포도로 만든 로제와인의 한 종류. 흑포도나 청포도나 알맹이는 흰색이기 때문에 와인의 색은 포도껍질이 결정한다.

뱅 두 나튀렐(Vin doux naturel, VDN) 잔당을 보존하기 위해 천연설탕으로 강화해 풍부한 맛을 내는 와인을 일컫는 프랑스어.

뱅 드 가르드(Vin de garde) 숙성시켜 만든 와인.

뱅 드 구트(Vin de goutte) 프리 런 주스 참조.

뱅 드 라네(Vin de l'année) 가장 최근에 생산된 와인.

뱅 드 리쾨르(Vin de liqueur) 미스텔 참조.

뱅 드 타블(Vin de table) 프랑스에서 가장 낮은 등급의 와인. 특별한 기원이 있는 것은 아니나 브랜드를 달고 판매되는 편이다.

뱅 드 파유(Vin de paille) 밀짚을 깔고 그 위에서 건조시킨 포도로 만든 달콤한 와인.

뱅 드 페이(Vin de pays) 지방 와인을 일컫는 프랑스어. 뱅 드 타블(참조) 가운데 최상 등급이다.

뱅 드 프레스(Vin de presse) 프레스드 주스 참조.

뱅 산토(Vin santo) 건조한 포도로 만든 파시토(참조) 와인.

뱅 오르디네르(Vin ordinaire) 규격화된 뱅 드 타블 와인으로, 일상적으로 쉽게 접할 수 있다.

뱅 존(Vin jaune) 프랑스 쥐라 지역에서, 사바냉 품종으로 오크통에서 장기 숙성시켜 만드는 와인. 16도 이상의 높은 알코올 도수를 지닌다.

버드버스트(Budburst) 1년 된 포도나무의 첫 눈이 트는 상태를 일컫는 말.

베레종(Véraison) 과일이 변색되면서 포도가 상하는 단계를 일컫는 프랑스어.

베렌아우스레제(Beerenauslese) 농익은 포도송이만 골라 만든 독일과 오스트리아의 와인으로 매우 달다.

베키오(Vecchio) 오랜 기간 통이나 병에 넣고 숙성시킨 와인을 일컫는 이탈리아어.

보데가(Bodega) 와인을 저장하는 곳을 일컫는 스페인어로 주로 지상에 있다.

보디(Body) 와인의 알코올 함량과 거기서 생성되는 복합적인 맛의 기운을 묘사할 때 쓰는 말로, 입안에서 느끼는 무게감을 표현한다.

보르도액(Bordeaux mixture) 부이이 보르들레즈 참조.

보메(Baumé) 프랑스의 당도단위. 당분이 발효되어 생성되는 알코올 농도와 거의 비슷하다.

보트리티스 시네레아(Botrytis cinerea) 귀부병의 원인으로 알려진 곰팡이의 학명. 포도의 당도를 응축시키는 역할을 한다. 보트리티스균의 감염으로 썩은 포도는 세상에서 가장 귀한 스위트와인이 된다. 보르도의 소테른, 헝가리의 토카이, 트로켄베렌아우스레제 와인이 여기에 속한다.

복제를 통한 도태(Clonal selection) 병충해에 강하고 생장이 빠르며 높은 생산성을 보이는 품종으로 포도나무를 복제하는 방식.

부이이 보르들레즈(Bouillie bordelaise) 보르도액의 다른 말. 황산동과 석회로 만든 흰곰팡이 살균제.

부케(Bouquet) 숙성된 와인향을 묘사하는 용어. 젊은 와인이 갖고 있는 포도 자체의 향인 아로마와 달리, 발효되어 발생하는 3차 아로마를 뜻한다.

부티크 와이너리(Boutique winery) 미국과 호주에서 양질의 와인을 생산하는 작은 와이너리를 일컫는 말.

브라운 셰리(Brown sherry) 적갈색의 짙은맛을 내는 셰리주.

브라운 와인(Brown wine) 짙은색을 띠는 화이트와인.

브랑코(Branco) 화이트와인을 뜻하는 포르투갈어.

브뤼(Brut) 보통 드라이한 샹파뉴 종류에 쓰는 말로, 넓게는 스파클링와인을 일컫는 명칭이다.

브뤼 나튀르(Brut nature) 아주 드라이한 스파클링와인.

블랑 드 누아(Blanc de Noir) 흑포도로 만든 화이트와인.

블랑 드 블랑(Blanc de Blanc) 청포도로 만든 화이트와인을 일컫는 프랑스어. 일반적으로 샤르도네로 만든 스파클링와인을 말한다.

블러시(Blush) 캘리포니아에서 생산하는 달콤한 핑크빛 로제와인.

블렌딩(Blending) 배합 참조.

비냐(Vigna) 포도원(와이너리)의 이탈리아어.

비노 다 타볼라(Vino da tavola) 테이블와인을 일컫는 이탈리아어.

비노 드 크리안사(Vino de crianza) 2년 동안 저장한 머스트로 만든 상급와인을 뜻하는 스페인어. 바리카(참조) 안에서 최소 6개월 이상 숙성시켜야 한다.

비노 호벤(Vino joven) 젊은 와인을 일컫는 스페인어. 개봉과 동시에 모두 마시는 게 좋다. 비노 델 아뇨(vino del ano)로도 알려져 있다.

비뇨블(Vignoble) 포도원의 프랑스어로, 한 지역의 포도원을 일컬을 때 쓴다. 예를 들면 보르도 비뇨블.

비뉴롱(Vigneron) 포도를 재배하는 사람을 일컫는 프랑스어.

비뉴토(Vigneto) 포도원의 이탈리아어.

빈티지(Vintage) 원래는 포도수확을 뜻하는 말이지만, 일반적으로 특정 수확연도를 가리킨다.

VdM(Vino de Mesa) 스페인의 일반적인 테이블와인. 기원이나 빈티지를 알 수 없다.

VDQS(Vin Délimité de Qualité Supérieure) 프랑스 AOC 아래 등급 와인.

VdT(Vino de la Tierra) 지방 와인을 일컫는 스페인어.

ㅅ

산도(Acidity) 와인은 다양한 신맛을 갖고 있다. 이는 포도의 타르타르산에서 생성되는 맛으로, 발효과정에서 생긴다. 산도는 와인에서 가장 중요한 요소 가운데 하나다. 와인에서 신맛이 빠지면 밋밋해진다. 그러나 와인의 산도가 지나치면 입안에서 날카로운 맛을 낸다. 와인맛의 섬세함을 결정하는 요소다.

산화(Oxidation) 공기 중의 산소가 바로 와인과 접촉하면서 일어나는 일련의 현상을 일컫는 말로, 색과 맛이 변하는 요인이 된다. 이런 변화는 와인에 해를 주기도 하지만, 어떤 와인들은 일부러 산화과정을 거치기도 한다.

샤르마(Charmat) 방식 스파클링와인을 만드는 방법. 스파클링와인은 두 번 발효시켜 만든다. 1차는 정상적인 와인을 만드는 과정과 같고, 그 와인에 설탕과 효모를 넣고 탄산을 발생시켜 2차 발효과정을 거친다.

샤토(Château) 프랑스어로 일반적으로는 성(城)을 일컫지만, 포도원을 지칭하는 와인용어로 쓰인다.

샤프탈리자시옹(Chaptalization, 가당) 와인의 알코올 함량을 높이기 위해 포도즙에 설탕을 첨가하는 방법.

세파주(Cépage) 포도 품종을 일컫는 프랑스어.

섹(Sec) 드라이함을 일컫는 말. 스파클링와인에서 섹은 미디엄 드라이를 뜻한다. 스페인과 포르투갈에서는 세코(Seco), 이탈리아에서는 세코(Secco)라고 한다.

셰(Chai) 병에 담기 전 와인을 저장하는 곳으로, 지상에 있다. 보통 보르도 메독의 저장고가 이런 방식이다.

셰프 드 퀼튀르(Chef de culture) 와이너리 운영자 혹은 설립자.

솔라르(Solar) 프랑스의 샤토와 비슷한 의미의 포르투갈어.

솔레라(Solera) 셰리를 블렌딩하는 기법을 일컫는 말.

수페리오레(Superiore) 표준 DOC 와인보다 알코올 함량이 높은 와인을 표현할 때 쓰는 이탈리아어.

순위등급(Classed growth) 프랑스어 '크뤼 클라세'의 영어 표현.

쉬르 리(Sur lie) 발효탱크에서 바로 병에 담는 와인에 쓰는 용어. 즉, 발효가 끝나고 가라앉은 찌꺼기 위에서 숙성시킨 와인으로 특수한 향이 생긴다.

스공 뱅(Second vin) 샤토에서 생산된 두 번째 와인으로 그랑 뱅의 반대개념으로 쓰인다.

스파클링(Sparkling) 와인 이산화탄소를 함유한 와인 종류를 일컫는 말. 와인병을 열면 기포가 올라온다. 스파클링와인은 메토드 트라디시오넬(참조)과 샤르마(참조), 퀴브 클로스 등의 방법으로 만든다. 효과적으로 스파클링와인을 만들기 위해 이산화탄소를 첨가하기도 한다.

스페틀레제(Spätlese) 늦게 수확한 포도로 만든 독일의 QmP 와인을 일컫는 말. 일부러 약간 상한 포도송이를 사용하기 때문에 훨씬 단맛이 난다. 기본적으로 드라이하다.

스푸만테(Spumante) 스파클링와인을 의미하는 이탈리아어.

신 크리안사(Sin crianza) 1년 정도 스테인리스통에서 숙성하고 6개월 동안 병숙성하는 스페인 와인.

ㅇ

아데가(Adega) 포도원을 뜻하는 포르투갈어.

아로마(Aroma) 포도열매 자체에서 나는 신선한 과일향. 전문가들은 아로마를 세 단계로 분류한다. 1차 아로마는 이미 포도 자체에 함유되어 있으며 주로 포도껍질 안쪽에 붙어 있는 냄새물질에 의해 생긴다. 이 아로마는 포도 품종에 따라 전형적인 향을 발산한다. 2차 아로마는 발효시 효모의 작용에 의해 생긴다. 1차와 2차 아로마는 숙성 초기에는 와인의 매력을 더해주지만 몇 달 지나지 않아 강도가 떨어진다. 와인이 좀더 숙성되면 3차 아로마가 생기는데, 이를 부케라 부른다. 3차 아로마는 주로 버섯, 가죽, 모피, 타르 또는 석유냄새 등을 연상시킨다.

아마빌레(Amabile) '부드럽고 사랑스럽게'라는 뜻의 이탈리아어로, 아보카토(참조)보다 더 달콤한 와인이다.

아몬티야도(Amontillado) 스페인 셰리의 표준형인 피노를 더 숙성시킨 것이다. 피노보다 앰버(참조)가 짙으며, 견과류의 깊은 맛이 난다.

아보카토(Abboccato) 약간 달콤한 와인을 뜻하는 이탈리아어.

아우스레제(Auslese) 잘 익은 포도만 골라 만든 독일과 오스트리아의 고급와인. 드라이한 아우스레제의 생산량이 늘고 있는 추세다.

아우스브루크(Ausbruch) 늦게 수확한 포도로 만든 대표적인 오스트리아 와인으로, 베렌아우스레제(참조)보다 달고, 트로켄베렌아우스레제(참조)보다는 덜 달다.

아이스바인(Eiswein) 아이스와인이라는 뜻의 독일어.

언 상태의 포도는 수분만 얼어 있는 상태이기 때문에 소량의 농축된 포도즙을 추출할 수 있어, 당도가 매우 높은 와인이 된다.

안정화(Stabilize) 병입한 와인의 상태가 그대로 유지되도록 취하는 조치. 냉동, 저온살균, 래킹, 필터링과 같은 방법을 사용한다. 일반적으로 안정화과정에 들어가면 와인 상태가 더 발전하지 않는다.

안토시아닌(Anthocyanin) 포도껍질에 있는 색소. 젊은 와인이 보랏빛을 띠는 것은 안토시아닌이 덜 숙성했기 때문인데, 시간이 흐르면 타닌이 생성되어 점차 루비빛으로 변한다.

알코올(Alcohol) 와인을 형성하는 요소 가운데 하나지만 꼭 필요한 것은 아니다. 포도를 으깨 즙을 내고 여기에 설탕을 넣는데, 이산화탄소와 대기 중의 열이 섞여 발효된다. 이 과정에서 알코올이 생성된다. 와인의 알코올도수는 7~15도로 다양하다.

압축(Pressing) 포도즙이나 와인을 생산하기 위한 한 과정.

앙금(Lees) 발효탱크 바닥에 가라앉은 침전물을 말한다. 다른 말로 재강, 지게미라 하기도 한다. 효모, 씨, 포도껍질, 펄프, 줄기 등으로 이루어져 있다. 통갈이과정을 통해 제거된다.

앙세파주망(Encépagement) 포도원에서 재배하고 있는 포도 품종들의 비율. 주로 보르도 지역에서 사용한다.

앰버(Amber) 화이트와인의 깊은 황금빛 정도를 말할 때 쓰는 용어다. 이 색감은 산화 정도에 따라 달라진다.

앰펠로그라피(Ampelography) 포도의 분류를 연구하는 학문.

엘레바주(Elevage) 원래는 목축이라는 뜻의 프랑스어. 발효에서 병입까지 와인제조 전반, 즉 정제, 여과, 블렌딩, 필터링 등 일련의 과정을 말한다.

오이디움(Oïdium) 포도의 꽃, 잎, 과실을 공격하는 흰가루병.

올로로소(Oloroso) 플로르 효모를 쓰지 않은 스페인 셰리. 진정한 올로로소는 드라이하면서도 풍부한 맛을 낸다.

와인 선물시장(En primeur) 병입되지 않은 와인을 거래하는 시장.

INAO(Institut National des Appellations d'Origine) 전국원산지호칭관리원. AOC(참조)의 세부내용을 정한다.

2차발효(Fermentation, malolactic) 당분이 알코올로 발효된 뒤 일어나는 느린 발효. 젊은 와인에 있는 사과산이 이때 발생하는 박테리아에 의해 젖산과 이산화탄소로 분해된다. 이 과정을 거친 와인은 맛이 부드럽고 세련돼진다.

이산화황(Sulphur dioxide) 산화 방지, 잡균오염 방지 등에 효과가 있어 적절한 양을 사용할 수 있다. 와인을 오래 보존하는 데 필수적이며 와인뿐만 아니라 일반약품이나 음료 등에 널리 사용된다.

1차발효(Fermentation, alcoholic) 효모가 당분을 알코올과 이산화탄소로 분해하는 과정을 일컫는다.

AOC 원산지호칭제한제도. AOC는 농산품과 식료품 분야의 호칭을 법규에 의해 통제하는 체계다. 승인 절차의 세부내용은 INAO(참조)가 정한다. 규제내용은 생산지역, 포도 품종, 포도의 당분 함유량과 최저 알코올 함유량, 헥타르당 최대 수확량, 포도 재배법과 양조법 등의 조건을 걸고 와인양조업자들이 철저히 지키도록 통제하고 있다. 이것이 명시된 경우 O위치에 지역명이 들어간다.

엑스트라 드라이(Extra dry) 스파클링와인이나 일반 와인의 한 종류. 도사주 참조.

NV 빈티지가 없는(non-vintage) 스파클링와인을 의미한다.

ㅈ

잔당(Residual sugar) 발효 후에도 와인에 남아 있는 포도에서 나온 천연 과당.

잡종(Hybrid) 두 개의 와인품종을 교배한 것.

저온살균(Pasteurization) 하위등급의 와인을 안정화시키기 위해 미생물을 제거하는 방법이다. 와인을 이처럼 저온살균하거나 우유처럼 끓여서 만들기도 한다.

접목(Grafting) 포도나무뿌리혹벌레(phylloxera)의 피해를 막기 위해 이 균에 저항성이 있는 포도나무에 접목하는 방법.

정제(Fining) 병입 전에 와인의 투명도를 위해 벤토나이트나 계란 흰자와 같은 응고제를 사용해 와인 중에 있는 부유물질을 제거하는 과정.

주정강화와인(Fortified wine) 알코올도수나 당도를 높이기 위해 발효 중 또는 발효가 끝난 후 브랜디를 첨가한 와인으로 셰리, 포트(Port), 마데이라(Madeira), 마르살라(Marsala), 프랑스 뱅 드 리쾨르(Vin de liqueur) 등이 대표적이다.

ㅊ

추출물(Extract) 와인에 녹아 있는 물질을 말한다. 추출물이 많을수록 풍부한 보디감을 느낄 수 있다.

침전물(Deposit) 와인을 오래 보관하면 생기는 찌꺼기. 화이트와인은 투명하게 반짝이는 타르타르산염의 결정체가 생기고, 레드와인은 타닌과 색소에 의한 복합물이 남는다. 이를 제거하기 위해서도 디캔팅(참조)을 한다.

ㅋ

카르타(Charta) 미디엄 드라이와 드라이한 리슬링 와인을 생산하는 독일의 라인가우 지방 사람들이 제조방법을 공유하는 협회.

카바(Cava) 와인저장고를 뜻하는 스페인어. 스페인에서 메토드 트라디시오넬(참조)로 만든 스파클링와인이나 그리스에서 양질의 테이블와인을 일컫는 말로도 쓰인다.

카브(Cave) 와인저장고를 뜻하는 프랑스어로, 주로 지하에 있다.

카브 코오페라티브(Cave coopérative) 와인협동조합을 일컫는 프랑스어.

카비네트(Kabinett) 독일과 오스트리아의 와인등급으로 QmP 등급의 하나. 이 등급은 수확 당시 포도의 당도로 나뉘는데, 당도가 제일 낮은 것을 가리킨다.

칸티나 소치알레(Cantina sociale) 이탈리아의 협동 와이너리를 일컫는 말로, 칸티나는 와인저장창고를 뜻한다.

캐노피관리법(Canopy management) 덮개를 덮어 포도를 재배하는 방식.

캡(Cap) 레드와인을 발효할 때 위로 떠오르는 포도씨, 껍질, 줄기를 통칭하는 말.

컬터바(Cultivar) 남아프리카공화국의 와인용 포도 품종.

코크트(Corked) 와인 썩은 코르크 때문에 와인에서 썩은 마분지 냄새가 나는 경우로, 보통 'corkey되었다'고 이야기한다. 그러나 와인에 떠 있는 코르크조각은 맛에 영향을 미치지 않는다.

콜라주(Collage) 정제 참조.

쿠르티에(Courtier) 소규모 업자의 와인을 구매해 네고시앙(참조)에게 중개하는 와인브로커.

쿨뤼르(Coulure) 병충해를 입었거나 비가 와서 포도농사를 망친 경우를 일컫는 프랑스어.

퀴베(Cuvée) 원래는 퀴브(참조) 한 통의 양을 지칭하는 말이나 보통 블렌딩한 후의 최종 와인 결과물을 뜻한다.

퀴브(Cuve) 발효과정에 사용하거나 와인을 저장할 때 쓰는 통.

크레망(Crémant) 프랑스 샹파뉴 이외의 지역에서 생산하는 스파클링와인을 일컫는다. 메토드 트라디시오넬 방식으로 제조한다.

크뤼(Cru) 특정 포도원에서 생산된 고품질 와인을 일컬으며, 원래는 '자람(growth)'을 뜻하는 프랑스어.

크뤼 부르주아(Cru bourgeois) 1855년 등급심사에 들지 못한, 보르도 메독의 최상등급 포도원보다 한 등급 아래의 포도원을 뜻하는 말. 그러나 여기서도 고품질와인이 생산된다.

크뤼 클라세(Cru classé) 순위등급이라는 뜻의 프랑스어.

크림(Cream) 단맛이 나는 올로로소(참조) 셰리. 보통 어두운 색감이다.

클라레(Claret) 가벼운 보디감과 색감의 레드와인. 클레레(Clairet)와 같은 뜻이다. 일반적으로 연한 보르도 레드와인을 일컫는다.

클라시코(Classico) 유서 깊은 와인생산지를 뜻하는 이탈리아어로, 엄격하게 규정된 특정지역을 일컫는다.

클로(Clos) 담장으로 둘러싸여 경계가 명확한 포도원을 뜻하며, 주로 부르고뉴 지방에서 쓰이는 용어다.

클로닝(Cloning) 우수한 식물의 유전자를 추출해 여러 개로 확대시키는 원예유전기술. 모두 동일한 유전자를 갖게 되면, 모든 식물은 동일하게 우수한 품종이 된다.

클리마(Climat) 기후를 뜻하는 프랑스어로, 프랑스 부르고뉴 지방에서는 특정 와이너리를 가리킨다.

QbA(Qualitätswein eines bestimmten Anbaugebeites) 독일의 와인등급 중 하나. QmP 등급 바로 아래 단계.

QmP(Qualitätswein mit Pradikat) 독일의 와인등급 중 하나. 최상위 등급. QbA와 QmP 와인의 차이점은 포도수확기와 설탕첨가의 정도다. QmP 와인은 머스트의 농도에 따라 여섯 단계로 나뉜다.

ㅌ

타닌(Tannin) 포도의 씨, 껍질, 줄기 또는 오크통의 재료가 되는 참나무에 포함되어 있는 페놀 성분으로 와인 양조과정을 통해 와인에 첨가되는 성분이다. 타닌이 많은 경우에는 덜 익은 감을 먹었을 때와 같이 입이 마르고 텁텁한 느낌을 받게 된다. 그러나 이 타닌이 중요한 이유는 와인의 장기숙성 가능성과 직접적인 관계가 있기 때문이다. 타닌은 방부제로 작용하게 되고, 따라서 와인에 타닌이 많이 함유된 경우에는 와인이 쉽게 변질되지 않고 복합미가 있는 와인이 된다.

타펠바인(Tafelwein) 가장 낮은 등급의 테이블와인을 뜻하는 독일어.

탄산가스 침용법(Carbonic maceration) 레드와인의 일반적인 제조법과 달리, 대형 밀폐용기에 포도를 파쇄하지 않고 송이째 넣어서 밀폐시키는 양조법. 미생물의 활동을 막기 위해 탄산가스를 넣고 수일간 그대로 두면 발효가 시작되어 자연스럽게 압착된다. 이 방법을 사용하면 포도 품종 자체의 향보다 더 좋아지며, 쓰고 떫은 맛이 줄어든다. 보통 보졸레 와인을 만드는 방법으로 이용된다.

테누타(Tenuta) 포도원을 뜻하는 이탈리아어.

테루아(Terroir) 토양 상태와 기후 등 와인의 재료가 되는 포도가 자랄 수 있는 환경을 일컫는 프랑스어.

토니(Tawny) 색이 바랠 때까지 약 5년 동안 숙성시킨 포트와인.

트로켄(Trocken) 드라이한 와인을 뜻하는 독일어.

트로켄베렌아우스레제(Trockenbeerenauslese) 최상의 QmP 등급 와인. 베렌아우스레제처럼 늦게 수확한 포도로 만들어 달콤하다. 이런 와인들은 보통 귀부병에 걸린 포도를 주재료로 한다. 농축된 포도즙으로 만들며 꽤 비싸다.

트리즈(Tries) 선별수확법을 뜻하는 프랑스어. 충분히 익은 포도만을 골라 수확하는 방법을 말한다.

틴토(Tinto) '레드'라는 뜻의 스페인어.

ㅍ

파사다(Pasada) 숙성시켜 만든 만사니야(참조) 셰리.

파쇄(Crushing) 포도즙을 내기 위해 발효 전에 포도를 으깨는 과정.

파시토(Passito) 건조시킨 포도로 만든 달콤한 와인.

파토리아(Fattoria) 이탈리아의 포도원을 일컫는 말.

파하레테(Pajarete) 중간 정도 단맛의 스페인 와인.

팔로 코르타도(Palo cortado) 피노와 같은 제조공법으로 만들어지나, 맛은 올로로소에 가까운 셰리.

패덕(Paddock) 호주의 포도원을 일컫는 말.

페일 크림(Pale cream) 피노를 기본으로 한 단맛의 셰리.

페티양(Pétillant) 가벼운 스파클링와인을 일컫는 프랑스어.

포데레(Podere) 와인생산지를 일컫는 이탈리아어.

포도나무뿌리혹벌레(Phylloxera) 필록세라. 19세기 말 아메리카에서 전파되어 유럽 대부분의 포도밭을 황폐화시킨 해충. 그후 심은 포도나무는 이 질병에 면역성이 있는 미국산 포도나무 뿌리에 접목한 것이다.

포도주양조학(Œnology) 포도 재배부터 양조, 숙성, 보관까지 와인의 모든 것을 다루는 학문.

폭시(Foxy) 원래는 '여우 같은'의 뜻. 와인용어로는 북아메리카 야생 와이너리에서 생산되는 와인의 맛을 일컫는다. 사향 냄새가 나는(musky), 비누 같은(soapy), 매니큐어냄새 같은(like nail varnish) 등의 표현과 함께 자주 쓰인다.

푸드르(Foudre) 2만~3만 리터가 들어가는 큰 와인통.

프레디카토(Predicato) 토스카나 지방의 고급와인을 일컫는 말.

프레스드 주스(Pressed juice) 프리 런 주스로 흘러나온 뒤 남은 침전물을 압축시켜 만든 와인. 이 와인과 프리 런 주스를 블렌딩하기도 한다.

프르미에 크뤼(Premier Cru) 보르도와 부르고뉴 지방에서 사용하는 1등급 와인을 일컫는 말.

프리 런 주스(Free run juice) 포도껍질과 씨를 압착하기 전에, 포도의 무게로 짓눌려 자연스럽게 나오는 와인을 말한다.

프리잔테(Frizzante) 와인 가벼운 이탈리아 스파클링 와인.

프티 샤토(Petit château) 등급이 매겨지지 않은 와인 샤토를 일컫는 말로, 주로 보르도 지역에서 사용한다.

플로르(Flor) 피노를 만들 때 쓰는 독특한 효모. 피노의 산화를 방지해 독특한 향을 유지시킨다.

피노(Fino) 플로르라는 효모로 숙성시킨 옅고 드라이한 스페인 셰리주.

필터링(Filtering) 와인의 포도찌꺼기나 죽은 효모를 걸러내는 과정.

ㅎ

하르프트로켄(Harbtrocken) 중간 정도의 드라이함을 뜻하는 독일어.

햇와인(Primeur) 젊은 와인 상태로 파는 와인을 일컫는다. 그해 만들어진 와인은 11월 21일부터 1월 31일까지 시장에서 판매된다. 보졸레 누보가 이에 속한다.

헥토리터(Hectolitre, hl) 100리터.

호벤(Joven) 젊은 와인을 일컫는 스페인어.

흰곰팡이(Mildew) 따뜻하고 습한 지역에서 자라는 포도나무를 공격하는 균.

● 참고문헌

Bien Connaître et Déguster Le Vin/ Evelyne Malnic; Solar,Paris 2004
Petet Larousse des vins/ Larousse; Paris 2005
Le bonheur est dans le vin/ Albert Adam et Jean Luc Jault; Les Editions de L'homme,Quebec, Canada 2006
Savoir Goûter le vin/ Enrico Bernardo; Plon, Paris 2006
Bouteilles de Rêve/ Silvie Girard-Lagorce; Hachette, Paris 2004
Le Spécialiste-Vins du monde/ Susan Keevil; Gründ, Paris 2006

Grosses Weine der Welt; Bettane & Desseauve/ Knesbeck 2006
Wein / André Dominé; Könnemann, Köln 2000
WEIN Die neue grosse Schule/ Jens Priewe; Zabert Sandemann, München
Le Domaine de la Romanée Conti/ Gert Crum; Zabert Sandemann 2005
Die hohe Schule des Weines/ Kurt M. Hoffmann; Moewig Verlag KG, Rastatt
Kleines Lexikon der Wein-Irrtümer/ Frank Kämmer; Eichhorn, Frankfurt a.Main
Knigge für Weintrinker/ Isabel Gänkler, Reinhardt Hess; Hallwag
Crashkurs Weinprobe/ Cornelius Lange, Fabian Lange; Hallwag
200 Fragen yum Wein/ Till Ehrlich; Hallwag
Kleiner genialer Weinführer/ Stuart Pigott; Fischerverlag, Frankfurt a.Main 2006
Kleine Geschichte für Weinfreunde/ Antje Herzog; Engelhorn, Stuttgart
Wein und Fest geschichten der Bibel/ Florian Foss; Deutschebibelgeschichte, Stuttgart 2005
Roter Wein und sanfte Hügel/ Luigi Santucci; Sanssouci, Zürich
Rot oder weiss?/ Susanne Greter; Inselverlag, Frankfurt a. Main 2003
Wein & Krieg/ Don & Petie Kladstrup; dtv, München 2001
Witze, Sprüche, Anekdoten vom Wein/Rudolf Knoll; Fraund, Mainz 2000
Bordeaux Total Pocket Guide/ René Gabriel; Orell Füssli
Der Kleine Johnson 2007/ Hallwag 2007

The ULTIMATE ENCYCLOPEDIA of Wine, Beer, Spirits & Liqueurs/ Stuart Walton & Brian Glover; Lorenz Books, London 1998
The Art of Decanting/ Sandra Jordan; Chronicle Books, San Fransisco 2006
The Story of Wine/ Hugh Johnson; Mitchell Beazley, London 2004
The Everything Wine Book/ Dany May and Andy Sharpe, Avon 1997
Illustrated Wine/ Maran; Mississauga, Canada 2006
A Wine Miscellany/ Graham Harding; Clarkson Porrer, New York 2005

와인학개론/ 김성혁, 김진국, 백산, 서울 2003
와인에센셜/ 서한정 편역, 아카데미북, 서울 2003
와인강의/ 박원복, 윤경은, 라이프김영사, 서울 2007
도도한 알코올, 와인의 역사/ 로드 필립스 저, 이은선 역; 시공사, 서울 2003
와인구매가이드/ 손진호; 바롬웍스, 서울 2006
와인의 달인 로버트 몬다비/ 로버트 몬다비, 이병렬 역; WB 2007

WINE GUIDE/ 林 尙武; Merukomu 株式會社, 東京 2005
ワインの教科書/ 木村克己; 新星出版社, 東京 2006
ワインが話るフランスの歷史/ 山本 博; 白水社, 東京 2006
プロのタメのワイン會話集/ Laetetia Perraut, 芳村紀子 역; Shibada Shoten, 東京 2006
ワイン入門/ 弘兼 憲史; 幻冬舍, 東京 2006
世紀のワイン/ Michel Dovaz, 山本博 감수; 柴田書店, 東京 2000
パリスの審判/ジョージ・M·テイバ, 葉山考太郎 역; 日經BP社, 東京 2007

In Vino Veritas

이원복 교수의

와인의 세계, 세계의 와인

2 세계의 와인

와인의 세계, 세계의 와인 | 2 세계의 와인

1판 1쇄 발행 2008. 6. 10.
1판 49쇄 발행 2022. 12. 20.
개정판 1쇄 발행 2023. 4. 27.
개정판 2쇄 발행 2024. 2. 26.

글·그림 이원복

발행인 박강휘
편집 박민수 디자인 윤석진 마케팅 고은미 홍보 이한솔
발행처 김영사

등록 1979년 5월 17일 (제406-2003-036호)
주소 경기도 파주시 문발로 197(문발동) 우편번호 10881
전화 마케팅부 031)955-3100, 편집부 031)955-3200 팩스 031)955-3111

값은 뒤표지에 있습니다.
ISBN 978-89-349-6588-6 17590

홈페이지 www.gimmyoung.com 블로그 blog.naver.com/gybook
인스타그램 instagram.com/gimmyoung 이메일 bestbook@gimmyoung.com

좋은 독자가 좋은 책을 만듭니다.
김영사는 독자 여러분의 의견에 항상 귀 기울이고 있습니다.

— 이원복 교수의 —

와인의 세계, 세계의 와인

2

세계의 와인

이원복 글·그림

김영사

개정판 책머리에

《와인의 세계, 세계의 와인》 1권과 2권이 출간된 지 벌써 15년여가 흘렀다. 와인 바람이 크게 불기 시작하던 당시에 비해 지금은 어느 정도 와인 문화가 대중적으로 자리를 잡아가는 추세다. 그러나 아직도 많은 사람이 와인을 가까이하기에 어려워하는 것이 현실이고, 그래서인지 가격이나 지식에 거품이 끼어 있는 것 또한 사실이다.

와인을 고급 음료이자 문화적 음료로 보는 선입견은 어떻게 형성된 것일까? 와인과 와인 문화가 우리나라에 유입된 것은 최근의 일이고, 일부 계층에서 주로 소비되었다. 그들은 심지어 와인에 대한 지식을 '필수 덕목'쯤으로 여기며 와인을 경배의 대상으로 섬기는 일종의 콤플렉스 현상까지 빚어냈다. 그러나 와인은 우리가 일상적으로 접하는 소주, 막걸리, 맥주와 마찬가지로 알코올 음료의 하나일 뿐이다. 다만, 그 종류가 헤아릴 수 없이 다양하고, 품질과 가격 또한 천차만별이다. 원료인 포도는 연평균 기온이 10~20도인 지역이면 재배가 가능하다. 그래서 와인은 맛과 향이 다양하며, 오감으로 즐길 수 있는 음료다. 이 점 때문에 세계인의 사랑을 받고 있지만, 와인이라는 음료를 잘 모른다고 해서 주눅들 필요는 전혀 없다.

나는 세상에서 가장 못 믿을 거짓말 가운데 하나가 "와인을 안다"는 말이라고 믿는다. 제아무리 유능한 와인 메이커나 소믈리에도 세계의 모든 와인을 알 수는 없다. 와인이라는 넓디넓은 바다의 일부만을 아는 것일 뿐이다. 그러므로 일반 대중, 특히 와인 문화를 최근에야 접하게 된 우리나라 사람들이 와인을 낯설어하는 것은 당연하다. 공부해가면서까지 마실 필요도 없다. 다만, 매우 다양하고 방대한 와인의 세계에서 최선의 선택을 하기 위해 최소한의 지식을 갖추면 큰 도움을 받을 수 있다. 선입견이나 거품에 좌우되지 않고 적정한 가격으로 자신의 취향을 살리는 와인을 고르는 데 필요한 정도면 된다.

10여 년 전, '와인 숭배 문화'(?)에서 비롯한 뭇사람들의 오해를 풀고자 초판을 출간했다. 내 돈 내고 내가 사 마시는 소비 주체로서 당당한 '와인 주권(主權)'을 지키자는 취지였다. 와인 문화가 제대로 자리를 잡아가고 있다고 느끼는 요즘이지만, 그 기간이 길지 않기에 선입견과 거품이 여전하다. 와인에 대한 최소한의 지식이 필요하다는 생각에는 변함이 없다.

초판이 나온 지 십수 년이 지나고 나니 많은 것이 바뀌었다. 그 속도는 더욱 빨라지고 있다. 전체적인 틀이야 변동이 없지만 통계 수치나 여러 세부적인 요소가 과거와 달라져 수정 보완의 필요성을 느끼다가 이제 그 업데이트 판본을 새로이 선보이게 되었다. 부디 자신의 취향을 고려해 적당한 가격대의 '내 와인'을 찾는 데 조그만 도움이 되기를 바란다.

2023년 봄

책머리에

와인바람이 뜨겁다. 이는 우리나라뿐 아니라 세계적인 현상으로, 다양하고 품위있는 음료를 원하는 웰빙바람의 한 부분이기도 하다. 그러나 우리의 와인열풍은 와인을 즐기기보다는 스트레스 역풍으로 거세게 몰아치고 있는 듯하다.

와인을 공부하는 거야 얼마든지 좋다. 하지만 와인에 대한 지식을 무슨 교양의 잣대처럼 내세우거나, 보통사람은 평생 한 번 마셔보기도 어려운 샤토 이름을 외우는 데 몰두하는 행태는 확실히 문제가 있다. 한국에 와서 보고 놀란 어느 프랑스 와인업자가 이런 말을 했다고 한다. "한국인들은 입이 아니라 머리로 와인을 마시는 것 같다. 인간이 와인을 마시는 게 아니라 와인이 인간을 마시는 것 같다."

이는 잘못되어도 크게 잘못된 일이다. 왜 내 기호대로 당당하게 와인을 고르고 거리낌없이 평가하지 못하는가? 와인은 어디까지나 와인일 뿐이지, 그 이상도 이하도 아니다. 와인을 마시는 것은 우리 자신이다. 우리가 바로 와인을 지배하는 주인인 것이다.

이 책의 1권 『와인의 세계』에 이어 2권 『세계의 와인』을 선보인다. 책의 제목이 분명히 말해주듯, 『와인의 세계』가 와인의 개념과 다양한 와인에 얽힌 이야기라면, 『세계의 와인』은 세계 각지에서 생산되는 와인의 특성과 역사에 관한 이야기다.

이 지구상에서 연평균기온이 10~20도인 지역은, 종교적으로 음주를 금하는 일부 지역을 제외하고는 어느 나라에서나 포도를 재배하고 와인을 만든다. 그 나라들의 수도 이루 헤아릴 수 없을뿐더러, 각 지역마다 개성있는 와인들을 생산하고 있기 때문에, 모든 지역을 다 다룬다면 책의 분량이 백과사전 수준으로 방대해질 것이다. 그래서 어쩔 수 없이 와인생산국들 가운데 비중있는 나라들만 선정하고, 그 나라에서도 가장 유명한 산지만

다루었다. 그래도 제한된 지면에 벅찰 지경이었다.

신대륙 와인이든 유럽 와인이든 공통점은 1970년대 이후 와인산업에 대변혁이 일어나 과거 기독교적인 음료로 제한되던 신·구대륙 와인들이 세계인이 즐기는 인류의 음료로 대변신하기 시작했다는 점이다. 제2차 세계대전 후 국지전을 제외하고는 세계적으로 비교적 오랜 평화 속에 이룩한 경제발전 덕이 아닌가 한다.

이 책은 1권보다는 약간 전진한 국지적인 와인정보를 담고 있다. 1권이 일반적인 개론 수준이라면, 2권은 와인에 대한 현실적인 접근이라고 할 수 있다. 와인전문가도 아니면서 와인에 대한 책을 만드니 전문가들에게 송구하기 이를 데 없지만, 만화라는 특성을 이용해 지나친 편견과 선입견 없이 와인에 접근하도록 도와주는 역할로 봐주면 고맙겠다.

전폭적인 지원을 아끼지 않은 김영사와 임직원들, 그리고 우리 제자들 그룹인 그림떼 멤버들에게 진심으로 감사한다.

2008년 5월

이원복

와인의 세계, 세계의 와인 2 세계의 와인 | 차례

개정판 책머리에 4

책머리에 6

세계의 와인 13

1. 유럽의 와인 19

프랑스 와인 _ 세계 와인의 스탠더드라는 자부심 20

프랑스 와인을 알려면? | AOC제도 | 보르도 지방 | 메독 와인 | 샤토 라피트 로칠드 | 샤토 무통 로칠드 | 샤토 라투르 | 샤토 마고 | 샤토 오브리옹 | 샤토 디켐 | 샤토 페트뤼스 | 샤토 오존과 샤토 슈발 블랑 | 세컨드라벨 | 보르도 와인 라벨 읽기 | 부르고뉴 지방 | 네고시앙 | 도멘 | 주요 네고시앙 | 부르고뉴 와인 라벨 읽기 | 샤블리 | 코트 드 뉘 | 샹볼-뮈지니와 클로 드 부조 | 로마네 콩티 | 코트 드 본 | 뫼르소 | 몽라셰 | 마코네와 보졸레 | 기타 와인생산지역 | 샹파뉴 | 도사주

이탈리아 와인 _ 전통과 개혁의 갈등과 조화 65

이탈리아 와인의 역사 | 이탈리아 와인의 혁신 | DOC제도 | 피에몬테 | 바롤로 | 바르바레스코 | 안젤로 가야 | 아스티 스푸만테 | 토스카나 | 키안티 | 키안티 클라시코 | 갈로 네로 | 이탈리아 와인의 혁명 | 슈퍼 토스카나 | 피에로 안티노리 | 티냐넬로 | 사시카이아 | 프레스코발디 | 아마로네

스페인 와인 _ 세계 최대의 포도경작지 93

세계 최대의 포도경작 국가 | 스페인 와인의 역사 | 셰리 약탈 | 보르도 기술자들의 이주 | DO등급제 | 스페인의 와인생산지역 | 리오하 와인등급 | 하로의 와인전투

포르투갈 와인 _ 디저트와인과 로제와인의 대국 105

영국과의 교역 | 포트와인 | 비뉴 베르드 | 포르투갈의 로제와인 | 마테우스 로제 | 가라팡

독일 와인 _ 역사의 시련 이겨낸 화이트와인의 대국 113

독일의 와인산업 | 독일 와인의 역사 | 리프프라우엔밀히 | 독일의 포도재배지역 | 독일의 와인등급 | 외슬레 | 타펠바인과 란트바인 | 크발리테츠바인 | 프레디카츠바인의 등급 | 독일 와인 라벨 읽기 | 아르, 바덴 | 프랑켄, 모젤 | 라인헤센, 나에 | 라인가우, 팔츠 | 와인가도

2. 신대륙의 와인 133

신대륙 와인의 역사 | 신대륙 와인의 전략 | 유럽 와인 라벨의 전통 | 신대륙 와인의 부상

미국 와인 _ **무한한 가능성을 지닌 와인대국** 141

미국 와인의 역사 | 하라치 | 필록세라의 창궐과 금주령 | 와인산업의 부활과 와인붐 | 나파밸리 | 조인트벤처 | 컬트와인 | 소노마밸리 | 기타 포도재배지역

남아메리카 와인 _ **칠레와 아르헨티나** 153

칠레 와인의 역사 | 칠레의 포도재배지역 | 칠레의 유명와인 | 코스트 퍼포먼스 | 아르헨티나 와인의 역사 | 아르헨티나 와인의 특징 | 아르헨티나의 유명 와이너리

호주 · 뉴질랜드 · 남아공 와인 _ **영국의 포도밭에서 세계의 포도밭으로** 167

호주 와인의 역사 | 호주의 와인등급 | 호주의 와인생산지역 | 뉴질랜드 와인의 역사 | 뉴질랜드의 포도재배지역 | 남아공 와인의 역사 | 남아공의 포도재배지역 | 세계의 와인

와인에는 정답이 없다! - **내 스타일이 바로 정답!** 191

블라인드 테이스팅 | 한국인과 와인문화 | 와인에 대한 편견 | 마리아주 | 한식에 어울리는 와인은? | 와인은 건강음료? | 와인의 열량 | 비싼 와인이 맛있다? | 최고급와인의 제조비용 | 네임밸류 | 와인에티켓 | 주도 | 와인의 온도와 잔 | 와인을 마시는 방법 | 와인을 모르면 비즈니스가 안 된다?

부록 | 세계의 와인 깊이 들여다보기 215

세계의 포도재배지역 | 와인 라벨 읽기에 도움이 되는 각국 용어 | 생산량 기준으로 본 8대 와인생산국 | 각국의 와인법 성립연도 | EU 주요 국가의 와인법 | 프랑스 와인 등급별 비율 | 독일 와인 등급별 비율 | 프랑스 보르도 지방 와인산지 | 보르도 지방 AOC | 보르도 지방 와인등급(메독, 생테밀리옹, 그라브, 크뤼 부르주아) | 보르도의 유명 세컨드라벨 | 부르고뉴 지방 AOC | 이탈리아 와인 DOCG등급 28개 | 〈와인스펙테이터〉가 선정한 톱10 와인 | 와인의 맛과 향에 대한 프랑스어 표현 | 참고문헌

In vino veritas.

와인 속에 진리가 있다.

_그리스 격언

가로의 형
영어팬
와인궁금증 가득파
세로의 형
프랑스어 팬
와인상식 제로파
바로의 언니
국어사랑파
선입견·편견배척파
가루
제로
바리
가로
세로
바로

쏘리!
와인나라는 미성년자는
갈 수 없는 나라라서
우리만 떠나거든~!

세계의 와인

유럽 vs 신대륙

*D. 리케르트 3세(David Ryckaert III), 즐거운 모임(Merry Company), 1650년경

17세기 네덜란드인들에게는 과음을 하는 게 보통일이었다. 세계무역으로 벌어들인 막대한 돈은 곧 와인을 즐기는 데 사용되었다.

나라마다 지역마다 고유하고 색다른 와인!
세계의 와인을 고루 즐겨보자!
어느 나라 와인이나 공통점은 하나! 많이 마시면 취한다.

우아~
정말 종류도 많고 가격차도 엄청나네요.
이걸 어떻게 구별하고, 원하는 와인을 찾지?
저렴한 와인은 허섭스레기 같고….
비싼 건 살 돈도 없지만 잘못 샀다간 무지 억울할 것 같고…
제값에 어울리는 와인, 값에 비해 월등히 질 좋은 와인을 골라내는 게 바로 와인을 배우는 가장 큰 목적이지!
그게 어디 쉽나?
세계는 넓고 와인 종류는 한이 없는데, 그중에서 가격도 적당하고 내 입에도 맞으며 품질도 뛰어난 와인을 찾는다?
그건 80억이 넘는 인구 속에서 나 같은 남자를 찾는 것과 같아.
우왝!

와인을 선택할 때 고려하는 가장 기본적인 사항은 그것이 유럽 와인이냐, 신대륙 와인이냐 하는 거야.
유럽
신대륙
유럽 와인들은 전통적으로 와이너리, 즉 제조회사와
APPELLATION POMEROL CONTRÔLÉE
CHÂTEAU TROTANOY
POMEROL
1998
포도재배지역을 강조하지.
바롤로
이탈리아 피에몬테 바롤로 지역 와인 (네비올로 품종)
BAROLO
반면 신대륙 와인은 어떤 품종의 포도로 만들었는지를 강조해.
2002
WILLAKENZIE ESTATE
Kiana
OREGON
Pinot Noir
이것은 와인제조의 전통과 역사로는 유럽 와인과 경쟁하기 어렵기 때문에
고지 차지했다고 잘난 척 마라!
유럽
전통
역사
신대륙
품종과 맛으로 경쟁하겠다는 의미이기도 하지.
품질로 맞짱 떠보자고!
유럽
가령 내가 좋아하는 품종이 피노 누아나 시라 또는 카르메네르라면
Pinot Noir
Syrah
Carménère
신대륙 와인의 경우 라벨에 큼지막하게 표시되어 있어서 선택하기 쉬운 반면
와이너리 강조해 봤자 샤토귀족*에 밀리니, 소비자가 알아보기 쉽게!
TAHBILK
RESERVE
SHIRAZ
유럽 와인은 최근 들어 간혹 품종을 표시하기도 하지만
소비자가 헷갈려 하니… 시장이 포도청!
La Vignée
2003
BOURGOGNE
PINOT NOIR
대부분은 전통에 따라 품종 표시를 하지 않기 때문에
2003
CHARMES CHAMBERTIN
GRAND CRU
DOMAINE PHILIPPE CHARLOPIN
21220 GEVREY CHAMBERTIN
샤름 샹베르탱 / 부르고뉴(프랑스)
품종 표시가 전혀 없음
와인을 잘 모르는 소비자는 당황할 수밖에 없지.
이거 어떤 품종으로 만든 거야?
생테밀리옹이니 메를로가 주품종이겠지.
유럽 와인은 공부해가면서 마셔라?
전통이냐, 실용이냐? 그것이 문제로다!
*샤토 트로타누아 / 포므롤(보르도)

*윌라켄지 와이너리 / 피노 누아 품종

*샤토귀족 : 보르도 와인 등 고급 유럽 와인

*부르고뉴 와인에 표기된 포도 품종

유럽 와인은 또 담근 지 1년 안에 마셔야 하는 보졸레 누보부터
웰컴, 겉절이와인!
Beaujolais
Bon Jour!
수십 년씩 장기 숙성·보관하는 프리미엄와인까지 종류도 천차만별이고
따꺼!
(大哥 : 큰형님)
가격 또한 천차만별이야.
$5
$50
$5,000
반면 신대륙 와인은 일부 초고가 컬트와인을 비롯해
드문 게 좋다, 색다른 게 좋다!
1970년대 이후 유럽의 기술과 품종을 도입해 만든 고급와인도 있지만
보기
Almaviva
알마비바
칠레 와인
프랑스 무통 로칠드가 칠레와 합작 제조
$100~150
대부분 가격차가 유럽처럼 크지 않고
가격 차이
유럽
(특히 프랑스)
∞
신대륙
$200
특수한 경우 제외
* 훨씬 고가 와인도 부지기수다.
기후가 유럽보다 안정되어 빈티지에 크게 신경쓸 필요가 없기 때문에
신대륙 기후변화
유럽, 특히 보르도 기후변화
가격 대비 품질 면에서 크게 실망하거나 바가지를 쓰는 경우가 거의 없지.
역시 제값을 하는군!
비교적 안정된 가격, 가격 대비 좋은 품질!
빈티지에 큰 영향을 받지 않는 고른 품질이 장점이군요.
유럽 와인은 전통과 역사가 깊긴 해도 종류가 너무 많아서
샤토 ×××
도멘 ×××
리오하
바롤로
보데가
테누타
유럽 와인
혼란스러워하는 소비자들의 선택을 돕기 위해
수천 개 샤토를 다 외우라고? 장난하나?
나라마다 와인등급제를 실시하고 있어.
와인등급제
프랑스
AOC
VDQS
VdP
VdT
이탈리아
DOCG
DOC
IGT
VdT
독일
QmP
QbA
Land Wein
Tafel Wein

예컨대 프랑스는 AOC등급을 선정하고
AOC
Appellation d'Origine Contrôlée
원산지호칭제한
이탈리아, 스페인, 포르투갈에서도 이와 비슷한 DOCG, DOC등급을 매기지만
DOCG
원산지호칭제한 · 보증
Denominazione di Origine Controllata e Garantita
DOC
원산지호칭제한
Denominazione di Origine Controllata
(이탈리아)
이는 명품포도 생산지역에서 생산된 포도로 만든 와인이라는 의미일 뿐
유명 포도산지의 포도로 만든 와인이지만….
AOC급 와인
와인의 맛과 품질을 보증한다는 의미는 절대로 아니야. 그냥 참고만 하라는 거지.
같은 가죽으로 구두를 만들어도
명품이 되기도 하고, 싸구려가 되기도 하듯!
프랑스에서는 지역에 따라 1~5급으로 고급와인의 등급을 매기기도 하고, 여러 가지 기준으로 나누어
1, 2, 3, 4, 5등급
Médoc
Bordeaux
FRANCE
그랑 크뤼(Grand Cru) 와인으로 선정하기도 해.
샤토 기준!
포도밭 기준!
업자 기준!
보르도
부르고뉴
샹파뉴
그러나 이 등급의 와인은 가격은 엄청나게 비싸지만
Grand Cru Classé
$150
$10
가격만큼 품질이 뛰어나다고 보장할 수는 없어.
뭐야, 품질이 15배 좋다는 거야?
누가 품질 보고 명품 사우?
그랑 크뤼 와인이 고급임에는 분명하지만
Grand Cru Classé
그랑 크뤼 클라세
그랑 크뤼급이라고 해서 반드시 대단한 맛과 향기를 보장하는 건 아니란 뜻이지.
너희 집안 식구 다 머리가 좋은데
너 같은 예외도 있는 것처럼….
비싼 와인이 대개 맛과 향이 좋은 것은 부정할 수 없지만
그 가격만큼 좋은가는 별개의 문제인 셈이야.
이럴 수도
이럴 수도 있다.
와인 가격
와인 품질

세계적으로 와인붐이 거세게 일면서
WINE
생산량은 정해져 있는데 고급와인 애호가는 늘어나다 보니
중국 신흥부자!
가격 묻지 마, 싹쓸이!
프랑스 5대 샤토
프리미엄와인, 특히 프랑스 고급와인의 가격은 터무니없이 치솟았지.
오르는 게 당연하지!
가격
증가하는 고급와인 수요
제한된 생산량
한편 좋은 기후와 대량생산 설비, 기술 혁신으로 무장한 신대륙 와인은
가격 대비 우수한 품질, 안정된 가격과 품질로 세계 와인시장을 공략해
신대륙 와인
품질
안정된 가격
중저가 유럽 와인들과 치열한 접전을 벌이고 있어.
신대륙 와인
유럽 와인
가격
품질
전통
역사
프랑스나 이탈리아의 명품은 세계를 휩쓸며 고가에도 날개 돋친 듯 팔리지만
Pétrus
Lafite Rothschild
SUPER TOSCANA
Roman Conti
명품와인과 중저가 무명 샤토 와인의 양극화는 점점 심해져
명품와인
가격 매출
중저가와인
유럽의 중저가와인들은 품질과 가격으로 무장한 신대륙 와인의 공세에
유럽 와인
가격
품질
장난 아니네!
시장에서 생사를 건 치열한 싸움을 해야 하는데다가
밀리면 죽는다!
시장
요즘 젊은 세대는 맥주나 위스키 등을 선호하기 때문에
위스키 더블로!
유럽 와인업계의 주름살은 깊어만 가고 있지.
신대륙의 도전은 점점 거세지고
국내소비는 계속 줄기만 하고….
흐유~

1. 유럽의 와인

세계의 와인을 즐겨보자

프랑스 와인
세계 와인의 스탠더드라는 자부심
프랑스 부르고뉴 최고의 명주 로마네 콩티의 발효탱크, 유럽 최고급와인은 스테인리스탱크가 아닌 참나무통에서 발효시켜요.
유럽에서도 와인의 종주국은 단연 프랑스!
프랑스의 와인
역사는 이탈리아가 더 깊지만, 프랑스는 꾸준한 품질개선으로 세계시장에 고급와인의 이미지를 뿌리내린 반면
A vôtre santé! 건배!
이탈리아는 국내소비에 안주해왔기 때문에 평가에서 프랑스 와인에 밀렸지.
정치가 불안하고 가난했던 탓도 있다 뭐!
1870년 통일
프랑스 와인은 워낙 복잡해서 제대로 알기 어렵다는데, 정말 그런가요?
모르면 어때? 그냥 마시면 되지!
물론 그냥 마셔도 되지만, 내가 마시는 와인이 어떤 와인인지, 또 그만한 값어치가 있는지
그리고 다른 와인과 어떻게 다른지 알고 마시면 그 즐거움과 기쁨이 훨씬 크지 않을까?

❖ 프랑스 와인을 알려면?

유럽은 천 년 이상 포도농사를 지었지만, 글로벌화되기 전에는 대개 생산지와 그 인근에서만 소비되었기 때문에
비행기도 없고…
세계시장도 없던 시대라!
인근 소비지역
생산지
굳이 포도 품종을 밝힐 필요가 없었고, 그게 쭉 관례가 되어왔지.
아, 피에몬테!
네비올로 말고는 거의 없지!
여기는 산지오베제!
Piemonte
토스카나
프랑스 와인이 복잡하다고 하는 이유는 무엇보다
French Wine
품질을 까다로운 법으로 엄격하게 관리하기 때문에 그 법의 핵심을 모르면 어떤 와인인지 전혀 알 수 없을뿐더러
AOC
VQPRD
VdP
VdT
AO-VDQS
지역마다 품종과 재배 · 분류 방식이 다르기 때문이야.
샤르도네
리슬링
세미용
피노 누아
카베르네 소비뇽
가메
메를로
시라
카베르네 프랑
특히 프랑스 등 유럽, 즉 구대륙 와인의 라벨에는 생산자 이름만 적혀 있어서
Calon Ségur
SAINT-ESTÈPHE
GRAND CRU CLASSÉ
Récolte 2003
Médoc
*샤토 칼롱 세귀르 / 생테스테프, 메독, 프랑스
소비자 입장에서는 포도 품종을 명시한 신대륙 와인에 비해 더 혼란스러운 거지.
THELEMA
Cabernet Sauvignon
2003
SOUTH AFRICA
텔레마 와이너리 / 남아공 카베르네 소비뇽
프랑스 와인을 제대로 알려면 적어도 1,000개 정도의 샤토나 양조장 이름을 외워야 하는데
고시공부 하는 게 더 빠르겠다!
헉 걱
프랑스 와인양조장
그건 웬만한 소믈리에에게도 어려운 일이야.
샤토 보라미 있어요?
잘 모르겠는데요!
예컨대 샤토 크루아제-바주라는 이름만 가지고
Château Croizet-Bages
보르도 오메독 지역 포이약 마을의 5등급 그랑 크뤼 클라세라는 걸 아는 사람이 얼마나 될까?
'샤토'가 붙으니 보르도임에는 분명하고….
Bordeaux
그러니 그런 걸 일일이 외우는 것보다 프랑스 와인의 기초를 이해하는 게 훨씬 간단하고 편리하겠지.
샤토, 와이너리 이름 외우자!
프랑스 와인 기초를 이해하자!

❖ AOC제도

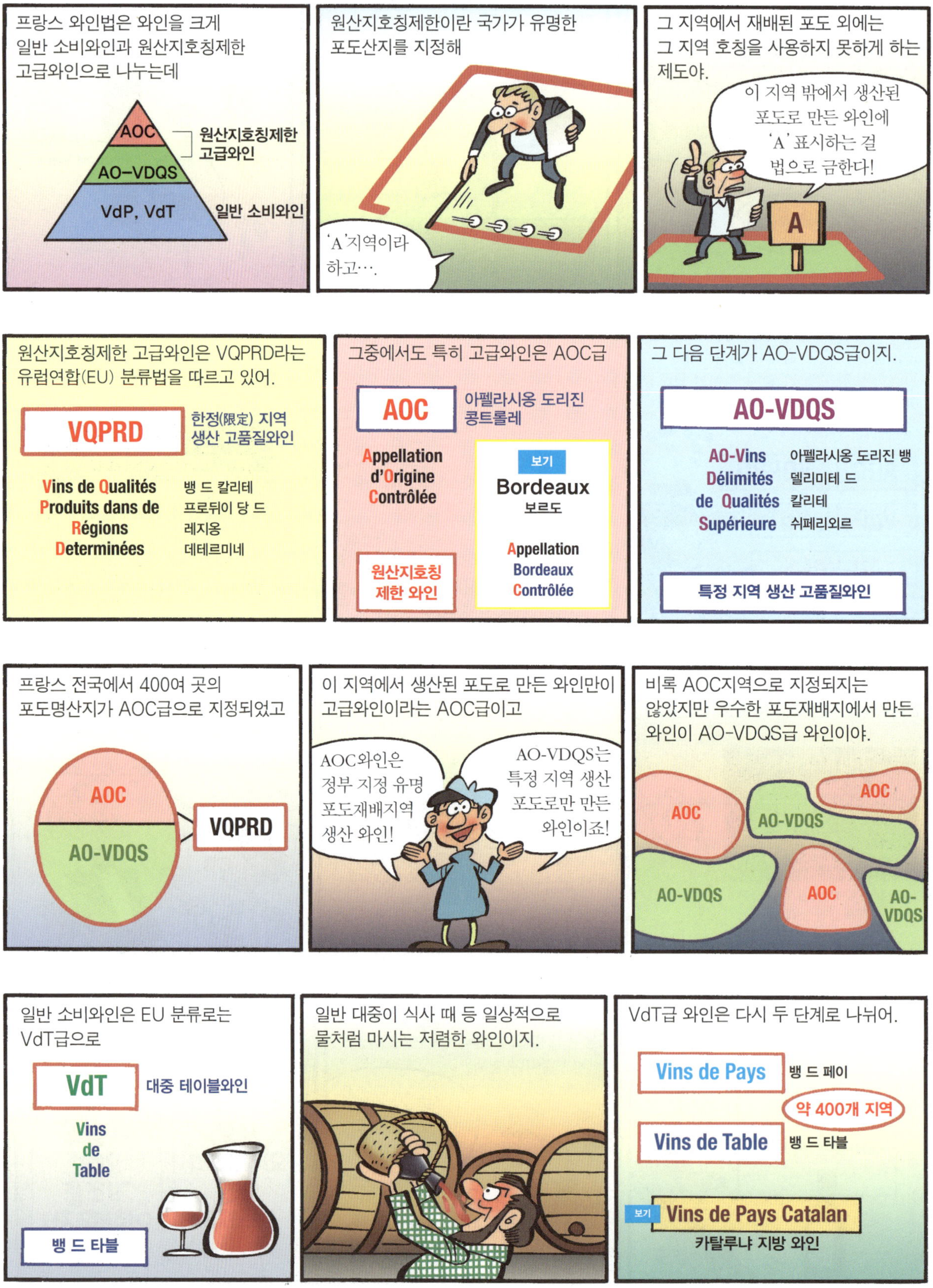

프랑스 와인법은 와인을 크게 일반 소비와인과 원산지호칭제한 고급와인으로 나누는데
AOC
AO-VDQS
VdP, VdT
원산지호칭제한 고급와인
일반 소비와인
원산지호칭제한이란 국가가 유명한 포도산지를 지정해
'A'지역이라 하고….
그 지역에서 재배된 포도 외에는 그 지역 호칭을 사용하지 못하게 하는 제도야.
이 지역 밖에서 생산된 포도로 만든 와인에 'A' 표시하는 걸 법으로 금한다!
A
원산지호칭제한 고급와인은 VQPRD라는 유럽연합(EU) 분류법을 따르고 있어.
VQPRD
한정(限定) 지역 생산 고품질와인
Vins de Qualités Produits dans de Régions Determinées
뱅 드 칼리테 프로뒤이 당 드 레지옹 데테르미네
그중에서도 특히 고급와인은 AOC급
AOC
아펠라시옹 도리진 콩트롤레
Appellation d'Origine Contrôlée
원산지호칭 제한 와인
보기
Bordeaux
보르도
Appellation Bordeaux Contrôlée
그 다음 단계가 AO-VDQS급이지.
AO-VDQS
AO-Vins Délimités de Qualités Supérieure
아펠라시옹 도리진 뱅 델리미테 드 칼리테 쉬페리외르
특정 지역 생산 고품질와인
프랑스 전국에서 400여 곳의 포도명산지가 AOC급으로 지정되었고
AOC
AO-VDQS
VQPRD
이 지역에서 생산된 포도로 만든 와인만이 고급와인이라는 AOC급이고
AOC와인은 정부 지정 유명 포도재배지역 생산 와인!
AO-VDQS는 특정 지역 생산 포도로만 만든 와인이죠!
비록 AOC지역으로 지정되지는 않았지만 우수한 포도재배지에서 만든 와인이 AO-VDQS급 와인이야.
AOC
AO-VDQS
AOC
AO-VDQS
AOC
AO-VDQS
일반 소비와인은 EU 분류로는 VdT급으로
VdT
대중 테이블와인
Vins de Table
뱅 드 타블
일반 대중이 식사 때 등 일상적으로 물처럼 마시는 저렴한 와인이지.
VdT급 와인은 다시 두 단계로 나뉘어.
Vins de Pays
뱅 드 페이
약 400개 지역
Vins de Table
뱅 드 타블
보기
Vins de Pays Catalan
카탈루냐 지방 와인

VQPRD
한정지역 생산
고품질와인
EU 분류
VdT
테이블와인
EU 분류
프랑스 생산 와인 중
AOC ① 35%
AO-VDQS ② 2%
Vins de Pays ③ 15%
Vins de Table ④ 38%
① AOC
보르도, 부르고뉴, 샹파뉴처럼
국가에서 포도명산지로 지정한
지역에서 만든 와인. 다른 곳에서
이 호칭을 쓸 수 없다.
프랑스 와인 중 최고등급 와인.
프랑스
최고등급 와인
② AO-VDQS
AOC 지정은 못 받았지만 우수한
산지로, 자신의 지역 명칭을
사용할 수 있는 와인.
AOC 아래 단계 와인.
AOC
AO-VDQS
③ Vins de Pays
지역마다 독특한 개성을 지닌 와인으로,
생산지 명칭을 사용할 수 있는
지방 와인. 단, 다른 지역에서 생산된
포도를 섞으면 안 된다.
보기 루시용* 와인
포도원에 상관없이 루시용주
생산 포도로 만든 와인
Vins de Pays Roussillon
④ Vins de Table
일반 대중소비용 와인으로 여러 지역의
포도를 섞어 만들거나 외국에서 싸게
수입한 포도로 만든
와인.
내 출신
묻지 마!
타지 수입 포도나
포도주로 만든 와인
아항, 그러니까
이건 꽤 좋은
와인이네요.
AOC 표시가
있으니
상급와인이지!
AOC
* 프랑스 남서부의 주
그런데 AOC
표시에도 차이가
있어.
그래요?
같은 보르도 지방에서도 오메독 포도가
썩 좋은 품질이고
Haut-Médoc
오메독
보르도
Bordeaux
오메독 지역에서도 특히 포이약 마을의
포도가 뛰어나다면
포이약
Pauillac
오메독
보르도
포이약에서 생산된 와인은 A포이약C,
Appellation Pauillac Contrôlée
PRODUCE OF FRANCE
CHATEAU PICHON LONGUEVILLE
2000
COMTESSE DE LALANDE
GRAND CRU CLASSE
13%vol PAUILLAC 750ml
APPELLATION PAUILLAC CONTROLEE
포이약이 아닌 오메독 지역 와인은
A오메독C, 기타 보르도 지방에서 고유의
AOC가 없으면 A보르도C라고 쓰게 돼.
아펠라시옹 오메독 콩트롤레
Appellation Haut-Médoc
Contrôlée
고급
Appellation Bordeaux
Contrôlée
아펠라시옹 보르도 콩트롤레
그러니까 이런 분류가 되는 거지.
보기
샤토 마고
마고
오메독
보르도
A마고C
A오메독C
A보르도C

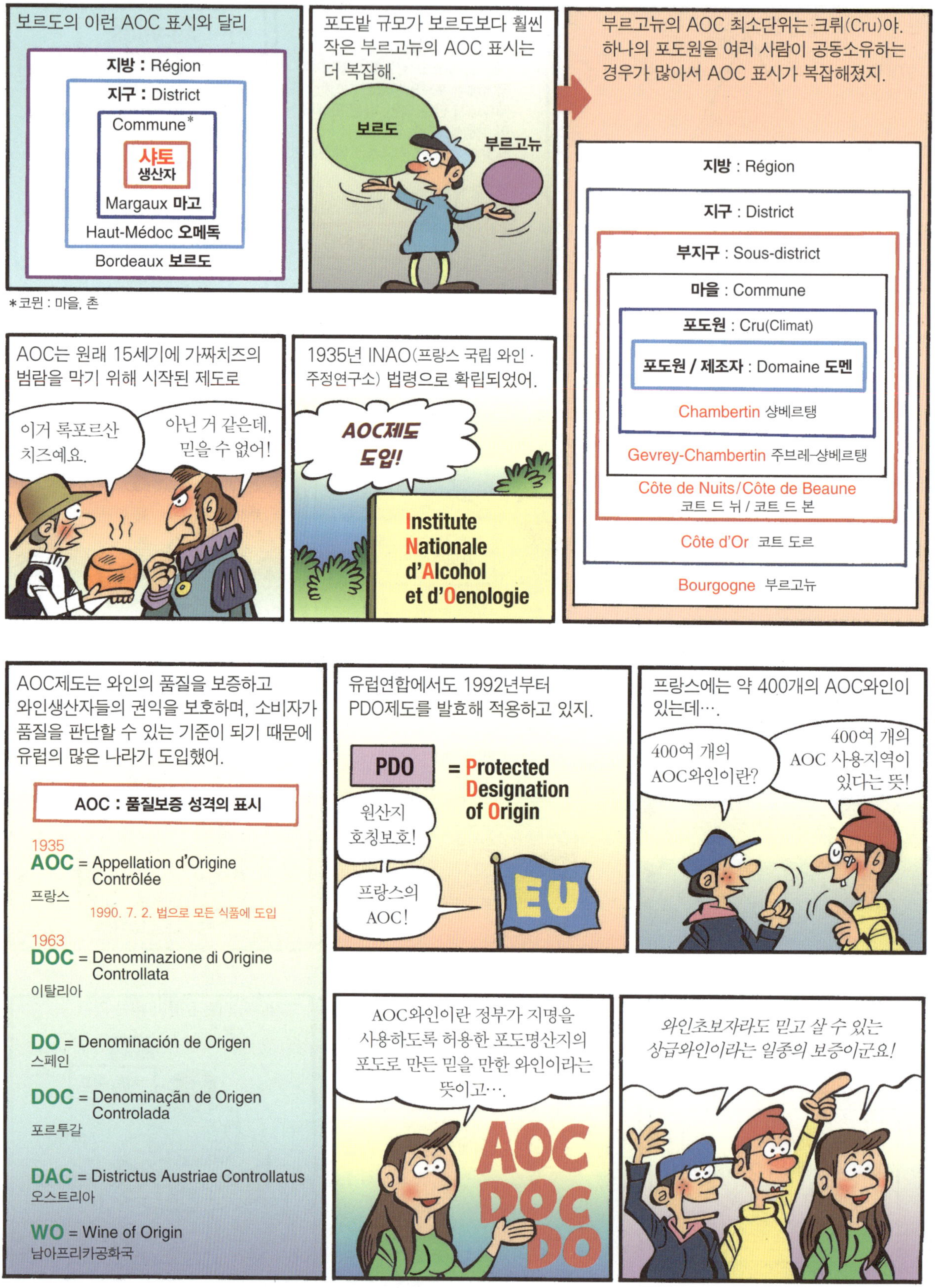
보르도의 이런 AOC 표시와 달리
지방 : Région
지구 : District
Commune*
샤토
생산자
Margaux 마고
Haut-Médoc 오메독
Bordeaux 보르도
*코뮌 : 마을, 촌
포도밭 규모가 보르도보다 훨씬 작은 부르고뉴의 AOC 표시는 더 복잡해.
보르도
부르고뉴
부르고뉴의 AOC 최소단위는 크뤼(Cru)야. 하나의 포도원을 여러 사람이 공동소유하는 경우가 많아서 AOC 표시가 복잡해졌지.
지방 : Région
지구 : District
부지구 : Sous-district
마을 : Commune
포도원 : Cru(Climat)
포도원 / 제조자 : Domaine 도멘
Chambertin 샹베르탱
Gevrey-Chambertin 주브레-샹베르탱
Côte de Nuits/Côte de Beaune
코트 드 뉘 / 코트 드 본
Côte d'Or 코트 도르
Bourgogne 부르고뉴
AOC는 원래 15세기에 가짜치즈의 범람을 막기 위해 시작된 제도로
이거 록포르산 치즈예요.
아닌 거 같은데, 믿을 수 없어!
1935년 INAO(프랑스 국립 와인 · 주정연구소) 법령으로 확립되었어.
AOC제도 도입!
Institute
Nationale
d'Alcohol
et d'Oenologie
AOC제도는 와인의 품질을 보증하고 와인생산자들의 권익을 보호하며, 소비자가 품질을 판단할 수 있는 기준이 되기 때문에 유럽의 많은 나라가 도입했어.
AOC : 품질보증 성격의 표시
1935
AOC = Appellation d'Origine Contrôlée
프랑스
1990. 7. 2. 법으로 모든 식품에 도입
1963
DOC = Denominazione di Origine Controllata
이탈리아
DO = Denominación de Origen
스페인
DOC = Denominaçãn de Origen Controlada
포르투갈
DAC = Districtus Austriae Controllatus
오스트리아
WO = Wine of Origin
남아프리카공화국
유럽연합에서도 1992년부터 PDO제도를 발효해 적용하고 있지.
PDO
= Protected Designation of Origin
원산지 호칭보호!
프랑스의 AOC!
EU
프랑스에는 약 400개의 AOC와인이 있는데….
400여 개의 AOC와인이란?
400여 개의 AOC 사용지역이 있다는 뜻!
AOC와인이란 정부가 지명을 사용하도록 허용한 포도명산지의 포도로 만든 믿을 만한 와인이라는 뜻이고….
AOC
DOC
DO
와인초보자라도 믿고 살 수 있는 상급와인이라는 일종의 보증이군요!

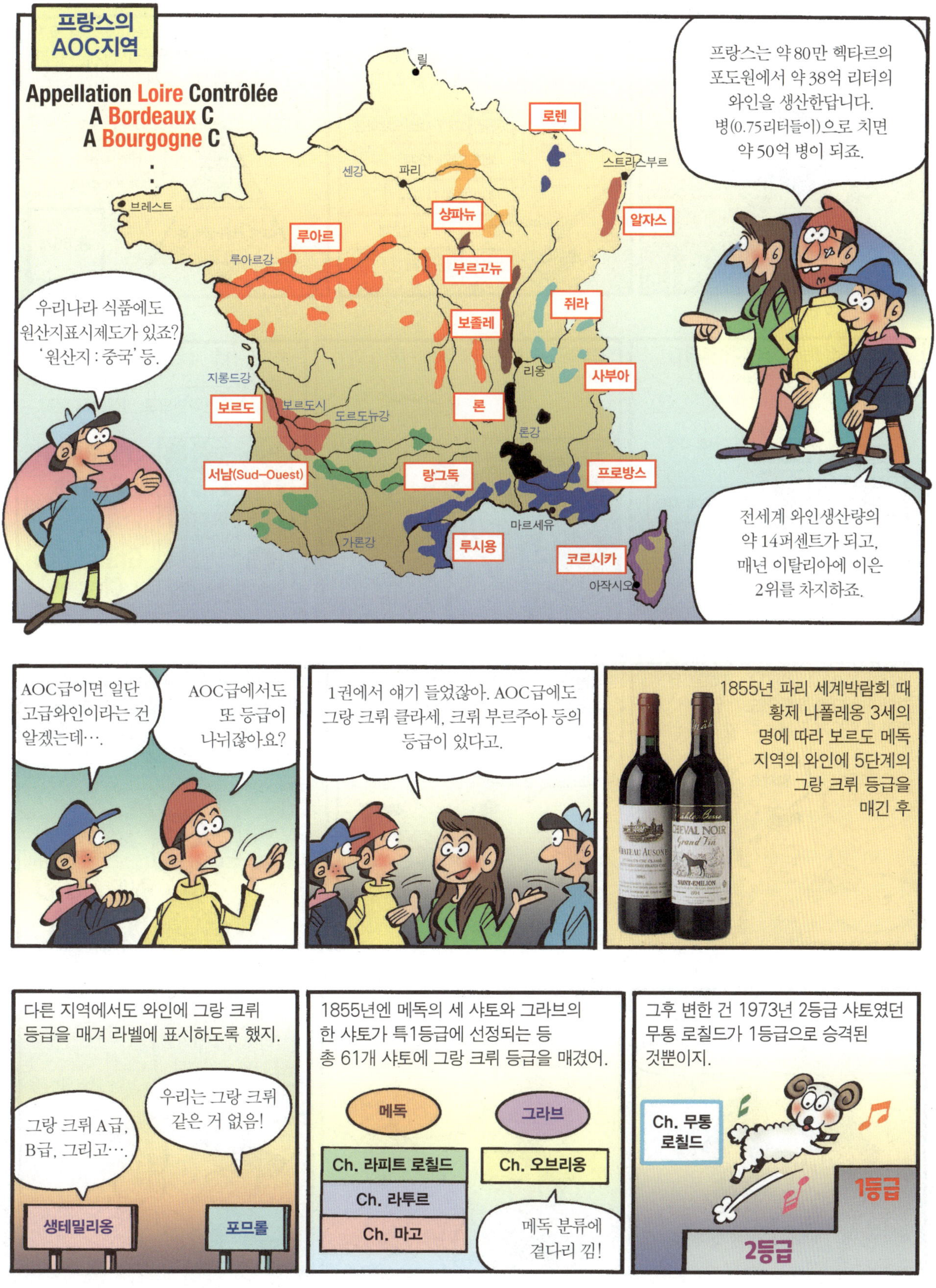
프랑스의 AOC지역
Appellation Loire Contrôlée
A Bordeaux C
A Bourgogne C
릴
로렌
스트라스부르
센강
파리
브레스트
상파뉴
알자스
루아르
루아르강
부르고뉴
쥐라
보졸레
리옹
사부아
지롱드강
보르도
보르도시
도르도뉴강
론
론강
서남(Sud-Ouest)
랑그독
프로방스
마르세유
루시옹
가론강
코르시카
아작시오
프랑스는 약 80만 헥타르의 포도원에서 약 38억 리터의 와인을 생산한답니다. 병(0.75리터들이)으로 치면 약 50억 병이 되죠.
우리나라 식품에도 원산지표시제도가 있죠? '원산지 : 중국' 등.
전세계 와인생산량의 약 14퍼센트가 되고, 매년 이탈리아에 이은 2위를 차지하죠.
AOC급이면 일단 고급와인이라는 건 알겠는데….
AOC급에서도 또 등급이 나뉘잖아요?
1권에서 얘기 들었잖아. AOC급에도 그랑 크뤼 클라세, 크뤼 부르주아 등의 등급이 있다고.
1855년 파리 세계박람회 때 황제 나폴레옹 3세의 명에 따라 보르도 메독 지역의 와인에 5단계의 그랑 크뤼 등급을 매긴 후
CHEVAL NOIR
Grand Vin
SAINT-EMILION
다른 지역에서도 와인에 그랑 크뤼 등급을 매겨 라벨에 표시하도록 했지.
그랑 크뤼 A급, B급, 그리고….
우리는 그랑 크뤼 같은 거 없음!
생테밀리옹
포므롤
1855년엔 메독의 세 샤토와 그라브의 한 샤토가 특1등급에 선정되는 등 총 61개 샤토에 그랑 크뤼 등급을 매겼어.
메독
그라브
Ch. 라피트 로칠드
Ch. 라투르
Ch. 마고
Ch. 오브리옹
메독 분류에 곁다리 낌!
그후 변한 건 1973년 2등급 샤토였던 무통 로칠드가 1등급으로 승격된 것뿐이지.
Ch. 무통 로칠드
1등급
2등급

보르도 지방에서도 지역마다 그랑 크뤼 제도가 달라서
Bordeaux
그라브 지역에는 그랑 크뤼 클라세 샤토가 1등급 1개, 그외 레드와인 12개와 화이트와인 9개 등 총 22개
그랑 크뤼 클라세
1등급 1개 / 샤토 오브리옹
레드와인 12개
화이트와인 9개
총 22개
보르도시
그라브 (Graves)
생테밀리옹 지역에는 프르미에 그랑 크뤼 클라세 A등급 2개에 B등급 11개, 여기에 그랑 크뤼 클라세 샤토까지 합치면 모두 66개나 돼.
A
B
그랑 크뤼 클라세
생테밀리옹
그랑 크뤼 클라세
총 66개
소테른 지역에는 특1급 1개, 특급과 2급 샤토가 26개 있는가 하면
소테른 그랑 크뤼 클라세
특1급 1개 / 샤토 디켐
특급
2급
총 26개 샤토
보르도시
소테른 (Sauternes)
포므롤 지역에는 그랑 크뤼 샤토가 아예 없어.
Château Pétrus
우린 우리에게 등급 매기는 것 자체를 거부한다!
Pomerol
하지만 샤토 페트뤼스는 그랑 크뤼급이 아닌데도 보르도산 가운데 단연 최고의 와인, 최고가와인으로 인정받고 있지.
1998
PETRVS
POMEROL
Grand Vin
Château Pétrus
Grand Cru Classé
게다가 부르고뉴, 알자스, 루아르 등 지방마다 그랑 크뤼 제도가 달라서 일일이 외우기 전에는 다 알 수가 없어.
부르고뉴
알자스
코트 뒤 론
루아르
등등
예컨대 '샤토 리포'라는 이름만으로 어떻게 어떤 와인인지 알 수 있겠어?
샤토 리포?
프랑스 와인은 이렇게 와인전문가나 소믈리에가 아니고는 잘 알기가 어렵지.
아, 보르도 생테밀리옹 그랑 크뤼 클라세 샤토 리포!
크아! 귀신이닷!
그러니 샤토 이름 외우느라 헛수고 하지 말고….
라벨을 보고 대강 판단해라!
우선 AOC급에 그랑 크뤼 클라세면 대단한 고급와인이라는 정도….
그 정도면 가격이 장난 아닐 테고, 서민들에게는 그림의 떡일 뿐이지!
나머지는 전문가나 소믈리에에게 맡기고 우린 그냥 즐기기만 하면 돼!
언제 소믈리에 있는 레스토랑에서 그런 고급와인을 마셔보나….

❖ 보르도 지방

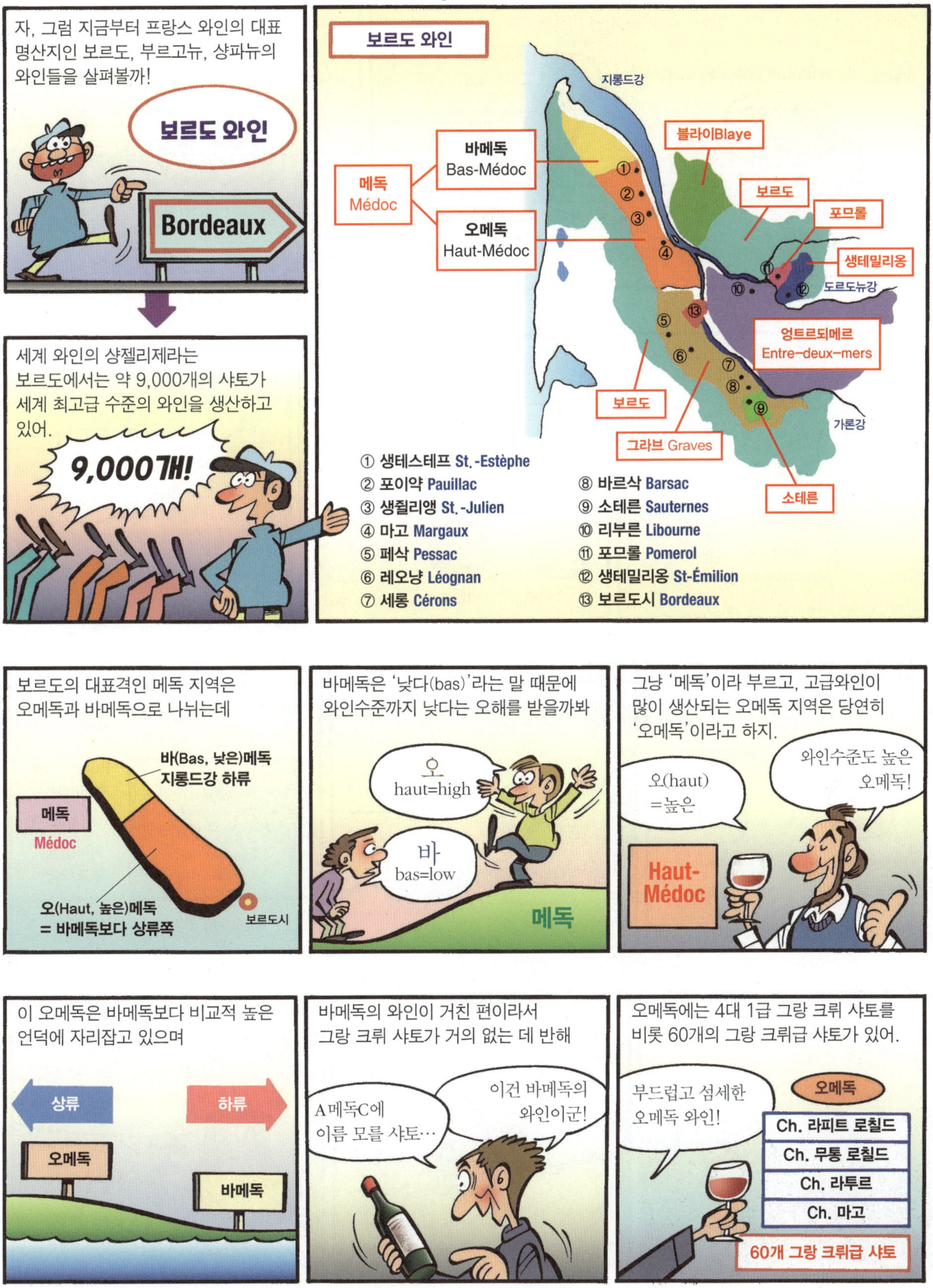

자, 그럼 지금부터 프랑스 와인의 대표 명산지인 보르도, 부르고뉴, 샹파뉴의 와인들을 살펴볼까!
보르도 와인
Bordeaux
세계 와인의 샹젤리제라는 보르도에서는 약 9,000개의 샤토가 세계 최고급 수준의 와인을 생산하고 있어.
9,000개!
보르도 와인
지롱드강
메독 Médoc
바메독 Bas-Médoc
오메독 Haut-Médoc
블라이Blaye
보르도
포므롤
생테밀리옹
도르도뉴강
엉트르되메르 Entre-deux-mers
보르도
그라브 Graves
가론강
소테른
① 생테스테프 St.-Estèphe
② 포이약 Pauillac
③ 생쥘리앵 St.-Julien
④ 마고 Margaux
⑤ 페삭 Pessac
⑥ 레오냥 Léognan
⑦ 세롱 Cérons
⑧ 바르삭 Barsac
⑨ 소테른 Sauternes
⑩ 리부른 Libourne
⑪ 포므롤 Pomerol
⑫ 생테밀리옹 St-Émilion
⑬ 보르도시 Bordeaux
보르도의 대표격인 메독 지역은 오메독과 바메독으로 나뉘는데
바(Bas, 낮은)메독 지롱드강 하류
메독 Médoc
오(Haut, 높은)메독 = 바메독보다 상류쪽
보르도시
바메독은 '낮다(bas)'라는 말 때문에 와인수준까지 낮다는 오해를 받을까봐
오 haut=high
바 bas=low
메독
그냥 '메독'이라 부르고, 고급와인이 많이 생산되는 오메독 지역은 당연히 '오메독'이라고 하지.
오(haut) =높은
와인수준도 높은 오메독!
Haut-Médoc
이 오메독은 바메독보다 비교적 높은 언덕에 자리잡고 있으며
상류
하류
오메독
바메독
바메독의 와인이 거친 편이라서 그랑 크뤼 샤토가 거의 없는 데 반해
A메독C에 이름 모를 샤토…
이건 바메독의 와인이군!
오메독에는 4대 1급 그랑 크뤼 샤토를 비롯 60개의 그랑 크뤼급 샤토가 있어.
부드럽고 섬세한 오메독 와인!
오메독
Ch. 라피트 로칠드
Ch. 무통 로칠드
Ch. 라투르
Ch. 마고
60개 그랑 크뤼급 샤토

❖ 메독 와인

오메독 지역에서도 자신의 고유한 AOC를 지닌 마을이 6개나 돼.
보기 Appellation Pauillac Contrôlée
마을 AOC
오메독 AOC
보르도 AOC
생테스테프 St.-Estèphe
포이약 Pauillac
생쥘리앵 St.-Julien
리스트락 Listrac
마고 Margaux
물리 Moulis
오메독
고유AOC 마을
특히 포이약은 보르도 3대 샤토라는 1등급 그랑 크뤼 샤토가 3개나 있는 메독의 심장과도 같은 곳이야.
포이약Pauillac
샤토 라피트 로칠드
샤토 무통 로칠드
샤토 라투르
메독 지역은 주로 레드와인을 생산하고 있는데 향기롭고 우아한 루비색으로
대표적인 프렌치 스타일!
카·소비뇽을 기본으로 블렌딩!
바리크 (참나무통) 숙성!
Médoc
카베르네 소비뇽이 주로 사용되는 대표적인 곳이지.
보르도 와인의 주특징은
카베르네 소비뇽을 기본으로 메를로, 카베르네 프랑 등을 블렌딩하는 것!
카·소비뇽
메를로
카·프랑
보르도시 밑으로 가론강을 따라 자리한 그라브 지역에서는
지롱드강
보르도시
메독
그라브
소테른
레드와 화이트 와인을 고루 생산하고
레드와인
화이트와인
카베르네 소비뇽 메를로
소비뇽 블랑
푸리튀르 노블, 즉 귀부와인으로 세계적인 명성을 자랑하는 소테른에서는
보르도시
소테른
그라브
샤토 디켐을 비롯해 달콤하고 향기로운 스위트와인을 만들고 있어.
Château d'Yquem
Sauternes
2001
Pourriture Noble(프)
Edelfäule(독)
귀부(貴腐) 포도/와인
Château d'Yquem 샤토 디켐
생테밀리옹 지역은 메를로와 카베르네 프랑을 블렌딩해서 균형 잡힌 레드와인을 만들고
이웃한 포므롤 지역에서는 메를로를 주품종으로 한 향기로운 레드와인을 생산하는데
포므롤
도르도뉴강
생테밀리옹
가론강
보르도시
엉트르뒤메르*
Entre-deux-mers
다른 지역 와인보다 비교적 빨리 숙성하는 특징이 있지.
전설적인 샤토 페트뤼스, 샤토 르팽을 아시나요?
Pétrus
Le Pin

*두 강(가론과 도르도뉴) 사이

❖ 샤토 라피트 로칠드

보르도 와인을 논하면서 전설적인 샤토 7개를 빼놓아서는 안 되겠지!
모든 와인애호가의 꿈
보르도의 7대 샤토
가격이 너무 비싸서 마실 엄두는 나지 않지만, 세계 최고급와인을 생산한다는 문화적 의미로서 프랑스의 자존심인
L'état, c'est moi! 짐이 곧 국가니라!
루이 14세
Le vin, c'est moi! 내가 곧 와인이니라!
이 샤토들은 외국인에게 팔 수 없도록 법으로 규정되어 있어. 국가적 · 문화적 정체성이라고 할 수 있지.
CHÂT
NOT FOR SALE! 안 팔아요!
국가의 자존심을 팔 순 없지!
그 7대 샤토란?
●샤토 라피트 로칠드(포이약)
●샤토 무통 로칠드(포이약)
●샤토 라투르(포이약)
●샤토 마고(마고)
●샤토 오브리옹(그라브)
●샤토 페트뤼스(포므롤)
●샤토 디켐(소테른)
보르도 와인, 특히 메독 와인을 프랑스 궁중에 알린 1등공신은 샤토 라피트야.
MIS EN BOUTEILLE AU CHÂTEAU
CHATEAU LAFITE ROTHSCHILD
2003
PAUILLAC
지리적 이유로 부르고뉴 와인만 고급으로 알고 있던 프랑스 왕실은 우아하고 향기로운 라피트를 발견하고 크게 놀랐어.
Mon Dieu!* (하느님!)
보르도에 이런 기막힌 와인이 있었다니!
*몽 디유
라피트는 곧 보르도의 최고와인으로 명성을 날렸지.
루이 15세의 애인 마담 퐁파두르가 사랑하는 와인!
라피트를 마셔보자!
라피트는 '낮은 언덕'이라는 뜻의 이 지방 사투리 '라 이트'에서 유래되었어.
la hite(라 이트) = 낮은 언덕
면적 : 90헥타르 / 연생산 : 약 25만 병
17세기 이 지역 귀족 세귀르 가문이 포도를 심고 라피트를 만들기 시작했지.
Alexandre Ségur
알렉상드르 세귀르
La Hite
1855년 첫 번째로 특1등급 그랑 크뤼로 선정된 이래 보르도 최고급와인의 상징이 되었고
라피트 = 보르도 최고와인!
러시아에서는 아예 카베르네 소비뇽 포도를 라피트라고 부르지.
미국의 세계적인 와인평론가 로버트 파커가 여러 번 100점 만점을 주었으며
로버트 파커 평가 (50~100점)
100점 만점 1953, 1982, 1986, 1996, 2000, 2003
99점 1959
Lafite
가격이 1천만 원 이상인 것도 있는 최고가와인의 하나이기도 해.
샤토 라피트 로칠드 1899년산 8,385유로 = 약 1,200만 원

*2007년 8월 갤러리 라파예트(파리) 가격

❖ 샤토 무통 로칠드

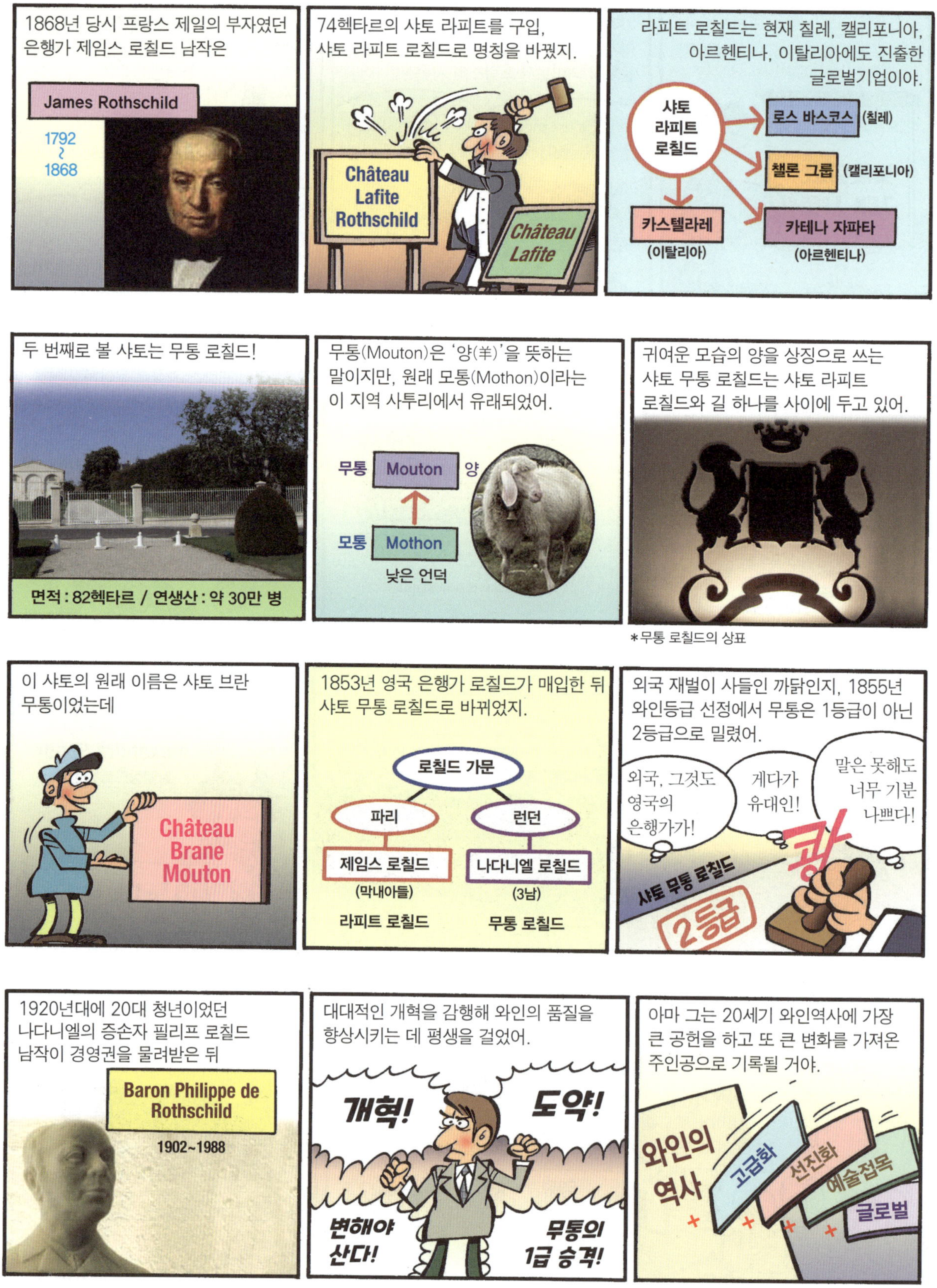
1868년 당시 프랑스 제일의 부자였던 은행가 제임스 로칠드 남작은
James Rothschild
1792 ~ 1868
74헥타르의 샤토 라피트를 구입, 샤토 라피트 로칠드로 명칭을 바꿨지.
Château Lafite Rothschild
Château Lafite
라피트 로칠드는 현재 칠레, 캘리포니아, 아르헨티나, 이탈리아에도 진출한 글로벌기업이야.
샤토 라피트 로칠드
로스 바스코스 (칠레)
챌론 그룹 (캘리포니아)
카테나 자파타 (아르헨티나)
카스텔라레 (이탈리아)
두 번째로 볼 샤토는 무통 로칠드!
면적 : 82헥타르 / 연생산 : 약 30만 병
무통(Mouton)은 '양(羊)'을 뜻하는 말이지만, 원래 모통(Mothon)이라는 이 지역 사투리에서 유래되었어.
무통 Mouton 양
모통 Mothon
낮은 언덕
귀여운 모습의 양을 상징으로 쓰는 샤토 무통 로칠드는 샤토 라피트 로칠드와 길 하나를 사이에 두고 있어.
이 샤토의 원래 이름은 샤토 브란 무통이었는데
Château Brane Mouton
1853년 영국 은행가 로칠드가 매입한 뒤 샤토 무통 로칠드로 바뀌었지.
로칠드 가문
파리
런던
제임스 로칠드
(막내아들)
라피트 로칠드
나다니엘 로칠드
(3남)
무통 로칠드
외국 재벌이 사들인 까닭인지, 1855년 와인등급 선정에서 무통은 1등급이 아닌 2등급으로 밀렸어.
외국, 그것도 영국의 은행가가!
게다가 유대인!
말은 못해도 너무 기분 나쁘다!
샤토 무통 로칠드
쾅
2등급
1920년대에 20대 청년이었던 나다니엘의 증손자 필리프 로칠드 남작이 경영권을 물려받은 뒤
Baron Philippe de Rothschild
1902~1988
대대적인 개혁을 감행해 와인의 품질을 향상시키는 데 평생을 걸었어.
개혁!
도약!
변해야 산다!
무통의 1급 승격!
아마 그는 20세기 와인역사에 가장 큰 공헌을 하고 또 큰 변화를 가져온 주인공으로 기록될 거야.
와인의 역사
고급화
선진화
예술접목
글로벌

*무통 로칠드의 상표

필리프 로칠드 남작은 최초로 '샤토에서 병입했음'을 라벨에 표시해 고급와인의 이미지를 살렸고
MARGAUX
2003
APPELLATION MARGAUX CONTRÔLÉE
MIS EN BOUTEILLE AU CHATEAU
PAR S.A.E. DU CHÂTEAU GISCOURS A LABARDE 33460 MARGAUX - FRANCE - BORDEAUX
PRODUCT OF FRANCE
샤토에서 병입했음
당시 관행이었던 통 단위 판매를 중단하고
통째 팔면 싸구려 같아 보인다. 안 돼!
모든 와인을 750밀리리터들이 병에 담아 와인의 새로운 유통시대를 열었지.
연간 약 30만 병의 1등급 와인 생산!

또 샤토 무통 로칠드를 118년 만에 숙원이었던 1등급 와인으로 승격시켰는데
1855년
1973년
2등급 판정
1등급 승격
2
1
1855년 이래 오직 하나의 변화
1973년 이를 승인한 농무장관은 뒷날 대통령이 된 자크 시라크였어.
필리프가 만든 박물관은 샤토가 양조장에서 문화공간으로 변신하는 데 기여했고
관람은 가능하지만 사진촬영은 안 됩니다.
Musée
Museum

그의 부인이 소유하고 있는 샤토의 지하 카브(와인저장소)는 미로와 같은 구조로 유명할뿐더러
150년간 모아둔 각종 와인이 수십만 병 보관돼 있는 와인의 보물창고로 알려져 있어.
특히 그는 1945년부터 당대 최고 예술가들의 작품을 라벨 디자인에 활용해 예술과 와인의 만남을 시도했어.
Etiquette d'Artiste
예술가의 라벨

*무통의 지하 카브

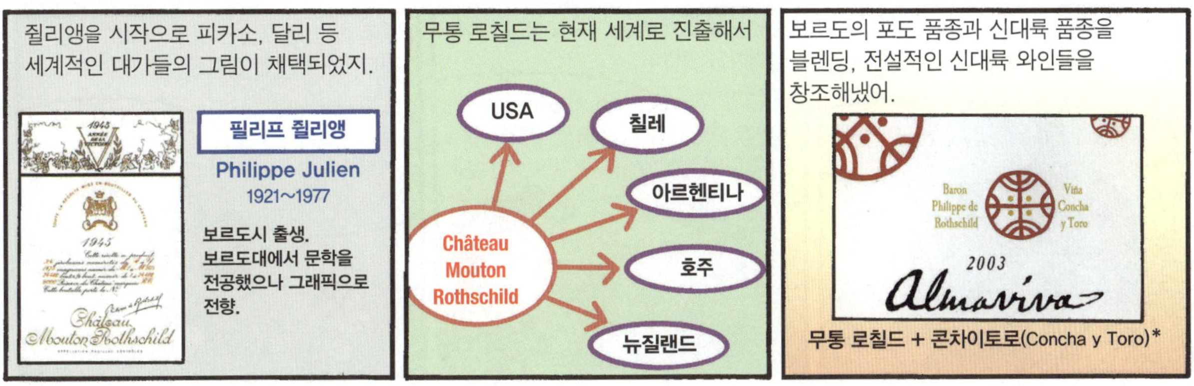
쥘리앵을 시작으로 피카소, 달리 등 세계적인 대가들의 그림이 채택되었지.
1945
Château Mouton Rothschild
필리프 쥘리앵
Philippe Julien
1921~1977
보르도시 출생.
보르도대에서 문학을 전공했으나 그래픽으로 전향.
무통 로칠드는 현재 세계로 진출해서
Château Mouton Rothschild
USA
칠레
아르헨티나
호주
뉴질랜드
보르도의 포도 품종과 신대륙 품종을 블렌딩, 전설적인 신대륙 와인들을 창조해냈어.
Baron Philippe de Rothschild
Viña Concha y Toro
2003
Almaviva
무통 로칠드 + 콘차이토로(Concha y Toro)*

*칠레

❖ 샤토 라투르

라투르(La Tour)는 탑(塔)이라는 뜻이야.
지롱드강을 지키던 파수탑이 포도밭 가운데 상징처럼 우뚝 서 있는 샤토 라투르는
14세기부터 포도농사를 지어온 오랜 역사를 자랑하는 포도원이야.
그러나 백년전쟁으로 밭이 파괴된 후 여러 차례 주인이 바뀌다가
라투르
17세기 후반 샤토 라피트의 소유주 알렉상드르 세귀르 공이 사들이면서 본격적인 와인제조 역사가 시작되었지.
이곳 포도 질이 뛰어나니 와인을 만들면 최상품이 될 것이다!
그의 아들 니콜라 대에 샤토 라투르의 명성은 정점에 올라
Nicolas A. Ségur
Latour!
샤토 무통과 인근 샤토 칼롱까지 사들여 와인왕국을 건설했고
세귀르 와인그룹
라피트 Ch. Lafite
라투르 Ch. Latour
무통 Ch. Mouton
칼롱 Ch. Calon
1800년경에는 다른 보르도 와인 가격의 20배에 팔리는 초고가와인이 되었지.
라투르
기타 보르도 와인
=
20배
그러나 세귀르 가문이 대가 끊어지는 바람에 소유주가 계속 바뀌다가
세귀르가
Latour!
1963년 영국 하베이 브리스톨 그룹의 주인 피어슨이 75퍼센트의 지분을 사들여
악…!
또 외국인… 그것도 영국인!
보르도 최고의 샤토가 외국인의 손에 넘어가고 말았어.
어떻게 외국인이 살 수 있었죠?
주요 샤토는 외국인이 살 수 없다는 법이 생기기 전이었대.
영국 출신 새 주인은 샤토 라투르 와인 제조에 혁신적인 변화를 시도했어.
생산자인 프랑스인들은 잘 모르지만
사서 마시는 영국인은 문제가 뭔지 알고 있다!

당시에는 모든 샤토에서 레드와인의 1차발효에 대형 나무통을 이용했는데
샤토 라투르는 온도조절이 과학적이고 편리한 대형 스테인리스 발효탱크를 도입해서
보수적이었던 1960년대의 와인업계를 놀라게 했어.
으잉? 와인을 금속통 속에서 발효시켜?
자연재료가 아니면 와인의 참맛이 안 나는데!
또 수령이 10년 이상 된 나무에서 딴 포도만 엄선해 와인을 만들도록 하고
10년 안 된 나무의 포도는 깊은 맛이 없다!
매년 새 오크통을 사용하는 등 혁신적인 방법을 도입했지.
오크통이 새것이어야 짙은 참나무향이 밴다.
라투르를 최고 보르도 와인으로 자부하던 프랑스인들의 자존심은
샤토 라투르의 주인이 영국인이라는 건 프랑스의 자존심이 걸린 문제다!
1993년 백화점 체인 오 프랭탕의 소유주 프랑수아 피노가 1억 3천만 유로**에 되찾아옴으로써 다시 살아났어.
François Pinault
1936~
Gucci
Yves Saint Laurent
Galerie Au Printemps
샤토 라투르는 남성적이고 힘찬 와인으로 알려져 있지.
유럽시장 경매 블루칩의 하나로, 좋은 빈티지는 가격이 엄청 비싸.
크리스티 경매가격
빈티지
1961 600만원
1982 300만원
2000 120만원
2005 100만원
GRAND VIN DE CHATEAU LATOUR
PREMIER GRAND CRU CLASSÉ
2001
PAUILLAC

* 피노 부인, 플로랑스 조제-피노 ** 약 1,900억 원

샤토 라투르는 다른 와인에 비해 비교적 오래 병숙성기간을 거쳐.
Château Latour
샤토 라투르
면적: 65헥타르
연생산: 약 40만 병
토머스 제퍼슨이 세계 최고와인 중 하나라고 격찬한 레드와인.
50~80년간 저장이 가능하고
음메~!
1938년산 샤토 라투르!
지금까지 최고의 빈티지로 알려진 라투르는 그 가격을 정확히 알 수도 없대.
샤토 라투르 최고의 빈티지
1945 1959 1961
1982 1990 1996
2000 2003 2005
우린 알아도 그만, 몰라도 그만!

❖ 샤토 마고

미국 소설가 어니스트 헤밍웨이가 너무나도 사랑해 손녀에게도 그 이름을 붙여주었다는 샤토 마고!
면적 : 45헥타르 / 연생산 : 약 14만 병
프랑스 왕 루이 15세의 애인 마담 퐁파두르가 샤토 라피트를 궁중에 소개한 데 질세라
왕의 두 번째 애인 마담 뒤 바리*가 궁중에 소개한 와인이 바로 샤토 마고야.
보르도 명주 샤토 라투르가 힘차고 묵직한 남성적인 레드와인이라면
Ch. Latour
샤토 라투르
샤토 마고는 우아하고 섬세한 여성적인 와인으로 정평이 나 있지.
Ch. Margaux
샤토 마고
1987년 영국의 저명한 와인서적 작가이자 평론가 마이클 브로드벤트*는 1787년산 샤토 마고를 시음하고 이렇게 외쳤대.
오! 오오오…
맛에서 더할 나위 없고 무게에서, 입속의 지속감에서, 뒷여운에서 정말 완벽함 그 자체구려!
과연 샤토 마고 레드와인 1900년산은 한 병에 8천~1만 유로를 호가하는 초고가와인이야.
경매가격이 1천만 원을 훨씬 넘어요!
1900
300년간 귀족가문이 소유해온 샤토 마고는 프랑스혁명 뒤 국가에 압수되어
압수
CHÂTEAU MARGAUX
국가 재산
그후 계속 은행가들의 손에서 손으로 팔려다녔는데
은행가 등 자본가가 신흥귀족!
샤토 마고 소유권
1810년 당시 소유주 콜로나는 오늘날 샤토 마고의 상징인 마고성을 지었어.
그리스 파르테논신전 같은 우아한 샤토를 갖고 싶다!

*Madame du Barry

*Michael Broadbent

당대 최고의 설계가 빅토르 루이 콩브가 건축한 샤토 마고는 프랑스 정부가 지정한 주요 기념 건축물이야.
국가 지정 건축물
함부로 헐거나 고치지 못한다.
뚜렷한 소유주 없이 운영회사가 경영하던 샤토 마고는 투자와 혁신 부족으로 서서히 침몰하기 시작하더니
1973년 오일쇼크에 치명타를 맞고 1977년 결국 그리스 재벌 앙드레 멘젤로풀로스에게 팔리고 말았어.
André Mentzelopoulos
1915~1980
그러나 샤토 마고는 외국인에게 팔 수 없는 정부 지정 샤토였기 때문에
외국인에겐 절대 못 팔아요!
NON!
멘젤로풀로스는 프랑스인으로 국적을 바꾸고서야 소유주가 될 수 있었지.
그럼 요렇게 하면 되지!
새 주인을 맞은 샤토 마고는 르네상스를 맞아 새로운 활력을 얻는 듯했으나
샤토 마고의 새로운 탄생을 기대하시라!
대대적 투자!
기술혁신!
구조 조정!
1980년 멘젤로풀로스가 빚만 잔뜩 남기고 세상을 떠나자
뭐야… 나더러 어쩌라고?
빚
André M.
미망인 로라와 딸 코린은 이탈리아 재벌 조반니 아넬리에게 75퍼센트의 지분을 팔고 공동경영을 시작했어.
외국인에게 그만큼 팔아도 되나?
그래도 소유주는 프랑스인이니까!
그러나 불화 끝에 아넬리가 75퍼센트의 샤토 마고 지분을 팔겠다고 내놓자
확 팔아버릴껴!
샤토 마고 주식
로라와 코린은 빚을 얻어 3억 5천만 유로에 아넬리의 지분 75퍼센트를 사들여
샤토 마고 주식
€350,000,000
75%
샤토 마고를 지키는 덴 성공했지만, 그들은 프랑스에서 가장 많은 빚을 진 채무자가 되고 말았어.
CHÂTEAU MARGAUX
프랑스 채무자 제1위
그러나 요즘 다시 샤토 마고 와인 매출이 크게 늘어 활기를 띠고 있다고 해.
요즘같이 프리미엄와인 가격이 천정부지로 뛰는 판에!
싹쓸이해가는 신흥부자들 덕에 떼돈 버는 건 시간문제!

❖ 샤토 오브리옹

메독 지역이 아닌 그라브 지역, 그중에서도 '페삭-레오냥' AOC의 샤토 오브리옹은
보르도시
페삭-레오냥
Pessac-Léognan
가론강
그라브
＊샤토 오브리옹
1855년 메독 지역 와인등급 평가에서 예외로 특1등급에 선정된 고급와인이야.
굴러온 돌이 박힌 돌 빼는 건….
그만큼 품질이 좋다는 얘기!
메독
그라브
과연 보르도 지방에서 처음으로 브랜드화한 와인답게
CHATEAU HAUT-BRION
2000
CRU CLASSE DES GRAVES
Pessac-Léognan
＊샤토 오브리옹
오브리옹은 성(城)을 지은 퐁탁의 이름을 따 퐁탁 와인으로 불리기도 했어.
퐁탁 와인
중저가 대중와인
샤토 오브리옹
고급와인
CHATEAU HAUT-BRION
1996
보르도의 와인병은 규격이 통일돼 있어서 모든 와인에 규격화된 병을 사용하는데
샤토 오브리옹은 어깨가 넓고 아래가 좁은 독특한 모양이기 때문에
보관할 때 당황하는 경우가 있지.
다른 보르도 와인병
샤토 오브리옹 와인병
46헥타르의 포도밭에서 재배한 포도로 매년 27만 병 정도 생산하는 이 와인은
5대 샤토 생산량
보르도에서 포도가 가장 잘 자라는 토질을 자랑하는데, 이 지역 화이트와인 또한 레드와인 못지않은 명성을 누리고 있어.
'화이트=레드'의 명성을 누리는
보르도의 유일한 지역!
페삭-레오냥
Pessac-Léognan
CH. 오브리옹
그런데 1935년 미국인 은행가 딜런(Dillon)가의 소유로 넘어가고 말았어.
지금은 프랑스 주요 샤토는 외국인이 소유할 수 없다는 법이 있지만
프랑스 정부가 지정한 아래의 와이너리(샤토, 도멘 등)는 프랑스 국적을 가진 자만이 살 수 있다.
〈목록〉
1. Ch. 마고
오브리옹
이 법이 생기기 전에 구입해서 지금까지 소유하고 있기 때문에 샤토 오브리옹의 주인은 아직도 미국인이야.
프랑스판 '소 잃고 외양간 고치기'네!

샤토	생산량(병)	면적(헥타르)
1. Ch. 라투르	40만	65
2. Ch. 무통 로칠드	30만	82
3. Ch. 오브리옹	27만	46
4. Ch. 라피트 로칠드	25만	90
5. Ch. 마고	14만	45

❖ 샤토 디켐

세계 최고의 스위트와인을 생산하는
소테른의 샤토 디켐*
토머스 제퍼슨이 극찬을 아끼지 않은
최고급, 최고가의 푸리튀르 노블* 디켐!
103헥타르의 포도밭에서 헥타르당
1,250병의 스위트와인을 생산하고
있지.
Château d'Yquem
샤토 디켐
면적 : 103헥타르
연생산 : 9만 5,000병
Premier Cru Supérieur
1급 크뤼 쉬페리외르

*Château d'Yquem

*귀부(貴腐)와인 **원료가 되는 포도 품종 세미용(Sémillon)

샤토 디켐이 이처럼 높은 평판과 가격을
유지하는 데는 그만한 이유가 있어.
포도를 그냥 따는 것이 아니라 손으로
한 알 한 알 최고의 상태인 것만 엄선해서
따기 때문에
바리크(오크통) 한 개(225리터) 분량의
와인을 만들 포도를 따는 데 동원되는
사람이 무려 150명에 이르지.
샤토 디켐 1990년산
인건비가
그렇게 비싼
나라에서?
기계화된
대량생산이 아닌
핸드메이드
명품와인이군요!
바로 그거야! 세계 최고의 와인을
세계 최고의 가격에 팔면서 품질에서
절대 소비자를 실망시키지 않는다는 것!
이런 원칙 아래 포도즙을 세 번이나 짜고,
10~15회나 걸러서
거르고
거르고
또 걸러
맑게, 더
맑게!
황금색으로 빛나는 맑은 와인으로
소비자에게 다가가는
거지.
세계 최고의
디저트와인!
게다가 다른 소테른 와인은 오크통에서
3년간 숙성시키는 데 비해
화이트와인은 대개
바리크숙성을 하지
않는데···.
소테른의
스위트와인은
예외!
Sauternes
디켐은 최소 4년을 숙성시켜 우아함을
높이는데, 이는 다른 보르도 레드와인의
오크통숙성 기간인 2년의 두 배 이상이야.
2년
최소 4년
보르도
레드와인
샤토 디켐

자연히 디켐은 얼마든지 오랫동안 보관할 수 있는 최고급와인이 되고
CHATEAU DE FARGUES
Lur-Saluces
SAUTERNES
1990
CHÂTEAU GUIRAUD
SAUTERNES
1997
소테른의 유명 샤토
샤토 드 파르그
파르그 드 라공
Château de Fargues
Fargues de Lagon
샤토 기로
Château Guiraud
백년이 지난 뒤에도 그 맛과 향을 즐길 수 있다는 신비로움을 지니고 있어.
샤토 디켐 1900년산이 경매에 나왔네!
와우
AUCTION
또 소비자를 실망시키지 않기 위해 품질관리도 철두철미하게 하지.
d'Yquem
명품
명품의 생명은 품질을 사수하는 데 있다!
날씨가 나쁘거나 작황이 안 좋아 포도의 품질이 수준이하인 해에는
올해 포도로는 품질을 유지하기 어렵겠다!
이걸로 와인을 만들면 우리 평판이 하루아침에….
아예 '샤토 디켐'이라는 명칭이 붙은 와인을 생산하지 않아.
올해는 생산하지 않음!
올해 빈티지 없다!
포도는 다른 업자에게 팔거나
디켐 포도라고 선전하자!
샤토 앞켐
샤토 디켐
'Y(이그렉)'라는 이름으로 드라이한 화이트와인을 만들지.
Y
Ygrec
Château d'Yquem
d'Yquem
스위트 와인
Ygrec
드라이 와인
그럼 아예 디켐을 구경할 수 없는 해도 있겠네요.
빈티지가 빠져버리는 거지, 완전히!
이런 '디켐정신' '디켐철학'은 1996년 명품재벌 LVMH가 샤토를 인수하면서 더욱 강화됐어.
우리가 사겠소.
CHÂTEAU D'YQUEM
SINCE 1785
Lur-Saluces Family
LVMH
LVMH는 세계적인 명품브랜드와 샹파뉴, 코냑 재벌로
Louis Vuitton
1854
루이뷔통(고급패션 브랜드)
Moët et Chandon
1743
모에 에 샹동(샹파뉴)
1765
Hennessy
엔시(코낙)
LVMH
샤토 디켐
총수 베르나르 아르노는 샤토 라투르를 인수한 피노와 함께
Bernard Arnaud
François Pinault
프랑스 양대 재벌로 군림하고 있지.
세계 와인업계는
공룡들의 전쟁터!

❖ 샤토 페트뤼스

샤토 페트뤼스는 19세기 말까지는 별로 알려지지 않은 그렇고 그런 샤토였어.
포므롤 Pomerol
페트뤼스
르 팽 Le Pin
피작 Figeac
슈발 블랑 Cheval Blanc
리부른 Libourne
생테밀리옹
포므롤 지역에서 가장 높은 언덕에 자리잡은 이 샤토는 면적이 11.4헥타르로 라피트 포도원의 8분의 1에 불과해.
1998 PETRVS POMEROL Grand Vin
면적 : 11.4헥타르
연생산 : 3만 병
세계 최고의 메를로 와인
샤토 페트뤼스가 세상에 알려진 것은 19세기 말 파리 박람회에서 금상을 받으면서부터야.
Pétrus
EXPO PARIS
금상
Grand Award!
그로 인해 유명해지긴 했지만 그건 프랑스 국내에서뿐
페트뤼스?
Cést très bon!
아주 맛있어!
Pétrus!
전세계로 널리 알려진 것은 제2차 세계대전 뒤였지.
1945
1920년 샤토 페트뤼스를 물려받은 루바(Loubat) 부인이
뭔가 획기적인 계기를 마련해 홍보해야 해!
1947년 11월 20일, 영국의 엘리자베스 공주와 필립 공의 결혼식에 샤토 페트뤼스를 내놓게 함으로써
이 와인은 일약 세계 상류사회를 상징하는 의미를 지니게 되었어.
페트뤼스입니다.
오, 왕실 혼례에 쓰인 바로 그 와인!
페트뤼스에 대한 소문은 빠르게 세계로 퍼져나가
페트뤼스!
페트뤼스!
페트뤼스!
페트뤼스!
유럽
USA
남미
프랑스는 물론 영국과 미국 상류사회에 최고급와인의 이미지로 정착한 거야.
마담 살뤼!
메르시 무슈!
이 상류사회의 '전설적인 와인'은 미국에서 커다란 붐을 일으켰는데
음, 이 육감적인 느낌!
이 과일향은 어떻고?
뉴욕 최고급 레스토랑인 '르 파피용'의 주인이 이 와인에 푹 빠져 '추천, 최고의 와인'으로 내세웠어.
French Restaurant Le Papillon
페트뤼스!
페트뤼스를 추천합니다!

이 레스토랑의 주요 고객이었던 재벌 록펠러 가문, 선박왕 오나시스 가문은 물론
록펠러
오나시스
특히 케네디 가문이 샤토 페트뤼스의 단골이라는 소문이 퍼지면서
'케네디와인'이라는 별명까지 붙어 미국 상류사회의 징표처럼 여겨졌지.
케네디와인 이야.
오, 샤토 페트뤼스!
당시에도 1년에 겨우 4,000병밖에 생산되지 않는다는 희소가치로 인해 비싼 가격이었지만
메를로 95%
카베르네 프랑 5%
상류사회에서 마신다는 브랜드 가치까지 더해져, 오늘날에는 한 병 가격이 최저 600유로!
그 위로는 끝없이 올라가는 거죠.
일반인에겐 그림의 떡, 아니 술!
부르고뉴 로마네 콩티와 더불어 가장 비싼 프랑스 와인인 셈이야.
페트뤼스
로마네 콩티
보르도
부르고뉴
포므롤에는 메독이나 생테밀리옹 같은 그랑 크뤼 클라세 분류가 없지만
우린 그랑 크뤼 같은 거 없다!
그랑 크뤼 A급, B급!
포므롤 Pomerol
생테밀리옹 St-Émilion
샤토 페트뤼스는 그 이름 자체로 와인마니아들의 가슴을 설레게 하지.
와, 이 가게에 페트뤼스가 있네!
어머, 저 가격에도 마시는 이가 있나? 가슴 떨려서 어떻게?
보르도의 5대 샤토라면 대개 메독 지역의 샤토들을 일컫지만(그라브 1개)
보르도 5대 샤토
· 샤토 라피트 로칠드
· 샤토 무통 로칠드
· 샤토 라투르
· 샤토 마고
· 샤토 오브리옹(그라브)
보르도 7대 샤토를 말할 땐 소테른의 샤토 디켐과 포므롤의 샤토 페트뤼스가 포함되지.
이 샤토들은 외국인에게 팔 수 없다!
그러나 '보르도 빅8' 즉 화이트와인을 제외하고 보르도 8대 샤토를 꼽으라면
보르도
5대 샤토
페트뤼스
생테밀리옹의 1등급 그랑 크뤼 클라세 A급인 샤토 오존과 샤토 슈발 블랑이 포함돼.
보르도 5대 샤토 + 페트뤼스
샤토 오존
CH. AUSONE
샤토 슈발 블랑
CH. CHEVAL BLANC
BORDEAUX BIG 8

❖ 샤토 오존과 샤토 슈발 블랑

고색창연한 생테밀리옹 마을을 중심으로 옹기종기 모여 있는 샤토들의 포도원은 비교적 규모가 작아 돌담으로 경계 지어진 곳이 많아.

*생테밀리옹 마을

그러나 이곳은 60여 개나 되는 그랑 크뤼 클라세급 포도원이 있는 대단한 와인명산지로

*생테밀리옹 포도밭

그중에서도 샤토 오존과 샤토 슈발 블랑은 1등급 그랑 크뤼 A급 샤토지.

*샤토 슈발 블랑

보르도에서 태어난 고대 로마 시인 아우소니우스(310~395)의 이름을 땄다는 샤토 오존은
AUSONIUS
Château Ausone

추측컨대 14세기가 돼서야 오늘의 모습을 갖춘 것으로 보여.

7.3헥타르의 면적에 메를로와 카베르네 프랑을 반씩 재배, 블렌딩하여
둘 다 부드러운 품종!
메를로 50%
카베르네 프랑 50%

카베르네 소비뇽을 주원료로 하는 메독 와인이 강하고 남성적이라면
내가 타닌이고 뭐고 좀 강한 편이지.
어머, 우리 사귀어요!
카베르네 소비뇽
메를로

샤토 오존은 비교적 부드럽고 우아한 맛으로 '보르도의 부르고뉴'라는 평가를 받고 있어.
CHÂTEAU AUSONE
SAINT-ÉMILION
1er GRAND CRU CLASSÉ "A"
2002
CHATEAU CHEVAL BLANC
1er Grand Cru Classé
1990
St. Émilion Grand Cru
샤토 오존
Ch. Ausone
샤토 슈발 블랑
Ch. Cheval lanc

샤토 슈발 블랑은 카베르네 프랑 66퍼센트, 메를로 34퍼센트의 블렌딩으로

*샤토 슈발 블랑의 포도원

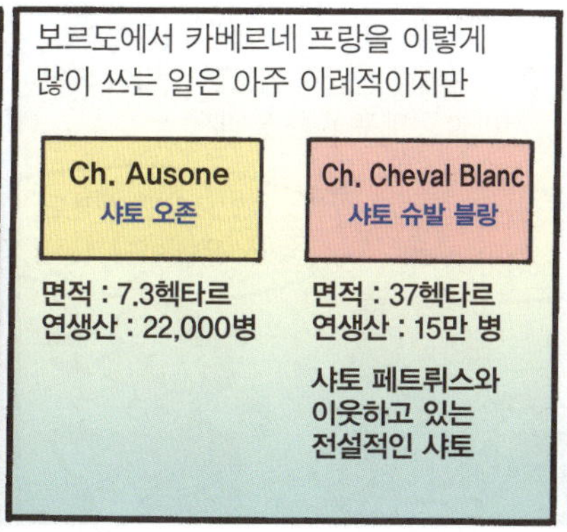
보르도에서 카베르네 프랑을 이렇게 많이 쓰는 일은 아주 이례적이지만
Ch. Ausone
샤토 오존
면적 : 7.3헥타르
연생산 : 22,000병
Ch. Cheval Blanc
샤토 슈발 블랑
면적 : 37헥타르
연생산 : 15만 병
샤토 페트뤼스와 이웃하고 있는 전설적인 샤토

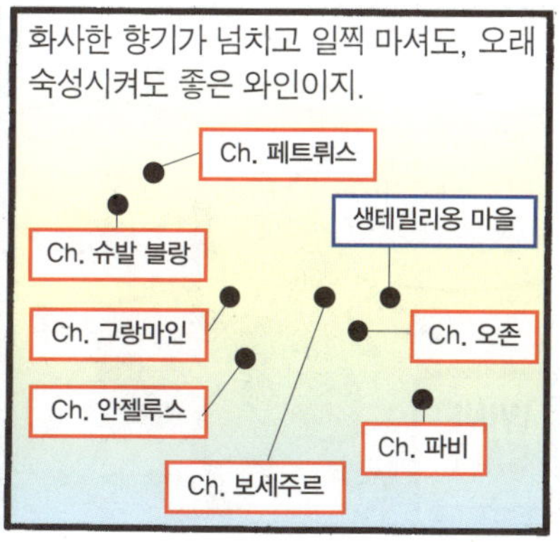
화사한 향기가 넘치고 일찍 마셔도, 오래 숙성시켜도 좋은 와인이지.
Ch. 페트뤼스
생테밀리옹 마을
Ch. 슈발 블랑
Ch. 그랑마인
Ch. 오존
Ch. 안젤루스
Ch. 파비
Ch. 보세주르

❖ 세컨드라벨

포도나무는 심은 지 10년이 지나야 비로소 좋은 포도를 맺기 때문에
보르도의 특급 샤토에서는 와인의 품질을 유지하기 위해 10년 이상 자란 포도나무의 열매만 사용해.
CHATEAU MARGAUX
포도나무의 수령은 60~100년이지만 너무 늙으면 열매도 적고 맛도 크게 떨어지기 때문에
내가 애를 낳는다고 상상해봐!
수령이 오래된 포도나무는 뽑아버리고 새 묘목을 심어 키우게 되지.
3~4년 후 이 포도나무에서 열매를 거두면 그것으로도 와인을 빚기는 하지만
아무래도 맛과 향이 크게 떨어질 수밖에 없어.
아직 향, 맛 모두 많이 부족해!
그래서 보르도 유명 샤토들은 이런 포도로 만든 와인, 즉 '세컨드라벨*'을 생산해
샤토 A 정품
수령 10년 이상 된 나무에서 수확한 포도로 만든 와인
샤토 A 세컨드라벨
수령 10년 미만의 나무에서 수확한 포도로 만든 와인
메인라벨(본제품)보다 훨씬 저렴한 가격에 판매하고 있어.
샤토 A 정품
€100~150
샤토 A 세컨드라벨
€30~50
워낙 비싼 그랑 크뤼 와인을 엄두 내지 못하는 와인애호가들에겐
어서 가요!
샤토 마고가 550유로….

*Second Label

세계 최고 샤토의 와인을, 비록 2급품이긴 해도 맛볼 수 있는 기회가 되고
샤토 마고의 세컨드라벨!
그것도 60유로나!
WINE SALE
생산자에겐 결코 싸지 않은 세컨드라벨 와인 판매가 상당히 짭짤한 수입이 되어 누이 좋고 매부 좋은 일이지.
기분은 1등급 그랑 크뤼!
세컨드라벨 가격도 장난 아니거든!
그러니까 세컨드라벨로도 얼마든지….
초고가 그랑 크뤼와 비슷한 맛과 분위기를 즐길 수 있겠네요!

대신 세컨드라벨은 정품의 이름을 그대로 쓰지 않고
샤토 라피트 로칠드
Château Lafite Rothschild
세컨드라벨과 정품 헷갈리게 하면 소비자 기분 까칠해지지.
따로 이름을 붙이므로, 이걸 알아야 정확히 세컨드라벨임을 알 수 있어.
Carruades de Lafite Rothschild
카뤼아드 드 라피트 로칠드
세컨드라벨
샤토 라피트 로칠드 정품
샤토 무통 로칠드
1등급 그랑 크뤼
Le Petit Mouton de Mouton Rothschild
르 프티 무통 드 무통 로칠드
세컨드라벨
샤토 무통 로칠드 정품
샤토 라투르
1등급 그랑 크뤼
Les Forts de Latour
레 포르 드 라투르
세컨드라벨
샤토 마고
1등급 그랑 크뤼
Pavillon Rouge du Château Margaux
파비용 루즈 뒤 샤토 마고
세컨드라벨
샤토 오브리옹
1등급 그랑 크뤼
Le Bahans du Haut-Brion
르 바앙 뒤 오브리옹
세컨드라벨
샤토 오브리옹 정품
위에서 설명한 5대 샤토 외에도 많은 그랑 크뤼급 샤토에서 어린 포도나무 열매로 세컨드라벨을 만들어 팔고 있어.
그랑 크뤼급 샤토
세컨드라벨
· 샤토 슈발 블랑 → 프티 슈발 드 슈발 블랑
Petit Cheval de Cheval Blanc
· 샤토 레오빌 바르통 → 레이디 랑고아
Lady Langoa
· 샤토 그뤼오-라로즈 → 사르제 드 그뤼오-라로즈
Sarget de Gruaud-Larose
· 샤토 몽로즈 → 라 담 드 몽로즈
La Dame de Montrose
· 샤토 팔메 → 레제르브 뒤 제네랄
Reserve du Général
더 자세히 알고 싶으세요?
그럼 이 책 뒤 부록을 보세요.
우아… 그걸 다 외워야…?
누가 외우랬니?
이중 몇 가지만 기억하고 나머지는 전문가에게…
보르도 9,000개 샤토 다 외우는 건 시간도 노력도 낭비니까….
휴유~
보르도 와인이 어떤 건지 대강 윤곽만 잡고!
자꾸 마셔보면서 자기 스타일을 찾아가는 거지!
자, 그럼 지금까지 알아본 보르도 와인에 대한 상식으로 보르도 와인의 라벨을 읽어볼까!

❖ 보르도 와인 라벨 읽기

와인의 중요한 정보를 기록하고 있는 라벨은
●와인의 등급
●생산자
●생산지
●빈티지
●용량
●알코올 함량
그 와인이 어떤 와인이고, 어떤 수준의 와인인가를 판단하는 기준이 되기 때문에
나라마다 라벨 표기 방식이 달라요!
라벨만 잘 읽으면 실수할 리 없죠!
라벨을 읽을 줄 아는 것이야말로 내가 사고자 하는 와인을 제대로 이해하는 가장 중요한 열쇠지.
음, 이 정도 수준이면…
가격도 적당하고 내가 원하던 바로 그거야.

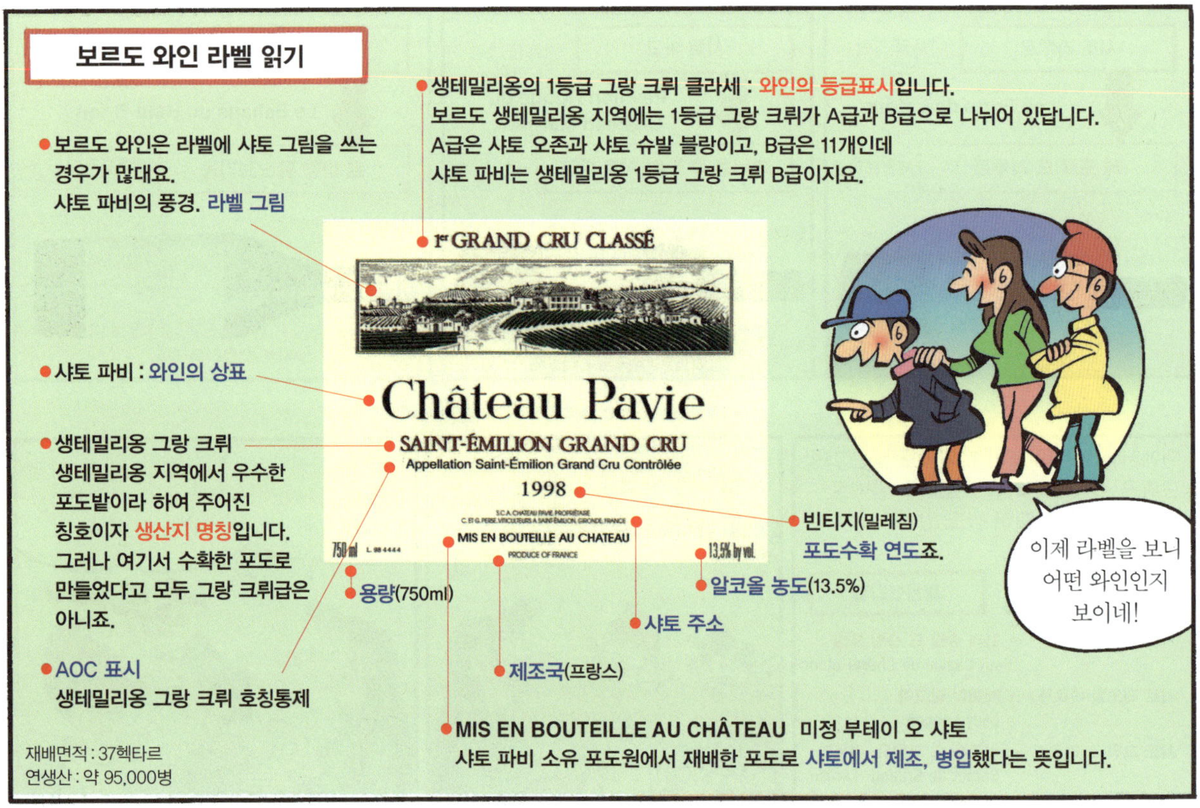

보르도 와인 라벨 읽기
●생테밀리옹의 1등급 그랑 크뤼 클라세 : 와인의 등급표시입니다.
보르도 생테밀리옹 지역에는 1등급 그랑 크뤼가 A급과 B급으로 나뉘어 있답니다.
A급은 샤토 오존과 샤토 슈발 블랑이고, B급은 11개인데
샤토 파비는 생테밀리옹 1등급 그랑 크뤼 B급이지요.
●보르도 와인은 라벨에 샤토 그림을 쓰는 경우가 많대요.
샤토 파비의 풍경. 라벨 그림
1er GRAND CRU CLASSÉ
●샤토 파비 : 와인의 상표
Château Pavie
●생테밀리옹 그랑 크뤼
생테밀리옹 지역에서 우수한 포도밭이라 하여 주어진 칭호이자 생산지 명칭입니다.
그러나 여기서 수확한 포도로 만들었다고 모두 그랑 크뤼급은 아니죠.
SAINT-ÉMILION GRAND CRU
Appellation Saint-Émilion Grand Cru Contrôlée
1998
●빈티지(밀레짐)
포도수확 연도죠.
MIS EN BOUTEILLE AU CHATEAU
PRODUCE OF FRANCE
750 ml
13,5% by vol.
●용량(750ml)
●알코올 농도(13.5%)
●샤토 주소
●제조국(프랑스)
●AOC 표시
생테밀리옹 그랑 크뤼 호칭통제
●MIS EN BOUTEILLE AU CHÂTEAU 미정 부테이 오 샤토
샤토 파비 소유 포도원에서 재배한 포도로 샤토에서 제조, 병입했다는 뜻입니다.
이제 라벨을 보니 어떤 와인인지 보이네!
재배면적 : 37헥타르
연생산 : 약 95,000병

그랑 크뤼급이 아닌 와인도 아래와 같은 문구를 넣는데
그랑 크뤼 클라세
GRAND CRU CLASSÉ
그랑 크뤼가 아닌 와인에도
GRAND VIN DE BORDEAUX
그랑 뱅 드 보르도
이 말은 '보르도의 명주(銘酒)' 즉 '보르도의 훌륭한 와인'이라는 뜻이지만, 자화자찬하는 선전문구일 뿐, 품질등급은 아니야.
우리나라 쌀로 치면….
품질이 훌륭한 경기도 쌀
Great Rice of Kyunggi-Do
자, 이제 보르도와 함께 프랑스 와인을 대표하는 부르고뉴로 가자!
Bourgogne 부르고뉴
부웅

❖ 부르고뉴 지방

부르고뉴 와인

부르고뉴는 북으로부터 크게 샤블리, 코트 도르(코트 드 뉘+코트 드 본), 코트 샬로네즈, 마코네, 보졸레 등 다섯 지역으로 분류돼.

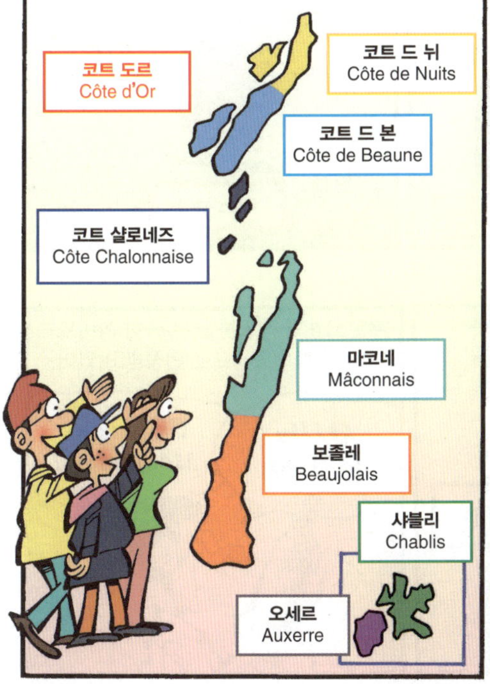

각 지역, 각 마을마다 세계적으로 유명한 명품와인들을 생산하고 있으며 우아하고 기품있는 레드 · 화이트 와인은 다른 지방에서 결코 흉내내지 못하는 수준이야.

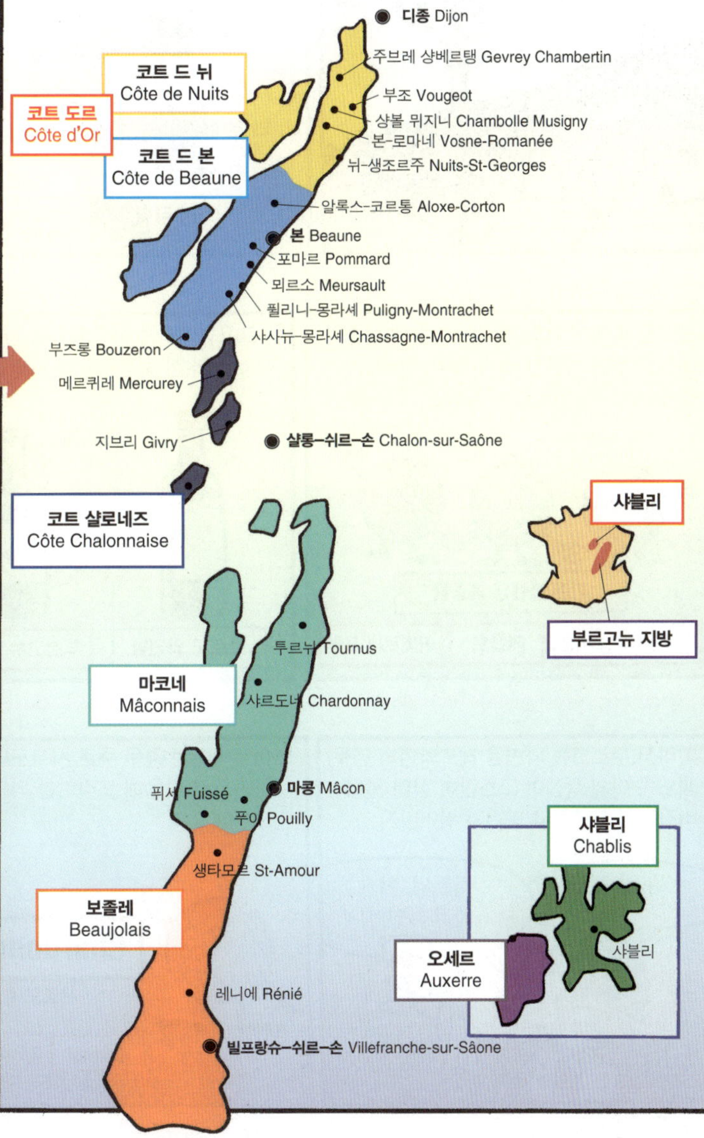

부르고뉴 와인은 기원전 7세기부터 비롯된 깊은 역사를 지니고 있으며

*부르고뉴의 건축양식

11세기 수도원들이 토질개선과 양조기술을 연구해 품질 좋은 와인을 생산했기 때문에

파리 왕실에서 즐겨 마시는 고급와인으로 일찌감치 자리를 잡았지.

부르고뉴는 지층이 다양한 토양 때문에
자갈
흙
바위
같은 포도밭이라도 10미터만 떨어져 있으면 다른 성격의 와인이 되는 독특한 지역이야.
리쉬부르
로마네 생비방
라 로마네
로마네 콩티
라 그랑 뤼
라 타쉬
DRC 지역
Domaine Romanée Conti
부르고뉴 와인이 보르도 와인과 가장 크게 다른 점은
보르도 와인잔
부르고뉴 와인잔
보르도 와인이 거의 예외없이 두세 품종의 포도를 섞어 독특한 맛과 향의 와인을 만드는 블렌딩기법을 사용하는 데 비해
기존 블렌딩 품종들
카베르네 소비뇽
메를로
카베르네 프랑
부르고뉴에서는 레드와인의 경우 오로지 피노 누아 한 품종만으로 와인을 만들고
0.75리터
보르도 와인병
부르고뉴 와인병
다른 품종과 블렌딩하지 않는다는 점이야.
부르고뉴 레드와인
ONLY ONE!
피노 누아
따라서 부르고뉴 와인은 레드와인의 경우 피노 누아의 특성이 고스란히 살아 있어 비단같이 부드럽고 향기가 뛰어나지.
Mon dieu!
하느님, 어찌 이런 와인이!
화이트와인의 경우 주로 샤르도네를 주품종으로 사용해 드라이한 와인을 만드는데
Chardonnay
샤르도네
Gamay
보졸레 와인
가메
부르고뉴의 레드는 물론 특히 화이트는 단연 세계 최고급으로 인정받고 있어.
샤사뉴 몽라셰!
Chassagne Montrachet!
또 한 가지 보르도와 다른 점은, 보르도가 샤토를 중심으로 대규모 포도원을 소유하고 있지만
샤토A
샤토A 포도원
부르고뉴에서는 한 밭의 주인이 많게는 열 명이나 될 정도로
B포도원
주인 가
주인 나
주인 다
주인 라
주인 마
주인 바
주인 아
주인 차
주인 자
주인 사
밭은 규모가 작고 소유주가 복잡하게 나뉘어 있다는 점이야.
A
B
C
같은 포도원의 포도로 서로 다른 양조장에서 만든 와인들

❖ 네고시앙

프랑스대혁명 이후 귀족들이 소유했던 포도원은 모두 국가에 몰수되었지만
기요틴*으로….
몰수
포도원
파리에서 먼 보르도의 포도원은 뒷날 신흥귀족들이 대거 사들여
이 포도원 몽땅 얼마면 돼?
$
포도원 규모도 크고, 한 샤토가 여러 개의 포도원을 소유하는 등 대규모 산업이 되었지.
포도원 A
포도원 B
포도원 C
포도원 D
포도원 E
샤토Z

*단두대

그러나 부르고뉴의 포도원은 혁명 후 잘게 쪼개 농민들에게 나눠주었어.
인민에게 토지 분배!
땅의 주인은 농민!
a b c d e f g h i j k l m
작은 밭을 나눠받은 농민들은 열심히 노력해 품질 좋은 와인으로 소득을 올리고자 했지만
설비도, 자금도, 밭 규모도 모두 영세해서 어려움을 겪었어.
가진 것은 몸뿐!
설비
기술
자금
규모
이런 농민들에게서 포도나 와인을 사들여
포도를 사겠소!
만든 와인도 파시오!
$
스스로 와인을 빚거나 사들인 와인을 섞어 새로운 와인을 만들고
가 나 다
여러 포도원에서 사온 포도
A B C
여러 양조장에서 사온 와인
병에 넣어 판매까지 하는 중간상인이 부르고뉴에서는 매우 중요한 역할을 하는데
포도매입
와인매입
자체 포도원 포도재배
중간상인
와인제조
판매
블렌딩
병입
이런 와인 중간상인을 '네고시앙'이라고 해. 이들은 부르고뉴 와인산업에서 아주 중요한 존재지.
농민A
농민B
농민C
네고시앙 Négociant
와인제조 판매
자체 포도밭
따라서 부르고뉴 와인을 고를 때는 이름있는 마을과 밭도 중요하지만
오, 뉘-생조르주 Nuits-Saint-Georges!
기막힌 포도밭이지!
유명하고 실력 있는 네고시앙이 만든 것인지 아닌지를 반드시 확인해야 돼.
조제프 페블리!
아주 유명한 네고시앙이야.
FAIVELEY
CHAMBERTIN CLOS DE BÈZE
GRAND CRU

❖ 도멘

보르도에서는 포도밭과 그 양조장을 '샤토'라고 하고, 대개 한 사람이나 가족이 소유하지만
보르도
샤토
Château
포도원+양조장
부르고뉴에서는 '샤토'와 같은 포도원을 '도멘'이라고 부르지.
부르고뉴
도멘
Domaine
포도원+양조장
하나의 도멘도 소유주가 여럿일 수 있는데
소유주
가
나
다
마
바
라
사
도멘A

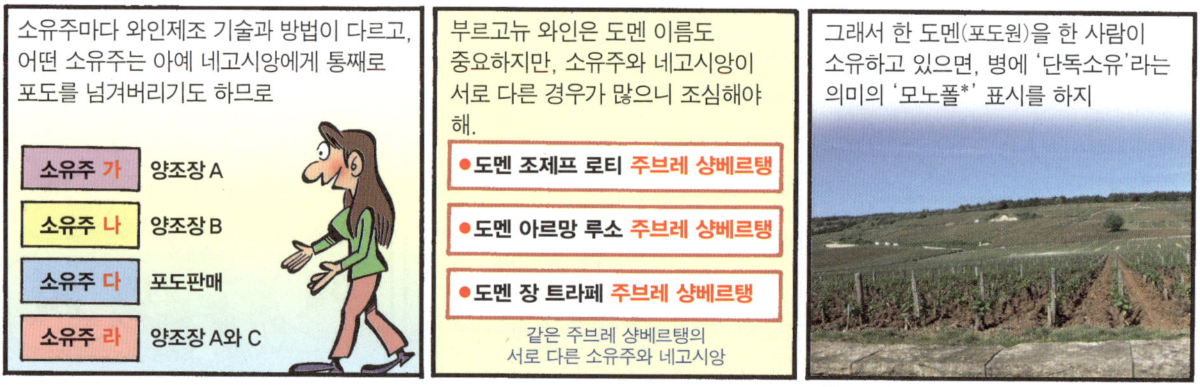
소유주마다 와인제조 기술과 방법이 다르고, 어떤 소유주는 아예 네고시앙에게 통째로 포도를 넘겨버리기도 하므로
소유주 가
양조장 A
소유주 나
양조장 B
소유주 다
포도판매
소유주 라
양조장 A와 C
부르고뉴 와인은 도멘 이름도 중요하지만, 소유주와 네고시앙이 서로 다른 경우가 많으니 조심해야 해.
●도멘 조제프 로티 주브레 샹베르탱
●도멘 아르망 루소 주브레 샹베르탱
●도멘 장 트라페 주브레 샹베르탱
같은 주브레 샹베르탱의
서로 다른 소유주와 네고시앙
그래서 한 도멘(포도원)을 한 사람이 소유하고 있으면, 병에 '단독소유'라는 의미의 '모노폴*' 표시를 하지

* Monopole

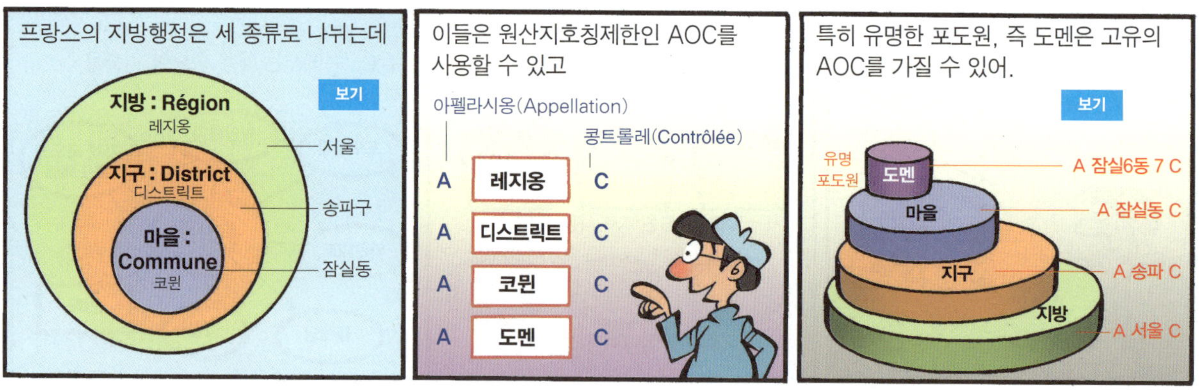
프랑스의 지방행정은 세 종류로 나뉘는데
보기
지방 : Région
레지옹
서울
지구 : District
디스트릭트
송파구
마을 : Commune
코뮌
잠실동
이들은 원산지호칭제한인 AOC를 사용할 수 있고
아펠라시옹(Appellation)
콩트롤레(Contrôlée)
A 레지옹 C
A 디스트릭트 C
A 코뮌 C
A 도멘 C
특히 유명한 포도원, 즉 도멘은 고유의 AOC를 가질 수 있어.
보기
유명 포도원
도멘
A 잠실6동 7 C
마을
A 잠실동 C
지구
A 송파 C
지방
A 서울 C

부르고뉴에서도 당연히 AOC와인이 고급와인이고
우리나라에선 AOC급만 팔던데!
이윤이 적은 저급은 수입을 아예 안 하거든!
고급와인은 '1등급 크뤼(프르미에 크뤼)'
1er Cru
프르미에 크뤼
1등급 와인
전체 부르고뉴 와인의
10%
이 정도면 아주 고급와인!
최고급와인엔 '그랑 크뤼' 등급을 매겨 구별하고 있어.
Grand Cru
그랑 크뤼(특급)
전체 부르고뉴 와인의
3%
끝내주는 최고급와인! 가격도 짱!

❖ 주요 네고시앙

와인 중간상인인 네고시앙들은 여러 마을에서 포도나 와인(통)을 수집해 블렌딩하는데
포도원
가
나
양조장
A
B
보르도에서는 서로 다른 품종의 포도나 와인원액을 블렌딩하는 데 비해
보르도
Bordeaux
카베르네 소비뇽 + 메를로 + 카베르네 프랑
부르고뉴에서는 레드와인의 경우 피노 누아 품종이되 서로 다른 밭에서 생산된 포도를 블렌딩해.
부르고뉴
Bourgogne
피노 누아
포도원 A + 포도원 B + 포도원 C
그런 만큼 네고시앙의 양조기술이 와인의 품질을 결정하고
라벨에도 생산된 마을과 함께 생산자의 이름을 표시하게 되어 있지.
BONNES MARES
GRAND CRU
Appellation Contrôlée
LOUIS JADOT
아휴… 지방, 지구, 마을, 도멘에….
네고시앙까지… 부르고뉴 와인은 너무 복잡하네요.
부르고뉴 와인의 라벨을 잘 보면 보르도와 달리, 병입한 사람(생산자)이 네고시앙인 경우가 많아.
보르도
MIS EN BOUTEILLE AU CHÂTEAU
샤토에서 병입했음
부르고뉴
MIS EN BOUTEILLE PAR L. JADOT
(네고시앙) L. 자도가 병입했음 = L. 자도가 제조한 와인임
부르고뉴의 5대 네고시앙은 부르고뉴 최대 와인생산자이자 와인상인이지.
Maison J. Faiveley
메종 J. 페블리
100헥타르 이상의 포도원 소유!
70퍼센트 이상 자신의 소유 포도원 포도로 양조!
FAIVELEY
CLOS DE VOUGEOT
GRAND CRU
Maison Joseph Drouhin
메종 조제프 드루앵
1880년 클로 드 부조 소유!
몽라셰 그랑 크뤼 등 세계적 와인 생산!
미국 오리건에도 포도원 소유!
Joseph Drouhin
Beaune
Clos des Mouches
JOSEPH DROUHIN
Maison Louis Latour
메종 루이 라투르
샤르도네 품종 최고의 화이트 와인으로 정평!
특급 코르통 샤를마뉴!
DOMAINE LOUIS LATOUR
Maison Louis Jadot
메종 루이 자도
네고시앙+ 포도재배!
몽라셰+코트 도르+보졸레 등 와인재벌!
CLOS VOUGEOT
GRAND CRU
Appellation Contrôlée
75cl e
13,5% vol.
LOUIS JADOT
F 21200 - FRANCE
Domaine Louis Jadot
Maison Leroy
메종 르루아
부르고뉴 최대 와인 소장!
도멘 르루아, 도멘 드 부네 소유!
Romanée S.t-Vivant
Grand Cru
Appellation Contrôlée
Mis en bouteille au Domaine
LEROY

❖ 부르고뉴 와인 라벨 읽기

부르고뉴 와인은 하나의 포도원도 소유주가 여럿인 경우가 많기 때문에 같은 포도원 이름이 붙었다고 해도 품질차가 대단히 커서
유명한 마을 이름과 포도원 이름만 믿고 비싼 값을 치렀다가
비싸지만 큰맘 먹고 샀다.
오예, 샹볼-뮈지니! 끝내주는 부르고뉴 레드와인이라죠?
크게 실망하는 경우가 많기 때문에 단단히 조심을 해야 해.
이거 맛이 왜 이래?
이름없는 업자 제품이네요.
예컨대 세계 최고의 화이트와인이 생산되는 몽라셰의 경우
르 몽라셰
슈발리에 몽라셰
몽라셰
샤사뉴 몽라셰
바타르 몽라셰
퓔리니 몽라셰
비앵브뉘 바타르 몽라셰
주인에 따라 상표도 다르고 품질도 달라서 맛 또한 천지차이지.
A소유
B소유
C소유
A 몽라셰
B 몽라셰
C 몽라셰
보기
샤사뉴 몽라셰
부르고뉴 와인은 소믈리에들까지 헷갈려할 만큼 복잡하기 짝이 없어서 확인에 확인을 거쳐야 해.
주브레 샹베르탱
마지 샹베르탱
그리오트 샹베르탱
뤼쇼트 샹베르탱
샤펠 샹베르탱
샤름 샹베르탱
탱탱탱….

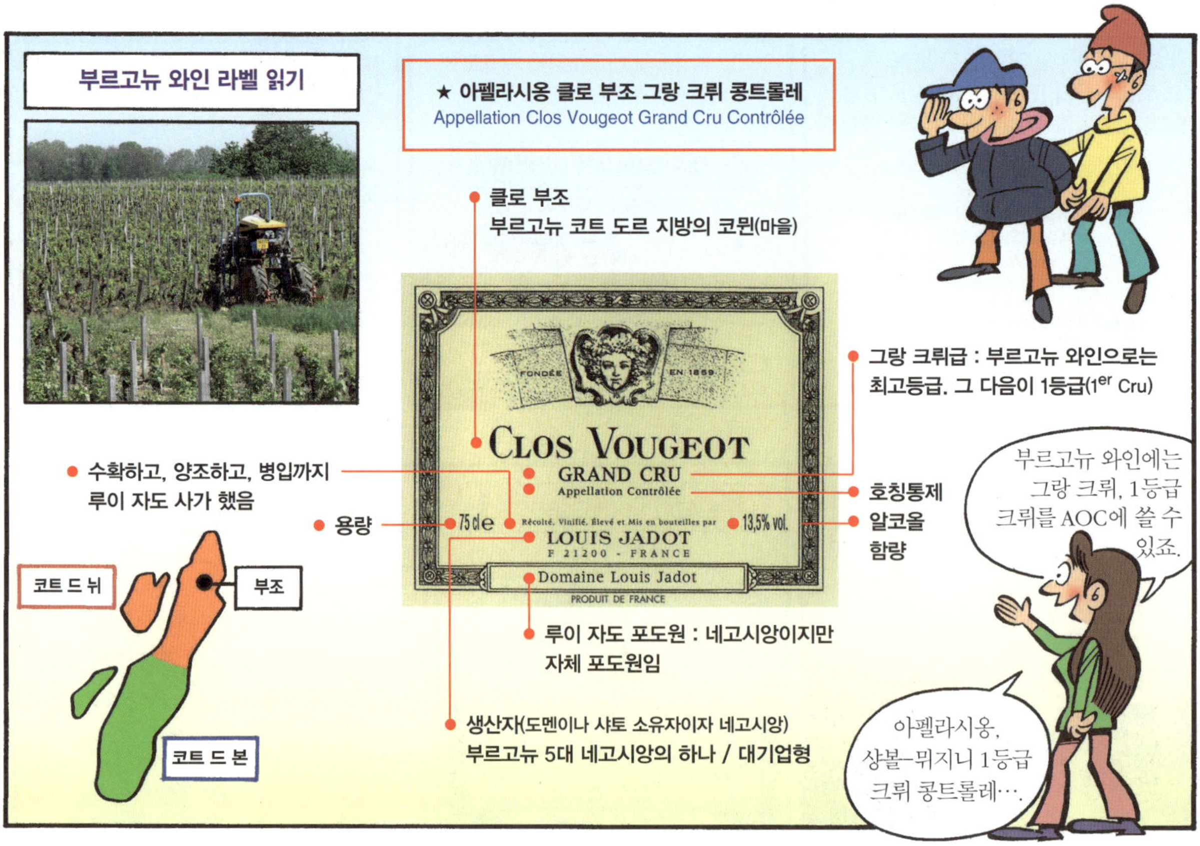

부르고뉴 와인 라벨 읽기
★ 아펠라시옹 클로 부조 그랑 크뤼 콩트롤레
Appellation Clos Vougeot Grand Cru Contrôlée
클로 부조
부르고뉴 코트 도르 지방의 코뮌(마을)
FONDÉE EN 1859
CLOS VOUGEOT
GRAND CRU
Appellation Contrôlée
75 cl e
Récolté, Vinifié, Élevé et Mis en bouteilles par
13,5% vol.
LOUIS JADOT
F 21200 - FRANCE
Domaine Louis Jadot
PRODUIT DE FRANCE
그랑 크뤼급 : 부르고뉴 와인으로는 최고등급. 그 다음이 1등급(1er Cru)
수확하고, 양조하고, 병입까지 루이 자도 사가 했음
용량
호칭통제
알코올 함량
루이 자도 포도원 : 네고시앙이지만 자체 포도원임
생산자(도멘이나 샤토 소유자이자 네고시앙) 부르고뉴 5대 네고시앙의 하나 / 대기업형
코트 드 뉘
부조
코트 드 본
부르고뉴 와인에는 그랑 크뤼, 1등급 크뤼를 AOC에 쓸 수 있죠.
아펠라시옹, 샹볼-뮈지니 1등급 크뤼 콩트롤레….

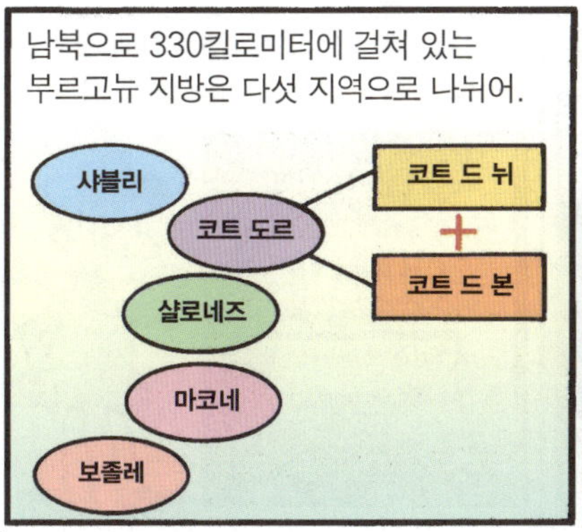

남북으로 330킬로미터에 걸쳐 있는
부르고뉴 지방은 다섯 지역으로 나뉘어.
샤블리
코트 도르
코트 드 뉘
+
코트 드 본
샬로네즈
마코네
보졸레

부르고뉴 와인은 레드, 화이트 모두
프랑스를 대표하는 우수한 품질을
자랑하며

전체 재배면적 47,600헥타르 중
41,700헥타르가 AOC급이야.
부르고뉴 지방의 포도밭은…
거의 전부가 AOC급이란 얘기네!

전체 생산량은 280,000킬로리터(약 3억
7천만 병)로, 보르도 지방의 절반 정도지.

부르고뉴에서는 포도원을 크뤼(Cru)
또는 클리마(Climat)라고 부르며
Cru = Growth(포도밭)
Climat = 포도밭

AOC급 와인은 다섯 등급으로 나뉘어.

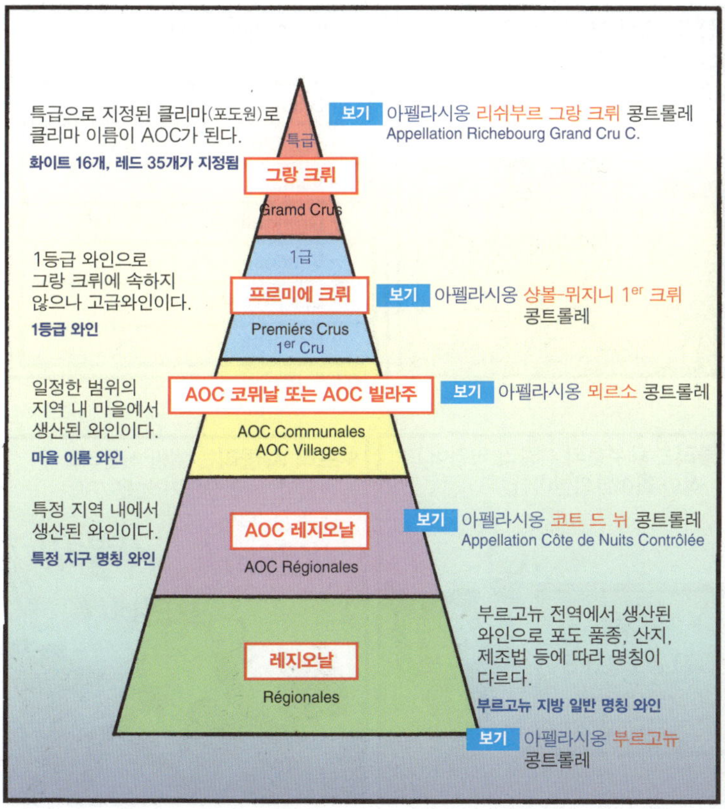

특급으로 지정된 클리마(포도원)로
클리마 이름이 AOC가 된다.
화이트 16개, 레드 35개가 지정됨
특급
그랑 크뤼
Grand Crus
보기 아펠라시옹 리쉬부르 그랑 크뤼 콩트롤레
Appellation Richebourg Grand Cru C.
1등급 와인으로
그랑 크뤼에 속하지
않으나 고급와인이다.
1등급 와인
1급
프르미에 크뤼
Premiérs Crus
1er Cru
보기 아펠라시옹 샹볼-뮈지니 1er 크뤼
콩트롤레
일정한 범위의
지역 내 마을에서
생산된 와인이다.
마을 이름 와인
AOC 코뮈날 또는 AOC 빌라주
AOC Communales
AOC Villages
보기 아펠라시옹 뫼르소 콩트롤레
특정 지역 내에서
생산된 와인이다.
특정 지구 명칭 와인
AOC 레지오날
AOC Régionales
보기 아펠라시옹 코트 드 뉘 콩트롤레
Appellation Côte de Nuits Contrôlée
부르고뉴 전역에서 생산된
와인으로 포도 품종, 산지,
제조법 등에 따라 명칭이
다르다.
부르고뉴 지방 일반 명칭 와인
레지오날
Régionales
보기 아펠라시옹 부르고뉴
콩트롤레

광활한 보르도와 달리 부르고뉴의 포도밭은
주인이 여럿인 경우가 많아서 작은 면적으로
나뉘어 있지.

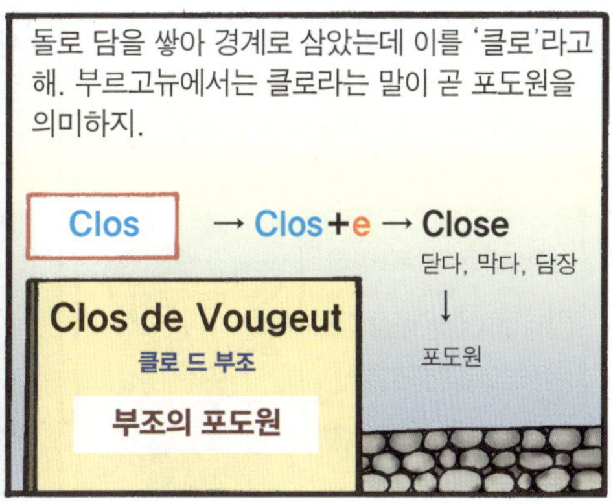

돌로 담을 쌓아 경계로 삼았는데 이를 '클로'라고
해. 부르고뉴에서는 클로라는 말이 곧 포도원을
의미하지.
Clos
→ Clos+e → Close
닫다, 막다, 담장
↓
포도원
Clos de Vougeut
클로 드 부조
부조의 포도원

❖ 샤블리

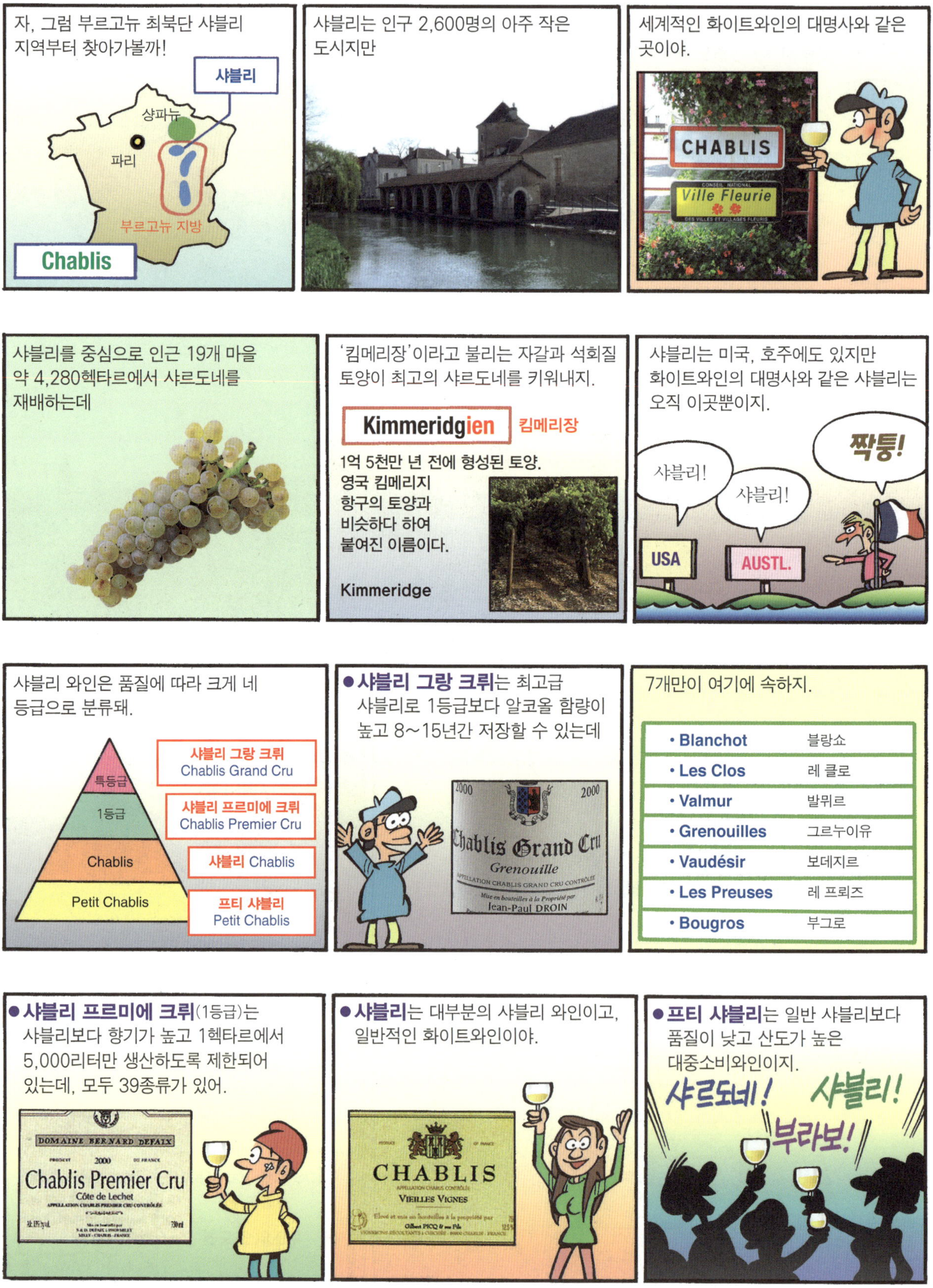

자, 그럼 부르고뉴 최북단 샤블리 지역부터 찾아가볼까!
샤블리
샹파뉴
파리
부르고뉴 지방
Chablis
샤블리는 인구 2,600명의 아주 작은 도시지만
세계적인 화이트와인의 대명사와 같은 곳이야.
CHABLIS
Ville Fleurie
샤블리를 중심으로 인근 19개 마을 약 4,280헥타르에서 샤르도네를 재배하는데
'킴메리장'이라고 불리는 자갈과 석회질 토양이 최고의 샤르도네를 키워내지.
Kimmeridgien 킴메리장
1억 5천만 년 전에 형성된 토양. 영국 킴메리지 항구의 토양과 비슷하다 하여 붙여진 이름이다.
Kimmeridge
샤블리는 미국, 호주에도 있지만 화이트와인의 대명사와 같은 샤블리는 오직 이곳뿐이지.
샤블리!
샤블리!
짝퉁!
USA
AUSTL.
샤블리 와인은 품질에 따라 크게 네 등급으로 분류돼.
특등급
1등급
Chablis
Petit Chablis
샤블리 그랑 크뤼 Chablis Grand Cru
샤블리 프르미에 크뤼 Chablis Premier Cru
샤블리 Chablis
프티 샤블리 Petit Chablis
●샤블리 그랑 크뤼는 최고급 샤블리로 1등급보다 알코올 함량이 높고 8~15년간 저장할 수 있는데
2000 Chablis Grand Cru Grenouille
Jean-Paul DROIN
7개만이 여기에 속하지.
• Blanchot 블랑쇼
• Les Clos 레 클로
• Valmur 발뮈르
• Grenouilles 그르누이유
• Vaudésir 보데지르
• Les Preuses 레 프뢰즈
• Bougros 부그로
●샤블리 프르미에 크뤼(1등급)는 샤블리보다 향기가 높고 1헥타르에서 5,000리터만 생산하도록 제한되어 있는데, 모두 39종류가 있어.
DOMAINE BERNARD DEFAIX
2000
Chablis Premier Cru
Côte de Lechet
●샤블리는 대부분의 샤블리 와인이고, 일반적인 화이트와인이야.
CHABLIS
VIEILLES VIGNES
●프티 샤블리는 일반 샤블리보다 품질이 낮고 산도가 높은 대중소비와인이지.
샤르도네!
샤블리!
부라보!

❖ 코트 드 뉘

'황금의 언덕'이라는 뜻의 코트 도르는 남북으로 30킬로미터에 걸쳐 길게 누워 있는데
코트 도르 Côte d'Or

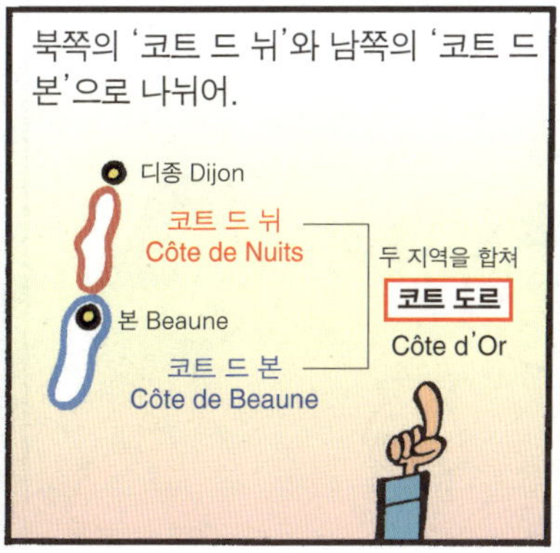
북쪽의 '코트 드 뉘'와 남쪽의 '코트 드 본'으로 나뉘어.
디종 Dijon
코트 드 뉘
Côte de Nuits
본 Beaune
코트 드 본
Côte de Beaune
두 지역을 합쳐
코트 도르
Côte d'Or

코트 드 뉘는 로마네 콩티, 주브레-샹베르탱, 샹볼-뮈지니 등
오…예
• 로마네 콩티
Romanée Conti
• 주브레-샹베르탱
Gevrey-Chambertin
• 샹볼-뮈지니
Chambolle-Musigny
• 클로 드 부조
Clos de Vougeot

세계 최고급와인이 생산되는 명산지야.
그랑 에세조 Grands Échézeaux!
라 타쉬 La Tâche, 이름만 들어도 가슴 설레는 부르고뉴 명주들!

나폴레옹이 좋아한 주브레-샹베르탱은
Gevrey Chambertin
내가 사랑한 여러 와인 중 하나!

장기보관용 고급와인이며, 프랑스뿐 아니라 세계적으로도 최고의 와인을 생산하고 있지.
이 지방에서 생산된 고급와인은
마신다기보다는 소장가치가 더 큰 것으로도 유명해요.

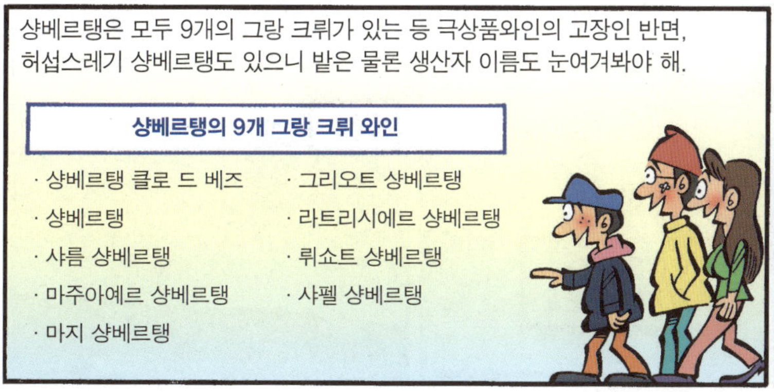
샹베르탱은 모두 9개의 그랑 크뤼가 있는 등 극상품와인의 고장인 반면, 허섭스레기 샹베르탱도 있으니 밭은 물론 생산자 이름도 눈여겨봐야 해.
샹베르탱의 9개 그랑 크뤼 와인
· 샹베르탱 클로 드 베즈
· 샹베르탱
· 샤름 샹베르탱
· 마주아예르 샹베르탱
· 마지 샹베르탱
· 그리오트 샹베르탱
· 라트리시에르 샹베르탱
· 뤼쇼트 샹베르탱
· 샤펠 샹베르탱

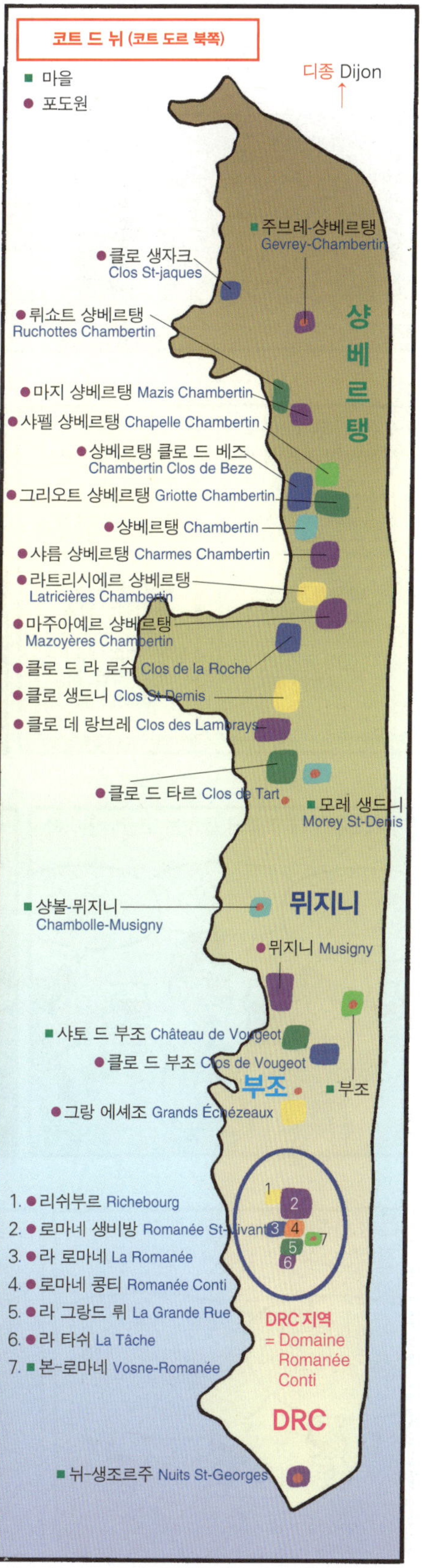
코트 드 뉘 (코트 도르 북쪽)
■ 마을
● 포도원
디종 Dijon
■ 주브레-샹베르탱 Gevrey-Chambertin
● 클로 생자크 Clos St-jaques
● 뤼쇼트 샹베르탱 Ruchottes Chambertin
샹베르탱
● 마지 샹베르탱 Mazis Chambertin
● 샤펠 샹베르탱 Chapelle Chambertin
● 샹베르탱 클로 드 베즈 Chambertin Clos de Beze
● 그리오트 샹베르탱 Griotte Chambertin
● 샹베르탱 Chambertin
● 샤름 샹베르탱 Charmes Chambertin
● 라트리시에르 샹베르탱 Latricières Chambertin
● 마주아예르 샹베르탱 Mazoyères Chambertin
● 클로 드 라 로슈 Clos de la Roche
● 클로 생드니 Clos St-Demis
● 클로 데 랑브레 Clos des Lambrays
● 클로 드 타르 Clos de Tart
■ 모레 생드니 Morey St-Denis
■ 샹볼-뮈지니 Chambolle-Musigny
뮈지니
● 뮈지니 Musigny
■ 샤토 드 부조 Château de Vougeot
● 클로 드 부조 Clos de Vougeot
부조
■ 부조
● 그랑 에세조 Grands Échézeaux
1. ● 리쉬부르 Richebourg
2. ● 로마네 생비방 Romanée St-Vivant
3. ● 라 로마네 La Romanée
4. ● 로마네 콩티 Romanée Conti
5. ● 라 그랑드 뤼 La Grande Rue
6. ● 라 타쉬 La Tâche
7. ■ 본-로마네 Vosne-Romanée
DRC 지역 = Domaine Romanée Conti
DRC
■ 뉘-생조르주 Nuits St-Georges

❖ 샹볼-뮈지니와 클로 드 부조

주브레-샹베르탱은 코트 드 뉘 지역에서 가장 큰 면적을 차지하며
부르고뉴 레드와인 중 가장 강하고 힘차며 남성적인 것으로 널리 알려져 있어.
박력
화려
반면 샹볼-뮈지니의 레드와인은 가볍지만 기가 막힌 향기로 유명하지.
Chambolle-Musigny
샹볼
뮈지니
샹볼-뮈지니 레드와인만큼 피노 누아의 전형적인 부케를 즐길 수 있는 와인은 없다.
아로마 : aroma
마시기 전 코로 느끼는 과일향기
장미, 바닐라, 머루향 등
부케 : bouquet
발효, 숙성 후의 복합적인 향기
장미, 계피, 참나무, 젖은 낙엽, 흙, 버터향 등
클로 드 부조는 50헥타르의 면적으로 코트 드 뉘 최대의 그랑 크뤼 포도원이지.
코트 드 뉘 최대의 포도원
주브레-샹베르탱
코트 드 뉘 최대의 그랑 크뤼 포도원
클로 드 부조
비록 샹베르탱이나 로마네 포도원보다 명성이 높은 편은 아니지만
유명도
샹베르탱
부조
로마네 Romanée
부르고뉴 3대 명품에 꼽히는 고급와인이야.
주브레-샹베르탱!
클로 드 부조!
로마네 콩티!
이 지역은 무려 107개의 클로(돌담)로 포도원이 나뉘어 있고
그 소유주도 80명에 이른대.
나도 주인!
나도 주인!
나도!
나도!
나도!
그런 만큼 만드는 사람에 따라 품질도 천차만별이니 조심해서 구입해야 돼.
경주돌이라고 다 옥이 아니다!
부르고뉴 와인에도 허섭스레기는 얼마든지 있으니 조심 또 조심!
코트 드 뉘 최고의 명품이자 세계에서 가장 비싸고 향기로운 와인이 생산되는 본-로마네!
D974
VOSNE-ROMANÉE
이 마을이 바로 그 유명한 로마네 콩티가 있는 DRC지역이야.
DRC Domaine Romanée Conti

❖ 로마네 콩티

MONTRACHET
ROMANÉE-S^T-VIVANT
ÉCHÉZEAUX
GRANDS ÉCHÉZEAUX
RICHEBOURG
LA TÂCHE
ROMANÉE-CONTI

DRC 와인 6종 (오른쪽부터)

- **로마네 콩티** Romanée Conti
- **라 타쉬** La Tâche
- **리쉬부르** Richebourg
- **그랑 에셰조** Grands Échézeaux
- **에셰조** Échézeaux
- **로마네 생비방** Romanée St-Vivant
- **몽라셰** Montrachet*

*본 로마네는 아니나 DRC 소유 포도원

매년 1만 병 내외만 생산해 그 희소가치로 인해 더 비싼 로마네 콩티는 한 병에 최저 100만 원이나 하는 초고가와인이야.
RC

*로마네 콩티 본사 입구. RC = 로마네 콩티 / 본 로마네

또 비단결 같고 향기로우며 섬세하고 완벽한 맛과 향으로 '와인의 왕'으로 꼽히지.
Romanée Conti 1975
240 bt
22.07.02

인터넷으로 주문해도 대기리스트에서 몇 년씩 기다려야 하는 것은 물론
뭐야?
내 순서가 되려면 10년은 기다리라고?

로마네 콩티만 살 수도 없어. DRC 와인 한 세트(12병)를 1천만 원 이상 주고 사면, 그 안에 한 병이 섞여 있을 뿐이야.
€10,000
DRC
Domaine de la Romanée Conti

이름만으로도 모든 와인애호가의 가슴을 설레게 하는 전설적인 와인으로
오…로마네콩티…

개인적인 방문은 절대 받아주지 않는 것으로도 유명해.

*로마네 콩티의 셰에서 시음 / 콩티 사 양조기술책임자 니콜라 노블레(Nicolas Noblet)

워낙 고가의 와인이라 세계 유명 경매에 가끔 등장하는데

*로마네 콩티의 공동소유주 오베르 드 빌렌

2005~2006년 2년간 경매된 로마네 콩티의 가격은 아래와 같아.

빈티지	가격(유로/병)	원으로 환산
1919	€15,000	2천만 원
1985	€22,000*	3천만 원
1990	€5,700	770만 원
1995	€4,000	540만 원
1996	€4,000	540만 원
2000	€5,000	675만 원
2001	€2,800	380만 원

*1.5리터 매그넘 **자료 : 소더비

❖ 코트 드 본

코트 도르의 남부인 코트 드 본,
면적으로는 코트 드 뉘의 배나 되고
Côte de Beaune
코트 드 본

무엇보다 세계 최고의
화이트와인이 생산되는 명산지야.
코트 드 뉘
코트 드 본
최고의 레드와인
최고의 화이트와인

샤르도네 품종으로 만드는 이 지방
화이트와인은 세계적으로 '부르고뉴
화이트'로 유명하며
세계 최고의 부르고뉴 화이트가
냄새를 피우기 시작하면 대책이 없다!
후아

이중에는 레드처럼 무겁고 장기간
보관할 수 있는 고급 중의 고급이
있지.
허걱
가격에 0이 하나 잘못 붙은 거 아냐?

이 지역에서 생산되는 레드와인도
대단히 훌륭하지만
나도 있거든!
코트 드 본
RED

코트 드 뉘의 레드만큼 깊은 맛은
없어.
네가 레드와인을 아느냐?
코트 드 뉘
RED
코트 드 본
RED

코트 도르의 중심지인 본에서 가까운 북쪽에 자리잡은 알록스-코르통은
샤를마뉴(카를대제)가 즐겨 마셨다는 화이트와인의 산지야.
Charlemagne
샤를마뉴/카를대제
Aloxe-Corton
CORTON-CHARLEMAGNE
GRAND CRU
Bonneau du Martray
2003
750ml

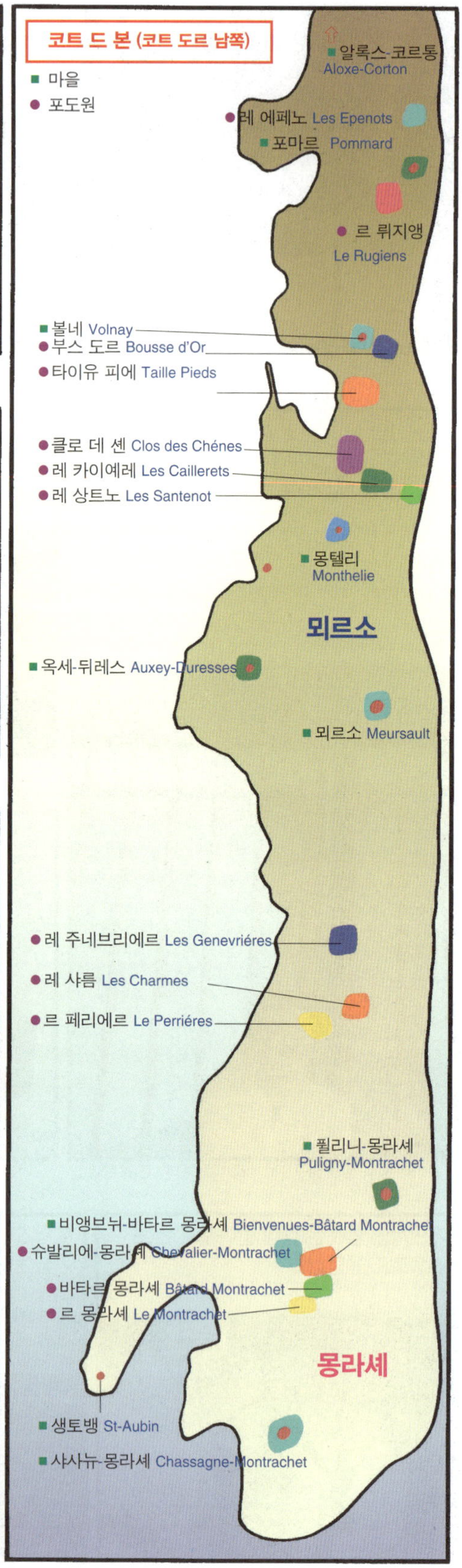
코트 드 본 (코트 도르 남쪽)
■ 마을
● 포도원
■ 알록스-코르통 Aloxe-Corton
● 레 에페노 Les Epenots
■ 포마르 Pommard
● 르 뤼지앵 Le Rugiens
■ 볼네 Volnay
● 부스 도르 Bousse d'Or
● 타이유 피에 Taille Pieds
● 클로 데 셴 Clos des Chénes
● 레 카이예레 Les Caillerets
● 레 상트노 Les Santenot
■ 몽텔리 Monthelie
뫼르소
■ 옥세-뒤레스 Auxey-Duresses
■ 뫼르소 Meursault
● 레 주네브리에르 Les Genevriéres
● 레 샤름 Les Charmes
● 르 페리에르 Le Perriéres
■ 퓔리니-몽라셰 Puligny-Montrachet
■ 비앵브뉘-바타르 몽라셰 Bienvenues-Bâtard Montrachet
● 슈발리에-몽라셰 Chevalier-Montrachet
● 바타르 몽라셰 Bâtard Montrachet
● 르 몽라셰 Le Montrachet
몽라셰
■ 생토뱅 St-Aubin
■ 샤사뉴-몽라셰 Chassagne-Montrachet

❖ 뫼르소

유명한 그랑 크뤼 화이트와인인 코르통 샤를마뉴는 묵직하고 향기로운 명품이며
세계 최고의 화이트와인 중 하나로다!
이 지역 레드와인은 주브레-샹베르탱을 연상시키는 단단하고 힘찬 맛이지.
보르도, 부르고뉴. 이 두 지역이 대표적인 프렌치 와인이고
전세계 와인이 이 두 지역과의 경쟁에 초점을 맞추고 있다!
Bordeaux
Bourgogne
본은 부르고뉴 와인의 집산지로 매년 11월 셋째 일요일에 여기서 와인경매가 열려.
올해 경매대상은 레드 380통(바리크), 화이트 140통!
수익금의 일부는 사회사업에 씁니다!

*부르고뉴 1바리크 = 228리터 / 보르도 1바리크 = 225리터

경매가 이루어지는 곳은 '오스피스'라고 불리는 '본의 신의 집(Hôtel-Dieu de Beaune)'인데
백년전쟁 후 가난과 질병으로 고통받는 사람들을 구제하기 위해 당시 재무장관이던 니콜라 롤랭 부부가 1443년에 세운 빈민구제소야.
이곳에서 열리는 와인경매는 유명한 볼거리이자 축제이기도 해.
미안합니다, 빈 방이 없네요.
와인경매가 열리는 때라서요….
HÔTEL

*오텔-디유 드 본 : 본의 오스피스

*니콜라 롤랭(Nicolas Rolin)

뫼르소도 유명한 화이트와인 산지야. 제2차 세계대전 이전부터 '부르고뉴의 위대한 화이트의 수도'라고 불렸지.
부르고뉴 화이트의 수도
Meursault
뫼르소
엷은 연둣빛이 도는 황금색 뫼르소는 산도가 낮고 알코올 도수는 높은 드라이한 화이트로, 특급 못지않은
Meursault
Les Clous
세 개의 1등급 포도밭이 유명해.
레 주네브리에르-뫼르소
짙은 맛의 고급품
레 샤름-뫼르소
우아하고 풍부한 향, 여성적인 취향
르 페리에르-뫼르소
고급스럽고 도시적인 이미지, 특급에 맞먹는 고급품
MEURSAULT-PERRIÈRES
1999

부르고뉴 화이트 또 하나의 명품은 몽라셰!
부르고뉴 3대 화이트와인
코트 드 본
• 알록스-코르통
Aloxe-Corton
• 뫼르소
Meursault
• 몽라셰
Montrachet
몽라셰의 중심인 퓔리니-몽라셰 마을은 프랑스의 보물과 같아서
1962년 파리-리옹 고속도로를 건설할 때 1,500억 원을 더 들여서 이 마을을 우회하도록 하기도 했어.
퓔리니-몽라셰
Puligny-Montrachet
파리-리옹 고속도로

*몽라셰를 만드는 샤르도네 포도밭

❖ 몽라셰

화이트와인의 메카 몽라셰에는 네 개의 그랑 크뤼급 포도밭이 있어.
슈발리에-몽라셰
Chevalier-Montrachet
비앵브뉘-바타르-몽라셰
Bienvenues-Bâtard-Montrachet
바타르-몽라셰
Bâtard-Montrachet
르 몽라셰
Le Montrachet
몽라셰는 14도의 높은 알코올 도수에 20년 이상 보관할 수 있는 고급와인이야.
자연히 그에 대한 찬사도 끝이 없지.
10년 안 된 몽라셰를 마시는 건 범죄다!
이건 화이트와인이 아니다, 몽라셰다!
MONTRACHET
코트 드 본 맨 아래에 자리한 샤사뉴-몽라셰는
Côte de Beaune
코트 드 본
몽라셰
샤사뉴-몽라셰
Chassagne-Montrachet
화이트보다 레드를 더 많이 생산하는 지역이야.
Chassagne-Montrachet
화이트
레드

* 슈발리에-몽라셰 / 바타르-몽라셰 / 몽라셰(로마네 콩티 사)

샤사뉴-몽라셰의 레드는 별다른 특징이 없는 게 특징이라면 특징이지만
그렇고 그런 부르고뉴 AOC 수준….
쿵
쿵
이곳에서 생산되는 화이트와인은 퓔리니-몽라셰와 맞먹는 고급와인이야.
으앗! 정말 냄새 죽인다!
프랑스 와인의 왕좌를 놓고 보르도와 부르고뉴가 한 치의 양보도 없이 경쟁하고 있지만
내가 와인의 지존!
보르도
부르고뉴
드라이한 화이트와인에서는 단연 부르고뉴가 세계 최고임을 자랑하며
드라이 화이트
스위트 화이트
부르고뉴
보르도 소테른
신대륙의 드라이한 화이트와인도 부르고뉴 타도를 외치며 노력에 노력을 거듭하고 있어.
타도, 부르고뉴 화이트!
부르고뉴
신대륙
그래도 전설적인 부르고뉴 드라이 화이트를 따라잡기는 아직 멀고 멀었지.
값도 엄청 더 비싸고요.
부르고뉴 화이트

❖ 마코네와 보졸레

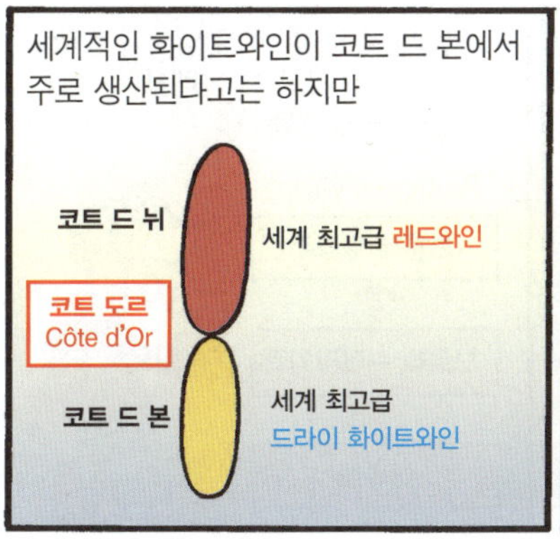
세계적인 화이트와인이 코트 드 본에서 주로 생산된다고는 하지만
코트 드 뉘
세계 최고급 레드와인
코트 도르
Côte d'Or
코트 드 본
세계 최고급 드라이 화이트와인

양적으로 부르고뉴 화이트가 가장 많이 생산되는 건 마코네 지역이야.
최다 부르고뉴 화이트 생산!
코트 도르
샬로네즈
마코네
Mâconnais
보졸레
Beaujolais

남북 50킬로미터, 동서 15킬로미터에 걸쳐 있는 마코네에서는 화이트와 레드 와인이 모두 생산되지만

그중 85퍼센트가 화이트와인으로, 샤르도네 품종이 주를 이루지.

*샤르도네 포도밭

코트 도르와 마코네 사이에 자리한 샬로네즈 지역에서는
Montagny
VIEILLES VIGNES
75cl

*샬로네즈 지역에서 생산되는 화이트와인 몽타니

알리고테 품종으로 만든 부르고뉴 알리고테 AOC가 인기를 끌고 있어.
Aligoté
부르고뉴에서 샤르도네 다음으로 많이 재배하는 청포도래요.

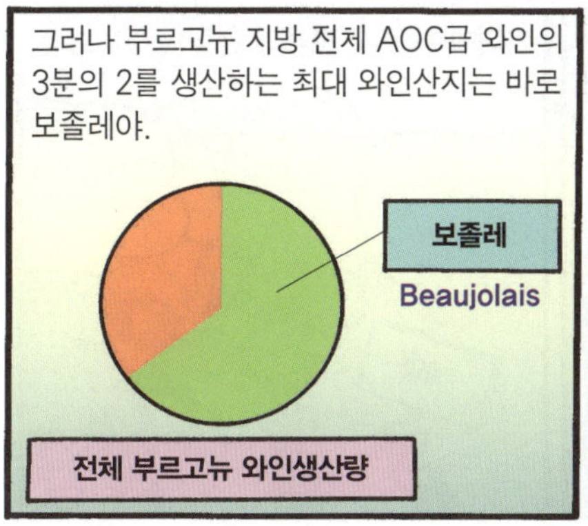
그러나 부르고뉴 지방 전체 AOC급 와인의 3분의 2를 생산하는 최대 와인산지는 바로 보졸레야.
보졸레
Beaujolais
전체 부르고뉴 와인생산량

부르고뉴 최대의 와인산지로 생산량의 상당부분을 해외에 수출하는 보졸레 지역은
국내 소비
수출

가메(Gamay)종으로 만든 레드와인을 생산하지.

*수확한 가메 포도

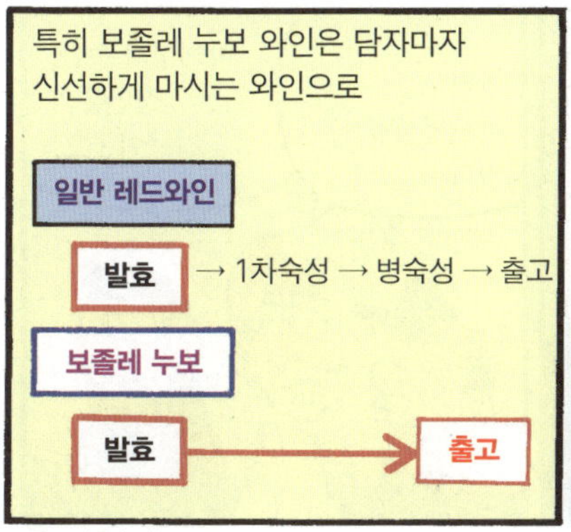
특히 보졸레 누보 와인은 담자마자 신선하게 마시는 와인으로
일반 레드와인
발효 → 1차숙성 → 병숙성 → 출고
보졸레 누보
발효
출고

*Beaujolais Nouveau

장기 보관하면 절대 안 되는 햇김치 같은 레드와인이야.
1년 내에 마셔야 한대요.

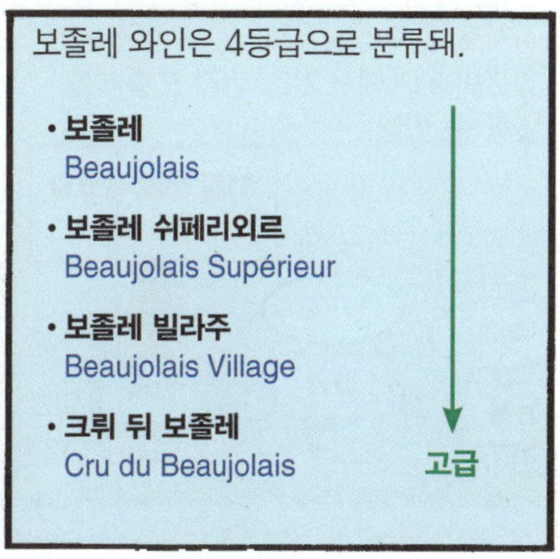
보졸레 와인은 4등급으로 분류돼.
• 보졸레
Beaujolais
• 보졸레 쉬페리외르
Beaujolais Supérieur
• 보졸레 빌라주
Beaujolais Village
• 크뤼 뒤 보졸레
Cru du Beaujolais
고급

●일반 보졸레는 알코올 함량 10퍼센트의 약한 와인으로, 만든 지 1년 내에 마셔야 하고
Beaujolais
보졸레
알코올 함량 10%
가장 대중적인 보졸레!
●보졸레 쉬페리외르는 보졸레보다 상급으로 알코올 함량 10.5퍼센트 이상이며
Beaujolais Supérieur
보졸레 쉬페리외르
★쉬페리외르 : 알코올 함량이 높다는 뜻
★레제르브 : 숙성기간이 길다는 뜻
●보졸레 빌라주 역시 알코올 함량이 10.5퍼센트이고, 보졸레보다 향이 좋은 게 특징인데
Beaujolais Village
보졸레 빌라주
보졸레 쉬페리외르
보졸레
일부는 '보졸레 빌라주'라는 라벨로, 일부는 '보졸레 누보'라는 라벨로 시장에 나가지.
Beaujolais Village
보졸레 빌라주
Beaujolais Nouveau
보졸레 누보
●크뤼 뒤 보졸레는 알코올 함량이 11퍼센트 이상으로 가장 높은 등급의 와인이야.
Cru du Beaujolais
크뤼 뒤 보졸레
알코올 11% 이상
보졸레 최고등급
Cru
보졸레 누보는 다음해 보졸레 누보가 출시되기 전에 마셔야 해.
2007 보졸레 누보가 나온 게 언젠데!
아직도 2006년 걸 팔고 있다니!
SALE
보졸레2006
보졸레가 세간에 널리 알려진 것은 바로 마케팅의 성공 덕분인데
올해 보졸레 농사가 어떻수?
안 가르쳐주~지!
보졸레
그 맛을 절대 비밀에 부쳤다가 매년 11월 셋째 목요일에 전세계에서 판매에 들어가기 때문에
짠
올해의 보졸레
기대에 가득 찬 보졸레 팬들의 축제가 벌어지곤 하지.
미리 예약을 받습니다!
올해의 보졸레 개봉까지 2주!
카운트다운 시작!
예약
와
시차로 인해 동양 끝에 있는 한국과 일본이 세계에서 가장 먼저 보졸레를 맛볼 수 있어.
11월 셋째 목요일 00:00
수요일 11:00
수요일 17:00
뉴욕
파리
한국
일본
햇포도로 발효한 뒤 숙성시키지 않고 곧장 병입, 판매하는 거니까….
김치로 치면 김장김치가 아니라 겉절이인 셈이네!
고작 겉절이 가지고 그 야단법석을 떨다니!
마케팅의 농간, 상인들의 장난이군요!

❖ 기타 와인생산지역

보르도, 부르고뉴 외의 와인생산지

샹파뉴에 대해선 좀더
얘기해야겠네요.

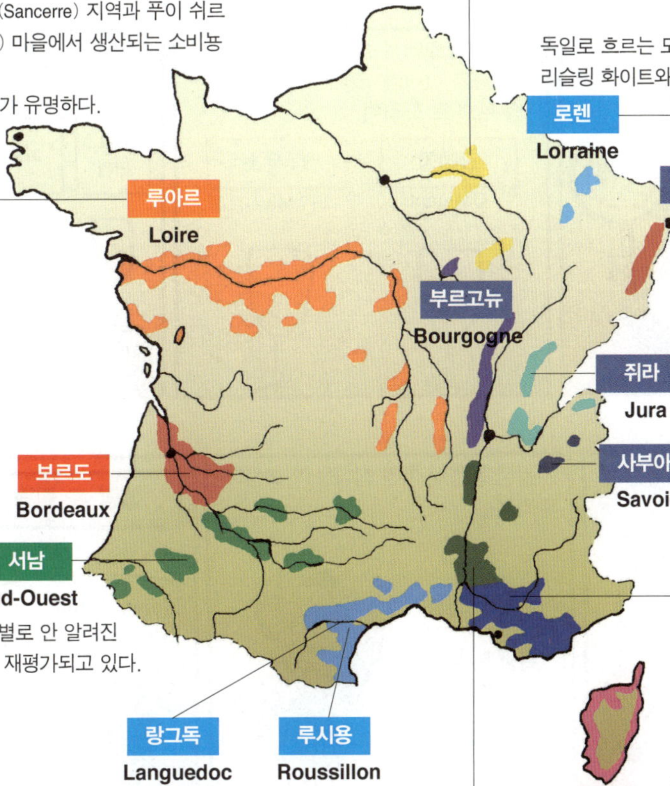

샹파뉴
Champagne

루아르
Loire

장장 1,020킬로미터에 이르는, 프랑스 최장의 루아르강변을 따라 포도재배가 이루어지고 있다. 슈냉 블랑, 카베르네 프랑 등 다양한 종류를 생산하며, 특히 상세르(Sancerre) 지역과 푸이 쉬르 루아르(Pouilly sur Loire) 마을에서 생산되는 소비뇽 블랑 품종의 와인인 블랑 퓌메(Blanc Fumé)가 유명하다.

로렌
Lorraine

독일로 흐르는 모젤강을 따라 리슬링 화이트와인을 주로 생산한다.

알자스
Alsace

주로 품질 좋은 화이트와인을 생산하며, 프랑스의 다른 지역과 달리 라벨에 포도 품종을 밝힌다.

부르고뉴
Bourgogne

쥐라
Jura

고풍스러운 와인을 생산한다.

사부아
Savoie

섬세한 맛과 향의 화이트와인이 널리 알려져 있다.

보르도
Bordeaux

서남
Sud-Ouest

보르도의 명성에 가려 별로 안 알려진 와인생산지. 최근 들어 재평가되고 있다.

프로방스
Provence

가볍고 산뜻한 맛과 신선한 향이 특징인 테이블와인으로, 저렴하게 즐길 수 있다. 특히 로제가 유명하다.

랑그독 **루시용**
Languedoc **Roussillon**

프랑스 최남단의 와인생산지역으로 프랑스에서 최초로 와인을 만들기 시작한 곳. 프랑스 전체 와인생산의 40퍼센트를 차지하며, 레드와인이 압도적으로 많다. 저렴한 가격의 뱅 드 페이(VdP)가 많으나 점차 AOC와인이 많아지고 있다.

코르스 (코르시카)
Corse

다양한 와인문화를 가진 코르시카의 고유 품종 포도와 시라, 피노 누아, 카베르네 소비뇽, 샤르도네 등 육지 품종으로 대변화를 시도하고 있으며, AOC로 지정된 8개 포도원이 있다.

론
Côte du Rhône

리옹에서 아비뇽에 이르는 200킬로미터에 걸친 지역으로, 남부와 북부로 나뉜다. 북부는 시라(Syrah) 품종을 주로 재배해 강하고 향기로운 와인을 만드는데, 에르미타주(Hermitage)가 대표적이다. 남부는 그르나슈(Grenache) 품종으로 알코올 함량이 높은 와인을 만들며, 샤토뇌프 뒤 파프(Châteauneuf du Pape)가 가장 유명하고 고가로 팔린다.

❖ 샴파뉴

샴파뉴
Champagne
프랑스에서 가장 북쪽에 위치한
포도재배지역인 샴파뉴!

*샴파뉴 최대의 포도집산지인 랭스(Reims)의 대성당

한 병에 진주 같은 거품이 2억 개나
들어 있다는 샴파뉴!

*샴파뉴 포도재배지역을 설명하는 안내원

세계 최고의 거품와인, 스파클링
와인(sparkling wine)의 제왕 샴파뉴!

*뵈브-클리코 사의 샴파뉴 전시실

오직 샴파뉴 지방에서 생산된 것만
'샴파뉴'라는 명칭을 사용할 수 있고, 그외
지방에서는 엄격히 금지되기 때문에
강력
규제
국제법
전세계 어느
곳이건
'샴파뉴'라는
호칭을 쓰면
즉각 고소,
고발한다!

같은 프랑스에서 생산된 거품와인도
샴파뉴가 아니라 '크레망'이나
'뱅 무소'로 불리며
크레망
Crémant
뱅 무소
Vin Mousseux

나라마다 서로 다른 명칭으로 불리고
있지.
스푸
만테
카바
젝트
스파클링
와인
이탈리아
스페인
독일
미국

샴파뉴를 만드는 포도 품종은 세 가지인데
피노
누아
피노
므니에
샤르도네
피노 누아의
변종

사용된 품종에 따라 샴파뉴의 호칭이
달라져.
블랑 드 블랑
블랑 드 누아
코토 샹프누아
로제 데 리세

블랑 드 블랑
Blanc de Blanc
100퍼센트 샤르도네로 만든 거품와인
Blanc=White
화이트(청포도로 만든)
블랑=화이트
(거품와인)

블랑 드 누아
Blanc de Noir
피노 누아와 피노 므니에로 만든 거품와인
Blanc=화이트(와인)
Noir=검은(포도로 만든)

코토 샹프누아
Coteaux
Champenois
거품이 없는 샴파뉴 지방 제조 와인
No Bubble
= still wine
샴파뉴라고 거품와인만
만드는 건 아니거든!

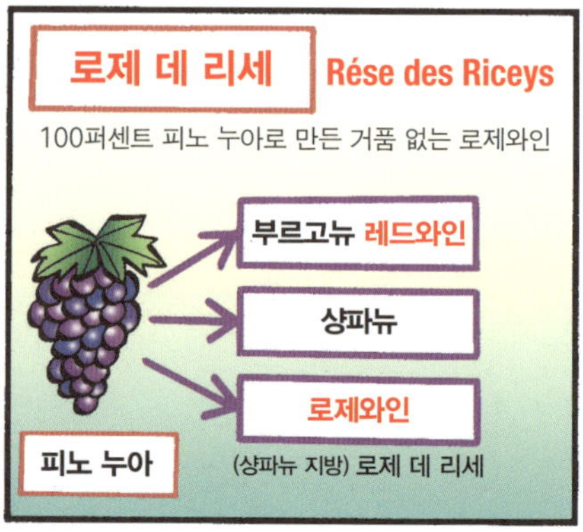

로제 데 리세
Rése des Riceys
100퍼센트 피노 누아로 만든 거품 없는 로제와인
부르고뉴 레드와인
샴파뉴
로제와인
피노 누아
(샴파뉴 지방) 로제 데 리세

샹파뉴 지역은 세 지구로 나뉘어.
몽타뉴 드 랭스 Montagne de Reims
랭스 Reims
에페르네
발레 드 라 마른 Vallée de la Marne
코트 데 블랑 Côte des Blancs
· 중심지인 랭스 남쪽의 언덕 몽타뉴 드 랭스
· 피노 므니에 품종을 주로 재배하는 발레 드 라 마른
· 에페르네시 남쪽의 샤르도네 주재배지인 코트 데 블랑
샹파뉴는 포도밭을 중시하는 보르도와는 달리 제조회사가 더 중요해.
TAITTINGER
*샹파뉴 제조회사인 테탱제 본사
약 120개에 이르는 샹파뉴 제조회사 중 상위 20개 회사가 샹파뉴 전체 생산량의 70퍼센트를 만들고 있으며
*유명 제조회사들
이들 대부분의 본사가 랭스나 에페르네에 자리잡고 있지.
Veuve Clicquot Ponsardin
Le nouveau champagne de Veuve Clicquot.
*랭스에 있는 뵈브-클리코 사 입구
샹파뉴 제조회사들은 샹파뉴 지방 각지의 농민들로부터 포도를 사들여 와인을 만들거나
Merci!
샹파뉴 제조회사
자신들만의 비법에 따라 30여 종의 와인을 블렌딩하는데
다른 회사에 우리 회사 제조방식 알리면
산업스파이로 고발할 거야!
A회사
이때 새로 만든 와인과 몇 년 지난 와인을 섞는 경우가 많아서
보기
올해 와인 + 2년 전 와인 + 3년 전 와인
매년 고른 품질을 유지하기 위해 블렌딩
샹파뉴에는 빈티지 표시를 하지 않는 것이 일반적이야.
표시를 할 수가 없다고 봐야죠.
언젯적 와인이 얼마나 들어갔는지 그걸 다 표시할 수도 없고….
그러나 포도가 특별히 잘 익어 품질이 뛰어난 해에는
금년 포도는 최고로 잘 익었다!
올해 포도로 100퍼센트 만들자!
그해의 와인만 블렌딩해 만드는데, 이것을 '빈티지 샹파뉴'라 하고
이때 블렌딩이란 빈티지가 다른 와인이 아니라
한 해에 여러 포도원에서 수확한 포도로 만든 와인을 섞는 것!
2005 A + 2005 B + 2005 C + 2005 D
라벨에 빈티지 표시를 하는데 자연히 가격도 대단히 비싸지지.
2005
와~ 빈티지 샹파뉴다!

❖ 도사주

샹파뉴는 마지막에 찌꺼기를 제거하는 작업을 하고
1권 154쪽에서 설명했죠?
데고르주망
Dégorgement
퍽
제거된 찌꺼기만큼 당분을 보충한 다음 코르크마개로 막는데
찌꺼기 제거시 줄어든 와인
당분 보충
이것을 보당(補糖), 즉 도사주라 하고
Dosage
= 양을 결정하다
분량을 정하다
처방하다
당분 첨가량을 정하다
(샹파뉴 제조시)
이때 첨가되는 액체당분(액당)을 '외부에서 첨가되는 액당'이라는 뜻의 '리쾨르 덱스페디시옹'이라고 해.
Liqueur d'Expédition
액당(液糖)
액체당분
이 액당의 양에 따라 샹파뉴의 맛이 달라지는데
50g — 아주 달다
40g — 달다
30g — 달콤하다
20g — 드라이
10g — 아주 드라이
0g — 엑스트라 드라이 (와인만 보충)
그 단 정도를 라벨에 표시하지.
LOUIS ROEDERER
CHAMPAGNE
BRUT PREMIER
Extra Brut 엑스트라 브뤼 : 당분 첨가 0
Brut 브뤼 : 당분을 첨가하지 않거나 1리터당 15g 이하
Extra Sec 엑스트라 섹 : extra dry, 당분이 1리터당 12~20g
Sec 섹 : dry, 1리터당 17~35g
Demi Sec 드미 섹 : midium dry, 1리터당 35~50g
Doux 두 : sweet, 1리터에 50g 이상
샹파뉴는 상류사회의 상징처럼 되어 우아한 분위기에 어울린다고 하지만
마담!
무슈!
짱
식사 전에는 드라이한 와인이 식욕을 자극해 즐거운 식사에 도움이 되고
식후에는 비교적 달콤한 샹파뉴가 단 케이크 등의 후식에 어울리지.
프랑스 와인… 건배!
A vôtre santé !
아 보트르 상테!
짱

이탈리아 와인

전통과 개혁의 갈등과 조화

＊폼페이는 서기 79년 8월 24일 베수비오화산 대폭발로 매몰되었다.

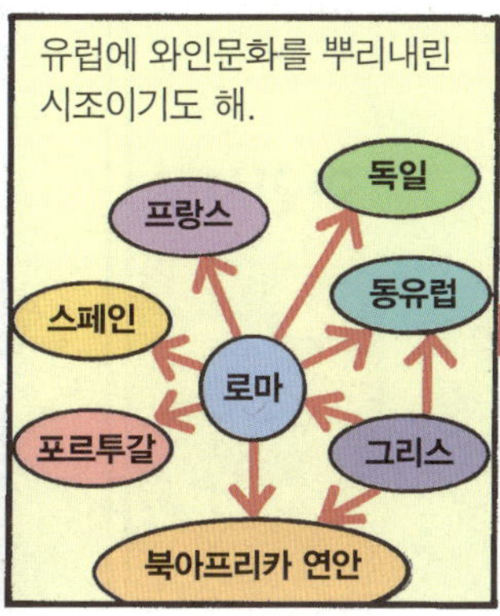

❖ 이탈리아 와인의 역사

그리스로부터 비롯된 와인문화는
그리스 식민지였던 시칠리아, 칼라브리아 등에 전수되어 이탈리아반도에 뿌리를 내렸고
이탈리아
아드리아해
그리스
시칠리아
기원전 7세기경 반도 북부의 원주민이었던 에트루리아인들이 토스카나 지방에 포도를 재배하기 시작했어.
*에트루리아 벽화
기원전 3세기, 한니발이 이탈리아를 침공했을 당시에는 이탈리아 전역에서 포도를 재배하고 있었지.
와! 온통 포도밭이네!
이렇게 전성기를 맞았던 이탈리아의 와인문화는
게르만족의 침공으로 로마제국이 멸망한 뒤 크게 쇠퇴했다가
로
마
13세기경부터 르네상스와 함께 되살아나기 시작하더니
중세
프레스코발디 등 거대 양조가문이 와인 생산에 손을 대면서
프레스코발디
Frescobaldi
가문의 문장
이탈리아 와인산업은 크게 번성하기 시작했어.
현 이탈리아 와인은 프레스코발디, 안티노리, 가야 등 몇 가문이 지배한다.
그러나 이탈리아반도는 프랑스처럼 강력한 통일국가를 이루지 못하고
사보이
베네치아
모데나
토스카나
교황령
시에나
로마
나폴리
크고 작은 나라로 쪼개져 힘이 분산돼 있었기 때문에
와인시장
와인시장
프랑스
이탈리아
와인산업도 지역별로 자급자족하는 수준에 머물 수밖에 없었지.
동네 와인값이 좀 올랐어요.

또 19세기의 통일전쟁 등 정치적 격변과
카보우르
가리발디
V. 에마누엘레 2세
이탈리아 통일의 주역
전유럽을 휩쓴 필록세라 해충의 재앙
그리고 두 번에 걸친 세계대전은 이탈리아 와인산업의 발전 가능성을 짓밟고 말았어.
제1차 세계대전
제2차 세계대전
이탈리아 와인 산업
그래서 이탈리아 와인은 고급와인이라는 인상을 주지 못하고
무슨 와인이요?
이탈리아 와인입니다.
싸구려 대중소비와인이라는 오명에서 벗어나지 못했지.
그런 하급와인 말고 프랑스 와인 가져와요!
현재 와인산업에 종사하는 포도원 수가 30만 개로 프랑스의 네 배가 넘고,
이탈리아 와인산업 종사 인구
프랑스 와인산업 종사 인구
4 : 1
포도재배면적은 프랑스보다 작은 69만 헥타르여서
이탈리아 포도경작지
프랑스 포도경작지
약 69만 헥타르
약 79만 헥타르
한 포도원당 평균 재배면적은 프랑스의 5분의 1에 불과한 영세성을 띠고 있어.
이탈리아
프랑스
포도원당 평균 2헥타르
포도원당 평균 10헥타르
이탈리아는 또 연간 500만 킬로리터, 즉 67억 병 분량의 와인을 생산하는
메를로
키안티
바르바레스코
키안티 클라시코
아스티
볼게리
세계 최대의 와인생산국이지만
1
이탈리아
2
프랑스
3
스페인
4
USA
이탈리아 국민의 연평균 와인소비량은 1960년대의 110리터에서 47리터로 감소해
110리터
47리터
이탈리아 국민 1인당 와인소비량
이탈리아인들은 대단한 와인생산자인 반면 부실한 소비자인 셈이지.
나, 맥주 마실래!

비슷한 와인대국인 프랑스가 와인 수입이 수출보다 많은 데 비해
블렌딩용으로 대량 수입해 프랑스 와인으로 둔갑시키죠.
수입
수출
이탈리아는 수출이 프랑스의 두 배에 이르고
수출량
수출량
수입은 전체 소비량의 12퍼센트에 불과한 와인수출대국이야.
수입 12%
이탈리아 와인소비
그러나 이탈리아가 수출하는 와인의 대부분이 탱크째
유럽의 와인공장으로 팔려가 블렌딩용으로 쓰이기도 하고
이탈리아 와인
수입국 와인
다른 와인으로 변신하는가 하면
Made in France
빈티지나 생산지 표시 없는 대중소비와인
지나치게 많이 생산된 해에는 유럽연합의 규칙에 의해 과잉생산분이 수거되어
생산과잉으로 유럽 와인 가격이 떨어질 우려가 있소.
EU 유럽연합
공업용 알코올로 전락하는 경우도 적지 않아.
WINE
공업용 알코올
과거 이탈리아 와인에는 대부분 저렴한 대중소비 테이블와인이라는 꼬리표가 붙어다녔지.
그거면 두어 주는 마시겠군!
그런데 이런 선입견은 빠른 속도로 깨지고 있어.
LUCE
2003
지난 60년간 이탈리아 와인업계에 몰아친 변화의 바람은
와, 정말 엄청난 가격이네!
옛날 같으면 상상도 못할 일이야!
과거 300년의 변화보다 더 크고 화려한 것이었거든!
이탈리아와인

*루체 델라 비테 : 2019년 빈티지가 150달러 수준

❖ 이탈리아 와인의 혁신

1960년대까지 이탈리아 농촌은 포도, 올리브, 과일을 혼합재배했어.
채소
포도
포도
오렌지
올리브
딸기
포도
올리브
채소
포도도 품종이 여러 가지 뒤죽박죽 섞여 있었고
바르베라
코린토 네로
말바지아
에르비
모스카토
페레라
카디유
전통적인 품종과 재래기술에만 의존하는 낙후된 상황이었지.
그런데 1960년대 후반부터 혼합재배가 사라지기 시작하고
포도
포도
올리브
포도
포도
오렌지
포도원마다 품종별로 분류재배하면서
네비올로 Nebbiolo
바르베라 Barbera
보나르다 Bonarda
프레이자 Freisa
와인의 고급화바람이 불었어.
품질 고급화
양조기술에도 혁신적인 변화가 있었지.
품질 고급화
기술혁신
경작혁신
재래 기술/경작
발효중에 온도를 조절하는 장치가 도입되어
와인품질에 새로운 지평이 열리면서 혁명적인 변화가 있었어.
세계시장으로 진출하지 않으면 살길이 없다!
프랑스 와인에 맞설 수 있는 품질로 치열한 경쟁을 해야 한다.
발효중 온도조절 기술은 바리크(오크통) 발견 이후 양조계의 가장 큰 변화였지.
대형 숙성통
바리크
1970년대에는 안젤로 가야, 안티노리 등 이탈리아 와인산업에 대혁신을 일으킨 인물들이 등장해
이탈리아 와인 혁신의 선구자
• 안젤로 가야 Angelo Gaja
• 피에로 안티노리 Piero Antinori
• 비토리오 데 프레스코발디 Vittorio de'Frescobaldi
세계 최고수준의 명품와인을 만들어내면서 이탈리아 와인의 수준을 놀랍게 끌어올렸어.
ORNELLAIA
오르넬라이아 $270

❖ DOC제도

이러한 이탈리아 와인의 고급화바람은 생산량의 90퍼센트가 싸구려 저질와인이던 이탈리아를
10%
고급와인
중저가와인
90%
염가 저질 와인
포도재배면적의 19퍼센트가 DOC*급으로 지정되는 등
와, 고급포도원 등급이다!
DOC
세계적인 명품와인 생산지로 탈바꿈시켜 놓았어.
바롤로입니다.
오, 피에몬테 지방의 명산지 와인이군!

*프랑스의 AOC제도와 유사

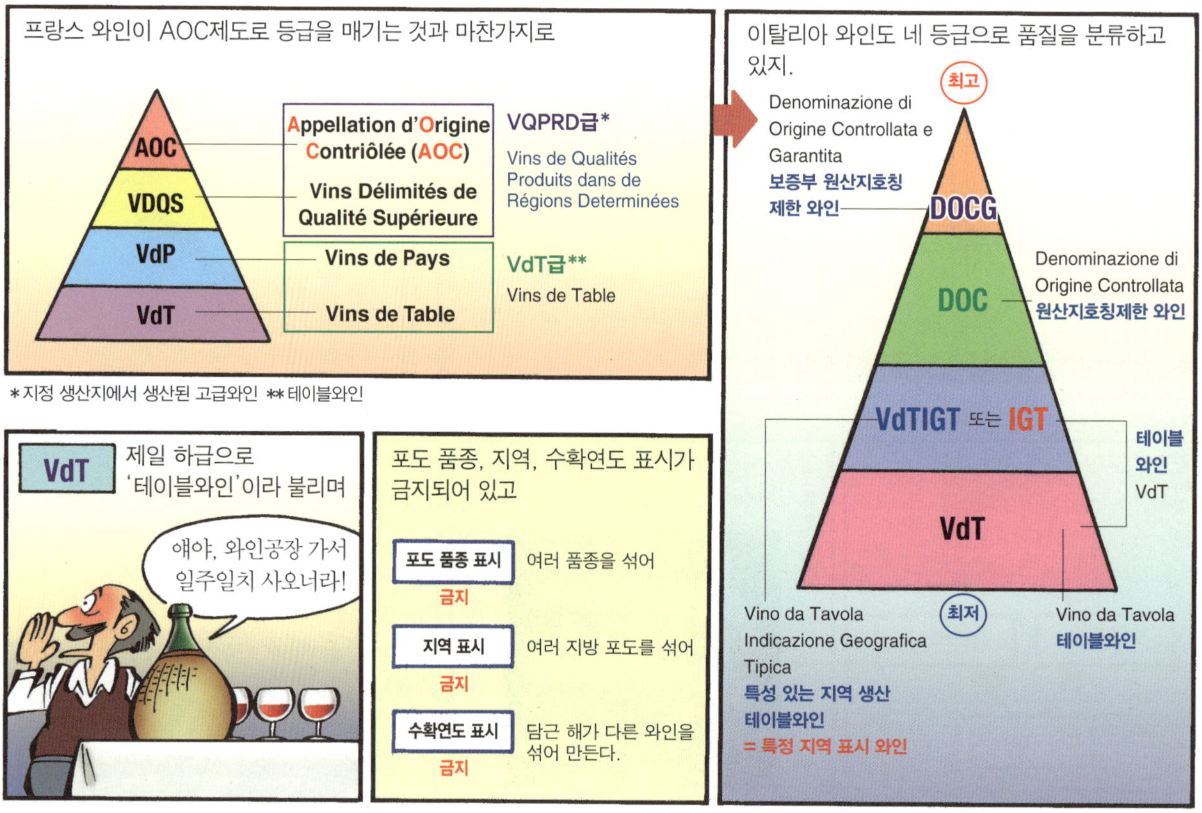
프랑스 와인이 AOC제도로 등급을 매기는 것과 마찬가지로
AOC
VDQS
VdP
VdT
Appellation d'Origine Contriôlée (AOC)
Vins Délimités de Qualité Supérieure
Vins de Pays
Vins de Table
VQPRD급*
Vins de Qualités Produits dans de Régions Determinées
VdT급**
Vins de Table
이탈리아 와인도 네 등급으로 품질을 분류하고 있지.
최고
Denominazione di Origine Controllata e Garantita
보증부 원산지호칭 제한 와인
DOCG
DOC
Denominazione di Origine Controllata
원산지호칭제한 와인
VdTIGT 또는 IGT
테이블 와인 VdT
VdT
최저
Vino da Tavola Indicazione Geografica Tipica
특성 있는 지역 생산 테이블와인
= 특정 지역 표시 와인
Vino da Tavola
테이블와인
VdT
제일 하급으로 '테이블와인'이라 불리며
얘야, 와인공장 가서 일주일치 사오너라!
포도 품종, 지역, 수확연도 표시가 금지되어 있고
포도 품종 표시
금지
여러 품종을 섞어
지역 표시
금지
여러 지방 포도를 섞어
수확연도 표시
금지
담근 해가 다른 와인을 섞어 만든다.

*지정 생산지에서 생산된 고급와인 **테이블와인

DOC나 DOCG로 지정되지 않은 와인을 통틀어 일컫는 명칭인데
VdT
비노 다 타볼라 (테이블와인)
IGT
특성 있는 지역 생산 테이블와인
VdT
테이블와인
일부 와인생산자들은 까다로운 DOC, DOCG 규정을 피해 자유롭게 블렌딩하고
이탈리아 고유 품종만 써라!
외국 품종을 심으면 등급 취소다!
DOC, DOCG 규정 규제, 규제, 규제···
정부
품질을 개선하기 위해 일부러 VdT급으로 격하시키기도 해.
그래, 내 손으로 반납하마!
온갖 규제에 묶여 아무것도 못하겠다!
DOC
IGT

VdTIGT
또는
IGT
테이블와인 중 생산지 고유의 특성을 지닌 지역에서 생산된 와인으로
LUCE
DELLA VITE
2003
TOSCANA
INDICAZIONE GEOGRAFICA TIPICA
MONTALCINO-ITALIA
프랑스의 뱅 드 페이와 동급이며, 생산지 명칭을 표시할 수 있어.
Vins de Pays
Wine of Lands
Indicazione = 표시
Geografica = 지역
Tipica = 특정(특징 있는)
→ 특정 지역 표시 와인
DOC
프랑스의 AOC에 해당하는 고급와인이야.
DOC
원산지호칭제한
AOC
원산지호칭제한
1963년에 제정된 '원산지호칭제한' 와인으로 국가의 관리를 받고 있지.
1헥타르당 제한된 양 이상의 포도를 거두면 안 된다!
포도나무 사이를 1.4미터 이하로 하면 안 된다!
DOC규정
DOCG
1965년에 제정된 이탈리아 와인등급에 따른 최고급와인이야.
이탈리아 정부가 보증하는 최고의 와인생산지역!
원산지통제보증호칭을 사용하는 와인으로 전국에 36곳이 있고
토스카나 7개 지역
· 브루넬로 디 몬탈치노
· 카르미냐노
· 키안티
· 키안티 클라시코
· 모렐리노 디 스칸사노
· 비노 노빌레 디 몬테풀치아노
· 베르나차 디 산 지미냐노
분홍색 띠를 둘러 DOCG급임을 표시하지.
국가가 보증하는 DOCG 실*
DOCG
LITRI 0.75
AAI 067
CHIANTI
이탈리아는 국토 전체가 포도재배 가능 지역이라서
20개 주 전역 포도재배 가능
20개 주
전국에서 300종이 넘는 품종으로 와인을 생산하기 때문에, 그 어느 나라보다 다양한 와인을 즐길 수 있어.
Trentino-Alto Adige
Lombardia
Valle d'Aosta
Friuli-Venezia Giulia
Veneto
Piemonte
Emilia-Romagna
Liguria
Marche
Toscana
Abruzzo
Umbria
Molise
Lazio
Puglia
Sardegna
Campania
Basilicata
Calabria
Sicilia
그중에서도 가장 유명한 와인산지는
프랑스와의 접경지대인 피에몬테 지방과
Piemonte
중부 토스카나 지방이야.
Toscana

*Seal

❖ 피에몬테

피에몬테 와인 Piemonte
'피에몬테'는 '산의 발'이라는 뜻이야.

*피에몬테의 라고(호수) 마조레

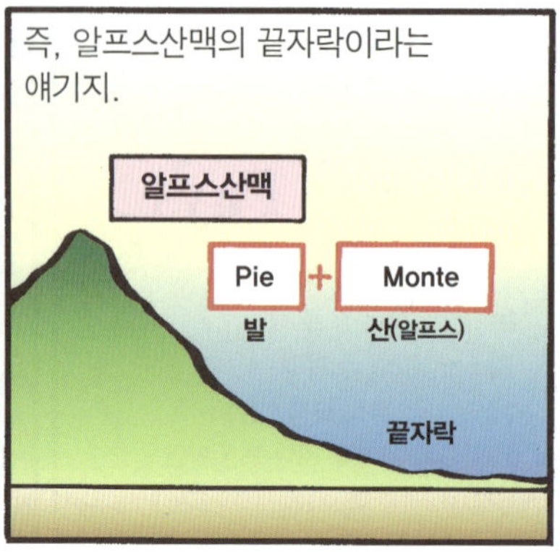
즉, 알프스산맥의 끝자락이라는 얘기지.
알프스산맥
Pie + Monte
발
산(알프스)
끝자락

이곳은 토스카나와 더불어 이탈리아 최고의 와인을 생산하는 지역이야.
오, 바롤로!
바르바레스코!

사실상 이곳에서만 재배하는 네비올로 품종과

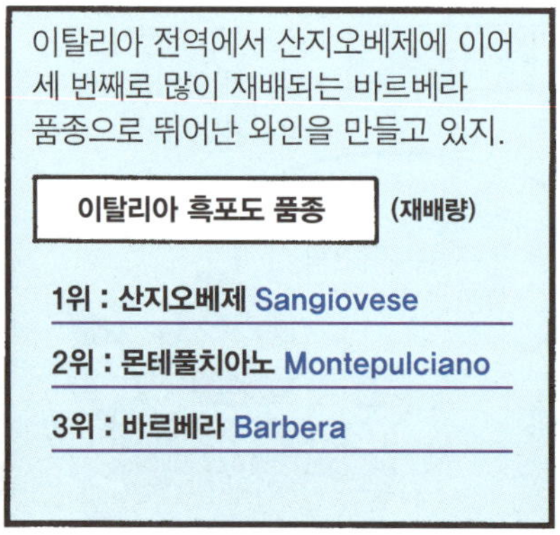
이탈리아 전역에서 산지오베제에 이어 세 번째로 많이 재배되는 바르베라 품종으로 뛰어난 와인을 만들고 있지.
이탈리아 흑포도 품종 (재배량)
1위 : 산지오베제 Sangiovese
2위 : 몬테풀치아노 Montepulciano
3위 : 바르베라 Barbera

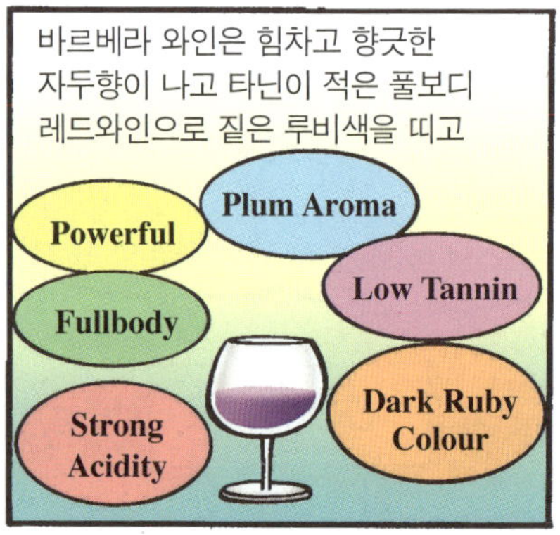
바르베라 와인은 힘차고 향긋한 자두향이 나고 타닌이 적은 풀보디 레드와인으로 짙은 루비색을 띠고
Powerful
Plum Aroma
Low Tannin
Fullbody
Dark Ruby Colour
Strong Acidity

더운 기후로 인해 14퍼센트의 알코올을 함유하는 강한 와인이야.
피에몬테 이외 주요 바르베라 경작지
롬바르디아
피에몬테
에밀리아-로마냐

1980년대엔 과잉생산으로 질이 떨어져 싸구려와인이라는 오명이 붙기도 했지만
바르베라….
단지와인이지만 싸니까!

최근 들어 다시 고급와인으로 제자리를 찾아가고 있어.
바르베라가 아주 좋아졌어요.
이탈리아 와인이 전반적으로 고급화됐지!

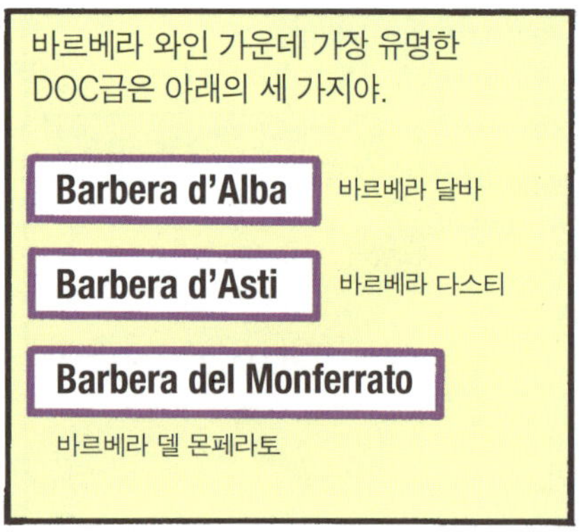
바르베라 와인 가운데 가장 유명한 DOC급은 아래의 세 가지야.
Barbera d'Alba
바르베라 달바
Barbera d'Asti
바르베라 다스티
Barbera del Monferrato
바르베라 델 몬페라토

바르베라 품종은 피에몬테를 중심으로 몇 지역에서는* 단품종 와인을 빚지만
Piemonte
바르베라 단일 품종

다른 지역에서는 블렌딩의 파트너로 애용되고 있지.
타지역

*롬바르디아 등 북부 이탈리아 지역

❖ 바롤로

피에몬테 와인 가운데 가장 중요한 것 두 종류만 들라고 하면
바롤로와 그 동생격인 바르바레스코 와인을 꼽는 사람이 많을 거야.
PIO CESARE
Barbaresco
2003
이 두 와인은 이탈리아 최고 와인명산지의 하나인 피에몬테를 대표하는 와인이지.
바롤로와 바르바레스코는 모두 포도재배지역 이름으로
바르바레스코
알바
네이베
바롤로
두 지역 모두 100퍼센트 네비올로 품종만 재배하는 것으로 유명해.
네비올로는 이탈리아 포도의 자존심!
바롤로는 브루넬로, 아마로네와 함께 이탈리아 최고의 레드와인으로 꼽혀.
나는 왜 빼는 거야?
바롤로
브루넬로
아마로네
바르바레스코
바롤로 와인은 이탈리아 통일시대인 1860년대부터 왕들이 즐겨 마셨고 그들이 대부분의 포도밭을 소유하고 있었기 때문에
전하 소유 포도원의 금년 작황입니다.
바롤로에는 '왕들의 와인'이라는 별명이 붙어 있지.
어찌 내 밭 수확이 그대 밭보다 적단 말이요?
저… 전하! 그… 그게….
바롤로 지역은 열한 개의 마을로 이루어져 있는데
베르두노
S. 마리아
그린차네 카부르
라 모라
디아노 달바
바롤로 지역
카스틸리오네 팔레토
바롤로
페르노
세라룽가 달바
노벨로
몬포르테 달바
바롤로 와인은 제조된 뒤 적어도 3년이 지나야 판매돼.
PIO CESARE
Barolo
2003
최소 2년을 전통적인 대형 나무통 속에서 숙성시키고, 병에서 다시 1년을 숙성시키면 되지만
타닌을 줄이기 위해 보통 규정보다 훨씬 오래 숙성시키고 있지.

*브루넬로 : 산지오베제 품종의 변종

*안젤로 가야의 와이너리 숙성창고

바롤로는 과거 '타닌 회초리'라고 불릴 정도로 타닌이 많은 강한 와인이었지만
우앗! 떫어.
양조기술이 발달하고 발효방식이 개선되면서
특히 프랑스식 바리크(소형 오크통)가 유행하면서 품질이 크게 나아져
이탈리아 고급와인으로 발돋움할 수 있었어.
바롤로로 할까?
아주 고급이지!
1966년 DOC급으로 지정되었고, 1980년 이탈리아 최고급인 DOCG급으로 승격되었지.
더 높은 등급은 없다!
1980 DOCG 승격
1966 DOC 지정
1970년대만 하더라도 규모있는 와인생산업자가 별로 없던 바롤로지만
GRANBUSSIA
1999
BAROLO
DENOMINAZIONE DI ORIGINE CONTROLLATA E GARANTITA
RISERVA
IMBOTTIGLIATO DAL VITICOLTORE NELL'AZIENDA AGRICOLA
1980년대에는 12곳의 양조장에서 연간 약 100만 병의 바롤로 와인이 생산되었고
2000대에는 양조장이 50개로 늘고 생산량도 60배로 증가하는 등
바롤로 와인 생산량
1990/91 : 4,935kl
1991/92 : 5,522kl
1992/93 : 5,286kl
1993/94 : 5,175kl
1994/95 : 5,383kl
1995/96 : 3,770kl
1996/97 : 5,001kl
= 약 6,500만 병
이탈리아를 대표하는 최고와인의 하나로 성장해왔어.
SOLAIA
PIO CESARE
*이탈리아 최고급와인들
그러나 바롤로에는 과거 방식과 전통을 지켜야 한다는 전통주의자들과
전통과 역사를 자랑하는 바롤로!
변형이나 외래 품종과의 결합은 절대 있을 수 없다!
전통과 자존심
품질개선과 기술혁신을 주장하는 개혁론자들의 견해가 팽팽히 맞서 있어.
글로벌시대에 세계인의 입에 맞춰야지
이탈리아에 소비자 입맛을 맞추라고 요구할 수는 없다!
현실과 시장
이 갈등은 1970년대 이후 계속됐지만 바롤로 품질개선의 계기가 되기도 했지.
이탈리아 와인의 자존심!
낡은 사고의 틀을 깨야 한다!

❖ 바르바레스코

바르바레스코는 바롤로와 함께 피에몬테를 대표하는 포도명산지이며 DOCG지역이야.
DOCG
바롤로 Barolo
DOCG
바르바레스코 Barbaresco
바롤로가 대부분 왕족과 귀족들이 소유한 포도밭이어서 '왕들의 와인'이라 불리는 데 비해
바롤로
바르바레스코에는 이런 '힘있는' 주인이 없어서 늘 바롤로에 눌리곤 했지.
천하에 서러운 일이 '빽' 없는 거라고….
바롤로
바르바레스코

이 지역 역시 100퍼센트 네비올로 품종으로만 와인을 만들기 때문에
네비올로
네비올로
바롤로
바르바레스코
'작은 바롤로' 또는 '바롤로 동생'으로 불렸어.
어이, 동생! 형한테 인사 안 해?
바롤로 지역이 해발 500미터 정도인 데 비해 바르바레스코는 180~320미터의 구릉지대여서
500m
바롤로
180~320m
바르바레스코

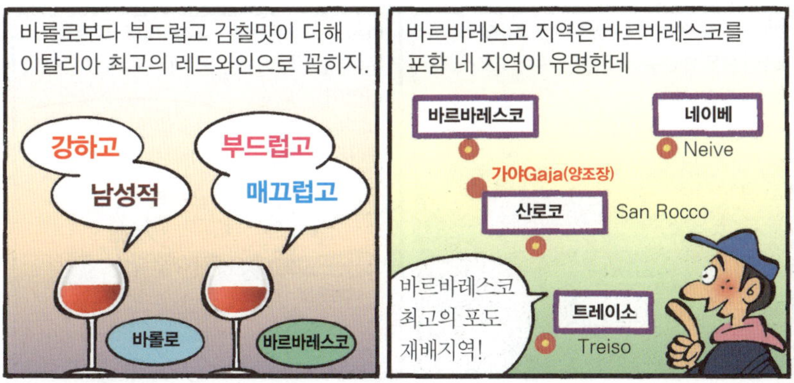
바롤로보다 부드럽고 감칠맛이 더해 이탈리아 최고의 레드와인으로 꼽히지.
강하고 남성적
부드럽고 매끄럽고
바롤로
바르바레스코
바르바레스코 지역은 바르바레스코를 포함 네 지역이 유명한데
바르바레스코
네이베 Neive
가야Gaja(양조장)
산로코 San Rocco
바르바레스코 최고의 포도 재배지역!
트레이소 Treiso

전통적으로 바리크가 아닌 큰 나무통에 1년 이상 숙성시키며
대형 나무통
이탈리아 전통을 지킨다!
바리크 225리터
바롤로보다 생산량이 적어 2,500만 병 이상은 생산한 적이 없어.
이 지역도 1966년에 DOC급 지정, 1980년에 DOCG급으로 승격했지.
Barbaresco

이탈리아 와인을 이해하기 위한 이탈리아어

- annata : year 수확연도/빈티지
- riserva : 최소 3~4년 이상 숙성시킨 와인
- superiore : 지정된 최저 알코올 함량보다 1% 이상 높고 저장기간이 긴 와인
- cantina : estate, winery 양조장
- produttore : productor 생산자
- tenuta : estate, winery 양조장
- viticoltore : viticulture 포도재배자

- seco : dry 드라이
- amabile : sweety 달콤한
- dolce : sweet 단
- vecchio : old 오래된
- amarone : bitter 쓴

- classico : 클라시코

이탈리아 와인의 품질을 나타내는 형용사. 원조(元祖), 일류(一流)라는 의미로, DOC 지정 산지 내에 있는 가장 전통적으로 중심이 되는 지역의 와인에 붙는다.

바롤로의 그늘에 가려 1960년대까지 가치를 인정받지 못한 바르바레스코 와인은
바르바레스코는 슬프다!
바롤로
1960년대 중반 대대적인 혁신에 나섰어.
우리 와인이 뜨지 못하는 것은
품질이 바롤로보다 못해서가 아니다!
Barbaresco
바롤로의 포도원을 소유한 왕과 귀족, 대부호들이
그들의 힘으로 시장을 주름잡기 때문이다.
맞아, 맞아!
우리 바르바레스코 와인인 카스텔로 디 네이베 와인은 1862년 런던 품평회에서 최고의 와인으로 인정받기도 했다!
Barba-resco
The Best Wine of the Year 1862
문제는 와인의 품질이 아니라 바롤로를 훨씬 고급으로 쳐주는 소비자들의 태도다!
바르바레스코는 싸구려!
바롤로
NO
바르바레스코
이런 인식을 바꾸려면 우리 와인의 품질을 향상시켜 누구라도 바롤로보다 낫다고 인정하게 해야 한다!
아니, 바롤로보다 낫네!
이 혁신운동에 앞장선 이가 1894년 바르바레스코에서 와인제조업자조합을 만들어 조합장을 지낸 도미초 카바차야.
Domizio Cavazza
바르바레스코 '가바차' 별일없다고? 천만에!
지금도 와인학교로 유명한 알바의 와인전문학교를 설립한 그는
바롤로와 경쟁하기 위해 다른 품종을 뽑아내고 네비올로를 대부분의 포도밭에 심었어.
잡다한 품종을 포기하고
최고품종 네비올로로 바롤로와 승부한다!
네비올로
바르바레스코
그의 노력으로 바르바레스코 지역은 1966년 DOC지역에 지정되었고, 다시 DOCG급으로 승격했지.
1980년 DOCG 승격
1966년 DOC 지정
1980년 DOCG 승격
1966년 DOC 지정
제대로 맞짱 뜨고 있어, 좋아!
바롤로
바르바레스코
바롤로보다 숙성기간이 1년 짧은 바르바레스코 와인은 보관기간도 10~15년으로 짧지만
숙성기간 : 최소 3년
보관기간 : 30년 이상
숙성기간 : 2년
보관기간 : 10~15년
바롤로
바르바레스코
현저하게 향상된 품질과 그 향기롭고 우아한 맛으로 바롤로를 위협하고 있어.
바롤로!
진짜 경쟁은 이제부터다!
바르바레스코
B
*알바

❖ 안젤로 가야

바르바레스코를 이탈리아에서 가장 비싼 와인으로 끌어올린 인물은 안젤로 가야지.
Angelo Gaja
안젤로는 바르바레스코 지방 최초의 양조업자 가운데 한 명이었던 조반니 가야의 아들로 태어났어.
Tenuta di Giovanni Gaja
1950년대에 조반니는 이미 이 지방에서 가장 큰 포도밭을 소유하고 있었는데
어르신!
와인사업에 뛰어든 안젤로의 생각은 아버지와는 많이 달랐어.
아버지는 전통 품종인 네비올로만
고집하시지만 내 생각은 달라!
Nebbiolo
세계적으로 고급와인으로 인정받아 비싸게 팔리는 프랑스식을 도입해야 해. 비록 자존심은 상하지만, 네비올로 대신
프랑스 와인
세계적인 인정
세계시장 확보
이탈리아 와인
지역와인
협소한 시장
프랑스 고급품종의 대명사인 카베르네 소비뇽, 메를로, 샤르도네 등을 심자!
전세계에서 인정하는 프랑스 스타일 품종
이탈리아 스타일 품종
· 카베르네 소비뇽
· 메를로
· 카베르네 프랑
· 시라
⋮
· 네비올로(피에몬테)
· 산지오베제(토스카나)
세계적인 인지도 낮음
프랑스처럼 보르도 스타일 바리크에서 숙성시키고
전통과 역사보다는 글로벌시장에서 살아남기다!
특히 발효시 온도조절을 과학적으로 해서 와인맛이 변하지 않도록 철저하게 관리해야 한다!
프랑스 보르도 스타일 도입
신기술 도입
이탈리아 전통 와인
그가 만든 프랑스식 와인은 대번에 큰 인기를 끌어 유명해졌고
펑
저게 뭔 소리래?
가야 와인 대박난 소리 아뉴?
바르바레스코 와인의 값은 순식간에 이탈리아 최고수준으로 치솟았는데
바르바레스코
바롤로
아버지 조반니 가야가 바르바레스코 와인을 이탈리아 전역에 알렸다면
이탈리아여! 바르바레스코를 기억하라!
안젤로는 바르바레스코는 물론 이탈리아 와인을 세계적으로 유명하게 만든 인물이지.
내 별명은 '안젤로 나치오날레'!
'국보(國寶) 안젤로'라는 뜻!
Angelo Nationale

❖ 아스티 스푸만테

프랑스가 샹파뉴의 거품와인을
자랑한다면
La vie avec champagne*
(라 비 아베크 샹파뉴)

*인생은 샹파뉴와 함께!

이탈리아에는 아스티 스푸만테,
더 정확하게는 모스카토 다스티라는
거품와인이 있지.
Asti Spumante
아스티의 거품와인
Spumante
= 거품와인
Moscato d'Asti
모스카토 품종으로 만든
아스티의 (거품)와인

아스티는 바로 피에몬테주에 있는
인구 8만 명의 중소도시야.

* 아스티성당

이 거품와인은 19세기 말 아스티에
있는 양조연구소 소장 페데리코
마르티노티*가 개발한 새로운 기술로
만드는데

*Federico Martinotti

20세기 초 프랑스 과학자 샤르망*이
완성해 '샤르망식(式)'이라고 불리는
기술이야.
Méthode Charmant
압력
거품
밀어넣기식
강제방식!

*Eugéne Charmant

이탈리아에서는 포도주스를 병에서
발효시켜 거품을 내는 반거품와인을
프리잔테라 하고
Frizzante
완전발효
되지 않아
당분이
남은
화이트와인
완전발효
되며 거품
발생

압력을 가해 거품을 녹여넣는 방식으로
만든 거품와인을 스푸만테라고 하지.

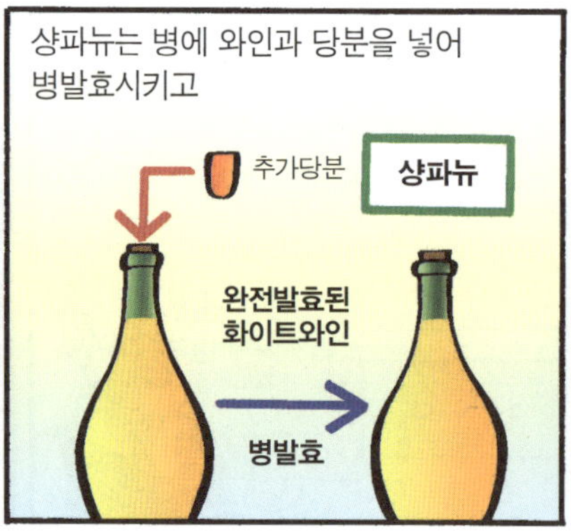
샹파뉴는 병에 와인과 당분을 넣어
병발효시키고
추가당분
샹파뉴
완전발효된
화이트와인
병발효

찌꺼기가 병주둥이로 몰리도록 병을
일일이 손으로 돌려줘야 하지만

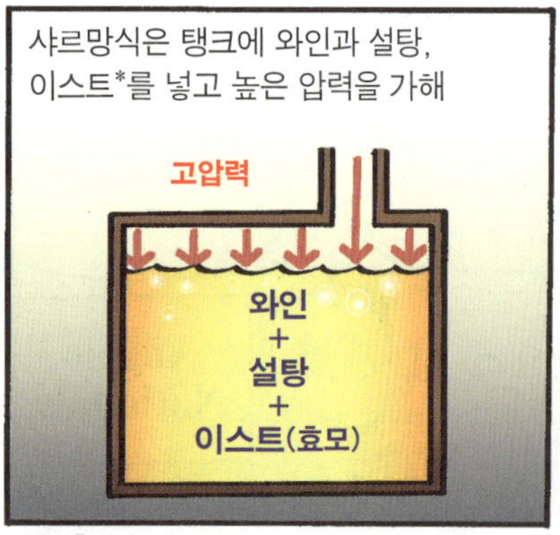
샤르망식은 탱크에 와인과 설탕,
이스트*를 넣고 높은 압력을 가해
고압력
와인
+
설탕
+
이스트(효모)

*발효촉진제

발효 때 생긴 탄산가스가 날아가지
못하고 와인 속에 녹아들도록 만드는
방식으로, 미처 발효되지 못한 당분
때문에 달콤해지는데
밖으로
나오지 마!
탄산가스
탄산가스

아스티 지역에서 생산되는 약 8천만 병의
모스카토 다스티는 이탈리아 스푸만테를
대표하는 세계적인 브랜드야.

*아스티

❖ 토스카나

토스카나 와인 Toscana

피렌체에서 시에나까지, 피사에서 아레초에 이르는 키안티 지역은 이탈리아 고급와인의 대명사이자 이탈리아 와인의 대표인 키안티 와인의 산지야.

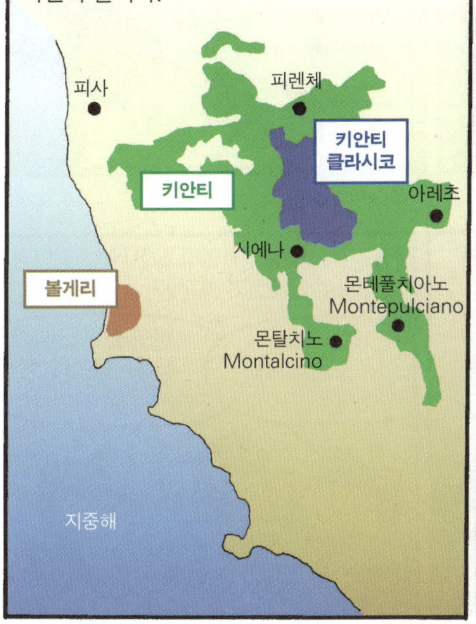

7만 헥타르의 포도원 반 이상이 DOC급이며 연생산량이 1억 리터인 이탈리아 최대 와인산지이기도 해.

＊키안티 지역의 포도밭

키안티, 키안티 클라시코 등 기라성 같은 세계명주가 생산되고

- **비노 노빌레 디 몬테풀치아노** Vino Nobile di Montepulciano
- **브루넬로 디 몬탈치노** Brunello di Montalcino
- **베르나차 디 산 지미냐노** Vernaccia di San Gimignano

사시카이아, 티냐넬로 등 프랑스 명품와인에 버금가는 훌륭한 와인을 생산하는

토스카나야말로 피에몬테와 더불어 이탈리아 고급와인의 본고장이라고 할 수 있지.

최고의 키안티 와인 생산지역의 하나인 비노 노빌레 디 몬테풀치아노의 아비뇨네지

키안티라는 호칭은 13세기 피렌체 남쪽 라다, 가이올레, 카스텔리나 언덕에서 재배한 청포도로 만든 화이트와인에서 비롯됐지만

＊가이올레 언덕의 카스텔로(성) 브롤리오

1930년대부터 키안티 지역이 급격하게 넓어지기 시작해

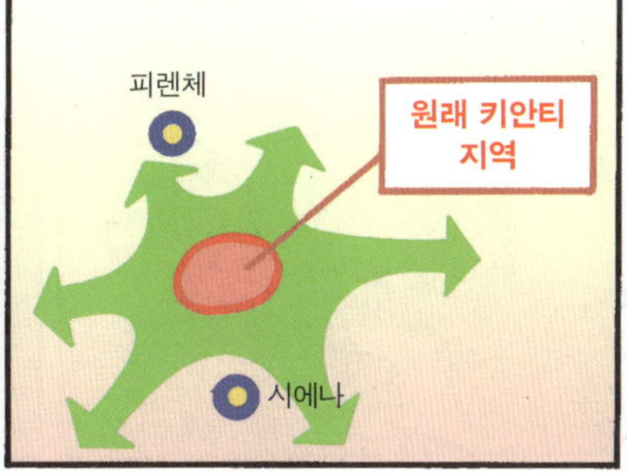

거의 토스카나 전지역이 되었지.

19세기부터 키안티는 레드와인, 특히 토스카나 레드와인을 상징하는 말이 되었고

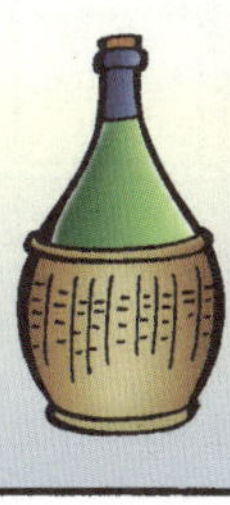

키안티 와인은 1960년대까지 짚으로 병을 싼(fiasco : 피아스코) 저렴한 레드와인이었다.

포도 품종도 카나이올로종에서 대부분 산지오베제로 바뀌었어.

화이트와인 생산도 급격하게 줄어, 키안티는 이제 레드와인과 같은 뜻이 되었지.

❖ 키안티

토스카나의 오랜 귀족가문 출신으로
1861년 통일 이탈리아의 총리를 지낸
베티노 리카솔리는
Bettino Ricasoli
1809~1880
1859 내무부장관
1861 총리
거대한 와인교역회사를 소유한
와인전문가이기도 했어.
피렌체, 피사에서 농업을 전공했다고!
Maremma di Grossete*
그는 키안티 와인 제조에 필요한 포도의
품종과 재배량을 법으로 정했어.
키안티 지역에 심는 포도는
70% 산지오베제
15% 카나이올로 네로
10% 청포도
5% 기타
안 지키면 죽는다!
법
토스카나 지방, 특히 키안티 지역은
거의 대부분이 부드러운 구릉지대로
포도재배에 이상적인 환경이라
고대 로마시대 이전인 에트루리아인
시절부터 와인문화가 발달해
딸꾹
마을마다 고유한 와인이 생산되는 '와인의
고향'으로 알려졌기 때문에
이 많은 고장 이름을 어떻게 다 외운대?
할일 없니? 마을 이름이나 외우고 있게! 물어봐!
키안티 와인생산 마을
이탈리아 전국에 가짜가 범람할
정도로 인기를 끌었어.
이게 키안티라고?
짝퉁 키안티 사왔구먼!
애퉤퉤!
중세, 르네상스 시대에 피렌체의
귀족가문들이 와인사업을 중요하게 여겨
제일 남는 장사는….
동방무역과 와인사업이지.
안티노리, 프레스코발디 가문은
지금까지도 유명한 와인귀족가문으로
명성을 떨치고 있어.
Antinori
안티노리 가문
• 피렌체 출신 귀족
• 1385년에 등장
• 26대째 와인산업에 관여
Frescobaldi
프레스코발디 가문
• 피렌체 출신 귀족
• 1300년대에 등장
• 이후 계속 예술, 경제, 문화, 교역에 영향력 행사
토스카나는 또 르네상스가 일어난
예술의 고향으로
세계적으로 유명한 관광지이기도 해서
토스카나 와인관광 또한 키안티 와인
발전에 기여한 바가 크지.
키안티 와이너리 투어

＊키안티의 지역

＊피렌체시

＊피렌체의 두오모(대성당)

❖ 키안티 클라시코

키안티 클라시코는 키안티 안에 있는 지역으로, 가장 먼저 포도농사를 시작한 곳이며
키안티
키안티 클라시코
키안티
특히 품질 좋은 포도로 최고급와인을 많이 생산하는 곳이야.
클라시코=클래식 =오래된….
그러니까 '오래된, 가장 먼저 시작한' 키안티군요!
키안티 지역에서 연평균 1억 리터의 와인을 생산하는데, 키안티 클라시코의 생산량이 2,300만 리터지.
키안티 클라시코 23%
기타 키안티 77%
키안티와 키안티 클라시코라는 호칭을 따로 쓰기 시작한 것은 1990년대로
1990년대
키안티 클라시코
키안티
법적으로 전혀 다른 지역
이탈리아 와인법은 두 지역의 와인생산 기준을 엄격하게 정해놓았어.
키안티
키안티 클라시코
다른 지역 고급와인도 마찬가지!
이탈리아 와인법
일반 키안티 와인은 1헥타르당 포도 수확을 9,000킬로그램 이상 할 수 없고, 최저 알코올 함유량이 11.5퍼센트 이상이어야 하지만
Chianti
1ha당 최대수확 9,000kg
알코올 함유 최저 11.5%
Chianti Riserva
최저 2년 이상 숙성
최저 3개월 이상 병숙성
키안티 클라시코는 포도를 1헥타르당 7,500킬로그램만 수확할 수 있으며
9,000 kg
7,500 kg
키안티
키안티 클라시코
알코올 함량도 최저 12퍼센트 이상이어야 해.
11.5% 이상
12% 이상
키안티
키안티 클라시코
키안티 클라시코가 약간 더 고급이네.
알코올 도수도 높고, 조금 거두니 포도 품질도 낫고!
Chianti Classico
하지만 그 엄격한 이탈리아 와인법도 현실에 굴복해
규제
현실
규제
규제
와인법
1995년부터 법적으로 의무재배해야 했던 화이트와인용 청포도를 재배하지 않아도 되고
규제
도저히 못 견디겠다!
규제
와인법
규제
엄격하게 금지됐던 전통 이탈리아 품종 외 외국 품종과의 블렌딩도 허용됐지.
뭘 봐?
그래도 가릴 건 가렸잖아!
이탈리아 와인법

❖ 갈로 네로

키안티 클라시코는 '갈로 네로'라는 검은 닭 표시로 한눈에 구별할 수 있지.
gallo nero
CONSORZIO DEL GALLO NERO
CHIANTI CLASSICO
1380년대 키안티 클라시코 지역을 두고 지겹도록 오래 전쟁을 벌인 피렌체와 시에나는
피렌체 문장
시에나 문장
결국 싸움 대신 기발한 내기로 승패를 결정하기로 했어.
도저히 안 되겠다! 게임으로 결판내자!
비디오게임은 아닐 테고, 무슨 게임?
먼저 닭을 울게 만드는 쪽이 이기는 것으로 하자는 제안이었지.
꼬끼오
시에나 측은 닭을 배불리 먹이면 일찍 일어나 울 것으로 생각했고
실컷 먹고 일찍 일어나 또 달라고 울 거야!
피렌체 측 키안티 사람들은 반대로 생각해 닭을 굶겨 재웠대.
배가 고프면 모이 달라고 울겠지!
물론 배가 고픈 닭이 먼저 일어나 새벽 일찍 홰치며 울었고
꼬끼오~
내기에 진 시에나군은 순순히 물러났어.
만세 만세~~!
Chianti
그때부터 적군보다 먼저 운 검은 수탉이 키안티 클라시코의 상징이 되었대.
꼬끼오~~
정말 옛날얘기네!
지어낸 얘기인지 몰라도 재미있네!
키안티의 명성은 1970년대부터 서서히 전세계로 퍼져갔는데
중저가 피아스코 와인
고급와인
키안티
이는 몇몇 와인제조업자의 과감한 시도로 탄생한 '슈퍼 토스카나'라는 혁명적인 와인 덕분이었지.
Super Toscana
Super Tuscan
USA
Super Toscane
Super Toskana

❖ 이탈리아 와인의 혁명

1970년대부터 이탈리아 와인산업에 혁명적인 변화가 일어나기 시작했는데
Revoluzione di Vino
Revolution of Wine
그 변화는 토스카나 지방에서 비롯되어 피에몬테 등지로 확산됐어.
토스카나주 기
토스카나주 문장
좀더 좋은 품질로 세계시장에 진출하려고 하는 이탈리아 와인제조업자들에게는
글로벌시대에 동네와인으로 머물면 망한다!
세계화해야 한다!
심각한 고민이 있었으니, 그것은 다름 아닌 이탈리아 와인법의 엄격한 규정이었어.
규정
이탈리아 와인법
세계 어느 나라에도 이처럼 시시콜콜히 세부규정을 정해놓고 규제하는 예가 없을 정도로 엄격해서
이탈리아 고유 품종만 써라!
전통방식을 꼭 지켜라!
이것 지켜라, 저것 지켜라!
와인의 획기적인 품질개선을 꾀하는 업자들의 발목을 잡고 있었지.
철밥통들의 발목잡기는 어딜 가도 마찬가지지만
이건 너무 심하다!
규제
그중에서도 특히 지방마다 전통적인 품종만 재배해야 하고
네비올로
산지오베제
쾅
쾅
피에몬테
토스카나
경쟁력이 없는 화이트와인용 청포도를 일정 비율 의무적으로 재배해야 하며
와인산업의 균형을!
우리는 균형보다 시장이 필요하다고!
R/B* 비율
불필요하게 긴 나무통 숙성기간을 지켜야 하는 등
1년만 숙성시켜도 충분하다니까!
법은 법이야! 2년을 지키라고!
법
시대에 뒤떨어진 전통 와인제조방식을 법으로 못박는가 하면
알루미늄이나 스테인리스 발효탱크 쓰지 마라!
전통 목제 발효통을 사용, 이탈리아 문화를 보존하라!
알코올 함량까지 법으로 정해 관리하고 감독했기 때문에
A지역
R 12.5%
B 10.5%
B지역
R 13.5%
B 11.5%
최저 알코올 함량
안 지키면? DOC 등 등급 박탈!
제조업자들이 자유롭게 시험해볼 여지가 거의 없었던 거야.
아예 관청에서 포도농사 짓고 와인도 만들지!
각종 규제

* R : Red(레드와인) / B : Bianco(화이트와인)

❖ 슈퍼 토스카나

이처럼 관료주의적인 간섭과 감시에 맞서
뭐야?
우리의 라이벌인 프랑스 품종 카베르네 소비뇽 아냐!
규정을 조금이라도 어기면
전통 대형 나무통이 아니라 보르도식 바리크네!
DOC, DOCG 등 우량와인 인증을 박탈당할 각오를 해야만 했지.
등급 박탈!
VdT 테이블와인으로 강등!
그러나 토스카나에서부터 개혁적인 와인제조업자가 출현하기 시작했어.
개혁=글로벌화
개혁
프랑스화
고급
글로벌화
세계표준 적용
세계표준은 프랑스 와인
프랑스화
새로운 시도를 꾀하는 포도밭에서는 까다로운 와인법의 규정을 피하기 위해
그런다고 포기하면 개혁은 물건너가지!
스스로 DOC, DOCG 등급을 포기하고 테이블와인으로의 강등을 자청했어.
그래, 내 발로 내려가주마!
DOCG
VdT
고급와인 품종의 대명사와도 같은 카베르네 소비뇽, 메를로, 샤르도네 등 프랑스 품종을 재배해
세계시장을 공략하려면 어쩔 수 없다!
C. 소비뇽
메를로
시라
이탈리아 고유 품종과 블렌딩한 새로운 와인을 생산했는데
고급와인으로 세계의 인정을 받는 프랑스 와인을
이탈리아 와인에 접목하는 글로컬리즘*!
이 신종 와인들은 시장에서 폭발적인 인기를 끌어
프렌치 스타일에….
이탈리안 고유 맛이 일품이다!
프리탈리안* 스타일!
Bravo!
Sia utile!
건배!
이를 모방하는 양조업자들이 크게 늘어 토스카나 전역으로 확산되었고
대박 이래!
너도 나도!
프렌치 스타일 이탈리안 와인으로 GO!
토스카나
가격도 이탈리아 와인 중 최고로 비싼 급으로 뛰어올랐을 뿐 아니라 세계적으로도 인기가 치솟았지.
Ornellaia
오르넬라이아
$270
ORNELLAIA
2001
미국에서 '슈퍼 투스칸'으로 불린 것이 '슈퍼 토스카나'라는 이름으로 굳어졌어.
SOLAIA
ORNELLAIA
PIO CESARE

*Glocalism : Globalism + Localism

*Fritalian : French + Italian

* (왼쪽부터) 사시카이아, 오르넬라이아, 솔라이아, 피안텔레비녜

❖ 피에로 안티노리

이러한 이탈리아 와인혁명의 주인공은
4대 슈퍼 토스카나 와인
· 티냐넬로 Tignanello
· 사시카이아 Sassicaia
· 솔라이아 Solaia
· 오르넬라이아 Ornellaia
전통있는 와인귀족가문 출신 피에로 안티노리와
Piero Antinori 1938~
비토리오 데 프레스코발디야.
Vittorio de'Frescobaldi 1928~
안티노리 가문이 공식기록에 등장한 것은 1180년으로, 카스텔로(성) 디 콤비아테의 소유주가 '우고와 안티노로 디 리누치노' 라는 내용이야.
Ugo & Antinoro di Rinuccino
은행가
안티노리 가문은 1385년 선조 조반니 디 피에로 안티노리* 때부터 와인생산과 교역을 시작, 이탈리아 최대 와인상으로 발전했고
TIGNANELLO
슈퍼 토스카나 티냐넬로
비단무역과 은행업에도 손을 대 이탈리아 최대 부호가문 중 하나가 되었어.
이 가문의 26대손으로 와인사업에 뛰어든 피에로는 세계여행을 통해 국제 와인전문가들과 교류하고
VINO
특히 세계적으로 유명한 보르도의 양조기술자 에밀 페이노*로부터 양조기술을 배웠어.
프랑스 와인양조의 핵심기술은…
1968년 아버지로부터 회사를 물려받아 경영일선에 나서면서
세계시장 진출 목표
고급와인은 프랑스산이란 고정관념
고객의 고정관념에 맞춰라!
프랑스 품종 프랑스 기술 도입
이탈리아 와인과 블렌딩
프랑스풍의 이탈리아 와인
법으로 금지된 외국 품종인 카베르네 소비뇽을 전통 품종인 산지오베제와 블렌딩해
산지오베제
토스카나 품종
카베르네 소비뇽
금지
전통방식인 대형 숙성통이 아닌 프랑스식 소형 바리크에 숙성시켜서
대형 나무통
보르도 스타일 바리크 225리터
이른바 '슈퍼 토스카나'의 효시인 티냐넬로를 탄생시켰어.
TIGNANELLO
2003

*Giovanni di Piero Antinori

* Émile Peynaud

❖ 티냐넬로

산지오베제와 프랑스 품종을 블렌딩한 티냐넬로는
산지오베제 80%
카베르네 소비뇽 15%
카베르네 프랑 5%
키안티 방식을 모두 무시한 채 색다른 방식으로 제조되었고
키안티
산지오베제
대형 나무통
키안티 전통방식
티냐넬로
프랑스 품종 블렌딩
바리크
자연히 키안티 클라시코 DOCG의 상징인 갈로 네로(검은 닭) 표시도 포기해야 했어.
DOCG
꼬꼬댁
더욱이 와인법이 규정한 일정비율의 청포도 재배도 무시했기 때문에
안티노리 후작, 당신에겐 이게 휴지로 보입니까?
법
응!
Tenuta di ANTINORI
키안티 클라시코 DOCG등급 포도원인데도 하급인 테이블와인, 즉 비노 다 타볼라 등급으로 출시해야 했지.
DOCG
VdT
Vino da Tavola
IGT*
특정 지역 표시 와인
그러나 티냐넬로에 대한 시장의 반응은 엄청났고
그게 무슨 아이스 티냐, 넬로넬로 마시게?
맛있으니까!
낼름낼름

*Indicazione Geografica Tipica

대번에 가격이 천정부지로 치솟았지.
$
이 개혁적인 실험은 토스카나는 물론 전국적으로 무수한 모방품을 만들어냈어.
프랑스 스타일 접목!
바리크 도입! 보르도 품종 재배!
슈퍼 토스카나 스타일 따라잡기!
와글
와글
자존심 상하네!
그러나 이탈리아 최고가와인으로 떠오른 티냐넬로 등 혁신적인 와인은
• Villa Antinori Toscana
• Santa Cristina Toscana
• Chianti Classico Riserva
• Pian delle Vigne
• Tenuta Guado / Bolgheri
• La Braccesca Vino Nobile di Montepulciano
⋮
키안티 클라시코 와인 제조규정을 어긴 것이기 때문에
위반이요!
Consorzio Vino Chianti Classico
누가 아니래?
키안티 클라시코 DOCG급이 아니라
이렇게 비싼 게 DOCG가 아니라고?
슈퍼 토스카나거든!
하위등급인 IGT급으로 거래되고 있어.
Indicazione Geografica Tipica!
그래서 DOC나 DOCG급이 반드시 고급은 아닌 거구나!

❖ 사시카이아

티냐넬로는 47,116헥타르에 달하는 거대한 티냐넬로 단일 포도원의 포도로 제조하는데
Tignanello
마르케제 안티노리 가문의 산타 크리스티나 사가 이 포도원을 소유하고 있어.
피에로 안티노리는 토스카나뿐 아니라 피에몬테, 아풀리아 등 이탈리아 곳곳의 포도원을 매입했고
안티노리
안티노리
안티노리
안티노리
미국의 캘리포니아에도 1,200헥타르의 포도원을 소유하고 있으며
포도 있는 곳에 안티노리 있다!
안티노리
피렌체, 취리히, 모스크바, 빈 등 4개 도시에 고급식당까지 운영하는 등
오늘은 크게 한번 쏘지!
Restaurant
Antinori
WINE
1년에 약 1억 유로(1,440억 원)를 벌어들이는 거대기업을 일궜지.
€100,000,000
억… 유로…
티냐넬로에 이은 두 번째 슈퍼 토스카나 와인은 사시카이아야.
사시카이아를 생산하는 인치사 델라 로체타 가문의 문장
사시카이아란 토스카나주 지중해 해안에서 10킬로미터 떨어진 볼게리 지방의 포도밭 이름인데
Bolgheri
땅이 온통 자갈(Sassi) 투성이라 하여 이런 이름이 붙었지.
자갈 = Sassi
Sassicaia = 자갈 많은 땅
제2차 세계대전 당시 이탈리아에서 고급 프랑스 와인을 구하기 힘들어지자
샤토 라피트 가져와!
나으리, 떨어졌습니다. 수입할 길도 없고요.
안티노리 가문의 마리오 인치사 델라 로체타 후작이
Marchese Mario Incisa della Rocchetta
1942년 프랑스 와인과 유사한 것을 만들 목적으로 사시카이아에 카베르네 소비뇽과 카베르네 프랑을 심었어.
전쟁통인데 잘해보슈!
그라치에, 우리 귀족은 이탈리아 와인 못 마시거든!
샤토 라피트*

*볼게리의 카스텔로(성)

*Château Lafite Rothschild

사시카이아는 원래 개인적으로 소비할 목적이었지 상품화하려던 건 아니었는데
전쟁중이라 수입이 끊겼으니
우리 집안에서 마실 만큼 프랑스 품종을 심어라!
그의 아들 니콜로와 조카 피에로 안티노리의 설득으로
아버지, 이건 꼭 상품화해야 합니다.
맛과 향이 프랑스 와인 같으면서도 독특해요, 삼촌!
1970년대 초에 1968년 빈티지로 첫 판매에 들어갔어.
1968
당시 프랑스 품종을 블렌딩한 와인이 인기를 끌기 시작했지만
아주 좋은데!
그러게…
역시 이탈리아 와인법을 어긴 탓에 오랫동안 테이블와인(비노 다 타볼라) 등급에 머물러야 했어.
티나넬로와 사시카이아의 대성공은 수많은 추종자와 모방업자를 양산한 것은 물론
SASSICAIA
2003
BOLGHERI SASSICAIA
피에로 안티노리를 슈퍼 토스카나의 아버지로 만들었지.
안젤로 가야
국보 안젤로
피에로 안티노리
슈퍼 토스카나의 아버지
드디어 1994년, 사시카이아가 생산되는 볼게리 지역이 DOC급으로 승격했고
시대변화는 막을 수 없더라!
DOC
규제
볼게리
볼게리 지역 안의 사시카이아 밭도 자체 DOC급으로 승격되어
A12
볼게리 Bolgheri
지중해
카스텔리나 마리티마*
N92
이탈리아 전역에서 유일하게 자체 DOC급을 지닌 포도원이 되었어.
볼게리 사시카이아
DOC
Denominazione
Bolgheri Sassicaia
Controllata
토스카나는 이제 슈퍼 토스카나는 물론 세계적인 고급와인들의 명산지로 떠올랐고
RISERVA GRANDI ANNATE
AVIGNONESI
VINO NOBILE DI MONTEPULCIANO
프랑스 최고급와인 수준의 맛과 향을 지닌 와인을 비교적 저렴하게 즐길 수 있어서 인기가 더욱 좋지.
이탈리아 와인 30~40만 원대면
프랑스 프리미엄와인 100~200만 원대 수준의 맛과 향이래!

* Castellina Marittima

* 아비뇨네지

❖ 프레스코발디

피에로 안티노리와 함께 이탈리아 와인역사를 새로 쓴 인물이 비토리오 데 프레스코발디야.
프레스코발디가는 피렌체 유수의 귀족가문으로 오랜 역사를 자랑하며
이탈리아의 예술, 문화, 교역, 금융 그리고 피렌체 역사에 큰 영향을 끼쳤어.
1300년경 거대한 포도원을 소유하고 품질 좋은 와인을 생산해
유럽의 왕실, 특히 카타리나 메디치가 시집간 프랑스 왕실과
Katharina Medici
1519~1589
헨리 7세(1457~1509)의 영국 왕실에 제공한 것은 물론
토스카나의 지배자인 메디치가의 코시모 3세 대공도 그 와인을 즐겨 마셨다고 해.
Cosimo III, de'Medici
1642~1723
오랜 역사를 통해 이탈리아에 와인왕국을 건설한 프레스코발디 사는
나도 있거덩!
프레스코발디
안티노리
이탈리아를 대표하는 최대 와인회사로 세계진출에 주력했고
하늘 아래 1등은 오직 하나뿐!
우리는 영원한 라이벌!
프레스코발디 가문
안티노리 가문
미국 캘리포니아 최고의 와인제조사인 로버트 몬다비 사와 합작해
루체 델라 비테*
LUCE
2003
테누타 델 오르넬라이아 와이너리를 토스카나 볼게리 지역에 세웠어.
슈퍼 토스카나 와인의 기수들
피에로 안티노리
V. 프레스코발디
안젤로 가야
보르도 품종과 블렌딩!
바리크(오크통) 사용!
온도조절!

＊팔라초 프레스코발디, 피렌체

＊V. 프레스코발디(왼쪽)와 로버트 몬다비

＊Luce della Vite : 삶의 빛

❖ 아마로네

바롤로, 브루넬로와 함께 이탈리아 3대 레드와인으로 꼽히는 것이
바르바레스코와 함께 피에몬테 대표와인!
산지오베제 그로소 (Sangiovese Gross)라 불리는 키안티 지역 최고급 포도!
바롤로
브루넬로
바로 아마로네야.
아마로네는 이탈리아 동북부 베네토 지방에서 생산되는 레드와인으로 DOC급인데
'쓰다'라는 말뜻에서 알 수 있듯이, 달콤하면서도 쓴 뒷맛이 독특한 와인이지.
Amar
amer, amère
프랑스어
그런데 이 와인은 발폴리첼라 클라시코 지역에서 생산하는 레치오토(달콤한 와인)의 변종이야.
1930년대 양조장 직원들의 실수로 레치오토 한 통을 잊어버린 채 그냥 두었는데
올해 일 다 끝났다! 쉬러 가자!
저것들! 저러고도 월급 받는 거야?
나중에 마셔보니 맛과 향이 전혀 다른, 새롭고 개성있는 와인이 되어 있더래!
오매! 달콤 씁쓸… 맛이 오묘허요!
그러게… 소 뒷걸음치다 쥐 잡았네!
그 씁쓸한 뒷맛이 묘한 매력이 되어 1938년 '아마로네'라는 이름이 처음 사용되었고
아마로네
병 라벨에 처음 등장한 아마로네의 빈티지는 1940년
1940
시장에 첫선을 보인 건 1953년이야.
그러니까 정식 아마로네의 탄생은
1953년이군요?
아마로네는 처음엔 애호가들의 인기를 끌지 못했어.
무슨 와인이 이렇게 써?
짙은 붉은색이 셰리 같기도 하고….
하지만 달착지근하면서도 씁쌀한 뒷맛이 묘하네!
아주 인상적인 맛과 향을 지닌 와인이군!

*발폴리첼라의 포도밭

아마로네는 보통 레드와인과 달리 만드는 방법이 독특해.
포도수확
압착
발효
병입
숙성
발폴리첼라 지방 최고의 포도송이를 골라 2~4개월간 말리는데
*발폴리첼라 포도원
부패하면서 단맛이 강해진 포도를 수확해 만드는 귀부와인과도 다르지.
부패해서 당도가 높아진 포도 수확!
최고급포도를 수확해서 건조!
썩은 포도
귀부와인
Pourriture Noble
말린 포도
아마로네
Amarone
아파시멘토*라고 하는 건조과정 동안 포도를 계속 뒤집어가며 고루 말리면
왜 뒤집어?
넌 목욕할 때 배만 닦고 등은 안 미니?
*Appassimento
포도알의 수분이 증발해 무게가 반가량 준 뒤
포도알
마른 포도알
거의 건포도처럼 된 상태에서 포도의 당도가 최고로 높아지는데
수분
당분
수분
당분
이 포도를 낮은 온도에서 서서히 발효시키면
부글
천천히 그리고 완전하게….
부글
높은 당도로 인해 알코올 도수가 높아져 14~16퍼센트에 이르는 강한 레드와인이 돼.
14~16%
오…
이 와인은 갖가지 꽃과 과일, 풀 등 오묘한 향기와
체리, 복숭아, 허브, 장미….
음
젖은 낙엽, 건초, 고양이콧물….
달면서도 쌉쌀한 맛의 독특한 와인으로 애호가들의 사랑을 받고 있어.
달싸…!
죅인다!
높은 알코올 함량과 잔류당분 그리고 높은 타닌 성분으로 장기보관이 가능한데
와인에 따라 10년, 15년, 30년까지 보존할 수 있는 고급와인이야.
40년 뒤면?
무지 비싼 식초가 되겠지!

아마로네는 독특하고 강한 맛과 향으로 달고 신 아시아음식과 잘 어울린다는데
강한 와인
생선, 육류 구별없이 강한 맛의 음식
아마로네
달고 쓴 와인
달고 신 음식
아마 탕수육 같은 음식과 함께 마시면 아주 잘 맞겠지!
아… 침 돈다!
Ti amo amarone!
티 아모 아마로네!
(아마로네, 널 사랑해!)
이탈리아는 다른 유럽 지역과 마찬가지로 고유의 전통품종 포도를 재배하고
네비올로, 우리의 자랑!
산지오베제, 제우스의 피, 우리의 전통!
피에몬테
토스카나
DOC, DOCG 등급으로 품질을 엄격하게 관리하고 있지만
정부
이탈리아 고유품종은 이탈리아 문화의 정체성이거든!
각종 규제
DOC
DOCG
1970년대부터 불기 시작한 글로벌화, 고급화, 현대화 바람으로
고급와인 =프랑스 와인 이라는 인식
세계적 고정관념
프랑스 스타일 도입
와인의 글로벌화
고민
고민
전통·자존심
현실·개혁
전통적인 이탈리아 와인산업에 일대 혁명이 일어나, 슈퍼 토스카나 등 세계시장을 겨냥한 새롭고 고급화된 와인을 대거 생산해냈고, 이탈리아 자체의 고유품종 와인도 거듭된 고급화 노력으로 그 품질과 맛이 크게 향상되었어.
4대 슈퍼 토스카나 와인
TIGNANELLO
SASSICAIA
SOLAIA
ORNELLAIA
티냐넬로
사시카이아
솔라이아
오르넬라이아
이탈리아는 세계 최대의 와인생산국답게
아무리 그래도 그렇지….
세계에 와인을 전파한 종주국은 우리다!
전통적이고 지역 특성이 담긴 다양한 와인과
나폴리에 오면 라크리마 크리스티*를 맛보세요.
시칠리아의 마르살라**는 셰리에 절대 안 지죠.
나폴리
시칠리아
고급화, 국제화, 현대화된 새로운 와인들이 공존하는
I ♥ 이탈리아 와인!
이탈리아 와인은 두 배나 비싼 프랑스 와인에 결코 뒤지지 않아!
가히 '와인의 왕국'이라고 할 수 있지.
VIVA ITALIA!
이탈리아 만세!
VIVA VINI ITALIA!
이탈리아 와인 만세!

*Lacrima Christi **Marsala

스페인 와인
세계 최대의 포도경작지
투우와 플라멩코로 상징되는 정열의 나라 스페인!
스페인은 와인도 정열적일까?

*스페인의 투우 엘 코리다(El Corrida)

투우와
플라멩코!
정열의 나라 스페인의 상징이죠!
뜨거운 태양과 파란 하늘, 그리고 잉크빛 바다!
올레!
이 스페인이 세계에서 가장 넓은 포도재배지를 가지고 있다는 거 알고 있니?
SPAIN
ESPAÑA
포도재배면적
세계
1위
정말요?
난 국토가 넓은 미국이나 호주인 줄 알았는데!
100만 헥타르의 거대한 경작지에서 재배한 포도로 15만 명의 양조업자가 5,000여 개의 보데가에서 와인을 만들고 있지.
투우만 하는 나라가 아녀!
음머~

❖ 세계 최대의 포도경작 국가

보데가?
Bodega! '양조장'을 뜻하는 스페인어야.
이탈리아어로 테누타*!
*Tenuta
포도재배면적은 세계 1위지만 와인생산량은 유럽에서도 3위!
1. 이탈리아
500만 kl
2. 프랑스
380만 kl
3. 스페인
350만 kl
왜 포도재배면적은 제일 넓은데 와인생산량은 3위인 거죠?
건조하고 더운 날씨에 빈약한 토질, 그리고 인공적으로 물을 공급하는 게 법으로 금지돼 있기 때문이지.
건조 + 더위
물부족
인공적 물공급 금지
척박한 토양
다른 나라에서는 포도나무를 사방 1.4미터 간격으로 심는데
1.4m
건조하고 비가 적은 스페인에서는 2미터 간격으로 심기 때문에
2m
넓은 면적에 비해 포도수확량은 상대적으로 적은 거지. 국토 전체 면적의 3.4퍼센트가 포도밭인데도 말이야.
*리오하 지방의 포도밭
얼마 전까지만 해도 스페인 와인은 값싼 테이블와인으로 인식되었고
목마르니 가득 따르게!
실제로도 생산된 와인의 절반 이상이 테이블와인으로 탱크째 수출되었어.
재가공용
공업용
저가 판매용
등등
하지만 1980년대 이래 품질개선을 위해 꾸준히 노력한 결과, 고급화와 현대화가 진행되어
저가 대중 와인
고급화
현대화
프랑스 방식
프랑스 와인 스타일
이탈리아 · 신대륙 등 세계적인 품종
리오하 와인 등 세계적으로 명성을 얻고 있는 프리미엄와인을 비롯
RIOJA
리오하 와인
생산량의 20퍼센트 이상을 전세계로 수출하는 와인수출대국으로 성장했지.
요즘 스페인 와인은 옛날과는 확연히 달라!
대~단해요!

❖ 스페인 와인의 역사

스페인은 과거 일반 와인보다는 주정강화와인인 셰리로 유명했지만
VIÑA EL CABALLO
요즘에는 품질 좋은 레드와인과 화이트와인은 물론 로제와인
Made in Spain
또 프랑스 샹파뉴 방식으로 제조한 거품와인 카바 등 다양한 와인을 생산하고 있어.
프랑스 샹파뉴 Champagne
이탈리아 스푸만테 Spumante
스페인 카바 Cava
독일 젝트 Sekt

*유명한 셰리 제조업체인 비냐 엘 카바요

스페인에서 포도재배가 시작된 것은 기원전 3~4천 년이라고 하지만
원시적이고 자연발생적!
본격적으로 포도농사붐이 인 건 기원전 200년경이야.
눌러짜서
발효시킨다!
밀봉
구덩이
지중해를 중심으로 활발하게 교역활동을 하던 페니키아인들이

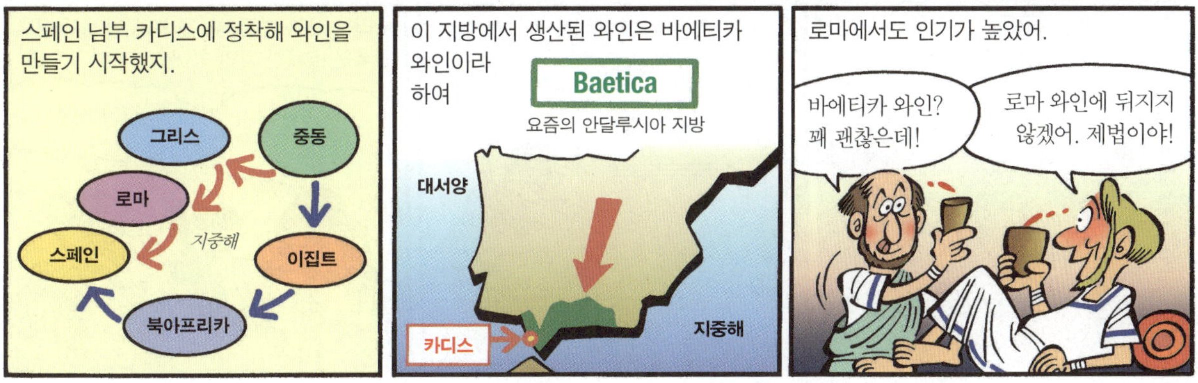
스페인 남부 카디스에 정착해 와인을 만들기 시작했지.
그리스
중동
로마
지중해
스페인
이집트
북아프리카
이 지방에서 생산된 와인은 바에티카 와인이라 하여
Baetica
요즘의 안달루시아 지방
대서양
카디스
지중해
로마에서도 인기가 높았어.
바에티카 와인? 꽤 괜찮은데!
로마 와인에 뒤지지 않겠어. 제법이야!

그러나 711년 이슬람교도인 무어인의 침략을 받은 후
와~ 와
음주를 금하는 이슬람교리로 인해 와인산업은 크게 위축되었지.
금주!
꾸란
하지만 다른 이슬람 지역과 달리 스페인에서는 이슬람교도의 지배하에서도 와인제조는 계속됐어.
메카는 멀고도 멀고 또 멀다!
와인제조를 완전히 막으면 기독교도가 격렬히 반항한다!
스페인
메카

❖ 셰리 약탈

이슬람 통치자들도 짭짤한 수입을 보장하는 와인세를 포기할 수 없었으니까.
세금도 챙기고
기분도 챙기고!
1492년, 이슬람세력이 완전히 물러가고 기독교도가 종교와 국토를 통일한 후
와인산업은 다시 크게 부흥했어.
예수님의 피인 와인…!
예배에 없어선 안 되는 와인, 많이많이 만드는 게 신앙심 깊은 거다!
지금 셰리의 주산지인 헤레스, 말라가 등지가 당시에는 와인산업의 중심지였지.
1580년대 말, 영국과의 관계가 극도로 악화되고
우리가 미워하는 이유 알지?
먼나라 이웃나라 영국편 보라구!
으르렁
스페인
영국
엘리자베스 1세와 펠리페 2세가 통치하던 두 나라는 결국 전쟁에 돌입
형부에게 대들어?
서류만 형부지, 언니 소박놓은 게 누군데?
쾅
1587년 영국 해군제독 프랜시스 드레이크는 스페인 최대의 군항 카디스를 기습해
2,900통이나 되는 셰리를 약탈해갔어.
저 치사한 술도둑 잡아라!
셰리를 맛본 영국인들은 크게 반해서 이후 영국은 스페인 와인 최대수입국이 되었고
아니, 이렇게 맛있는 와인이…!
죽여준다!
카
이 일은 스페인 와인산업이 크게 발전하는 계기가 되었지.
레드와인
셰리
와인수출
웃어야 하나, 울어야 하나!
스페인과 영국의 와인교역이 활발해지면서
더 이상 싸울 일 없재?
하모, 우리가 해상을 완전 장악했으니까!
18세기 말에는 영국 자본이 세운 오스본 가비 사가 창립되었는데, 지금도 유명한 주류 생산·판매 회사야.

＊오늘날의 말라가(Málaga)

＊카디스 방어를 논의하는 스페인 지도부 (1634년, 벨라스케스 그림)

＊오스본 사의 상징인 수소, 엘토로 데 오스본. 오늘날에는 스페인의 국가적 상징이 되었다.

❖ 보르도 기술자들의 이주

19세기 말, 전유럽의 와인산업을 초토화시킨 포도뿌리혹벌레 필록세라가 스페인에도 상륙해
필록세라
이번엔 네 차례!
스페인
안달루시아, 카탈루냐 등 포도경작지를 습격, 폐허로 만들었는데
아작
안달루시아
스페인
라 만차
아작
카탈루냐
오직 한 곳, 리오하 지방만은 필록세라의 피해를 거의 입지 않고 무사했어.
우리에겐 안 통하지!
Rioja
리오하
이때는 이미 필록세라를 막는 방법이 제시된 상황이어서
필록세라에 강한 미국 품종의 뿌리
유럽 고유 품종인 비티스 비니페라 몸통…
미국 품종의 뿌리와 고유 품종의 줄기를 접목해 심었기 때문에 필록세라의 피해를 막을 수 있었던 거지.
썩 물럿거라!
대책
치이~익
운이 좋았네!
누군 뒤로 넘어져도 코가 깨지는데…
그러자 필록세라로 이미 초토화된 프랑스 보르도 지방에서 와인전문가들이 대거 리오하로 넘어왔어.
필록세라로 프랑스는 온통 난리판!
프랑스
스페인
스페인 와인을 가공해 출시하려는 보르도 와인업자들과
질 나쁜 스페인 와인이라도 수입
가공해서 팔아야 시장을 계속 잡을 수 있지.
$
스페인
일자리를 잃은 보르도 와인기술자들
졸지에 실업자가 되다니…!
리오하엔 기술자 구하는 양조장이 많대.
망가진 보르도 포도원 대신 스페인에서 포도농사를 지으려는 와인업자들이
꿩 대신 닭!
기후도 비슷하고
자연조건도 그리 나쁘지 않고…
Rioja
리오하 지방으로 내려와 머물기도 하고 아예 정착해 살기도 했어.
검은 눈동자의 스페인 처녀와 사랑에 빠졌네.
나, 이제 이곳에 닻을 내리리!
프랑스의 앞선 양조기술이 이때 대거 리오하로 이전된 거지.
필록세라
보르도
기술
인
력
자본
프랑스
리오하
스페인

프랑스 양조전문가들은 당시만 해도 스페인에서는 생소했던 225리터들이 바리크숙성과
발효시 온도조절의 중요성과 그 방법을 전수했고
온도를 조절해주지 않으면 와인이 상하거나 맛이 떨어진다우!
새로운 프랑스식 와인제조법에 따라 빚은 리오하 와인의 품질은 대번에 크게 향상되었어.
옴브레! (세상에!)
이게 리오하 와인 정말 맞아?
1930년에는 프랑스 AOC제도와 유사한 DO등급제도가 도입되어 체계적으로 품질관리를 하기 시작했지.
Denominación de Origen (DO)
Denominación de Origen Calificada (DOCa)
프랑스의 AOC 제도와 유사
그러나 1930년대 말에 벌어진 스페인내전으로 인해
스페인 국토는 물론 와인산업까지 크게 황폐화되었어.
1950년대 이후, 양조업자들의 노력으로
이대로 주저앉을 순 없다!
우리도 먹고살아야 하지 않는감!
양조업자협동조합이 크게 늘어났지만
서로 돕고 의지하자는….
백지장도 맞들면 나으니까….
이들이 집중적으로 생산한 와인은 대량생산, 대량소비용 테이블와인으로
공장서 당분간 마실 와인 받아가는구먼!
품질은 당연히 형편없는 수준이어서
싸니까 마셔는 준다만….
스페인 와인은 싸구려 저질와인이라는 인식이 뿌리내렸지.
스페인 와인….
나더러 그런 허접스러운 와인을 마시란 말인가?
그러나 무리에타 후작 등 와인산업의 선구자들은 품질개선, 현대화, 고급화에 앞장섰어.
Marqués de Murrieta

*스페인내전으로 집권한 프란시스코 프랑코(1892~1975)

❖ DO등급제

무리에타 후작은 본격적인 바리크숙성 등 프랑스식 양조기술을 도입하고
보르도 품종을 재배하는 등 스페인 와인산업의 현대화와 고급화에 앞장서
샤토 콘셉트 (Château concept)!
보르도 스타일 콘셉트!
보르도 따라하기
리오하 와인은 오늘날 스페인을 대표하는 고급와인이자 세계 명품와인의 하나로 인정받고 있어.
무리에타 후작!
리오하 와인을 위해 정말 무리했다!

1980년대 세계적으로 일어난 와인붐과 투자열풍은 스페인에도 불어와
지금도 스페인 전역에서 품질개선과 투자 경쟁이 숨막힐 정도로 치열하게 진행되고 있어.
투자
품질개선
와인산업
스페인은 지금 세계에서 가장 급격하게 와인산업이 성장하고 있는 나라라고 할 수 있지.
Olé
올레*
Viva, Vino d'España**!

*발효온도 조절을 현대화한 시설

*얼씨구, 야호 **스페인 와인 만세

스페인의 포도원등급제는 1930년에 도입되었지만, 1970년 12월 2일에 제정된 주정관리법령에 의해 4등급으로 분류되고 있어.
DOCa
최고등급
Denominación de Origen Calificada
원산지호칭제한보증
Denominación de Origen
원산지호칭제한
DO
VdlT
Vino de la Tierra
산지명 표기 와인
프랑스의 Vins de Pays와 유사
VdM
Vino de Mesa
테이블와인
비노 데 메사
이 등급을 판정하는 기구가 INDO, 즉 '전국원산지명통제협회'야.
INDO
全國原産地名統制協會
Instituto
Nacíonal de
Denominaciónes de
Origen
DOCa는 각종 엄격한 규제와 조건을 충족하는 최고의 포도경작지로, 리오하가 대표적인 곳이지.
신(新) 스페인 와인법
La Nueva Ley de la Viñay Vino
2003. 6. 28 통과
Rioja
DO는 일정한 지역에서 인가된 품종을 사용해 각종 규정을 충족시키는 와인이지만
이 지역에서 생산된 포도로 만든 와인은 모두 DO등급!
DO 지정 포도재배지역
프랑스와는 달리 지정지역이 광범위해 고급와인과 그렇지 않은 와인이 뒤섞여 있으니 조심해야 해.
DO 지정 포도재배지역
AOC
AOC
AOC
AOC
스페인
프랑스

❖ 스페인의 와인생산지역

VdIT는 프랑스의 뱅 드 페이와 유사한 지역특산와인으로, 산지명을 표기할 수 있고
VdIT
Vino de la Tierra
산지 표기 와인
보기
· Navarra 나바라
· Aragon 아라곤
· Murcia 무르시아
· Lanzarote 란차로테

VdM은 일상소비 대중와인으로, 저렴한 하급와인이야. 과거 스페인 와인의 75퍼센트가 여기에 속했지만
VdM
Vino de Mesa
테이블와인
꿀꺽
꿀꺽

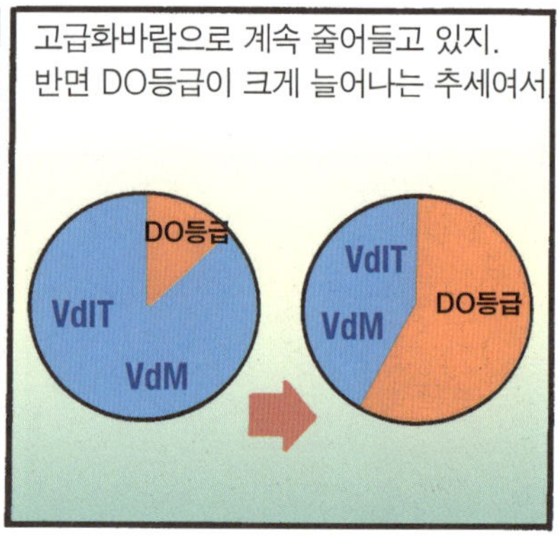
고급화바람으로 계속 줄어들고 있지. 반면 DO등급이 크게 늘어나는 추세여서
DO등급
VdIT
VdM
VdIT
VdM
DO등급

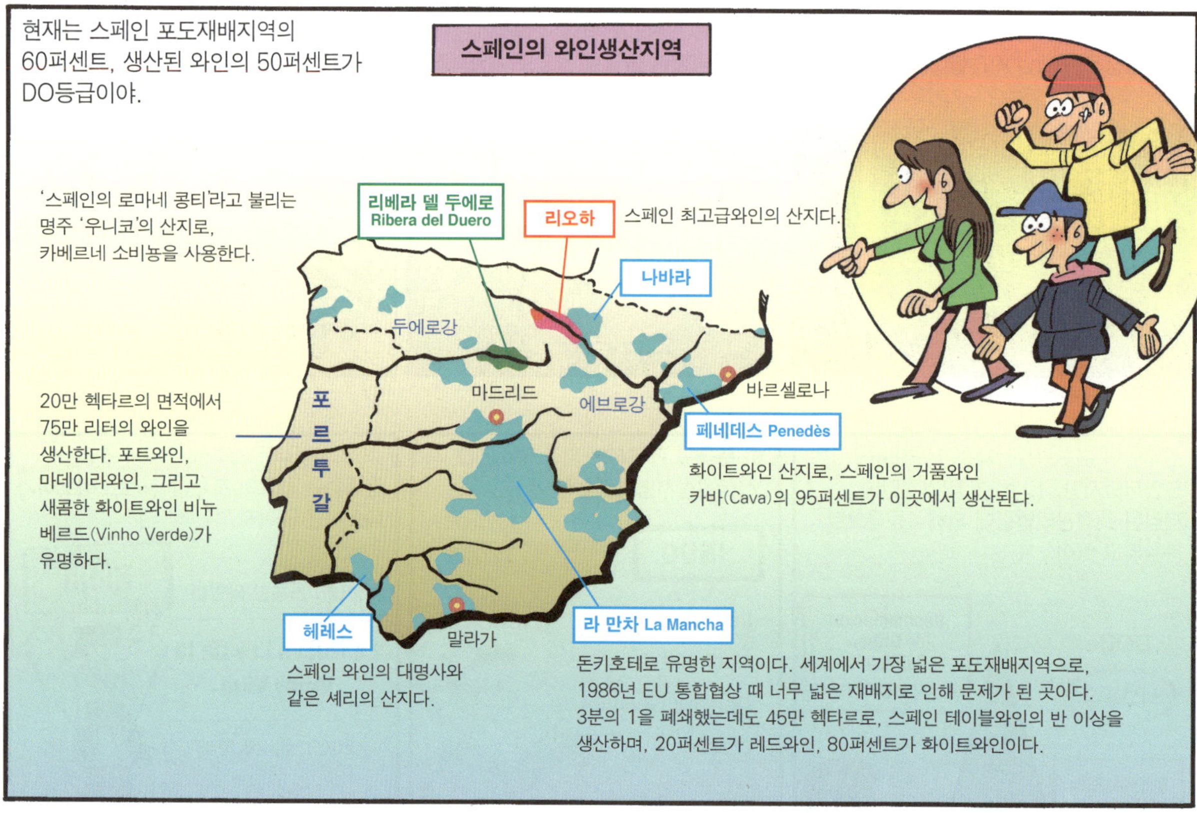
현재는 스페인 포도재배지역의 60퍼센트, 생산된 와인의 50퍼센트가 DO등급이야.
스페인의 와인생산지역
'스페인의 로마네 콩티'라고 불리는 명주 '우니코'의 산지로, 카베르네 소비뇽을 사용한다.
리베라 델 두에로
Ribera del Duero
리오하
스페인 최고급와인의 산지다.
나바라
두에로강
마드리드
에브로강
바르셀로나
포르투갈
20만 헥타르의 면적에서 75만 리터의 와인을 생산한다. 포트와인, 마데이라와인, 그리고 새콤한 화이트와인 비뉴 베르드(Vinho Verde)가 유명하다.
페네데스 Penedès
화이트와인 산지로, 스페인의 거품와인 카바(Cava)의 95퍼센트가 이곳에서 생산된다.
헤레스
말라가
스페인 와인의 대명사와 같은 셰리의 산지다.
라 만차 La Mancha
돈키호테로 유명한 지역이다. 세계에서 가장 넓은 포도재배지역으로, 1986년 EU 통합협상 때 너무 넓은 재배지로 인해 문제가 된 곳이다. 3분의 1을 폐쇄했는데도 45만 헥타르로, 스페인 테이블와인의 반 이상을 생산하며, 20퍼센트가 레드와인, 80퍼센트가 화이트와인이다.

스페인에서 가장 훌륭한 와인을 생산하는 대표적인 지역은 두 곳인데
리오하
Rioja
리베라 델 두에로
Ribera del Duero

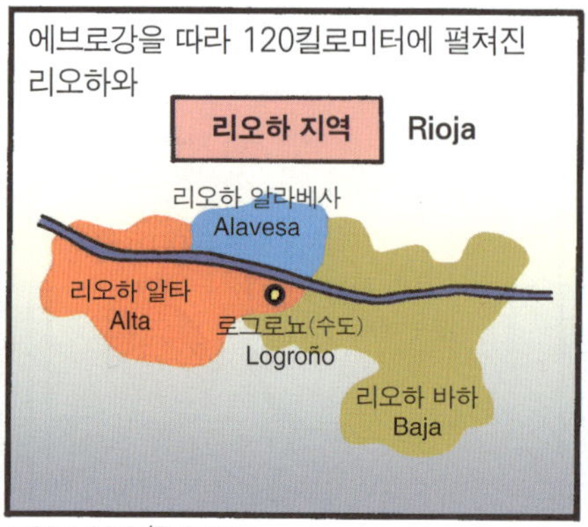
에브로강을 따라 120킬로미터에 펼쳐진 리오하와
리오하 지역
Rioja
리오하 알라베사
Alavesa
리오하 알타
Alta
로그로뇨(수도)
Logroño
리오하 바하
Baja

* Alta=high/Baja=low

두에로강을 끼고 있는 리베라 델 두에로 지역이야.
리베라 델 두에로가 속한 카스티야 레온 주의 문장
Castila y León

❖ 리오하 와인등급

리오하는 에브로강의 지류인
'오하강'이 줄어든 이름으로
Rio Oja ⇨ Rioja
마드리드에서 북쪽으로 250킬로미터
떨어진 곳에 자리한 대서양 해양성
기후의 지역이야.
이곳에서는 레드, 화이트, 로제 와인을 모두
생산하지만 75퍼센트가 레드와인이야.
75%
25%
화이트
로제

＊리오하 지방의 엘시에고(Elciego) 마을

스페인 고유 품종인 템프라니요*를 주로
재배하는데
프랑스식 바리크숙성과 오랜 병숙성을
거쳐 독특한 맛과 향기를 지니며
프랑스 스타일 와인과 같이 장기보관이
가능한 고급와인으로 인정받고 있어.

＊Tempranillo

＊로페스 데 헤레디아 양조장

리오하 와인은 숙성기간에 따라 등급을
매기고 품질을 네 가지로 분류하지.
• Vino Joven 비노 호벤
• Crianza 크리안차
• Reserva 레제르바
• Gran-Reserva 그란-레제르바
● 호벤(Joven)이라는 말은 어리다,
젊다는 뜻으로 젊은(young) 와인,
즉 갓 빚은 와인이라는 뜻이야.
통에서 숙성시키지 않고, 만든 지 1년
안에 시장에 나온 와인을 말하지.
발효
병입
출시

다른 말로 신-크리안차(Sin-Crianza),
즉 '크리안차가 아니다'라고도 해.
크리안차 =
숙성시키다(maturing)
프랑스의
보졸레 와인!
숙성시키지 않고
담자마자 마시는
겉절이와인,
햇와인!
맞아! 보졸레와 같이 금세 마시기도
하고, 약간의 숙성기간을 두기도 해.
아싸!
우리도 이젠
뭘 좀 아는군!

●크리안차(Crianza)는 양조장, 즉 보데가에서 최소 2년간 숙성시킨 와인으로
1년은 통숙성, 1년은 병숙성을 하는데 이것은 레드와인의 경우고
1년 숙성
1년 숙성
크리안차
화이트와인이나 로사도(Rosado, 로제)와인은 6개월 동안 숙성시키면 크리안차라고 하지.
6개월 숙성
크리안차
●레제르바(Reserva)는 보데가에서 최소 3년 동안 숙성시킨 와인인데
리오하 와인 보데가(양조장)
마르케스 데 무리에타
Marqués de Murrieta
템프라니요 78%
마주엘로 15%
가르나차 6%
3년 중 최소 1년은 나무통에서 숙성시켜야 해.
레제르바
바리크숙성 1년
병숙성 1년
최소
이상
그러나 같은 레제르바도 화이트와인은 숙성기간이 달라.
	레드	화이트	로사도(로제)
바리크숙성	최소 1년	최소 6개월	레제르바 없음
병숙성	2년 이상	최소 6개월	
●그란-레제르바(Gran-Reserva)는 바리크숙성 최소 2년, 병숙성 최소 3년을 거친 와인으로
그란-레제르바 와인
라 리오하 알타
La Rioja Alta
연간 생산량 약 30만 병
우아!
최소 5년 동안이나 숙성시킨 와인이라고요!
몇몇 유명한 보데가에서는 화이트와인도 그란-레제르바를 만드는데, 이 와인들은 세계 최고의 화이트와인이 되지.
리오하 블랑카 그란-레제르바
Rioja Blanca Gran-Reserva
이 화이트 그란-레제르바 와인은 6개월을 바리크에서, 42개월을 병에서 숙성시켜.
합계 48개월!
무려 4년!
이 숙성기간은 법으로도 명시되어 있지만
법정 숙성기간
	레드	화이트	로사도
호벤	0	0	0
크리안차	2년	6개월	6개월
레제르바	3년	1년	×
그란-레제르바	5년	4년	×
고급화 경쟁을 치르고 있는 리오하 보데가 중에는 이 기간을 훨씬 초과하는 곳도 많아.
이건 8년 동안 숙성한 거요.
15년짜리 앞에 고개 숙이시지!

❖ 하로의 와인전투

유명한 와인산지에서는 와인과 관련된 갖가지 행사와 축제가 열리지.
Fierra del Vino
Fête de Vin
WINE FESTIVAL
Wein Königin Auswahl
그러나 리오하 지방의 하로에서 해마다 열리는 '와인전투'는 세계에서 오직 하나뿐이야.
리오하 지방
로그로뇨
오하강
하로 Haro
투델라
*하로: 인구 1만 1천 명(2019)
와… 와인전투?!
말 그대로 와인을 가지고 하는 전쟁이야.
Batalla del Vino
세상에… 그런 전쟁도 다 있나?
누가 많이 마시나 대결하는 건가요? 그런 덴 나도 한번….
옛날옛적, 에브로강가 하로 부근에 두 마을이 있었는데
미란다 데 에브로
하로
수십년간 서로 피를 흘리며 전쟁을 계속했다.
와 와
전쟁을 끝내고 이 지방의 왕이 된 페르디난드는 주민들에게 이런 명령을 내렸지.
그대들은 들어지이다!
그대들 두 마을은 수십 년간 서로 죽고 죽이는 전쟁을 치러왔다. 이제 그대들은 모두 짐의 백성으로 하나가 되었으나
어찌 수십 년 쌓인 분노와 증오가 하루아침에 사라지겠는가?
그건 그려!
하모, 하모!
끄덕 끄덕
그러니 두 마을 수호성자인 성 베드로의 날과 성 바오로의 날, 즉 6월과 9월의 첫 일요일에
산펠리체산에 두 마을 사람들이 모여 합동미사를 드리고 친목을 도모할지어다!

왕의 명령에 따라 두 마을은 1290년부터 매년 두 차례씩 함께 미사를 올렸는데
아~멘
19세기에 들어서면서 미사가 끝난 뒤 서로 상대방에게 와인을 퍼붓는 와인전투로 바뀌었대.
이것이 점차 연례축제로 이어져 유명한 '하로의 와인전투'가 된 거야.
팔리지 않아 남은 와인도 처리하고!
관광객 유치해 수입도 올리고!
HARO
하로의 와인전투는 매년 6월 29일에 열리는데, 사람들이 하얀 옷을 입고 산펠리체산에 올라 우선 미사를 드리지.
미사가 끝나는 순간 참가자들이 서로 와인을 붓고 뿌리는 와인전투가 시작돼.
꺅 꺅 우와 와 하하
결국은 모두들 와인을 뒤집어쓰게 되는데, 그 효과를 높이기 위해 핏빛이 도는 레드와인을 사용하지.
짱 재밌다!
이 전투에 참여한 사람은 하로 주민, 관광객, 외국인 할 것 없이 모두 하나가 되어
소시지, 달팽이, 양고기 요리와 와인을 먹고 마시며 축제를 즐겨.
지글
지글
이렇게 배불리 먹고 얼큰하게 취해 산을 내려오면
꺼억
전투의 피로와 포만감으로 달콤한 낮잠, 즉 스페인의 오후에 빠뜨릴 수 없는 시에스타에 빠지지.
인생에서 뭘 더 바라리!
ZZZ...
역시 열정의 나라 스페인다운 삶이네요.
축제와 와인, 그리고 와인전투라!
와인애호가에겐 정말 행복한 전투네요.
와인소비를 늘리기 위한 기발한 아이디어네!

포르투갈 와인

디저트와인과 로제와인의 대국

맨 먼저 세계 대항해에 나선 포르투갈!
포르투갈을 해상강국으로 이끈 엔히크 왕자와 그를 따르는 신하들!
포트와인으로 유명하지만 세계 최대의 로제와인 수출국이래!
신선하고 새콤한 비뉴 베르드도 빠뜨리면 안 되죠!

*포르투갈의 수도 리스본에 있는 엔히크 기념탑 '발견(항해자들)'

포르투갈은 500종 이상의 포도를 재배하는데
레드와인 품종
Periquita
Baga
Vinhão
Trincadeira Preta
Touriga Francesa
Tinta Barroca
⋮

약 20만 헥타르의 포도밭에서 매년 약 75만 킬로리터를 생산하지.

*포르투갈의 포도원

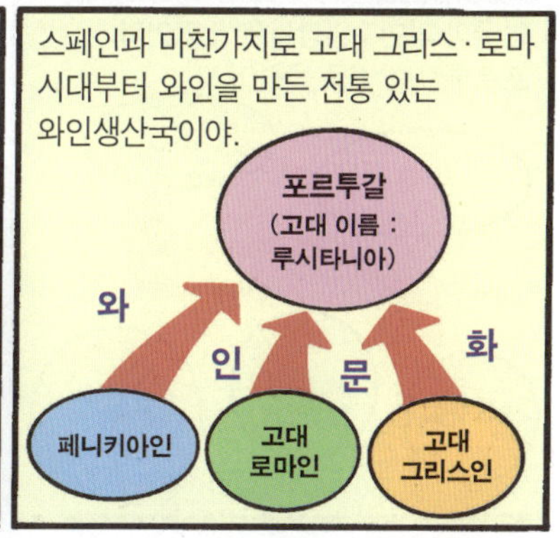
스페인과 마찬가지로 고대 그리스·로마 시대부터 와인을 만든 전통 있는 와인생산국이야.
포르투갈 (고대 이름 : 루시타니아)
와인 문화
페니키아인
고대 로마인
고대 그리스인

8세기, 이슬람세력에 정복되어 와인생산이 크게 위축되었지만
꾸란
금주!
포르투갈

아랍인들이 따뜻한 지중해성 기후인 스페인 남부를 집중적으로 지배한 데 비해
스페인

대서양을 마주한 포르투갈은 춥고 비가 자주 오는 기후여서 간섭이 적었기 때문에 포도재배도 큰 영향을 받지 않았어.
우린 이런 날씨 질색이거든!

❖ 영국과의 교역

1385년 포르투갈이 독립함으로써 스페인과 역사적으로 갈라서게 되는데
독립
스페인

이때부터 포르투갈은 영국에 와인을 대는 주요 와인생산국가로 떠올랐어.
영국
프랑스
포르투
스페인
헤레스

백년전쟁에서 진 영국이 과거 영토였던 보르도 지방을 프랑스에 빼앗기고
다시는 얼씬도 하지 마!
에구, 아까워!
보르도

그토록 즐겨 마시던 보르도 와인 대신 포르투갈 와인을 대거 수입했기 때문이지.
클라레*가 없으니 포르투갈 와인이라도 마셔야지!

*보르도 레드와인

그러나 17세기 말까지 영국이 주로 수입한 건 포트와인이 아니라 조잡한 레드와인이었어.
솔직히 이건 좀 심했다!

1693년 영국 왕 윌리엄 3세가 고가의 사치품이었던 프랑스 와인에 무거운 세금을 부과하자

*윌리엄 3세(1650~1702)

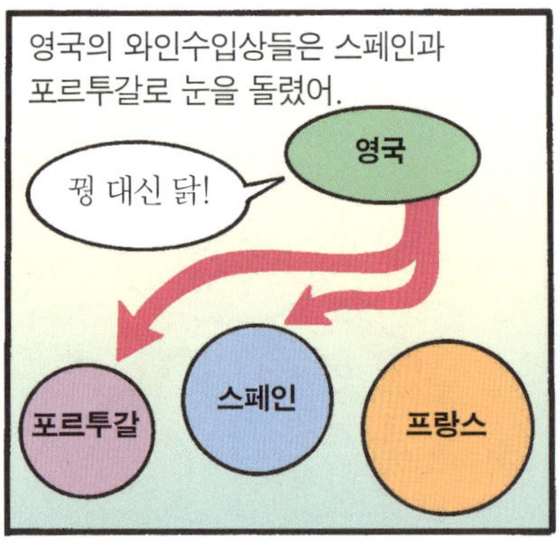

영국의 와인수입상들은 스페인과 포르투갈로 눈을 돌렸어.
꿩 대신 닭!
영국
포르투갈
스페인
프랑스

그 얼마 전인 1678년에는 영국 리버풀의 와인수입상이 도루*강을 따라서

*Douro강 = 두에로(Duero, 스페인어)강

수입할 만한 와인을 찾아 마을을 훑고 다니다가
이건 아닌 것 같고….

라메구라는 지방에서 색다른 와인을 발견했어.
라메구
CIDADE DE LAMEGO
라메구시의 문장

이 지방에서는 레드와인을 발효시키는 도중에 브랜디를 섞는 방법을 쓰고 있었는데
부글부글
레드와인
브랜디 첨가
(40% 이상)

브랜디의 높은 알코올 함량으로 인해 포도의 발효가 중단되고 남은 당분 때문에 아주 달콤한 와인이 되지.
맛, 죽인다!
바로 이거야!

❖ 포트와인

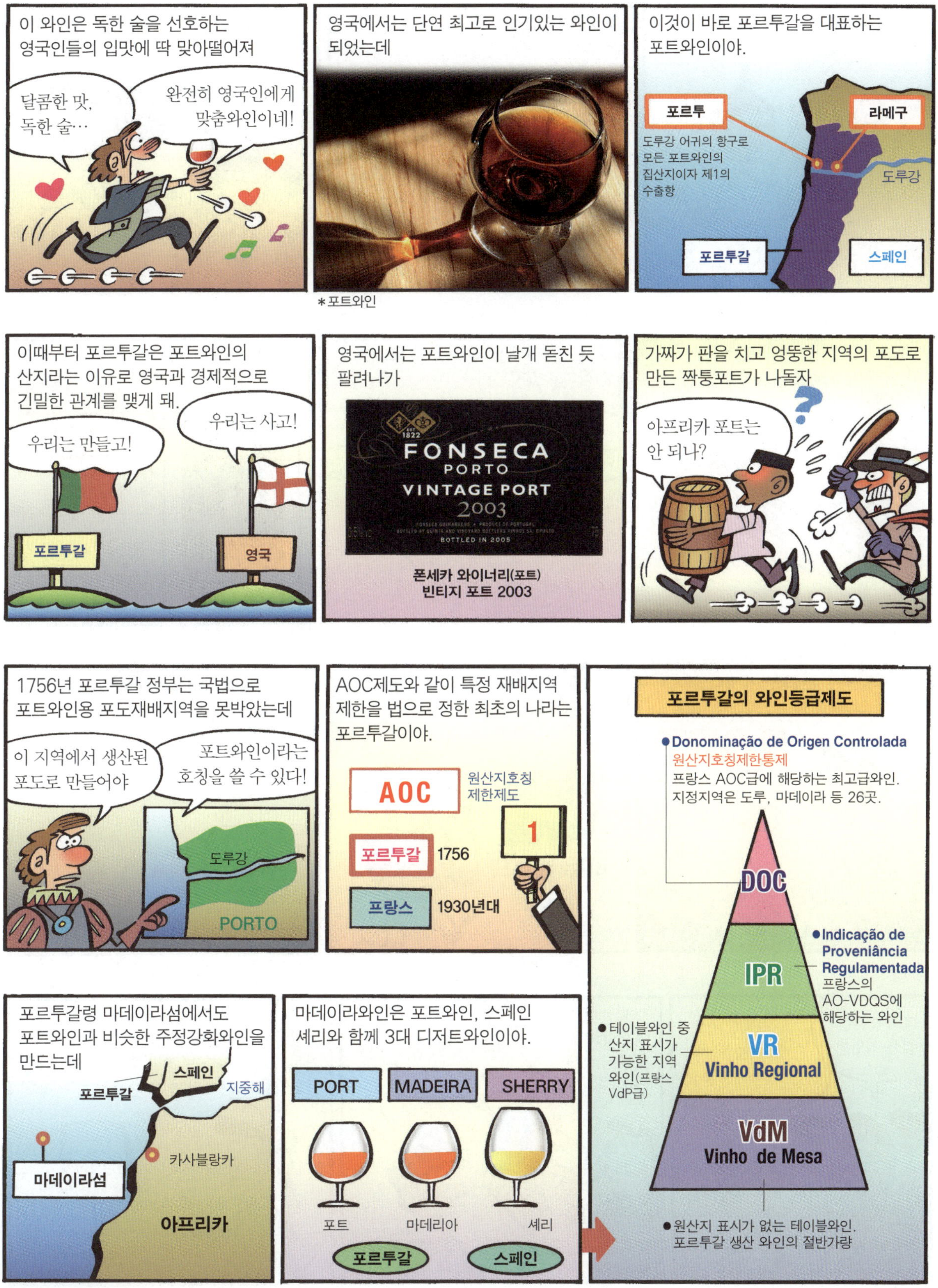

이 와인은 독한 술을 선호하는 영국인들의 입맛에 딱 맞아떨어져
달콤한 맛, 독한 술…
완전히 영국인에게 맞춤와인이네!
영국에서는 단연 최고로 인기있는 와인이 되었는데
*포트와인
이것이 바로 포르투갈을 대표하는 포트와인이야.
포르투
도루강 어귀의 항구로 모든 포트와인의 집산지이자 제1의 수출항
라메구
도루강
포르투갈
스페인
이때부터 포르투갈은 포트와인의 산지라는 이유로 영국과 경제적으로 긴밀한 관계를 맺게 돼.
우리는 만들고!
우리는 사고!
포르투갈
영국
영국에서는 포트와인이 날개 돋친 듯 팔려나가
FONSECA
PORTO
VINTAGE PORT
2003
BOTTLED IN 2005
폰세카 와이너리(포트)
빈티지 포트 2003
가짜가 판을 치고 엉뚱한 지역의 포도로 만든 짝퉁포트가 나돌자
아프리카 포트는 안 되나?
1756년 포르투갈 정부는 국법으로 포트와인용 포도재배지역을 못박았는데
이 지역에서 생산된 포도로 만들어야
포트와인이라는 호칭을 쓸 수 있다!
도루강
PORTO
AOC제도와 같이 특정 재배지역 제한을 법으로 정한 최초의 나라는 포르투갈이야.
AOC
원산지호칭 제한제도
포르투갈 1756
프랑스 1930년대
1
포르투갈의 와인등급제도
●Donominação de Origen Controlada
원산지호칭제한통제
프랑스 AOC급에 해당하는 최고급와인. 지정지역은 도루, 마데이라 등 26곳.
DOC
IPR
●Indicação de Proveniância Regulamentada
프랑스의 AO-VDQS에 해당하는 와인
●테이블와인 중 산지 표시가 가능한 지역 와인(프랑스 VdP급)
VR
Vinho Regional
VdM
Vinho de Mesa
●원산지 표시가 없는 테이블와인. 포르투갈 생산 와인의 절반가량
포르투갈령 마데이라섬에서도 포트와인과 비슷한 주정강화와인을 만드는데
스페인
포르투갈
지중해
카사블랑카
마데이라섬
아프리카
마데이라와인은 포트와인, 스페인 셰리와 함께 3대 디저트와인이야.
PORT
MADEIRA
SHERRY
포트
마데리아
셰리
포르투갈
스페인

❖ 비뉴 베르드

19세기 후반, 전유럽의 포도밭을 초토화시킨 필록세라는
포르투갈 와인산업도 참담하게 파괴해 버렸어.
그러나 와인제조업자들은 1930년대부터 조합을 결성해 서서히 재기하기 시작했고
Renascimento!
부활!
1986년 EU 가입 이래 포르투갈 와인산업은 가파른 상승곡선을 그리면서 발전해
포르투갈 와인산업
투자
기술개혁
현재 스페인과 함께 가장 힘차고 빠르게 성장하고 있지.
가장 힘차고 빠르단 얘기는…
그만큼 뒤처져 있었단 뜻이기도!
특히 1970~80년대 오랜 독재시대가 끝나고 민주화가 되면서 투자가 활발해진 덕분이기도 해.
MFA,POVO
POVO,MFA
Carnation Revolution
카네이션혁명
1974년 4월 25일에 일어난 무혈 민주화혁명
당시 시민군의 화합을 강조한 포스터
*호앙 아벨 만타 작품
포르투갈에는 포트와인만 있냐고? 천만의 말씀!
PORT
포르투갈 와인을 대표하는 것으로 비뉴 베르드를 빼놓아선 안 되지.
Vinho Verde
비뉴 베르드
비뉴 베르드(Vinho Verde)
⇨ Vinho=Wine, 와인
Verde=Green, 초록, 젊은, 햇
Young, Fresh Wine
초록와인? 젊은 와인?
갓 빚은 와인, Young Wine, Fresh Wine!
그럼 스페인 리오하의 호벤이나
프랑스 보졸레 누보처럼 안 숙성시키고 마시는 겉절이와인?
맞아! 숙성시키지 않고 마시는 신선한 와인이지만 약간의 탄산가스가 녹아 있어 거품이 좀 생긴다는 게 보졸레 와인과 다른 점이지.

비뉴 베르드는 레드와 화이트 두 종류가 있지만
Vinho Tinto
Vinho Branco
레드 비뉴 베르드는 맛이 거칠고 쓴데다 타닌이 많아 떫기까지 해서 인기가 없지.
쓰거든 떫지나 말지!
생산지에서 소량 생산되어 자체 소비될 뿐 외부로 팔리지는 않아.
동네와인이군요!
이에 비해 화이트 비뉴 베르드는 포트와인과 함께 포르투갈을 대표하는 수출와인이지.
PoRT
Vinho Verde
가격이 싼 편이고, 한국에서도 수입되고 있음
가벼운 맛과 탄산가스로 인해 솟아오르는 거품으로 느낌이 산뜻하고
새콤달콤!
여름에 마시기 좋아요.
약간 달콤한 맛에 알코올 함량도 8~10%에 지나지 않는 순한 와인이며
VINHO VERDE
VARANDA DO CONDE
QUINTA DO TAMARIZ
Vinho Verde
미뉴강을 따라 스페인 국경에 이르기까지 넓은 지역에서 생산되고 있어.
스페인
미뉴(Minho)강
발렌사 미뉴
비뉴 베르드 생산지
브라가
파페
대서양
산투 티르수
포르투시
도루강
이 지역에서 재배되는 다양한 품종의 청포도를 섞어 비뉴 베르드를 담가서
*포르투갈의 포도원
숙성시키지 않고 차게 해 마시면 아주 상쾌한 느낌이 들어.
고가의 와인은 아니고 일반소비자들이 부담없이 마시기 좋은 와인으로, 특히 더운 여름에 인기가 좋지.
건배!
비뉴 베르드!

❖ 포르투갈의 로제와인

포트와인과 비뉴 베르드가 포르투갈을 대표하는 와인이긴 하지만
Port Wine
Vinho Verde
정작 포르투갈 와인수출의 효자 품목은 따로 있어.
그래요?!
바로 로제와인이야. 포르투갈 말로는 호자두!
로제 (Rosé)?
핑크와인!
포르투갈은 세계 최대의 로제와인 수출국이야.
1
Vinho Rosado
로제와인
1970년 포르투갈의 와인수출 총액이 19억 이스쿠두였는데
이스쿠두
PTE : 포르투갈 화폐단위
1999년 1월 1일부터 유로 도입
1PTE = 7원 기준
PTE 1,900,000,000
= 약 136억 원
포트와인 수출액이 6억 이스쿠두인 데 비해 로제와인은 8억 5,000만 이스쿠두로 훨씬 많아.
포트 와인
로제 와인
PTE 6억
PTE 8억 5,000만
포르투갈의 로제와인은 약간의 탄산가스를 함유하는 가벼운 거품 핑크와인인데
대부분 대기업이 소유한 대형 양조장에서 대량생산되어
저렴한 가격으로 세계 125개국에 슈퍼마켓용으로 수출되고 있지.
SALE!
Portug. Rosé
€2.50
미디엄드라이한 맛과 달콤한 맛이 있고, 1년에 5,000만 병이 생산되는데
어머, 여자들이 좋아하겠다!
이 역시 비뉴 베르드처럼 비교적 저렴해서 세계적으로 서민들에게 인기가 있어.
포르투갈 로제, 괜찮지?
맛도 가격도 가벼워서 좋아요.
포트와인이 엄청나게 비싼 것과는 대조적이네요!

❖ 마테우스 로제

포르투갈 로제와인 중 가장 유명한 것이 '마테우스 로제'야.
Vila Real
Mateus Rosado
SOGRAPE
MATEUS ROSÉ
최초의 마테우스 로제 와인병
도루강가 계곡에 있는 빌라 헤알*에서 재배되는 포도로 만든 로제와인으로
빌라 헤알에 있는 '마테우스성'에서 이름을 따왔지.
포르투갈 로제와인 중 짱!

*Vila Real

마테우스 로제를 생산하는 소그라페 사는
1위
SOGRAPE
1942년 설립
상표
2위
J. M. de Fonseca
도루 지방뿐 아니라 포르투갈 전역에 포도원을 소유하고
Fernando van Zeller Guedes
페르난두 반 젤러 구에데스
1942년 소그라페 사 설립
아르헨티나 멘도사에도 포도밭을 소유한 거대 와인기업이야.
포르투갈 전역은 물론…
아르헨티나에도 포도원이 있다!
포르투갈
아르헨티나

마테우스 로제로 유명한 빌라 헤알 사람들은 로제와인을 마시지 않는대.
VILA REAL
관광객이나 외국인에게만 마테우스 로제를 권하는데
세계적으로 유명한 우리 고장 특산 와인!
외국에 수출하는 와인을 자신들이 마셔서는 안 된다는 거지.
한 병이라도 더 수출해야지!
우리가 마셔 없애긴 너무 아깝죠!

포르투갈 와인은 포트와인을 제외하고는 거의 숙성시키지 않고 마신다는 특성이 있는데
비뉴 베르드
숙성
로제와인
숙성
오랜 시간 숙성시켜 오묘한 맛을 즐기기보다는
매년 와인을 만들어 신선함을 즐기기 위한 것일 수도 있고, 자본이나 기술이 뒷받침되지 않았기 때문일 수도 있지.

*소그라페 사와 쌍벽을 이루는 와인기업가문 폰세카 저택

❖ 가라팡

그래서 포르투갈의 와인 종류는 유럽의 다른 나라들에 비해 비교적 간단해.
· Verdes 베르데스
· Maduro 마두루
· Garrafeira 가라페이라
● 베르데스(Verdes=green, young)
전혀 숙성시키지 않은 햇와인이야.
발효
병입
출시
● 마두루(Maduro=matured)
약간이라도 숙성시킨 와인으로, 베르데스가 아닌 것 모두를 일컫지.
● 가라페이라(Garrafeira)
'저장하다'라는 뜻으로 포르투갈 최고급와인이야.
최장 10년까지 바리크에서 숙성시킨 와인을 의미하지.
포르투갈 와인산업은 숙성이나 제도 면에서 아직 고급화와는 거리가 있는데
고급화하기는 해야 하는데!
고급화!
기술혁신!
프랑스 스타일!
포르투갈
포르투갈의 가라팡 문화에서 그 원인을 찾는 사람도 있어.
Garrafão=단지
가라팡이란 짚이나 플라스틱으로 싼 5리터들이 와인단지로
꿀꺽
꿀꺽
도시나 시골이나 부자나 가난한 사람이나 이 단지에 담은 포도주를 즐겨 마셨어.
가라팡 몇 개면 큰 파티도 OK!
우리나라 사람들이 소주병과 막걸리주전자에 향수를 느끼듯
삼겹살에 소주 한잔, 최고지!
캬아
포르투갈 사람들에게 이 가라팡은 추억과 애환이 담겨 있는 생활의 일부여서
굳이 고급와인을 찾을 필요가 없다는 서민의식 때문이라고도 하지만….

*도루강가의 포도밭

독일 와인
역사의 시련 이겨낸 화이트와인의 대국
이곳 라인가우* 지방 가이젠하임**의 요하니스베르크성***에서 생산되는 리슬링 와인은 세계 최고의 화이트와인 중 하나야.
독일 와인생산 역사가 본격적으로 시작된 와인의 성지와 같은 곳이래.
*Rheingau **Geisenheim ***Schloss Johannisberg
맥주의 나라 독일!
Prost!
건배!
전국적으로 3,000종 이상의 맥주가 있다지?
왜 그렇게 많은 거야? 동네마다 만들어 마시나?
독일은 1871년에야 통일을 이룬 만큼 역사적으로 오랫동안 수십 개의 작은 나라로 나뉘어 있었고
노르트라인 베스트팔렌
작센
라인란트
헤센
팔츠
폼메른
바덴
바이에른
등등
자연히 통일된 전국시장을 갖지 못한 채 경제가 크고 작은 지역별로 이루어졌기 때문에
시장
시장
시장
시장
시장
시장
시장
맥주뿐 아니라 빵 등도 지방에 따라 확연하게 차이가 나는 독특한 지방색을 지니고 있으며
통일된 국가를 갖지 못한 만큼 이웃 강대국들 틈에 끼어 고통을 겪을 수밖에 없었는데, 독일 와인의 역사 역시 마찬가지야.
프랑스
합스부르크 제국

❖ 독일의 와인산업

독일은 크고 작은 나라로 나뉘어, 통일된 시장을 갖지 못한 채 유통에 심각한 어려움을 겪었어.
라인강을 따라 남북 경계 사이 무려 서른한 곳에서 통행세를 징수했고
라인강
통행세징수소 31개
동서로 화물을 운송하려면 80번의 검사, 67개의 세금부과소를 거쳐야 했지.
세금부과소 67개
화물검사소 80개
뜨아....
세금 무서워 어디 장사하겠나?
그러니 맥주고 뭐고 모두 자급자족하게 되었군요!
독일 와인산업의 역사 또한 독일 역사만큼이나 번영과 쇠락이 교차하는 드라마틱한 것이었지만
Deutsche Wein-geschichte
결국은 그 모든 고난과 비극을 이겨내고 화려하게 부활했어.
Deutscher Wein
German Wine
독일은 약 10만 헥타르의 포도밭에 약 8만 명이 포도재배와 와인제조에 종사하여
1년에 약 90만 킬로리터를 생산해 그중 3분의 1을 미국, 영국, 네덜란드 등에 수출하고 있어.
수출 1/3
국내소비 2/3
독일의 포도원은 위도 50도에 걸쳐 있는데
영국
50°
독일의 포도재배지역
이처럼 서늘한 지역에서 포도가 재배된다는 것 자체가 매우 경이로운 일로
일조시간이 긴 경사지대에 빨리 익고 추위에 강한 품종을 주로 재배하지. 독일은 세계적인 화이트와인 강국이야.

*나에(Nahe)강가의 포도원

❖ 독일 와인의 역사

지금의 독일 땅인 알프스 이북에는 고대 로마시대 전부터 켈트족이 살고 있었어.
스코틀랜드
아일랜드
프랑스
켈트족
중앙 유럽
이들은 원시적이긴 했지만 스스로 와인을 만들어 마셨으며
로마 이북 지방에 살던 에트루리아인, 로마인, 그리스인들과 교역했는데
중부 유럽
켈트족
북부 이탈리아
에트루리아인
이탈리아의 그리스 식민지
그리스인

그들에게 철, 소금, 목재, 모피, 무기 등을 팔고
모피
소금(암염*)
철 · 무기
목재
유리와 사치품, 특히 와인을 주로 수입했지.
와인
유리
사치품
가이우스 율리우스 카이사르가 갈리아, 즉 지금의 프랑스를 정벌하고

＊소금광산에서 채취한 소금

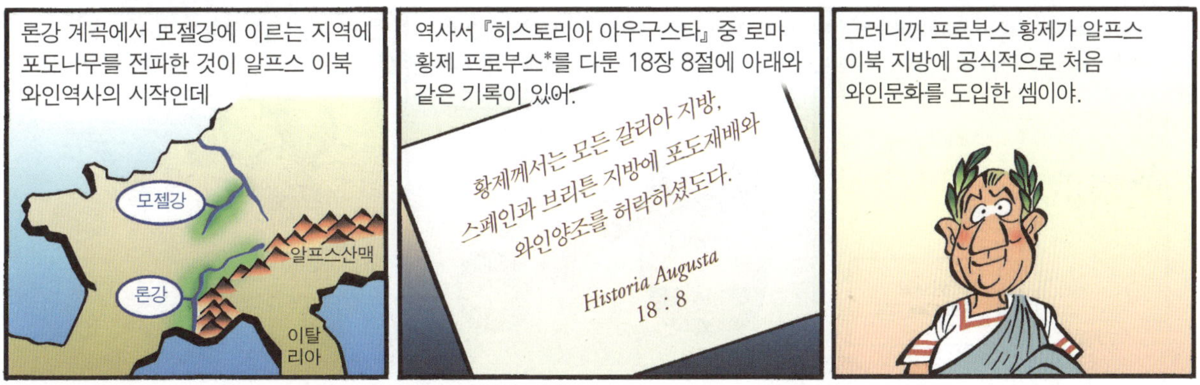
론강 계곡에서 모젤강에 이르는 지역에 포도나무를 전파한 것이 알프스 이북 와인역사의 시작인데
모젤강
알프스산맥
론강
이탈리아
역사서 『히스토리아 아우구스타』 중 로마 황제 프로부스*를 다룬 18장 8절에 아래와 같은 기록이 있어.
황제께서는 모든 갈리아 지방, 스페인과 브리튼 지방에 포도재배와 와인양조를 허락하셨도다.
Historia Augusta 18 : 8
그러니까 프로부스 황제가 알프스 이북 지방에 공식적으로 처음 와인문화를 도입한 셈이야.

＊Probus(AD 232~282)

뒷날 카를 대제*는 포도와 와인에 대한 법령을 남겼고
· 와인은 가죽자루가 아닌 나무통에 보관하라.
· 포도는 위생상 발로 밟아 으깨지 마라.
수도원에 라인가우 가이젠하임의 포도원을 기증했는데
내가 관찰한즉
그곳 눈이 가장 먼저 녹으니 포도재배에 적합하리라.
12세기에 성 요하니스를 수호성자로 모시면서 '성 요하니스베르크'로 불리게 되었고, 독일 와인역사의 성지가 되었어.

＊샤를마뉴(AD 742~814)

9~14세기의 500년 동안은 비교적 부드럽고 따뜻한 날씨가 계속되었어.
'중세온난기'라고 불리는 이 시기에는 인구가 급증해, 자연히 와인소비도 크게 증가하고
중세온난기
Medieval Climate Optimum
온도
인구
와인소비
포도농사와 와인양조도 많이 증가했지.
위생상태가 엉망이던 때라….
물보다 와인을 더 소비했을 거야.
이러한 와인붐을 타고 포도재배에 적절하지 않은 지역에까지 포도밭이 생겨났어.
포도원
종교가 지배하던 중세에 제사의 필수품이었던 와인인 만큼, 지금은 상상도 할 수 없는 추운 지역에까지 포도를 심어
에취!
30년전쟁(1618~1648) 전에는 무려 30만 헥타르에 이르렀을 것으로 추정돼.
이는 현재 독일 전체 포도재배면적의 세 배에 이르는 넓이였고
1618년까지의 포도재배면적
3 : 1
현재의 포도재배지역
당시 1인당 와인소비는 매년 120리터로, 현재 소비량의 네 배나 되었대.
1인당 와인소비량
120리터
28리터
그러나 30년전쟁으로 인해
와와
독일은 인구의 3분의 1을 잃었고 전국의 농지는 폐허로 변했으며
가난하고 피폐한 유럽의 3류국가로 전락하고 말았지.
그 후유증은 두고두고 독일 와인산업의 부흥을 가로막는 걸림돌이 되었어.
독일 와인? 그런 싸구려술 안 마셔!

*루첸전투

*〈폐허〉, 카스파르 다비트 프리드리히 그림

그러나 독일 와인산업은 끈질긴 노력으로 조금씩 회복했고
와인
산업
19세기 들어 라인가우의 리슬링 와인은 세계 최고로 인정받아
Rheingau!
독일에 이런 와인이 있었나?
런던 시장에서 보르도의 전설적인 레드와인 라피트와 같은 가격에 거래됐어.
Rheingau Riesling
Lafite
1 : 1
하지만 19세기 후반, 필록세라의 창궐로 독일 포도밭은 또다시 폐허가 되었고
1870년경
15만 ha
필록세라로 줄어든 포도재배 면적
5만 ha
산업혁명으로 농촌인구가 대거 도시로 이주, 와인산업은 결정타를 맞았지.
가자, 도시로!
현재의 재배면적인 10만 헥타르를 회복한 건 1910년경에 이르러서야.
10만 ha
1910년대
독일 포도재배면적
이후 독일 와인산업은 두 차례의 세계대전으로 다시 한 번 치명타를 입었어.
1차대전
2차대전
제2차 세계대전 후, 패전한 국가가 제도를 제대로 추스르지 못하는 사이
마구잡이 포도재배로 인해 재배면적만 잔뜩 늘어났어.
다른 농사는 마뜩잖고
그래도 와인장사가 이문이 짭짤하게 남으니까….
당연히 품질은 크게 떨어져 독일 와인에 대한 평판도 곤두박질
독일 와인?
싼 맛에 마신다마는….
세계적으로 저급 싸구려와인이라는 이미지가 뿌리를 내리고 말았지.
들척지근한 게 영….
독일 와인이 어련하겠어?
1971년 독일 정부가 새로운 와인법을 마련하기까지는 말야.
이대로 두면 안 되겠다!
와인에 대한 법과 제도를 어서 만들자!

❖ 리프프라우엔밀히

1970~80년대 세계 슈퍼마켓에서 '리프프라우엔밀히'라고 하는 독일 화이트와인이 많이 팔렸어.
리프프라우엔밀히?
'리프프라우엔밀히'란 '성모(聖母) 마리아의 젖'이라는 의미로
Liebfrauenmilch
love woman milk
성모 마리아 젖
예수를 키운 성모 마리아의 거룩한 젖
독일에서는 성모 마리아를 '우리가 사랑하는 부인' 즉 리프프라우라고 부르고, 프랑스에서는 '우리들의 부인'이라고 해.
우리들의 = our
부인 = lady
Nôtre Dame
Nostra Damus*
성모 마리아
노트르 담
노스트라 다무스
*라틴어
지금은 독일 화이트와인의 상표지만
리프프라우엔밀히 주세요.
셋째 줄 두 번째 칸에 가보세요.
당시에는 독일에서 생산되는 들척지근한 싸구려 대중와인을 지칭하던 말로
Liebf
대형 사이즈
서민들이 슈퍼마켓에서 큰 통째로 사다 두고 마시던 이미지가 아직도 가시지 않고 있어.
리프프라우엔밀히 =슈퍼마켓 와인 =싸구려!
리프프라우엔밀히의 기원은 라인헤센주에 있는 보름스의 리프프라우교회 포도원에서 만든 화이트와인인데
*보름스(Worms)시
결국 '싸구려 독일 화이트와인'이라는 이미지를 세계적으로 굳힌 장본인이 되고 말았지.
독일 와인=싸구려!
독일 와인은 이제 점차 세계적인 고급 화이트와인으로 자리를 잡아가고 있지만
German wine wonderful!
이는 관료주의에 젖어 지원보다는 규제에 치중한 관리들의 도움보다는
정부
규제
관리·감독
품질개선을 위해 눈물겨운 노력을 기울여온 각 생산자들의 피와 땀의 결과라고 할 수 있지.
생존이 걸린 문제다!
업자
개혁 개선
이들에 의해 독일 와인의 역사는 새로이 화려한 막을 열어젖힌 거야.
고급와인
Made in Germany

❖ 독일의 포도재배지역

독일 와인을 이해하려면 독일 와인등급 분류법을 알아야 해.
Das deutsche Weinrecht
독일 와인법

독일은 '그랑 크뤼' 같은 고급와인 분류제도 없이 프랑스, 이탈리아, 스페인 등과는 전혀 다른 등급제도를 운영하고 있어.
Grand Cru ✕
DOCG ✕
DOCa ✕

독일의 국가 지정 포도재배지역
Bestimmter Anbaugebiet 베슈팀터 안바우게비트
함부르크
브레멘
하노버
베를린
잘레-운스트루트
라이프치히
작센
드레스덴
쾰른
미텔라인
라인가우
아르
라인헤센
프랑켄
프랑크푸르트
모젤
나에
체코
뉘른베르크
헤시셰 베르크슈트라세
팔츠
모젤강
슈투트가르트
뷔르템베르크
바덴
뮌헨
프랑스
라인강
오스트리아
스위스

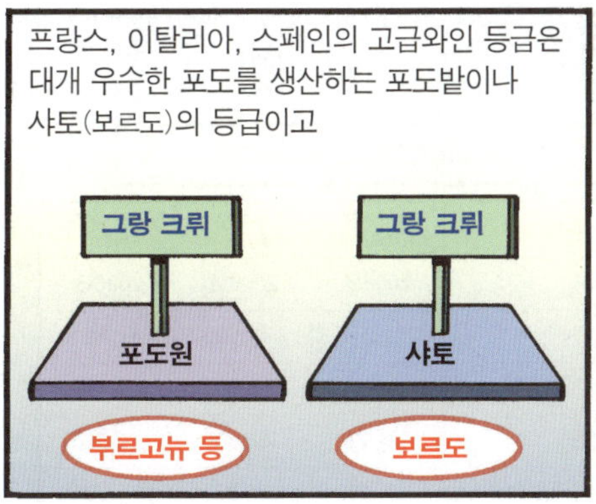

프랑스, 이탈리아, 스페인의 고급와인 등급은 대개 우수한 포도를 생산하는 포도밭이나 샤토(보르도)의 등급이고
그랑 크뤼
포도원
부르고뉴 등
그랑 크뤼
샤토
보르도

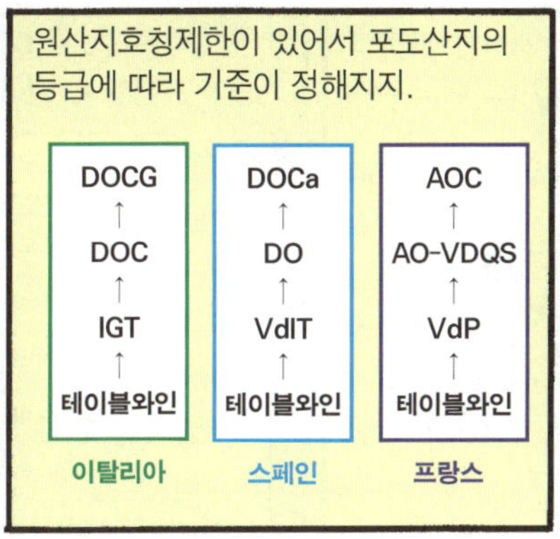

원산지호칭제한이 있어서 포도산지의 등급에 따라 기준이 정해지지.
DOCG ↑ DOC ↑ IGT ↑ 테이블와인
이탈리아
DOCa ↑ DO ↑ VdIT ↑ 테이블와인
스페인
AOC ↑ AO-VDQS ↑ VdP ↑ 테이블와인
프랑스

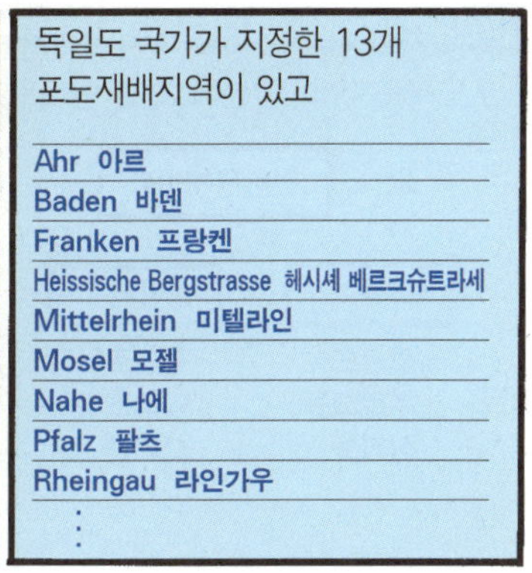

독일도 국가가 지정한 13개 포도재배지역이 있고
Ahr 아르
Baden 바덴
Franken 프랑켄
Heissische Bergstrasse 헤시셰 베르크슈트라세
Mittelrhein 미텔라인
Mosel 모젤
Nahe 나에
Pfalz 팔츠
Rheingau 라인가우
⋮

이 지역에서 생산된 포도로 만든 와인의 라벨에만 지역 호칭을 쓸 수 있는 건 원산지호칭제한제도와 마찬가지야.
FRANZ KÜNSTLER
RHEINGAU
1999
Hochheimer Holle
Riesling
Beerenauslese
RHEINGAU
포도생산지역

그러나 프랑스, 이탈리아와 달리 독일은 와인을 만든 포도의 당도
프랑스
이탈리아
스페인
독일
오스트리아
스위스
포도원, 제조자 기준
당도(糖度) 일괄 기준

즉 '왹슬레(Öchsle)'를 기준으로 한다는 큰 차이점이 있지.
포도의 당도
Öchsle
왹슬레
기준

❖ 독일의 와인등급

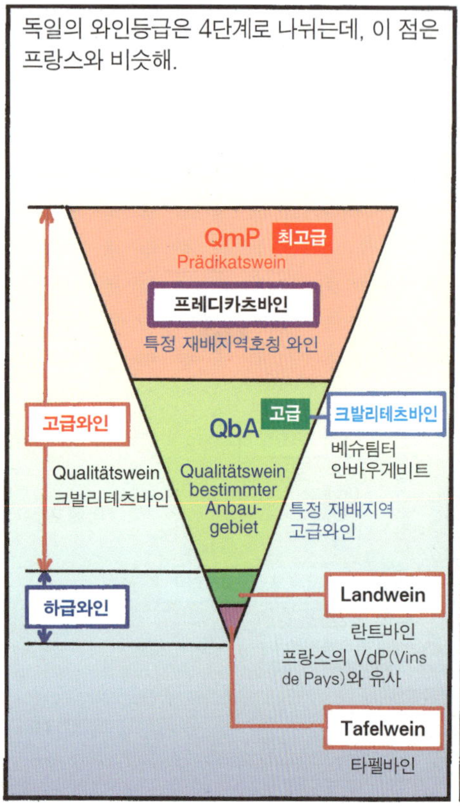

독일의 와인등급은 4단계로 나뉘는데, 이 점은 프랑스와 비슷해.
QmP 최고급
Prädikatswein
프레디카츠바인
특정 재배지역호칭 와인
고급와인
Qualitätswein
크발리테츠바인
QbA 고급
Qualitätswein bestimmter Anbau-gebiet
크발리테츠바인
베슈팀터 안바우게비트
특정 재배지역 고급와인
하급와인
Landwein
란트바인
프랑스의 VdP(Vins de Pays)와 유사
Tafelwein
타펠바인

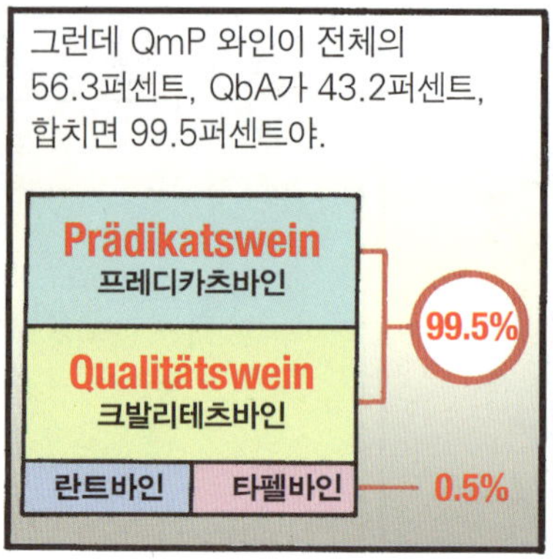

그런데 QmP 와인이 전체의 56.3퍼센트, QbA가 43.2퍼센트, 합치면 99.5퍼센트야.
Prädikatswein
프레디카츠바인
Qualitätswein
크발리테츠바인
99.5%
란트바인
타펠바인
0.5%

독일 와인은 거의 모두가 고급와인에 속한다고 할 수 있지. 물론 자기들이 분류한 거지만….
하급와인은 정말 구경하기 힘들어!

그런 등급은 매기나 마나 아냐?
내 말이….

문제는 독일 와인의 대부분을 차지하는 고급와인에서 QmP와 QbA의 차이가 독일 와인을 이해하는 열쇠라는 거야!
독일 와인
QmP
QbA

독일 전역에는 국가에서 포도명산지로 지정한 13곳의 포도재배지역이 있는데, 이를 안바우게비트*라고 하지.

안바우게비트 wine producing regions

프랑스	미국	이탈리아
· 보르도	· 캘리포니아	· 피에몬테
· 부르고뉴	· 애리조나	· 토스카나
· 샹파뉴	· 오리건	· 시칠리아
⋮	⋮	⋮

*Anbaugebiet

음, 그래서 이 와인은 모젤 와인이구나!
이건 라인가우, 리슬링은 포도 품종!
이 와인은 팔츠!

이 열세 안바우게비트에서 생산된 포도로 만든 와인은 지역 명칭을 라벨에 표시할 수 있어.

독일의 13 안바우게비트(명품포도 재배지역)

고급와인용 포도재배지역	경작면적 (헥타르, ha)	수확량 (헥토리터, hl)	면적당 수확량 (hl/ha)
Qualitätswein	2006년	2006년	2006년
Ahr 아르	548	47,662	89.8
Baden 바덴	16,008	1,156,305	74.9
Franken 프랑켄	6,123	489,606	81.5
Heissische Bergstrasse 헤시셰 베르크슈트라세	435	28,651	92.9
Mittelrhein 미텔라인	460	29,369	65.0
Mosel 모젤	8,975	848,821	96.3
Nahe 나에	4,124	328,255	81.6
Pfalz 팔츠	23,353	2,102,620	92.5
Rheingau 라인가우	3,088	216,524	71.9
Rheinhessen 라인헤센	26,281	2,560,527	100.8
Saale-Unstrut 잘레-운스트루트	663	46,732	70.5
Sachsen 작센	416	21,237	53.6
Württemberg 뷔르템베르크	11,522	1,186,691	105.1

고급와인(크발리테츠바인) 전체 경작면적은 101,999헥타르(2006)/1hl=100l

❖ 왹슬레

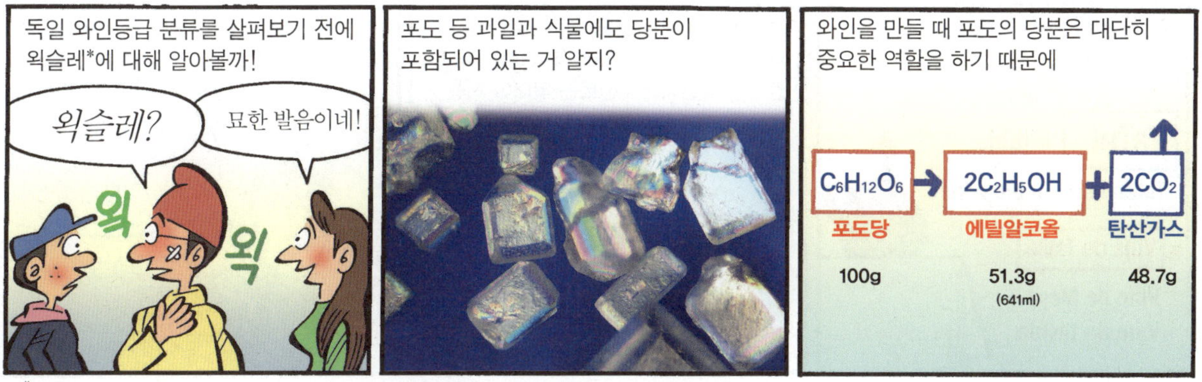

독일 와인등급 분류를 살펴보기 전에 왹슬레*에 대해 알아볼까!
왹슬레?
묘한 발음이네!
왹
왹
포도 등 과일과 식물에도 당분이 포함되어 있는 거 알지?
와인을 만들 때 포도의 당분은 대단히 중요한 역할을 하기 때문에
$C_6H_{12}O_6$ → $2C_2H_5OH$ + $2CO_2$
포도당 에틸알코올 탄산가스
100g 51.3g (641ml) 48.7g

*Öchsle

*당분의 조직

당분을 얼마만큼 함유한 포도냐에 따라 와인의 질과 맛이 결정돼.
맛있다!
당도 높은 포도로 만들었거든!
당도가 낮은 포도는 알코올 도수도 낮고 시큼한 맛이 강한 하급와인이 되지만
저당도 포도
4~5%
당도가 높을수록 알코올 도수도 높고 맛과 향도 좋은 와인이 되지.
고당도 포도
9~12%

포도 등 식물에 함유된 당도를 측정하는 단위가 바로 왹슬레인데
그 방법을 고안해낸 독일인 기술자 페르디난트 왹슬레의 이름을 딴 거야.
Ferdinand Öchsle
1774~1852
1852년 개발
독일, 스위스, 오스트리아에서 사용하는 당도측정 단위
또 1870년 독일인 아돌프 브릭스가 주스 등 액체의 당도측정기를 개발해
Adolf Ferdinand Wenceslaus Brix 1798~1870
BRIX
grade
브릭스도(度)

*당도측정기인 레프락토메터(Refraktometer)

와인을 만들기 위해 눌러짠 포도즙이나 과일주스 등의 당도측정 단위를 '브릭스'라고 하지.
그러나 왹슬레도(度)와 브릭스도는 다르고, 와인에서는 주로 왹슬레도를 중시하는데
Grad Öchsle
Oechsle grade
왹슬레도(度)
표시
°Oe
당연히 그 수치가 높을수록 고급와인, 낮을수록 하급와인이 되지.
뒤늦게 등급을 분류하려다 보니, 포도밭을 기준으로 하기는 어려워
당도를 기준으로 획일화할 수밖에 없었던 거죠.

*브릭스 측정기

❖ 타펠바인과 란트바인

●타펠바인은 테이블와인으로 최하급이야.
Tafel = table
Tafelwein = table wine
= Vins de Table
Vino de Mesa
Vino da Tavola
정부에서 허용한 포도 품종으로 만든 와인으로, 당도가 최저 44°Oe는 되고 알코올 함량이 5퍼센트는 되어야 하는데
그 이하면 와인도 아니지!
최저 5%
국가가 지정한 안바우게비트(재배지역)가 아닌 6개 지역에서 생산된 포도로 만들지.
한마디로 별볼일없는 포도밭에서 난 포도로 만들었다는 뜻이죠!
국가에서 시행하는 엄격한 품질검사를 받을 필요가 없어서
무늬만 와인이지 허접스러운 음료니
굳이 엄격하게 관리할 필요도 없지.
Tafelwein
일부 안바우게비트 재배자들은 일부러 이 등급으로 낮춰 검사를 피하는 경우도 적지 않다.
STOP!
품질검사
타펠바인
저런 거 안 받고 속 편히 농사지을래!
워낙 값이 싸서 수입해봤자 이문이 남지 않으니 한국에선 구하기 어렵지.
그런 거 안 들여와요.
우리도 먹고살아야지.
와인수입
●란트바인은 타펠바인보다 한 단계 높은 대중소비용 하급와인으로, 프랑스의 뱅 드 페이(VdP)와 유사해.
Land = land, country
Landwein = country wine
= Vins de Pays (프랑스)
= Indicazione Geografica Tipica (이탈리아)
이 등급도 국가의 품질검사를 받지 않아도 돼. 1982년에 도입한 제도로
독일의 와인제도는 뭐든 좀 늦죠.
그래서 아직도 '독일 와인=싸구려'라는 이미지를 못 벗어났쥬.
독일산 포도로 만든 것과 수입한 포도로 만든 것으로 나뉘고
독일산 포도
Deutscher Landwein
독일 란트바인
수입 포도
Landwein
란트바인
알코올 함량이 최소 5.5퍼센트, 당도가 47°Oe 이상이어야 해.
당도
알코올
5%
5.5%
57°Oe
47°Oe
44°Oe
타펠바인
란트바인
크발리테츠바인
열세 안바우게비트에 속하지 못한 지역의 포도로 만든 와인이라
13개 국가 지정 안바우게비트
기타 지역
타펠바인, 란트바인
란트바인이라고 불리지만, 여행을 하다 보면 아주 좋은 란트바인을 만나기도 하지.
새로운 란트바인 발견!
요게 또 여행의 묘미겠죠!

❖ 크발리테츠바인

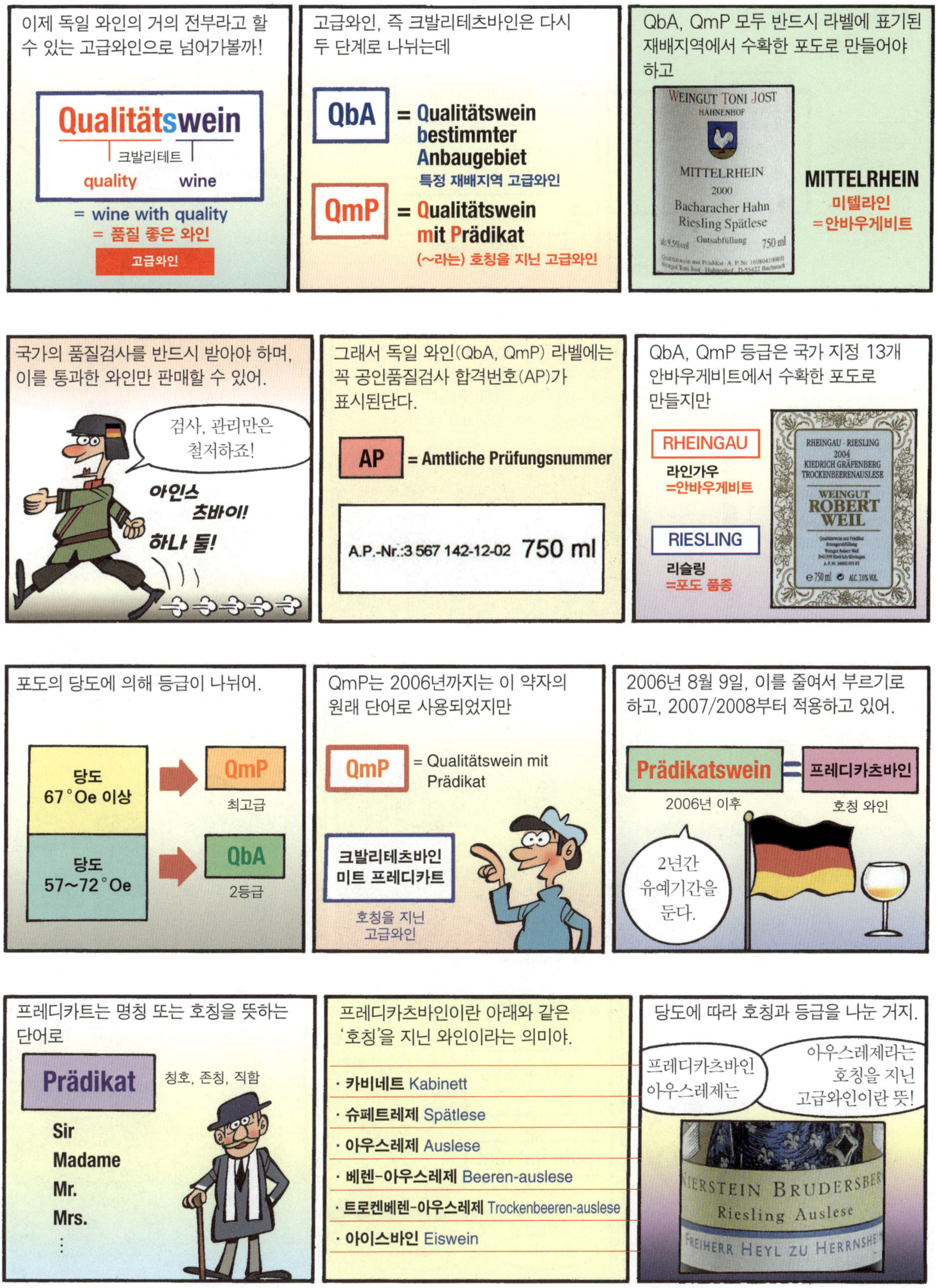

이제 독일 와인의 거의 전부라고 할 수 있는 고급와인으로 넘어가볼까!
Qualitätswein
크발리테트
quality
wine
= wine with quality
= 품질 좋은 와인
고급와인
고급와인, 즉 크발리테츠바인은 다시 두 단계로 나뉘는데
QbA
= Qualitätswein bestimmter Anbaugebiet
특정 재배지역 고급와인
QmP
= Qualitätswein mit Prädikat
(~라는) 호칭을 지닌 고급와인
QbA, QmP 모두 반드시 라벨에 표기된 재배지역에서 수확한 포도로 만들어야 하고
WEINGUT TONI JOST
HAHNENHOF
MITTELRHEIN
2000
Bacharacher Hahn
Riesling Spätlese
Gutsabfüllung
750 ml
MITTELRHEIN
미텔라인
=안바우게비트
국가의 품질검사를 반드시 받아야 하며, 이를 통과한 와인만 판매할 수 있어.
검사, 관리만은 철저하죠!
아인스
츠바이!
하나 둘!
그래서 독일 와인(QbA, QmP) 라벨에는 꼭 공인품질검사 합격번호(AP)가 표시된단다.
AP
= Amtliche Prüfungsnummer
A.P.-Nr.:3 567 142-12-02
750 ml
QbA, QmP 등급은 국가 지정 13개 안바우게비트에서 수확한 포도로 만들지만
RHEINGAU
라인가우
=안바우게비트
RIESLING
리슬링
=포도 품종
RHEINGAU · RIESLING
2004
KIEDRICH GRÄFENBERG
TROCKENBEERENAUSLESE
WEINGUT
ROBERT
WEIL
포도의 당도에 의해 등급이 나뉘어.
당도
67°Oe 이상
QmP
최고급
당도
57~72°Oe
QbA
2등급
QmP는 2006년까지는 이 약자의 원래 단어로 사용되었지만
QmP
= Qualitätswein mit Prädikat
크발리테츠바인 미트 프레디카트
호칭을 지닌 고급와인
2006년 8월 9일, 이를 줄여서 부르기로 하고, 2007/2008부터 적용하고 있어.
Prädikatswein
=
프레디카츠바인
2006년 이후
호칭 와인
2년간 유예기간을 둔다.
프레디카트는 명칭 또는 호칭을 뜻하는 단어로
Prädikat
칭호, 존칭, 직함
Sir
Madame
Mr.
Mrs.
⋮
프레디카츠바인이란 아래와 같은 '호칭'을 지닌 와인이라는 의미야.
· 카비네트 Kabinett
· 슈페트레제 Spätlese
· 아우스레제 Auslese
· 베렌-아우스레제 Beeren-auslese
· 트로켄베렌-아우스레제 Trockenbeeren-auslese
· 아이스바인 Eiswein
당도에 따라 호칭과 등급을 나눈 거지.
프레디카츠바인 아우스레제는
아우스레제라는 호칭을 지닌 고급와인이란 뜻!
NIERSTEIN BRUDERSBER
Riesling Auslese
FREIHERR HEYL ZU HERRNSHEI

❖ 프레디카츠바인의 등급

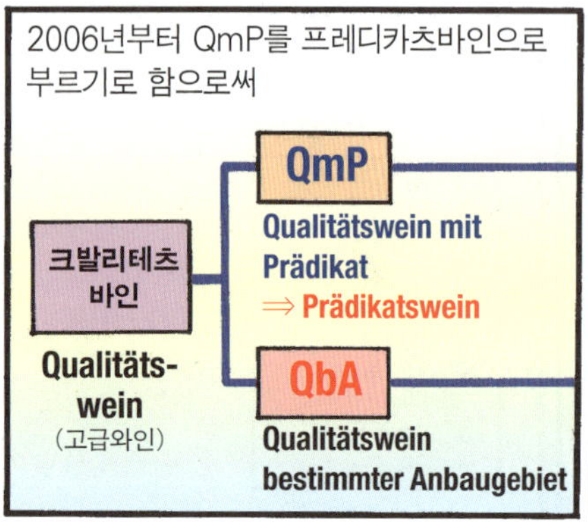
2006년부터 QmP를 프레디카츠바인으로 부르기로 함으로써
크발리테츠바인
Qualitäts-wein
(고급와인)
QmP
Qualitätswein mit Prädikat
⇒ Prädikatswein
QbA
Qualitätswein bestimmter Anbaugebiet

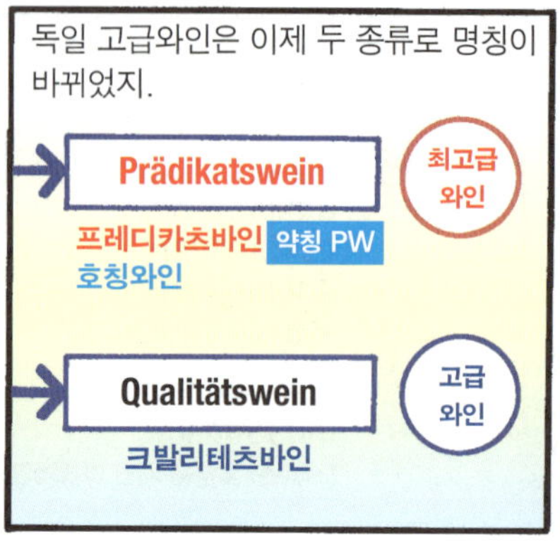
독일 고급와인은 이제 두 종류로 명칭이 바뀌었지.
Prädikatswein
최고급 와인
프레디카츠바인 약칭 PW
호칭와인
Qualitätswein
고급 와인
크발리테츠바인

그럼 독일의 최고급와인 등급인 프레디카츠바인의 호칭과 등급은 어떻게 나뉠까?
프랑스, 이탈리아, 스페인 등
포도원, 샤토 등 제조자 기준
독일, 오스트리아, 스위스 등
당도 기준

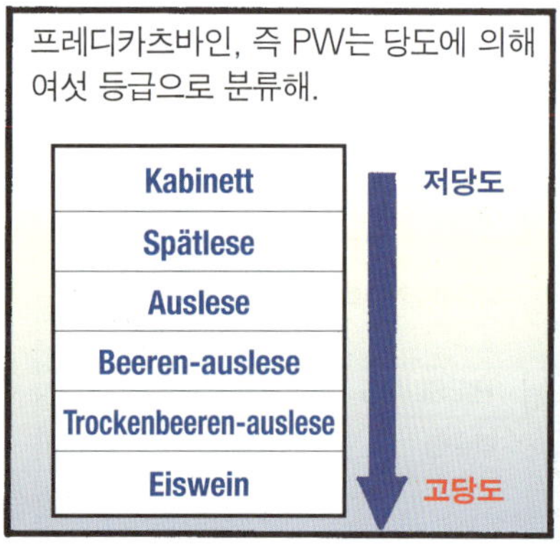
프레디카츠바인, 즉 PW는 당도에 의해 여섯 등급으로 분류해.
Kabinett
Spätlese
Auslese
Beeren-auslese
Trockenbeeren-auslese
Eiswein
저당도
고당도

●카비네트(Kabinett)
PW의 최하등급으로 당도가 67~83°Oe는 되어야 해.
정상수확기에 거둔 포도로 만들지.

카비네트가 무슨 뜻이죠? 영어로 캐비닛(cabinet)?
장롱, 서류함, 내각, 작은 방 이라는 뜻이죠?

그래, 카비네트란 독일어로 장롱, 옷장, 뭐 그런 뜻이야.

13세기 라인가우 지방에 있는 에베르바흐 수도원에서도 와인을 생산했는데
＊에베르바흐 수도원(Kloster Eberbach)

하도 맛있어서 수도사들이 장롱 속에 숨겨놓고 마셨다고 해서 붙은 이름이지.
카비네트(캐비닛) 속에…
감춰놨다가 몰래 마셔야지!

그런 에피소드가 있었네요!
그걸 모르면 왜 카비네트라고 하는지 엄청 헤매겠네!

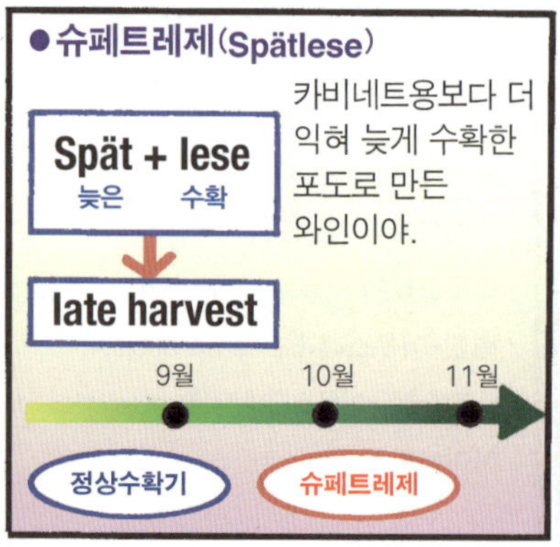
●슈페트레제(Spätlese)
카비네트용보다 더 익혀 늦게 수확한 포도로 만든 와인이야.
Spät + lese
늦은 수확
late harvest
9월
10월
11월
정상수확기
슈페트레제

태양에 충분히 오래 익혔으므로 카비네트보다 당도가 높아서

76~90˚Oe에 이르는 고급와인이야.
Emrich-Schönleber
Nahe
2002
Monzinger Halenberg
Riesling Spätlese
750 ml
포도도 오래 익혀야 당도가 높아지는 거네!
당연하지. 시간이 갈수록 깊어지는 내 인격과도 같지.
시간이 필요한 건 네가 미숙아이기 때문이거덩!
끄아…
*엠리히-쇤레버 포도원
●아우스레제(Auslese)
Aus + lese
골라 거두다
골라내다
수확한 포도 가운데 잘 익은 포도송이만 골라 만든 와인이야.
덜 익은 것은 솎아내고 아주 잘 익은 포도송이만 골라 담근 와인이니 당연히 질이 좋고 당도도 높아
83~95˚Oe에 이르며, 레드와인의 경우 100˚Oe인 것도 있지.
Schlossgut Diel
2003
Dorsheimer Goldloch
Riesling Auslese
NAHE 750 ml
슐로스구트 딜
나에(Nahe)
재배지역
●베렌-아우스레제(Beeren-auslese)
Beeren +Auslese
포도알 골라내다
잘 익은 포도알만 일일이 손으로 골라내 빚은 와인이야.
우아, 사람 손으로 일일이 골라내다니!
품질도 당도도 높겠지만 인건비도 엄청 비싸겠다!
베렌-아우스레제급은 당도가 110~128˚Oe가 되어야 합격할 수 있어.
1998 Ruppertsberger Reiterpfad
Riesling Beerenauslese
Pfalz
루페르츠베르거
바서만~요르단
라인팔츠
(재배지역)
●트로켄베렌-아우스레제
(Trockenbeeren-auslese)
Trocken+Beeren+Auslese
말린 포도알 골라내다
잘 익은 포도알만 일일이 손으로 골라내 말린 다음 건포도 수준에서 빚은 와인이야.
건포도 수준이면 수분이 적어서 포도가 훨씬 많이 필요하겠다!
상당히 달콤한 와인이 되겠는걸!
물론 당도가 최고로 높은 등급이라서 130~154˚Oe에 이르고, 심지어 300˚Oe인 것도 있지.
로베르트 바일
포도원
라인가우(재배지역)
리슬링(포도 품종)
RHEINGAU · RIESLING
2004
KIEDRICH GRÄFENBERG
TROCKENBEERENAUSLESE
WEINGUT
ROBERT
WEIL
e 750 ml
ALC. 7.0% VOL

●아이스바인(Eiswein)
= 아이스와인 (Icewine)
SCHLOSS PROSCHWITZ RIESLING Eiswein Qualitätswein mit Prädikat Sachsen 2002
슐로스 프로슈비츠
아이스바인은 기온이 영하 6~7도로 떨어져 포도가 언 뒤에 따서 만드는 독특한 와인이야.
늦가을이 지나고 겨울이 와서 기온이 영하로 떨어질 때까지 익히므로 당도가 대단히 높아지는데
· 카비네트 정상수확
· 슈페트레제 더 늦게 수확
· 아우스레제 좋은 포도송이만 선별 제조
· 베렌-아우스레제 좋은 포도알만 선별 제조
· 트로켄베렌-아우스레제 말린 포도알 선별 제조
· 아이스바인 언 뒤 수확
저당도
고당도
1월경 영하 6도에서 언 포도를 해가 뜨기 전에 따서 눌러 포도즙을 얻는 방식으로
해 뜬 뒤에 포도를 따면
얼음이 녹아 아이스바인이 안 돼!
너무 세게 누르면 얼음이 녹거나 부서져 수분까지 주스에 섞여서 당도가 떨어지고
당도
주스+수분
압력
너무 약하게 누르면 과육이 제대로 압착되지 않아 주스를 제대로 얻지 못하니
주스
압력
너무 세지도 약하지도 않게 적당한 압력으로 눌러짜는 기술이 있어야 높은 당도의 주스를 얻을 수 있지.
Inniskillin 1996 ICEWINE VIDAL
＊아이스와인 / 캐나다, 온타리오
포도 속의 수분은 얼어 얼음으로 남고 과육만 짜여져 나오기 때문에
다른 화이트와인의 주스 (주스+수분)
아이스 와인의 주스
주스 100%
아이스와인을 한 병 만들려면 다른 와인 몇 병을 만들 포도가 필요한 만큼, 귀하고 값도 아주 비싸.
그래서 보통 와인의 반(375ml)만 한 병으로 나오죠.
보통 와인
ICE WINE
아이스와인 (375ml)
달콤하고 향긋한 아이스와인은 고급 디저트와인으로 사랑받는데
새콤하고 산뜻한 맛….
달콤함이 매력이죠!
당도는 250˚Oe에 이를 정도로 높고
독일이 종주국이었지만 최근 와인산업이 급성장한 캐나다에게 아이스와인 최대 생산국의 지위를 넘겨주었지.

❖ 독일 와인 라벨 읽기

독일 와인에서 또 한 가지 중요한 것은 포도재배지역과 포도산지에 대한 정확한 정보야. 정부에서 지정한 포도재배지역이 열세 곳 있고, 각 지역은 다시 작은 단위로 나눠어.

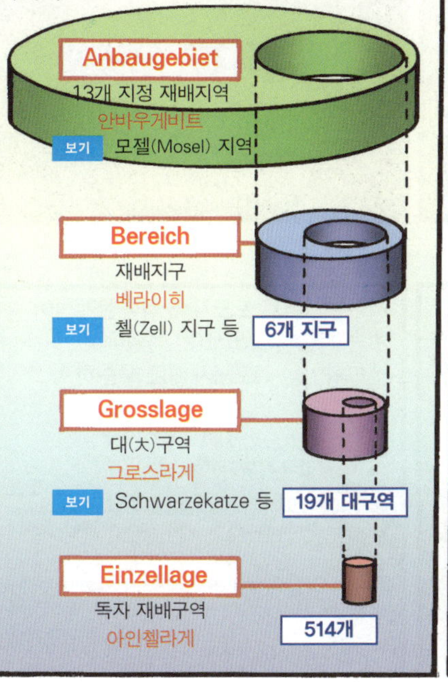

독자 재배구역(아인첼라게)이란 최소 5헥타르 면적의 포도밭으로

독일 전역에 약 2,600개가 있고, 라벨에 이름을 표기할 수 있지.

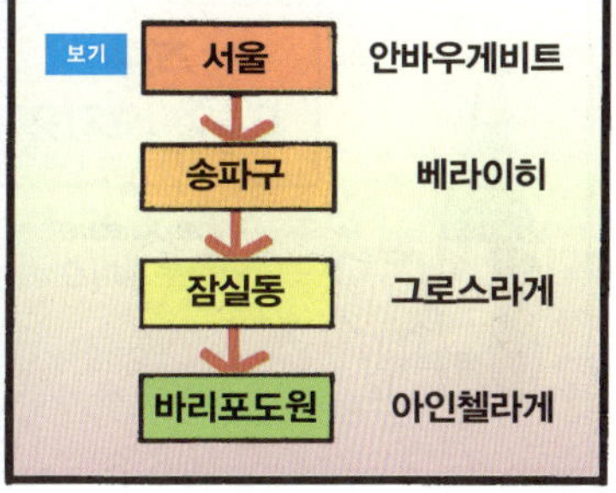

이는 독일식 AOC제도로 볼 수 있는데, 최고급와인인 프레디카츠바인은 자신이 속한 지역, 지구, 대구역 또는 독자구역을 라벨에 쓸 수 있어.

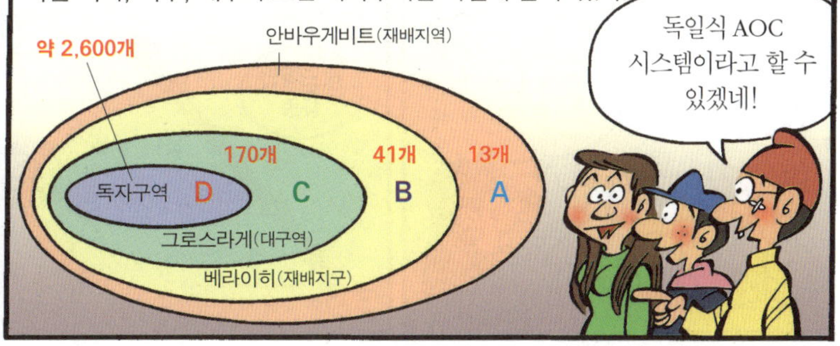

지금까지 알아본 것을 기초로 독일 와인의 라벨을 읽어볼까! 라벨은 와인의 명함이자 신상명세서로 가장 중요한 정보가 여기 다 들어 있거든!

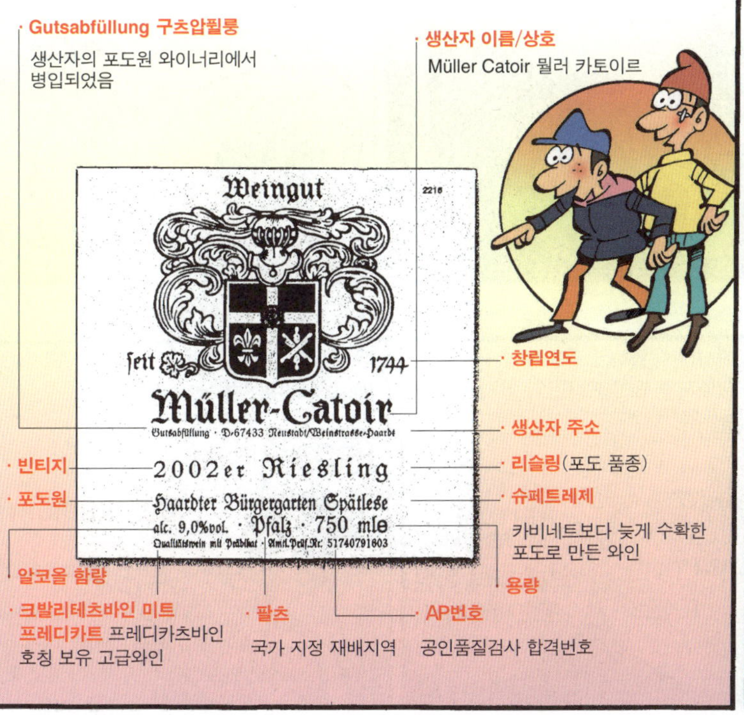

그러나 독일의 고급와인 등급은 여러 환경과 조건을 무시하고 오로지 포도의 당도만을 기준으로 한 것이기 때문에 주의해야 해.

❖ 아르, 바덴

자, 이제부터 독일의 포도재배지역 중 대표적인 몇 곳을 살펴볼까!
주요 포도재배지역
Anbaugebiet 안바우게비트
●아르(Ahr) 지역
라인강 지류 아르강 유역의 포도재배지역으로
Ahr
Blankenheim
Adenau
548헥타르에 불과한 작은 지역이지만
독일 최대의 레드와인 생산지로, 레드와인을 88퍼센트나 생산하지.
88%
12%
독일은 화이트 와인만 생산하는 줄 알았는데!
이 지역은 세계 최북방 레드와인용 포도재배지역이기도 해.
추운 지방
레드와인 품종
피노 누아 Pinot Noir
카베르네 소비뇽, 메를로 Cabernet Sauvignon, Merlot
시라 Syrah
더운 지방
지구온난화로 포도재배 북방한계선이 계속 북상하고 있으며, 독일에서 레드와인용 흑포도재배도 꾸준히 늘고 있지.
영국 남부
독일
포도재배 북방한계선
●바덴(Baden) 지역
프랑스와의 국경지대에 있는 지역인데
바덴 지역
슈투트가르트
독일
프랑스
스위스
16,008헥타르의 면적으로 독일에서 세 번째로 넓은 재배지역이야.
남북 500킬로미터에 걸친 지역에 9개의 베라이히, 16개의 그로스라게, 314개의 아인첼라게가 있지.
재배지구 9개
대구역 16개
독자 재배 구역 314개
안바우게비트 바덴
레드와인과 화이트와인을 비슷한 비율로 생산하고
Red 46%
White 54%
독일에서는 유일하게 유럽연합 규정 포도재배지역 B에 프랑스의 알자스, 샹파뉴, 루아르계곡과 함께 속해 있으며
EU 규정 포도재배지역 B
바덴+프랑스
기타 EU 규정 포도재배지역
바덴 외의 독일 포도재배지역
다른 지역과 마찬가지로 1950년대부터 매년 '와인의 여왕'을 선발하지.
초대 와인의 여왕
1950/1951
Elisabeth Herzog
Weinkönigin
와인 많이 마시는 여왕은 아니고요.

❖ 프랑켄, 모젤

●프랑켄(Franken) 지역
8세기에 수도사들이 포도농사를 짓기 시작한 이래
딸꾹

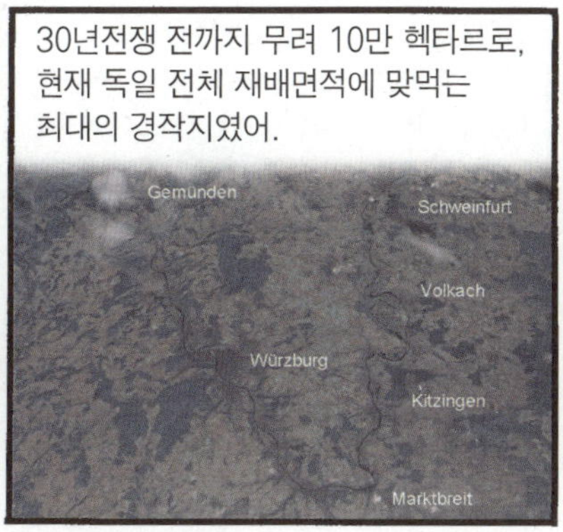
30년전쟁 전까지 무려 10만 헥타르로, 현재 독일 전체 재배면적에 맞먹는 최대의 경작지였어.
Gemünden
Schweinfurt
Volkach
Würzburg
Kitzingen
Marktbreit

＊프랑켄 지역 항공사진

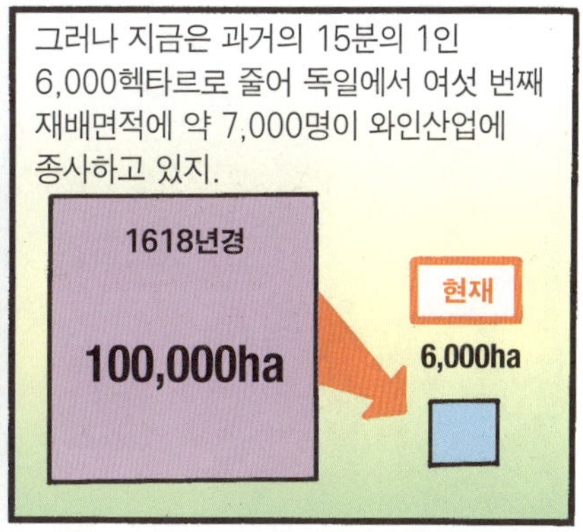
그러나 지금은 과거의 15분의 1인 6,000헥타르로 줄어 독일에서 여섯 번째 재배면적에 약 7,000명이 와인산업에 종사하고 있지.
1618년경
100,000ha
현재
6,000ha

90퍼센트가 화이트와인이며, 와인법이 없던 18세기에 가짜 프랑켄 와인이 범람하자
이거 진짜 프랑켄 와인 맞아?
짝퉁인 거 눈치챘네!

1718년 복스보이텔*이라는 독특한 와인병이 등장해

＊Bocksbeutel

현재는 이 형태가 법으로 보호되고 있어. 포르투갈 일부 지방의 와인을 제외하고는 이 병을 쓸 수 없지.
포르투갈에서 오래전부터 사용해온 전통 와인병의 하나죠.

●모젤(Mosel) 지역
2006년까지는 모젤-자르-루베르 지역으로 분류되었으나

＊루베르(Ruwer)강 계곡

2006년 이후로는 독자적인 재배지역으로 인정받는 독일 리슬링 와인의 고향이야.

독일 와인 중 가장 개성있고 자연히 가장 비싼 와인을 생산하는데
이제부터는 모젤 와인이라 불러주세요!
독일 최고의 리슬링 와인, 모젤!

섬세한 맛과 과일향의 드라이와 미디엄드라이 와인이 유명하고
독일 와인 이미지가 완전히 달라졌구나! 리프프라우엔밀히를 더는 입에 담지 마라!

모젤강을 따라 펼쳐진 포도원 풍광은 그 자체로 대단히 아름다워

'모젤 드라이브'를 위해 세계에서 관광객이 몰려드는 명소이기도 해.

＊모젤 지방의 코헴(Cochem)

❖ 라인헤센, 나에

● 라인헤센(Rheinhessen) 지역
26,000여 헥타르로 독일 최대의 포도재배지역이야.

*라인헤센의 중심지 보름스시 시청

24개의 그로스라게, 432개의 아인첼라게가 있는 넓은 지역인 만큼 다양한 양질의 와인이 생산되고 있는데
아인첼라게 432개
그로스라게 24개

그중 뮐러-투르가우종으로 만든 화이트와인의 명성이 드높지.

*뮐러-투르가우

뮐러-투르가우는 스위스의 투르가우주 출신 포도연구가 헤르만 뮐러가 접종을 통해 만들어낸 품종이야.
헤르만 뮐러
Hermann Müller
1850~1927

1980년대 들척지근한 저가와인인 리프프라우엔밀히의 최대생산지로서
싼맛에 마신다!
Sonder-angebot
특가할인판매
Liebfrauen-milch

'독일 와인=싸구려 저질와인'이라는 선입견을 세계에 심은 장본인이긴 하지만 이후 품질향상이 돋보이는 지역이지.
독일 와인=싸구려
No more!

● 나에(Nahe) 지역
라인강의 지류인 나에강 유역으로

*발트뵈켈하임의 교회

약 4,000헥타르에 불과한 작은 재배지역이지만

*나에강 유역 포도원

이곳에서 생산되는 와인은 독일 와인 중 최고로 인정받는 와인 가운데 하나야.
Hahnmühle
2002
RIESLING
SPÄTLESE
TROCKEN
NAHE
한뮐레
Hahnmühle
2002
리슬링
슈페트레제
드라이

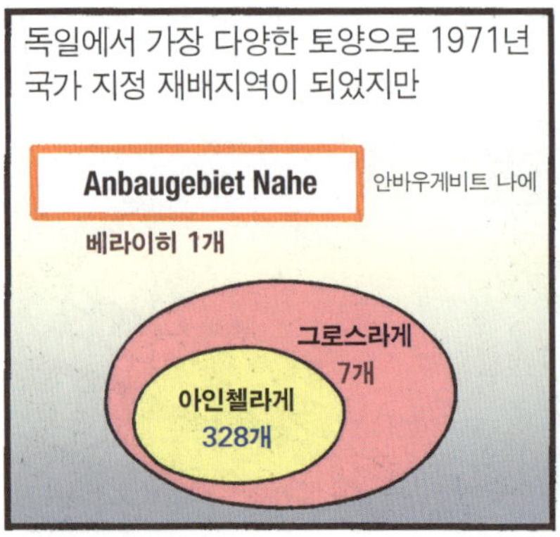

독일에서 가장 다양한 토양으로 1971년 국가 지정 재배지역이 되었지만
Anbaugebiet Nahe
안바우게비트 나에
베라이히 1개
그로스라게 7개
아인첼라게 328개

품질에 비해 널리 알려지지 않은 이유는
이렇게 좋은 와인을 왜 여태 몰랐지?
나에 와인이로군요!

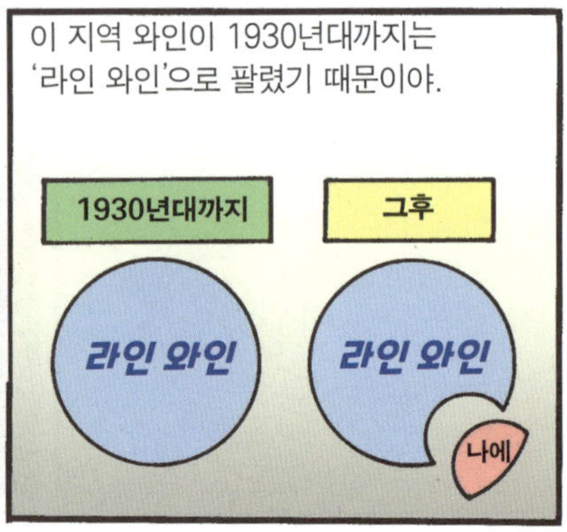

이 지역 와인이 1930년대까지는 '라인 와인'으로 팔렸기 때문이야.
1930년대까지
그후
라인 와인
라인 와인
나에

❖ 라인가우, 팔츠

● 라인가우(Rheingau) 지역
세계 최고급 수준의 리슬링 화이트와인을 생산하는 지역이야.
라인가우!
세계 최고 리슬링 와인의 하나!
라인가우 와인은 모젤 와인과 달리 훨씬 드라이하거나 미디엄드라이한 맛이 특징인데
최고 수준의 품질에 비해 값이 그다지 비싸지 않다는 장점이 있지.
코스트 퍼포먼스가 짱이다!
그래야 서민들도 즐길 수 있죠. 독일은 사회적인 국가거든!
독일 화이트와인의 산 역사이자 신화인 요하니스베르크성은 세계 최고급 화이트와인을 만드는 독일 와인의 요람으로
독일의 유명한 시인 하인리히 하이네는 요하니스베르크를 이렇게 노래했어.
Heinrich Heine
1797. 12. 13. ~ 1856. 2. 17.
하느님, 내게 산을 옮길 수 있는 신앙이 있다면, 내가 가는 곳 어디에나 옮기고 싶은 산이 바로 요하니스베르크입니다.
● 팔츠(Pfalz) 지역
남북으로 85킬로미터에 걸쳐 있는 팔츠 지역은 독일에서 두 번째로 큰 포도재배지역이야.
1 라인헤센 26,281ha
2 팔츠 23,353ha
3 바덴 16,008ha
1993년 라인팔츠(Rheinpfalz)에서 분리해 독자 재배지역으로 지정되었지.
전체적으로 향이 좋고 약간 묵직한 느낌의 화이트와인을 생산하는데, 북부 와인의 품질이 더 좋다는 평이야.
PROOOST
건배!
이 지역에서 생산되는 와인의 4분의 1이 레드와인으로 아르 지역에 이어 두 번째로 레드와인을 많이 생산하는 곳이지.
GEORG MESSER
WEIN-U. SEKTHAUS SEIT MDCCLVI
2003
Cabernet Sauvignon
PFALZ
그러나 팔츠 지역에서 세계적으로 더 널리 알려진 것은 '독일 와인가도(街道)*'로
Deutsche Weinstraße
유명한 관광명소인 '낭만가도*'와 더불어 꼭 가봐야 할 멋진 관광코스야.
Romantische Straße
뷔르츠부르크 Würzburg
로텐부르크 Rothenburg ob der Tauber
퓌센 Füssen

＊라인가우 지역의 뤼데스하임(Rüdesheim)

＊Johannisberg, 성 요한의 산과 성(1832년경)

＊1831년의 하이네(34세)

＊함바흐(Hambach)의 포도원

＊독일 팔츠 레드와인 / 게오르크 메서

＊Deutsche Weinstraße

＊Deutsche Romantische Straße

❖ 와인가도

'독일 와인가도'는 관광객 유치를 목표로 1935년에 지정한 길이야.
Deutsche Weinstraße
B38번 국도(구도로)와 271번 국도(신도로)를 따라 85킬로미터에 이르는 길로
아름다운 남부 독일의 자연과 고색창연한 중세 독일 마을들, 그리고 독일의 와인문화를 한꺼번에 즐길 수 있는 멋진 코스지.
마인강부터 백조의 성이 있는 퓌센에 이르기까지 356킬로미터에 달하는 아름다운 길 '독일 낭만가도'와 함께
독일 관광의 백미로 꼽히며, 매년 세계에서 수백만 명의 관광객이 몰려들고 있어.
보켄하임
85km
바트 뒤르크하임
슈바이겐-레히텐바흐
카를스루에
프랑스
독일 와인가도는 1935년 10월 19일 유서 깊은 바트 뒤르크하임에서 오픈되었고
Dürkheimer Riesenfaß
REISEANDENKEN
다음날인 10월 20일, 300대의 자동차가 이 도로를 달림으로써 오늘에 이르게 되었지.
1986년부터 매년 8월 마지막 일요일, 여덟 시간 동안 자동차 통행이 금지되는데
와인가도 체험의 날
매년 30만 대의 자전거가 이 길을 따라 달리는 장면은 정말 장관이야.
이날이 아니더라도 유유자적 길 가다가 쉬면서 와인 한잔 하는 즐거움도 이 와인가도의 큰 매력이지.
인생은 즐거워!
와…
한번 가보고 싶다!
정말 멋진 곳이네!

＊독일 와인가도 표지판

＊백조의 성, 퓌센

＊독일 와인게이트(Deutsches Weintor)

＊271번 국도에 있는 '독일 와인가도의 집(Haus der Deutschen Weinstraße)' 보켄하임

＊바트 뒤르크하임의 거대 와인통

＊봄의 와인가도

2. 신대륙의 와인

세계의 와인을 즐겨보자

미국 · 캐나다
(북아메리카)
미국 캘리포니아주 나파밸리에 있는 로버트 몬다비 와이너리예요. 포도원과 양조장을 테마파크화해서 관광객이 많이 찾는 피크닉명소로 만들었죠.
유럽 이외의 지역을 모두 '신대륙'으로 싸잡는 것도 유럽우월주의 아닌가? 유럽 역사보다 아시아 역사가 더 깊은데도 아시아가 신대륙이라니?
칠레 · 아르헨티나
(남아메리카)
남아프리카공화국
(아프리카)
콜럼버스 이후 기독교도가 '진출'해 지배한 곳마다 와인을 만들었으니, 유럽인들에겐 신대륙이겠지. 미국, 칠레, 아르헨티나, 호주, 뉴질랜드 그리고 남아프리카공화국!
호주 · 뉴질랜드
(오세아니아)

❖ 신대륙 와인의 역사

신대륙(新大陸), 신세계, New World!
신세계!
유럽
이 말은 구대륙, 즉 '이미 있어온 세계'에 대한 상대적 개념이야.
여긴 옛날부터 있었거든!
무슨 백화점인 줄 아나?
아시아인이나 아프리카인에겐 아니지만, 유럽인들에게는 그렇단 말이지.
신…대…륙
까~칠한 친구들이네!
1492년 콜럼버스에 의해 신대륙이 발견(?)된 후
남북아메리카, 오세아니아대륙
유럽대륙
아시아대륙
아프리카대륙
북아메리카 대륙
오세아니아 대륙
뉴질랜드
남아메리카 대륙
그리고 미지의 대륙 아프리카에 건설한 남아프리카공화국 등은 모두
유럽인, 다시 말해 기독교도에 의해 식민지가 되었고
??
당연히 '예수의 피'인 와인도 생산하기 시작했는데
땡그렁~
땡그렁~
이 지역에서 생산된 와인을 유럽의 와인과 대비해 '신대륙 와인'이라고 해.
구대륙 와인
신대륙 와인
유럽 와인
(구) 식민지 와인
중국과 일본도 와인을 생산하는데 그것도 신대륙 와인인가?
분명히 유럽은 아닌데?
차마 신대륙 와인이라고는 못하지. 유럽인들은 물론 세계를 유럽 중심으로 보지만 동양은 문화적으로 함부로 대할 수 없는 선배거든!
NO!
구대륙과 신대륙은 어디까지나 기독교세계에서, 종주국과 식민지였던 지역을 가르는 개념이야.
유럽 (구대륙)
북아메리카
남아메리카
신대륙
오세아니아
남아공

*콜럼버스가 타고 간 산타마리아호의 모형

신대륙 와인들은 대개 커다란 공통점을 지니고 있어.
미국
캐나다
칠레
아르헨티나
뉴질랜드
남아공
호주
기독교도들의 식민지가 되면서
여기도 주님의 땅!
제사에 반드시 필요한 '예수의 피' 즉 제주(祭酒)를 만들기 위해 포도를 심고 와인을 생산했다는 점이지.
그러나 이 와인은 어디까지나 제한된 지역 내에서만 생산, 소비되었어.
비행기도, 자동차도….
철도도 없어요.
생산&소비
농
업
공
동
체
수백 년 동안 교류가 크게 확산되었어도 국내 내수용에 그쳐
와인 생산&소비
지역사회
국제교역을 통한 수출과 수입이 전혀 없는, 쉽게 말해 '동네와인'에 불과했어.
또 유럽에서 수도사들이 가져다 심은 포도 품종보다는
유럽 품종
비티스 비니페라
현지에서 자생하는 포도 품종을 이용, 거의 원시적인 기술로 만든 와인이었기 때문에
제사에 쓰기는 했지만 즐길 만큼 맛이 좋지는 않았어.
시고 떫고 쓰고…!
도저히 못 마셔주겠다!
또 식민지배자들은 식민지에 자신들의 와인을 팔 생각에 식민지에서 와인산업이 발달하는 것을 탐탁지 않게 여겼지.
신대륙 와인이 마구 범람해 본국 업자들이 울상이라고? 그럼 안 되지.
독립 후에도 거듭된 정치적 혼란으로 와인산업이 성장할 수 없었는데
또 쿠데타가 터졌다니 은행융자 받긴 글렀군!
이런 상황은 1970~80년대에 크게 달라졌어.

❖ 신대륙 와인의 전략

제2차 세계대전의 후유증이 가시면서 세계경제가 전체적으로 좋아지고
세계 대전
평화
경제 발전
국 지 전 쟁
항공기와 통신의 발달 등으로 세계가 좁아지면서
국경을 초월한 시장의 글로벌화가 추진되자
시장의
글로벌화
국경
신대륙 와인시장에도 큰 변혁의 바람이 불어닥쳤어.
국
제
경
제
신대륙
프랑스 고급와인을 비롯한 유럽 와인이 대거 쏟아져들어오자
프랑스
고급
와인
신대륙 소비자들은 '그렇고 그런' 국산 와인보다 유럽 와인을 선호
역시 프랑스 와인은 비교가 안 된단 말야!
국산 와인은 국내 소비자들로부터도 외면당할 위기에 처했지.
국산 와인?
어머, 그런 허접스런 와인을 마시라고?
신대륙 와인업자들은 생존을 위협받는 현실에서 대변혁의 필요성을 절감했어.
이대로 가다간 국내 와인산업 전멸한다!
국내 시장만 바라보다가 동네와인이 된 우리….
이젠 국내 소비자마저 우릴 외면하고 유럽 와인을 마신다!
사느냐, 죽느냐… 그것이 문제로다!
우리가 살아남는 길은 오직 하나!
품질개선으로 유럽 와인과 맞짱을 뜨는 것!
유럽 와인과 비교해도 절대 뒤지지 않는 품질!
국내뿐 아니라 세계시장에서도 경쟁력을 갖추는 것만이 우리의 살길이다!
품질
국제 경쟁력

그런데 막상 무엇으로 유럽 와인과 맞짱을 뜨지?
그러게… 자본도 기술도 역사도 전통도 모두 딸리는데….
우리가 아무리 많은 투자를 하고 기술을 도입해 최고의 와인을 만들어도, 이미지나 전통에서 프랑스 고급와인을 따라잡기는 어렵다!
프랑스 고급 와인
당연히 이쪽!
신대륙 고급 와인
유럽, 특히 프랑스의 하이-엔드 프리미엄급 와인은 이미 문화고 역사며 전통이고 전설인데….
이미지
역사
문화
전통
마케팅 노하우
프랑스 최고급와인
하이-엔드 프리미엄와인이란 최고가의 극상품 고급와인을 뜻해.
High-end Premium Wine
High-end(최고) 가격
더 이상의 고급와인은 없다!
그렇다면 우리는 두 가지 점에서 유럽 와인과 경쟁해야 한다!
첫째, 품질에 비해 저렴한 가격!
둘째, 소비자가 쉽게 선택할 수 있는 알기 쉬운 라벨!
코스트 퍼포먼스*
알기 쉬운 라벨 표기
* Cost Performance
세계의 부유한 소비자들은 '문화적 이미지'를 지닌 유럽의 프리미엄 와인을 선택하지
몽라셰!
부르고뉴 화이트!
딱
아무리 품질이 좋아도 비싼 신대륙 와인을 선택하지 않을 것이다.
품질은 죽여줍니다!
그 가격대면 프랑스 와인 마시지!
일반 대중도 선입견 때문에 같은 값이면 유럽 와인을 택할 것이다.
유럽 와인= 고급와인!
신대륙 와인= 싸구려 저질와인!
따라서 같은 품질이라고 해도 가격이 비슷하면 유럽 와인과 경쟁할 수 없다.
내가 왜 2류와인에
1류와인값을 지불하겠어?
품질을 향상시켜 유럽 와인 못지않은 수준으로 높이면서도 가격은 상대적으로 저렴하게 유지하고
음… 신대륙 와인은
유럽 와인보다 가격 대비 품질이 아주 좋네!
언젠가 신대륙 와인에 대한 인식이 바뀌면 그때 제값을 받도록 하자!
신대륙 와인이 이렇게 비싸?
하기야 요즘엔 프랑스 와인 못지않으니까!

❖ 유럽 와인 라벨의 전통

유럽 와인은 어렵다고들 하는데
유럽 와인은 잘 모르겠어.
어떤 와인인지 라벨만 봐서는 전혀 모르겠으니!
그 이유는 바로 '역사와 전통'에서 비롯되었다고 할 수 있어.
GRAND VIN DE BEAUNE GRÈVES
APPELLATION BEAUNE PREMIER CRU CONTRÔLÉE
VIGNE DE L'ENFANT JÉSUS
2003
CE VIN A ÉTÉ RÉCOLTÉ, ÉLEVÉ ET MIS EN BOUTEILLE PAR
BOUCHARD PÈRE & FILS
CHÂTEAU DE BEAUNE, CÔTE D'OR, FRANCE
PRODUIT DE FRANCE · PRODUCT OF FRANCE
13.5% alc./vol
750 ml e
신대륙과 달리 유럽에서는 수천 년 전부터 포도를 재배하고 와인을 만들어 마셔왔지.
산업혁명으로 인구이동이 크게 늘어나기 전만 해도
농경사회에서 수천 년간 한 지역에 뿌리내리고 대대손손 살면서
먼 곳의 농업공동체와는 교류할 필요도 느끼지 못한 채 자급자족형 경제의 틀을 유지해왔어.
푸줏간
옷집
구둣집
술집
방앗간
대장간
빵집
철물점
가령 A지역과 B지역에서 포도농사를 짓는다면
B지역 재배품종 ㉯
A지역 재배품종 ㉮
A지역 사람들은 자기네 지역에서 어떤 포도로 와인을 만드는지, 맛이 어떤지 굳이 설명하지 않아도 모두 알고 있고
우리 마을은 템프라니요*!
우리 마을은 가르나차** 품종!
A지역
B지역
B지역 역시 마찬가지고, 두 지역은 서로 와인을 사고팔 필요도 없이 자급자족해 왔지.
와인 과다생산으로 고민이야.
우리두!
A지역
B지역
그러니 자기 지역에서만 소비되는 와인에 대해 굳이 자세히 기록할 필요가 없었고
피노 누아로 만들었다고?
다 아는 걸 왜 새삼스레 적어놨지?
이것이 오랫동안 관습이 되고 전통이 되다 보니
막걸리 상표에 쌀로 만든 거라고 굳이 적을 필요가 없듯이….
오늘날에도 유럽의 와인 라벨에는 원료인 포도의 품종을 표시한 경우가 거의 없어.
그럴 만도 하네.
글로벌시대에도 변하지 않았구나!

*Tempranillo **Garnacha

❖ 신대륙 와인의 부상

신대륙 와인은 유럽 와인과 경쟁하기 위해
유럽 와인
재는 복잡하고 또 복잡하니까….
신대륙 와인
복잡하고 어려운 유럽 와인 라벨에 비해 알아보기 쉽도록 포도 품종을 명기하는 방법을 택했어.
로이드
시라즈
빈티지 2000
Lloyd
RESERVE
SHIRAZ
2000
CORIOLE VINEYARDS McLAREN VALE SOUTH AUSTRALIA
와인을 잘 모르는 소비자들이 쉽게 접근할 수 있도록 한 거지.
아항
내가 좋아하는 시라즈 품종으로 만든 와인이구나!
또한 프랑스 와인을 모델로 삼아 유럽의 비니페라 품종으로 토종 품종을 대체해
●카베르네 소비뇽
●메를로
●시라즈
●피노 누아
●샤르도네
●리슬링
우선 와인의 원료인 포도 품종부터 프랑스화했어.
품종의 세계 스탠더드화
프랑스 품종 도입
와인의 프랑스화
여기에 프랑스식, 특히 보르도식 와인제조 기술을 도입해
발효시 온도조절, 바리크숙성, 병숙성 등 모든 것을 프랑스화했지.
결국 유럽과 기후와 토양만 다를 뿐
프랑스 따라하기!
유럽
신대륙
실제로 생산된 신대륙 와인은 유럽 특히 프랑스 와인과 근본적인 차이가 없게 된 거야.
프랑스 품종에 프랑스 방식에 프랑스 기술!
프랑스 와인
신대륙 와인
그 결정적인 계기가 1976년 '파리의 심판'으로
1권에서 보셨죠?
미국 독립선언 200주년을 기념해 열린 프랑스-미국 와인 비교시음회!
선입견과 편견만 배제하면 신대륙 와인이 결코 유럽, 특히 프랑스 와인에 뒤지지 않는다는 사실이 증명되자
1위 Chateau Montelena 미국
2위 Meursault Charmes Roulot 프랑스
3위 Chalone Vineyard 미국
4위 Spring Mountain Vineyard 미국
5위 Beaune Clos des Mouches 프랑스
＊화이트와인 순위
신대륙 와인은 극적인 대전환기를 맞아 무섭게 성장하기 시작했어.
우어!
유럽 와인
신대륙 와인

1970년대 이후, 특히 80년대 들어 유럽의 와인자본이 대거 신대륙에 진출
자본
기술
유럽
신대륙
가능성이 있다!
신대륙 와인회사들과 합작해 고급와인을 생산하는 벤처기업을 만드는 붐이 일었어.
Joint Venture
조인트벤처
유럽 와인기업
신대륙 와인기업
프랑스의 내로라하는 와인재벌들은 물론
로칠드 등
신대륙의 토양, 기후, 저임금 모두 OK!
이탈리아의 유명한 와인귀족들, 스페인의 거대 와인회사들이 속속 신대륙에 진출했고
안티노리
프레스코발디 등
미국 등 신대륙 자본도 프랑스, 이탈리아 등 유럽에 대거 진출하는 등
유럽으로!
USA
와인산업의 글로벌화가 무서운 속도로 진행되었지.
미국
유럽
남미
호주 등등
신대륙에 진출한 유럽의 와인기업들은 자본뿐 아니라 첨단 양조기술까지 들여와
자금
양조기술
신대륙의 와인품질은 놀라울 만큼 향상되었고
이게 신대륙 와인이라니, 정말 놀랍군!
믿기지가 않네.
드디어 신대륙에서도 초고가의 하이-엔드 프리미엄와인이 등장하기 시작했어.
200달러? 신대륙 와인이?
허 걱
프랑스 등 유럽의 중저가와인들이 신대륙의 도전으로 고전을 면치 못한 반면
가격 대비 고품질
유럽
신대륙
신대륙 와인은 '싸구려'라는 선입견에서 벗어나
신대륙 와인
저질싸구려
품질, 가격 등 모든 면에서 유럽 와인을 위협하면서 승승장구, 생산량도 크게 증가하고 있어.
유럽 와인
신대륙 와인

미국 와인

무한한 가능성을 지닌 와인대국

미국 와인처럼 드라마틱한 우여곡절을 겪은 경우도 드물걸!
유럽 와인이 150년 동안 이룬 것을 단 50년 만에 따라잡은 대단한 나라지.

*캘리포니아 몬터레이(Monterey)에 세워진 세인트 카를로스 포교원. 나파밸리 최초의 포도원 가운데 하나

세계 최고의 와인생산지로 꼽히는 미국 캘리포니아 북부 나파밸리.
나파밸리
태평양
캘리포니아주
샌프란시스코

미국 와인의 전설을 창조한 지역으로서 현재 최고급와인 생산의 중심지인 이곳이

*샤토 몬텔레나의 카베르네 소비뇽 포도원

불과 60년 전만 하더라도 소와 양떼가 풀을 뜯던 목초지였다면 누가 믿겠어?
음머

설마!
목초지가 60년 만에 미국 와인의 메카로 둔갑? 믿을 수 없어.

믿기 어렵겠지만 사실이야. 미국은 무한한 가능성을 지닌 나라답게
미국
무한한 가능성의 나라
A Country with Unlimited Possibility

유럽 와인산업이 150년에 걸쳐 이룬 발전을 불과 50년 만에 따라잡았어.
TOP
유럽 와인
미국 와인

❖ 미국 와인의 역사

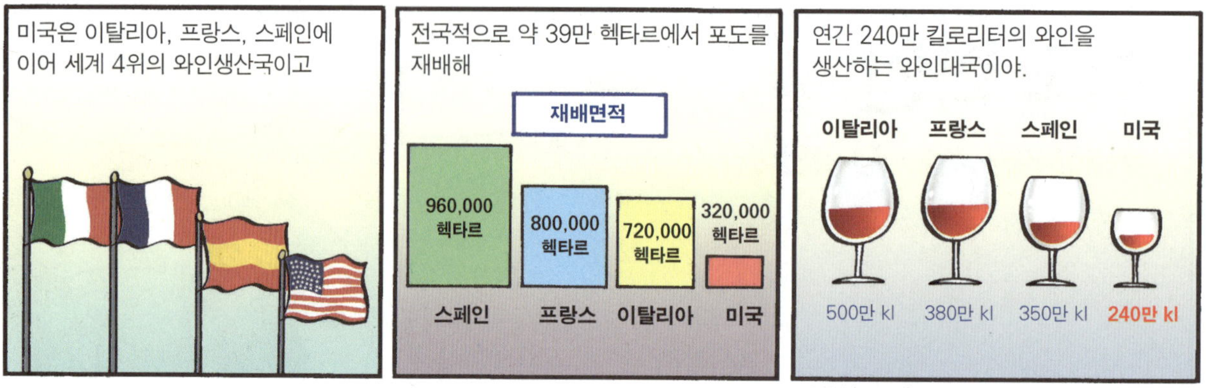

미국은 이탈리아, 프랑스, 스페인에
이어 세계 4위의 와인생산국이고
전국적으로 약 39만 헥타르에서 포도를
재배해
재배면적
960,000
헥타르
800,000
헥타르
720,000
헥타르
320,000
헥타르
스페인
프랑스
이탈리아
미국
연간 240만 킬로리터의 와인을
생산하는 와인대국이야.
이탈리아
프랑스
스페인
미국
500만 kl
380만 kl
350만 kl
240만 kl

*2021년 OIV 자료

미국 와인 총생산량의 90퍼센트가
'태양의 주'인 캘리포니아에서 생산되니
미국 와인은 곧 캘리포니아 와인이라고
해도 과언이 아니지.
내가 미국 와인의
지존이니라!
동부
오리건주
워싱턴주
캘리포니아주
이 캘리포니아주에서 유럽 와인을
울리는 최고급와인부터 싸구려
저질와인까지 고루 생산되고 있어.
유럽 와인
CA*와인

*캘리포니아주

*CA : California

미국에 최초로 포도를 심은 건 1562년
잭슨빌에 이주한 프랑스 위그노들이지만
위그노*란 1560년대
프랑스 신교도들을
부르던 호칭으로
구교도의
탄압을 받아
세계 각지로!
제사에 쓰일 포도주에 국한되었고,
마시기엔 부적합했기 때문에 역사적으로
별 의미는 없어.
예수님의 피를
마시도다!
흡혈귀?
1796년 스페인 선교사 후니페로
세라*가 캘리포니아 샌디에이고 부근에
포도를 심은 것을
계기로
역시 선교사!
와인=기독교!

*Huguenot

*Junípero Serra

제사용 포도주 제조를 위한 포도재배가
점점 북쪽으로 확산되어
샌프란시스코
캘리포니아주
로스앤젤레스
샌디에이고
샌디에이고에서 소노마밸리에
이르기까지 미국 캘리포니아주 서해안
전역으로 퍼져나갔어.
소노마밸리는 거의 250년의 전통을
지닌 유서 깊은 포도재배지역인 셈이지.
소노마밸리
250년 역사
나파밸리
50~60년 역사

첫 포도주가 양조된 것은 1772년이었는데, 마실 수 없는 저급이었고
애퇴퇴!
1833년에 이르러서야 유럽에서 와인을 수입하던 프랑스 상인 장-루이 비뉴*가 LA 근교에 포도를 심어 와인을 생산했다는데
Vineyard Vignes
매년 수천 통씩 생산했다는 기록이 있는 걸 보면 꽤 괜찮은 와인이었던 모양이야.
브라보!

*Jean-Louis Vignes

어쨌든 1822년 스페인으로부터 멕시코가 독립하고, 캘리포니아는 멕시코령이 되었다가
VIVA! MEXICO
스페인
1850년 9월 9일, 미국의 31번째 주로 편입됨으로써
CALIFORNIA REPUBLIC
THE GREAT SEAL OF THE STATE OF CALIFORNIA
EUREKA
캘리포니아주 기(旗)
캘리포니아주 문장
미국은 전국에서 가장 큰 포도경작지를 소유하게 된 거야.

1849년부터 일기 시작한 골드러시로
금이다!
금 찾으러 가자!
와
와
독일인, 이탈리아인, 미국인 할 것 없이 떼를 지어 캘리포니아로 몰려들었고
이곳에 정착한 그들은 시에라네바다를 중심으로 포도재배를 시작했어.

*1849년경의 새크라멘토시(현 캘리포니아주 수도)

*시에라네바다산맥

19세기 말, 서부해안이 포도재배에 이상적이라는 사실이 알려지고
테루아, 일조량 뭐든지 짱!
보르도, 부르고뉴보다 못할 것 없다!
캘리포니아
와인양조 전문학교 데이비스대학이 캘리포니아주에 설립되면서
캘리포니아주는 미국 와인산업의 중심지가 되었고, 경작지도 점차 서늘한 북부로 확장되었지.
미국의 와인산업

*현재의 데이비스대학

❖ 하라치

캘리포니아는 물론 미국 와인역사에서 아주 중요한 인물이 바로 헝가리 출신 아고스톤 하라치 공으로
Graf Agoston Harazthy
1812. 8. 30. 헝가리 페스트* 출생
1869. 7. 6. 사망
여행가, 작가, 건설가, 와인양조 개척자
그는 샌디에이고시의 셰리프이자 와인매매업자였는데
셰리프(Sheriff)
주민이 뽑은 지역 최고책임자이자 보안담당자
꼭 이런 사람만 보안관이 아니라고요!
유럽에서 진판델, 무스카델 등 300여 종의 포도 품종을 들여와 소노마에 심었어.
잘 자라거라. 미국 와인의 내일이 너희에게 달려 있다.
진판델
무스카델
메를로

*Pest : 1873년부터 수도 부다페스트로 통합

이것이 미국에 유럽 품종이 널리 확산되는 중요한 계기가 되었지.
비티스 비니페라
유럽 포도 품종
그러나 일을 지나치게 벌인 부작용으로 그의 양조장 부에나 비스타가 망한 뒤
VINEYARD
BUENA VISTA
파산
니카라과로 피신해 그곳에서 사탕수수를 재배, 럼주사업에 뛰어들었지만
빚쟁이를 피하는 길은
삼십육계 줄행랑이 최고!

결국 코린트의 농장에서 악어에 물려 죽고 말았어.
악어에 물려 죽다니, 이상한 최후네!
그래도 풍운아다운 죽음 아냐?
그는 꿈의 결실을 보지 못했지만, 미국의 와인산업은 그의 공로 없이는 성장하기 어려웠을 거야.
Haraszthy
He was the founder of the Buena Vista vineyards(now Buena Vista Carneras) in Sonoma, and an early and important writer on California wine and viticulture.

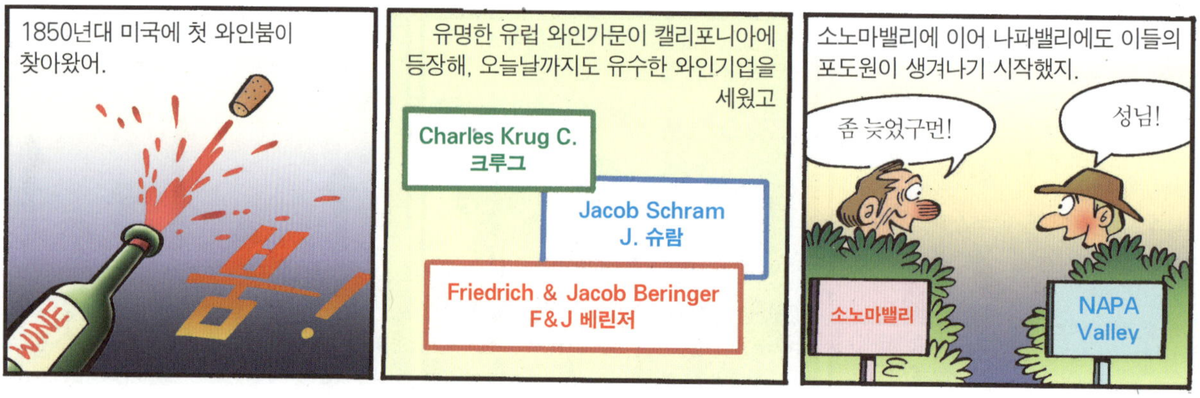

1850년대 미국에 첫 와인붐이 찾아왔어.
WINE
붐!
유명한 유럽 와인가문이 캘리포니아에 등장해, 오늘날까지도 유수한 와인기업을 세웠고
Charles Krug C.
크루그
Jacob Schram
J. 슈람
Friedrich & Jacob Beringer
F&J 베린저
소노마밸리에 이어 나파밸리에도 이들의 포도원이 생겨나기 시작했지.
좀 늦었구먼!
성님!
소노마밸리
NAPA Valley

❖ 필록세라의 창궐과 금주령

그러나 좋은 시절은 오래가지 않았어. 유럽에서 창궐한 포도해충 필록세라가
유럽에서 들여온 포도나무 묘목과 함께 들어와
캘리포니아 포도밭을 온통 폐허로 만들어버렸지.
다 말라죽었다!
1886년경에는 제대로 남은 포도원이 거의 없을 정도로 와인산업은 끝장이 나고 말았어.
추측컨대 필록세라는 하라치가 수입해온 유럽 포도묘목과 함께 들어온 것으로 보여.
필록세라 창궐시기
유럽 포도묘목 수입시기
그게 사실이라면 하라치는 미국 와인산업을 일으킨 주인공이자 망하게 만든 인물이네요.
19세기 말, 우여곡절 끝에 필록세라에 대한 해결책이 마련되었어.
유럽 포도나무 줄기
접목
미국 포도나무 뿌리
유럽 품종의 포도나무 줄기에….
필록세라에 강한 미국 토종 포도나무의 뿌리를 접목하는…!
드디어 미국 와인산업이 겨우겨우 재기의 발판을 마련한 셈이야.
와인 산업
필록세라
그러나 회복 후 첫걸음을 떼기도 전인 1919년 미국 전역에 금주령이 선포되어
금주령
Prohibition
개인용, 제사용 외 모든 포도주 양조가 법으로 금지되어
모든 알코올음료의 제조 · 유통 · 판매를 금지한다!
제사용 · 가내소비용 와인 제외
캘리포니아의 모든 포도원은 다시 폐허로 변했고, 미국 와인산업은 회생 불능의 치명타를 맞고 말았어.
VINEYARD
ABC
CALIFORNIA

❖ 와인산업의 부활과 와인붐

금주령은 비록 1933년에 철회되어 알코올음료가 다시 허용되었지만
ORIGINAL LIQUOR PRESCRIPTION STUB
E378812
금주령(1919~1933) 당시 의약품으로 알코올음료를 사려면 의사의 처방전이 있어야 했다.
10여 년간의 금주령으로 와인은 물론 모든 알코올음료의 유통구조가 완전히 파괴돼
1919
1933
와인시장은 흔적도 없이 사라진 후였어.
그러나 미국 와인산업은 1960년대에 접어들면서 부활하기 시작해.
이대로 쓰러질 수는 없다!
인기 절정의 젊은 대통령 J. F. 케네디의 부인 재클린 부비에가 프랑스계라서
프랑스 와인에 대한 관심이 커진 이유도 있지만
재키는 완벽한 프랑스어를 구사한다지?
와인 마시는 모습 짱!
프랑스는 와인천국 이래.
로버트 몬다비, 조 헤이츠 같은 선구자들이 나파밸리에서 다시 포도농사를 짓기 시작했고
Heitz Cellar
나파밸리 / 세인트헬레나 소재
특히 몬다비는 프랑스 고급와인 공장에서 일했던 러시아 출신 양조전문가 앙드레 첼리스체프*와 손잡고
프랑스 와인을 모델로 나파밸리의 와인을 혁명적으로 바꿔놓았어.
프랑스화= 고급화!
와인의 고급화는 시대적 요구다!
발효시 온도조절, 바리크숙성 등 프랑스 스타일 와인공법으로 바꾸고
프랑스 스타일로!
바리크 숙성!
기술혁명!
캘리포니아
샌프란시스코에서 자동차로 두 시간 거리인 나파밸리에 있는 자신의 와이너리를 오락 개념과 접목해
Title
Napa Valley Wine Country Tour With Lunch (Luxury Van)
Travel through rolling hills covered in vineyards as visit at least two wineries, dine at a Sonoma restaurant &toast the end of your journey with champagne. Allow us to worry about the
관광, 시음, 피크닉 등 테마공원화해서 일반 시민들의 관심을 유도했지.
2002
OPUS ONE
CABERNET SAUVIGNON RESERVE

* 와인산업을 집어삼킨 필록세라를 풍자한 만화(1890)

* 헤이츠(Heitz) 와이너리

* André Tchelistcheff, 1933년 미국 이주

* 몬다비가 샤토 무통 로칠드와 손잡고 생산한 명품와인 오퍼스 원의 라벨

1976년, '파리의 심판'에서 캘리포니아 와인이 프랑스 명품와인을 따돌리고 최우수와인으로 선정되자
허걱!
이게… 캘리포니아 와인이라고?
미국에는 말 그대로 폭발적인 와인붐이 일었어.
프랑스 하이-엔드 와인을 한 방에 보내버렸대!
우리나라 와인이 그렇게 좋은 줄 몰랐네!
우리 와인이 얼마나 좋은지 맛 좀 보자!
와글
와글
1979년, 프랑스의 미식*잡지 『골 밀로』는 3년 전의 굴욕을 갚아주기 위해
이건 정말 말도 안 되는 일이야.
프랑스 와인의 명예를 반드시 되찾아와야 해.
Gourmet 미식
Gault Millau
PARIS
*美食
'와인올림픽'을 개최했지만
Gault Millau 골 밀로 주최
Wine Olympic 1979
33개국에서 330종의 와인 참가!
10개국 62명의 와인전문가가 블라인드 테이스팅!
여기서도 캘리포니아 와인이 승리해 세계를 다시 놀라게 했지.
샤르도네 1위
Trefethen Winery 1976
나파밸리(USA)
카베르네 소비뇽 1위
Gran Coronas 1970
스페인
피노 누아 1위
Eyrie Vineyards 1975
오리건(USA)
1986년에도 '제2의 파리의 심판'이 열렸지만
정말 미치겠군! 번번이 미국에 깨지다니….
우리 와인 자존심이 땅에 떨어졌어. 복수, 복수, 복수를!
또다시 캘리포니아 와인이 프랑스의 하이-엔드 프리미엄와인을 격파하자
1위 Heitz Wine Cellars 미국
2위 Mayacamas Vineyards 미국
3위 Ridge Vineyards Monte Bello 미국
4위 Stag's Leap Wine Cellars 미국
5위 Clos Du Val Winery 미국
6위 Ch. Montrose 프랑스
7위 Ch. Mouton Rothschild 프랑스
캘리포니아 와인에 대한 세계인의 인식이 근본적으로 바뀌었고
이제 세계 최고의 와인은 프랑스 와인과 함께
캘리포니아 와인이다!
허섭스레기 취급을 받던 신대륙 와인에 대한 인식도 크게 달라져
그간의 무관심과 멸시를 용서해다오!
신대륙 와인
이후 캘리포니아는 물론 전체 신대륙 와인산업이 눈부신 발전을 거듭하고 있지.
신대륙 와인은 더 이상 싸구려 저질이 아니다!
프랑스 와인만 좋은 게 아니다!
신대륙
와인
1960년대에 와이너리가 스무 개밖에 없던 45킬로미터의 계곡
어, 저기… 포도원이 있네!
목장에서 포도가 되나?
'나파'에 지금은 250여 개의 와이너리가 자리를 잡고 있어.
WINERY
WINERY
A
B
C
D
E
F
G
H
I
J
끝이 없네!

❖ 나파밸리

미국 와인은 곧 캘리포니아 와인!
이게 바로 캘리포니아 포도경작지예요.

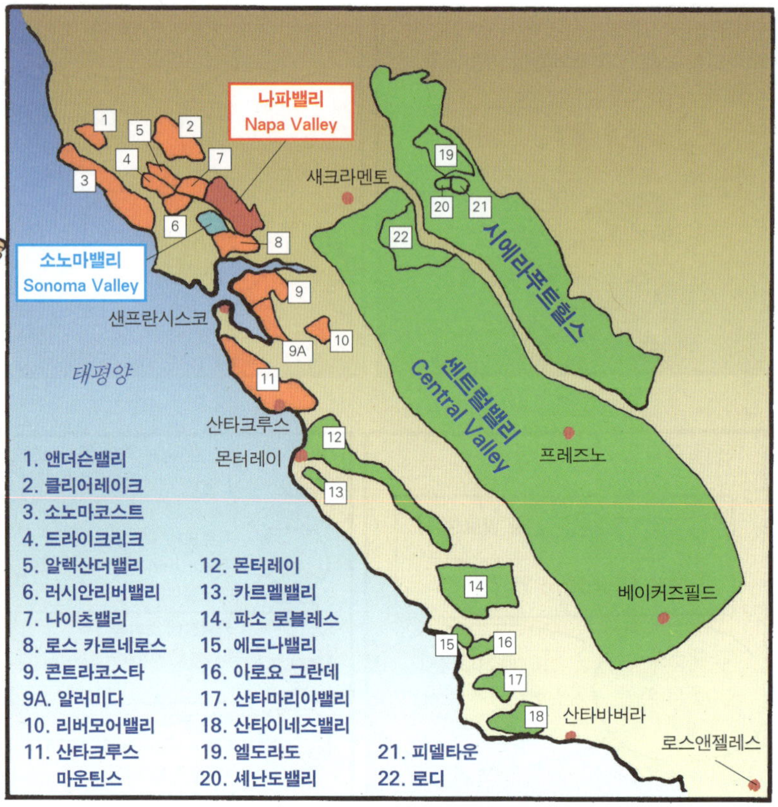
나파밸리
Napa Valley
소노마밸리
Sonoma Valley
새크라멘토
샌프란시스코
태평양
산타크루스
몬터레이
시에라푸트힐스
센트럴밸리
Central Valley
프레즈노
베이커즈필드
산타바버라
로스앤젤레스
1. 앤더슨밸리
2. 클리어레이크
3. 소노마코스트
4. 드라이크리크
5. 알렉산더밸리
6. 러시안리버밸리
7. 나이츠밸리
8. 로스 카르네로스
9. 콘트라코스타
9A. 알러미다
10. 리버모어밸리
11. 산타크루스 마운틴스
12. 몬터레이
13. 카르멜밸리
14. 파소 로블레스
15. 에드나밸리
16. 아로요 그란데
17. 산타마리아밸리
18. 산타이네즈밸리
19. 엘도라도
20. 셰난도밸리
21. 피델타운
22. 로디

캘리포니아 와인을 논하자면 가장 유명한 지역인….
나파밸리, 소노마밸리를 빼놓을 수 없어요.

나파밸리는 미국 와인기적의 상징으로
펑
와인 기적
NAPA

미국 국민들에게 그 역량을 똑똑히 보여줬어.
유럽의 축적된 포도재배, 와인제조 지식과 기술을 단 30년 만에 이 땅에 옮겨놓았다!
NAPA

또 유럽의 와인과 와이너리는 책 속에나 존재하지만
Château Margaux
샤토 마고 / 포이악-보르도

나파밸리의 와이너리들은 새롭고 인상적인 건축미술을 접목해

단순한 와인양조장을 전국민의 매력적인 놀이터이자 축제의 장소로 만들었지.
나파밸리의 와인생산량은

캘리포니아 전체의 5퍼센트에 불과하지만 그 존재감은 절대적이야.
미국 와인…?
나파밸리!
퀴즈쇼

❖ 조인트벤처

특히 와인의 거인 로버트 몬다비는 미국 와인자본의 글로벌화에 앞장섰어.

프랑스의 샤토 무통 로칠드의 소유주 필리프 로칠드 남작과 합자해

＊왼쪽부터 몬다비, 필리핀(1933~2014 전 무통 로칠드 소유주), 필리프(필리핀 남작부인 부친)

조인트벤처 기업 '오퍼스 원'을 설립하고

이탈리아의 거대 와인귀족 프레스코발디와 손잡고 '루체 델라 비테' 와이너리를 세웠으며

칠레의 대와인기업 에라주리즈와 함께 '세냐'라는 프리미엄와인을 생산하는 등

와인업계의 전설들을 만들어왔지.

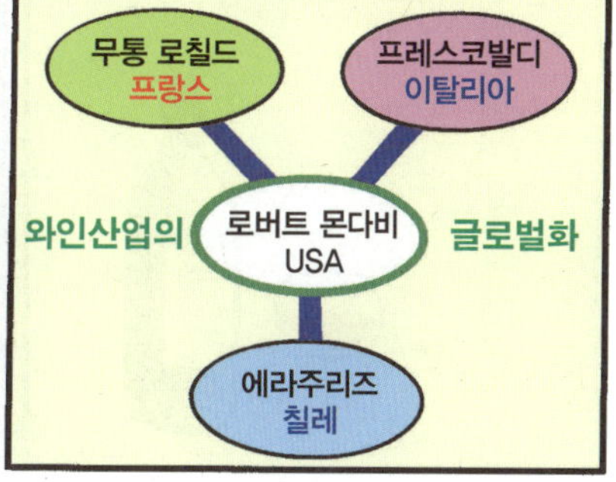

나파밸리는 미국 와인, 캘리포니아 와인의 스타로

은막의 스타들과 영화감독 프랜시스 코폴라 등이 이곳의 포도밭을 사들여 와인산업에 뛰어들기도 했어.

＊프랜시스 코폴라 감독(1939~)

1976년 이후, 나파밸리 와인의 가격은 수직상승해

세계 굴지의 경매장에서 깜짝 놀랄 만큼 높은 가격에 팔려나가기도 해.

게다가 오퍼스 원을 비롯해 많은 와이너리가 현대적이고 아름다운 건축물로 꾸며져 관광명소로도 유명하지.

❖ 컬트와인

나파밸리의 특징 가운데 하나가 유명한 소규모 와이너리가 많다는 거야.
이렇게 아주 작은 양조장을 '개라지 와인'이라고도 하는데
개라지=Garage =차고, 주차장
집 차고에서도 담을 수 있을 만큼 작은 규모로 와인을 만든다는 의미지만

* 스태그스 리프(Stag's Leap) 사 발효탱크실

그보다는 규모가 크더라도 대규모로 생산하지 않고 극소량만 한정생산하되
품질은 최고급 프리미엄급이기 때문에
그 희소성으로 인해 엄청나게 비싼 가격에 거래되어
뭐? 3년 이상 기다려야 한 병 살 수 있다고?
기다리기 싫으면 엄청 많은 돈 내고 경매에서 사든가….

컬트*와인으로 통하는 와인들이 나파밸리에서 많이 생산된다는 거야.
STAG'S LEAP WINE CELLARS
미국 컬트와인의 하나인 스태그스 리프 사 상표
유명한 소규모 에스테이트를 꼽아볼까?
· Heitz Cellars
· Mount Veeder
· Stag's Leap
· Clos Du Val
· Cain Cellars
'클로 뒤 발'은 이명박 대통령 취임식 만찬에도 나온 와인이죠?
노무현 대통령 취임식 때도 나와 '대통령의 와인'이란 별명이 붙었대.

* Cult : 숭배

나파밸리에서 자란 카베르네 소비뇽은 보르도 것과 아주 흡사해서
테루아가 보르도와 가장 비슷하대.
보르도
나파밸리
최고의 전문가도 블라인드 테이스팅에서 실수를 하게 마련인데
보르도가 틀림없다!
나파 레드거덩!
1976년 파리의 심판 때 확실하게 입증되었지.
우리가 무슨 수로 구별을 해? 아는 척을 말자고.
프랑스 와인계 최고전문가도 팡팡 나가떨어지는데!

❖ 소노마밸리

나파밸리가 캘리포니아 와인의 스타이자 얼굴이기는 하지만
그에 못지않은 고급와인을 생산하는 곳이 형님격인 소노마밸리야.
어허! 내 나이 어언 250세야!
성님!
소노마밸리
나파밸리
샌프란시스코에서 101번도로를 타고 차로 한 시간이면 닿을 수 있는 이 지역의 중심지가 바로 작고 예쁜 도시 소노마야.

＊윈도XP의 바탕화면으로 사용된 나파밸리의 블리스(Bliss)

＊소노마시의 시청과 마을광장

북부 캘리포니아에서 가장 먼저 포도농사를 짓기 시작한 곳이기도 하지.
소노마밸리를 중심으로 '소노마밸리 AVA'가 캘리포니아 북서부 해안에 펼쳐져 있고
소노마밸리
AVA
독일의 안바우게비트와 유사
American
Viticulture
Area
(국가 지정) 아메리카 포도재배구역
소노마밸리는 '달의 계곡*'이라는 낭만적인 이름으로 불리기도 해.
소노마밸리 AVAs
· Russian Valleys
· Alexander V.
· Dry Creek V.
· Sonoma V.

＊최초의 와이너리로 알려진 미션 샌프란시스코 솔라노(1910년경)

＊Valley of the Moon

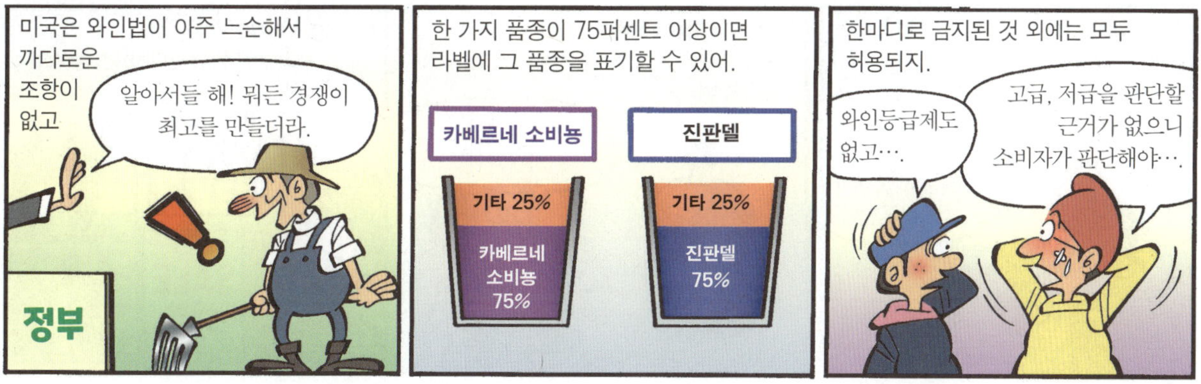

미국은 와인법이 아주 느슨해서 까다로운 조항이 없고
알아서들 해! 뭐든 경쟁이 최고를 만들더라.
정부
한 가지 품종이 75퍼센트 이상이면 라벨에 그 품종을 표기할 수 있어.
카베르네 소비뇽
기타 25%
카베르네 소비뇽 75%
진판델
기타 25%
진판델 75%
한마디로 금지된 것 외에는 모두 허용되지.
와인등급제도 없고….
고급, 저급을 판단할 근거가 없으니 소비자가 판단해야….

단위면적당 포도수확량 제한도 없고
유럽은 대개 1헥타르당 7,500킬로그램 내외로 제한하는데….
능력껏 심고 재주껏 거둬라!
정부
어떤 포도 품종을 재배하든 아무 제약이 없어.
피에몬테-네비올로, 토스카나-산지오베제…
뭘 심든 업자 맘이거덩!
정부 간섭
정부 규제
까다롭게 규제하는 유럽과는 정말 딴판이네요.
그래서 '자유의 나라'라고 하는 걸까?
규제
USA

❖ 기타 포도재배지역

캘리포니아 북부인 오리건주, 그 두 배 면적인 미국 최북부 워싱턴주에서도 와인을 생산해.

*미국 서북부 오리건주의 포도밭

특히 워싱턴주의 카베르네 소비뇽과 메를로 품종이 좋아 꽤 우수한 와인이 생산되지만

우드워드 캐니언

워싱턴주 11헥타르

곡물경작이 워낙 광범위하게 이루어지는 곳이라 소규모 와인산업은 관심을 받지 못하고 있지.

워싱턴주가 미국 전체 생산에서 차지하는 비율

- 완두콩 80.5%
- 호프 75.0%
- 스피어민트 73.6%
- 사과 58.1%
- 배 42.6%

*워싱턴주의 곡물창고

중부 애리조나주도 와인을 생산하는데, 투손이 그 중심지이며

*투손의 법원 건물

버지니아주는 동부에서 가장 오랜 역사를 자랑하는 주로, 350년의 와인역사를 지녔고

*영국인 최초의 이주지였던 버지니아. 이때 이미 포도농사가 시작되었다.

뉴욕주도 이리호 주변과 롱아일랜드에서 매우 달콤한 와인을 만들고 있지.

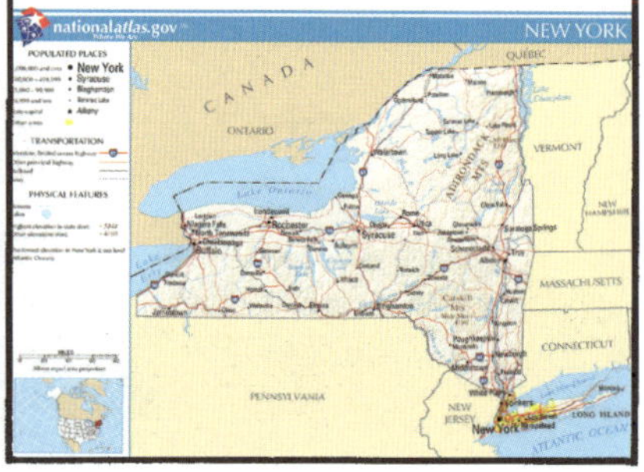

미국인들은 자기들끼리 와인 관련 애칭 또는 속칭을 사용하기도 해.

● **Plonk(플롱크)**
저질 화이트와인.

*Blanc

● **Meritage(메리티지)**
여러 종류의 포도를 마구 섞어 만든 하급 소비와인.

● **Jug Wine(저그와인)**
대형 유리병에 담아 판매하는 대량소비 하급와인.

● **Cooler(쿨러)**
얼음을 넣어 마시는, 알코올 함량이 적은 와인.

● **Blush(블러시)**
로제(핑크)와인.

● **White Zinfandel(화이트 진판델)**
레드와인용 진판델 품종으로 만든 스위트 화이트와인.

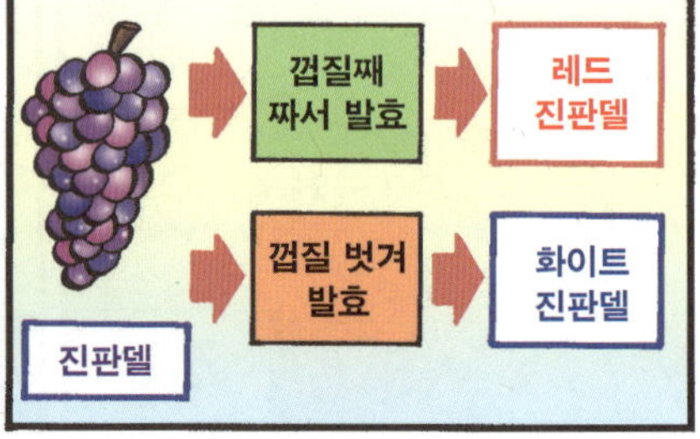

남아메리카 와인

칠레와 아르헨티나

칠레의 카르메네르** 품종으로 만든 레드와인은 세계 정상급!
남미의 보르도라는 칠레, 무한한 가능성을 가진 와인공룡 아르헨티나! 말벡***으로 유명해!

*아르헨티나와 칠레 사이에 자리한 안데스산맥의 포도원 **Carménère : 보르도 품종이나 칠레산이 뛰어남 ***Malbec

칠레는 남아메리카대륙의 태평양 연안을 거의 다 차지하고 있는 나라로

칠레 국기
칠레 문장

남북으로 장장 5,000킬로미터에 걸쳐 있는 국토 중

태평양

중하부 약 2,000킬로미터의 경작지에서 포도를 재배하고 있어.

재배면적 : 약 21만 헥타르

연생산 : 약 130만 킬로리터

칠레 약 21만 ha
독일 약 10만 ha

16세기 초 스페인 선교사가 제사용 와인을 만들기 위해 스페인 포도 품종을 들여왔는데

유럽 포도 품종 전파경로!

당시에는 오직 제사용으로만 쓰였을 뿐 와인문화가 퍼지진 않았어.

신대륙에선 다 그랬지 뭐.
그래서 성직자들이 최초의 와인마니아!
딸꾹!

포도농사가 처음 뿌리를 내린 1578년!

1578년에 일어난 일

- **5월 31일 : 1,000년간 잊혀졌던 로마의 카타콤(지하묘지) 우연히 발견**
- **5월 31일 : 프랑스 국왕 앙리 3세, 파리 최초의 다리 퐁뇌프*의 초석을 놓음**

*Pont Neuf

❖ 칠레 와인의 역사

영국의 '해적왕'이자 항해가인 프랜시스 드레이크가 세계일주를 하면서 1,700여 그루의 유럽 품종 포도묘목을 남아메리카대륙에 가져왔는데
프랜시스 드레이크의 세계항해도 1577~1580
Francis Drake
Die Weltumsegelung des Francis Drake (13.12.1577 – 26.9.1580)
이것이 페루와 칠레 쪽으로 확산되면서 남아메리카 포도농사의 역사가 시작되었다고 해.

*드레이크 시대의 영국 선박

그러니까 칠레는 남아메리카에서 가장 오랜 포도재배, 와인양조의 역사와
남미 최초 정복자 스페인은 토종 포도로…
칠레는 드레이크가 가져온 유럽 품종으로 와인을 만들었다.
유럽 품종으로 와인을 만들어온 전통을 지녔지.
칠레가…
가장 유럽적인 와인의 전통을…
지니고 있다니!
19세기 후반, 전세계 포도밭을 폐허로 만든 필록세라 병충해도
세계를 정복했다!
지리적으로 머나먼 칠레에는 전혀 영향을 미치지 못했어.
저 안데스산맥이 너무 높구나!
칠레
칠레는 유일하게 필록세라의 피해를 입지 않았고
필록세라가 뭐야?
누구 염장 지르냐?
필록세라 사태 이후 유럽 포도 품종이 미국 품종의 뿌리를 접목한 '잡종'이 된 데 비해
비티스 비니페라
유럽 품종 줄기
+
미국 품종 뿌리
피해지역
전체 유럽
미국
아르헨티나 등 남미
호주 · 남아공 등
칠레는 오리지널 유럽 품종을 지켜냈기 때문에
너희들 건 모두 짝퉁 유럽 품종이야!
칠레
뒷날, 유럽에서 거꾸로 칠레의 유럽 품종 포도나무를 수입하기도 했어.
유럽이 순수한 유럽 품종을 칠레에서 수입하다니!
헤헤헤… 역사의 모순이네요.
정통 순수 유럽 와인맛을 보려면 칠레 와인을 마셔라?

남아메리카에서 그처럼 긴 와인역사를 지닌 칠레지만
페루
아르헨티나
칠레
유럽
다른 남미 나라들처럼 국내소비를 위한 것이었을 뿐, 수출은 엄두도 못 냈어.
프랑스, 이탈리아 와인이 있는데…
어디서 명함을 내밀겠어?
그만큼 칠레 와인의 맛과 수준이 떨어졌었다는 얘기지.
우아, 장난 아니다!
유럽 양반, 우리는 대대로 이런 와인 마시고 살았다우!
퉤!
그러나 1980년대 들어 칠레 와인산업은 대변혁을 겪게 돼.
세계경쟁
글로벌화
세계적인 거대 와인기업들이 칠레 와인산업에 대대적으로 투자를 해
프랑스 자본
미국 자본
이탈리아 자본
국내 자본
스페인 자본
칠레
조인트벤처 기업을 만들거나 포도원을 사들였어.
칠레+프랑스 조인트벤처
프랑스 기업 포도원
칠레 와인의 품질은 자본과 기술의 집중투자로 인해 놀랍게 향상되었고
자본
칠레 와인
기술
향상 안 되면 오히려 이상하지!
1985년 불과 1,000만 달러였던 칠레의 와인수출액은
수출 $10,000,000
1,000만 달러
칠 레 와 인
13년 만인 1998년 5억 5,000만 달러를 돌파, 무려 55배나 성장했어.
칠레 와인수출액
$550,000,000
5억 5,000만 달러
55배나…!!
칠레 와인산업은 눈부시게 성장했고, 품질도 대단히 좋아 '남미의 보르도'라는 별명을 얻으며
남미의 보르도라고? 그래봤자 짝퉁 보르도지.
보르도
칠레
세계시장에서 유럽 와인을 위협하고 있어.
기다려, 언젠가 유럽의 칠레라는 말 들을지 알아?
또악!
보르도
칠레

❖ 칠레의 포도재배지역

칠레 와인이 그렇게 빨리 성장한 이유가 뭘까요?
칠레 와인 성장의 비밀, 그것이 알고 싶다!

칠레는 포도재배에는 환상적이라고 할 만큼 기후조건이 좋아.

*칠레의 포도원

1년에 무려 300일이나 태양이 빛나는 나라! 뜨거운 태양과 서늘한 태평양의 바람!

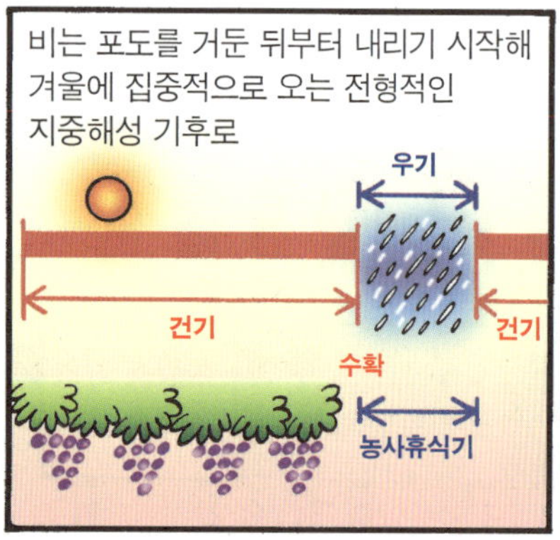
비는 포도를 거둔 뒤부터 내리기 시작해 겨울에 집중적으로 오는 전형적인 지중해성 기후로
우기
건기
건기
수확
농사휴식기

늦봄부터 여름이 끝날 때까지 포도가 자라는 동안은 건조한 기후가 계속되는가 하면

낮과 밤의 온도차가 10도밖에 안 돼 포도가 익는 데 이상적이지.

*카베르네 소비뇽

보르도 못지않게 좋은 포도를 길러내는 천혜의 조건이라고 할 수 있어.

칠레에서 주로 재배하는 품종

순위	품종	1985(%)	2004(%)
1	카베르네 소비뇽	12.12	35.77
2	파이스(País)	43.77	13.26
3	메를로	1.49	11.54
4	카르메네르	0.00	5.75
5	시라즈	0.00	2.45

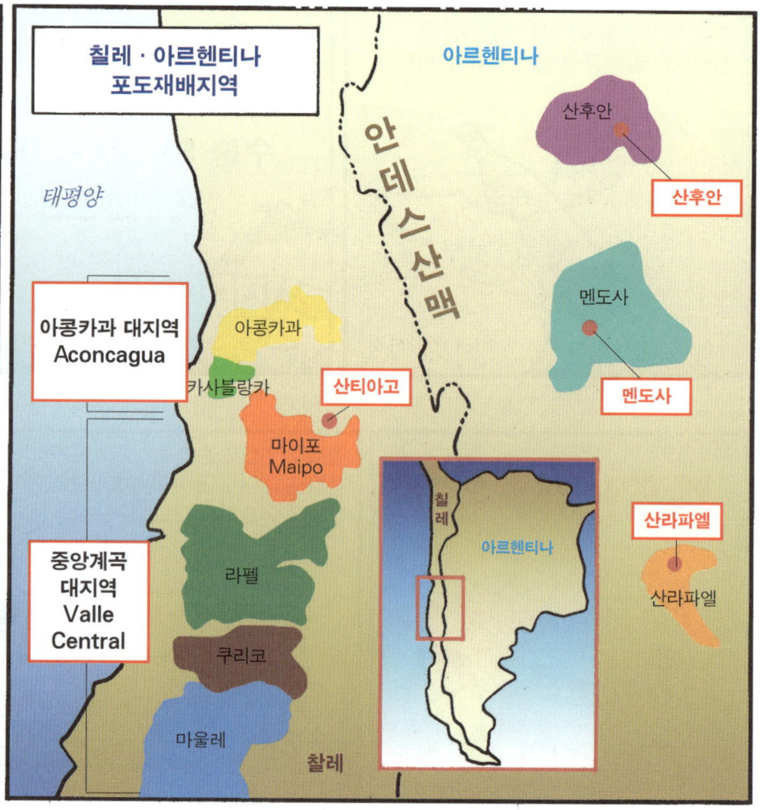
칠레 · 아르헨티나 포도재배지역
아르헨티나
태평양
안데스산맥
산후안
산후안
멘도사
멘도사
아콩카과 대지역 Aconcagua
아콩카과
카사블랑카
산티아고
마이포 Maipo
칠레
아르헨티나
산라파엘
산라파엘
중앙계곡 대지역 Valle Central
라펠
쿠리코
마울레
칠레

이처럼 좋은 자연조건을 지닌 나라에 세계의 와인자본이 안 몰려든다면 오히려 이상하지.
최고의 일조량!
적절한 강수량과 적은 일교차!
최상의 테루아!

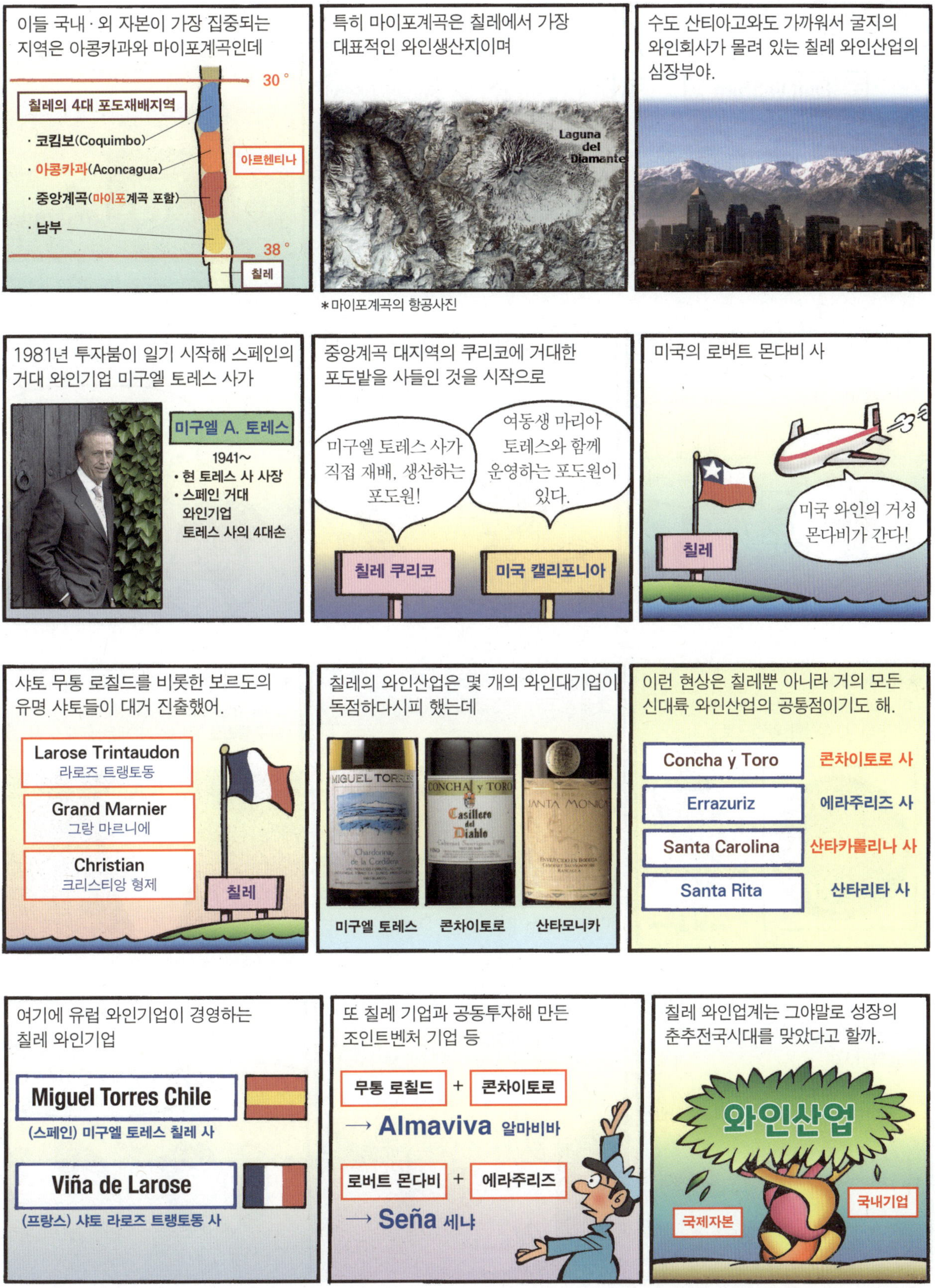
이들 국내 · 외 자본이 가장 집중되는 지역은 아콩카과와 마이포계곡인데
칠레의 4대 포도재배지역
· 코킴보(Coquimbo)
· 아콩카과(Aconcagua)
· 중앙계곡(마이포계곡 포함)
· 남부
30 °
38 °
아르헨티나
칠레
특히 마이포계곡은 칠레에서 가장 대표적인 와인생산지이며
Laguna del Diamante
수도 산티아고와도 가까워서 굴지의 와인회사가 몰려 있는 칠레 와인산업의 심장부야.
1981년 투자붐이 일기 시작해 스페인의 거대 와인기업 미구엘 토레스 사가
미구엘 A. 토레스
1941~
• 현 토레스 사 사장
• 스페인 거대 와인기업 토레스 사의 4대손
중앙계곡 대지역의 쿠리코에 거대한 포도밭을 사들인 것을 시작으로
미구엘 토레스 사가 직접 재배, 생산하는 포도원!
여동생 마리아 토레스와 함께 운영하는 포도원이 있다.
칠레 쿠리코
미국 캘리포니아
미국의 로버트 몬다비 사
칠레
미국 와인의 거성 몬다비가 간다!
샤토 무통 로칠드를 비롯한 보르도의 유명 샤토들이 대거 진출했어.
Larose Trintaudon
라로즈 트랭토동
Grand Marnier
그랑 마르니에
Christian
크리스티앙 형제
칠레
칠레의 와인산업은 몇 개의 와인대기업이 독점하다시피 했는데
MIGUEL TORRES
CONCHA y TORO
Casillero del Diablo
SANTA MONICA
미구엘 토레스
콘차이토로
산타모니카
이런 현상은 칠레뿐 아니라 거의 모든 신대륙 와인산업의 공통점이기도 해.
Concha y Toro
콘차이토로 사
Errazuriz
에라주리즈 사
Santa Carolina
산타카롤리나 사
Santa Rita
산타리타 사
여기에 유럽 와인기업이 경영하는 칠레 와인기업
Miguel Torres Chile
(스페인) 미구엘 토레스 칠레 사
Viña de Larose
(프랑스) 샤토 라로즈 트랭토동 사
또 칠레 기업과 공동투자해 만든 조인트벤처 기업 등
무통 로칠드 + 콘차이토로
→ Almaviva 알마비바
로버트 몬다비 + 에라주리즈
→ Seña 세냐
칠레 와인업계는 그야말로 성장의 춘추전국시대를 맞았다고 할까.
와인산업
국제자본
국내기업
*마이포계곡의 항공사진

❖ 칠레의 유명와인

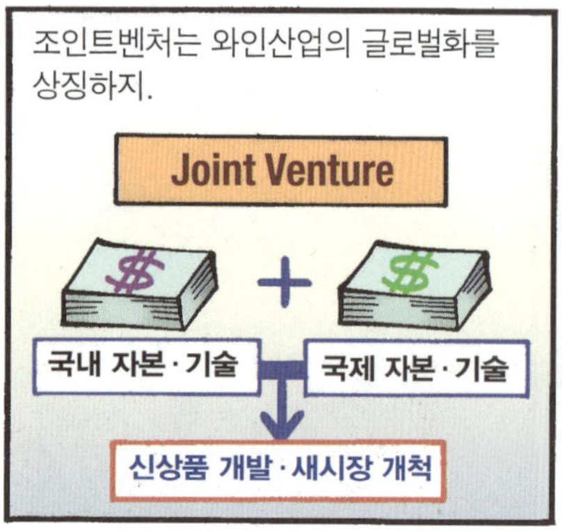
조인트벤처는 와인산업의 글로벌화를 상징하지.
Joint Venture
국내 자본 · 기술
국제 자본 · 기술
신상품 개발 · 새시장 개척

1970년 프랑스의 로칠드 남작과 미국의 몬다비가 합자해 '오퍼스 원'을 만들었는데
최고의 보르도 와인과
최고의 나파밸리 와인이 만나다!
USA
P. 로칠드
R. 몬다비

이 오퍼스 원은 조인트벤처의 상징처럼 통하고 있어.

*나파밸리의 오퍼스 원 와이너리

칠레 기업과 조인트벤처 기업 통틀어 많은 고급와인이 생산되고 있는데, 그중 세 가지가
이 수준이면 보르도 최고급와인에 결코 뒤지지 않는다!

대단히 비싼 가격에 거래되는 최고급와인이자
칠레 와인이 언제부터 이렇게 비쌌죠?
칠레도 하이-엔드 프리미엄와인을 많이 생산해!

세계적으로 인정받는 컬트와인이야.
거금을 털어 손에 넣고 싶었던 칠레 명주를 샀다.
경매장
AUCTION

● 세냐(Seña)
미국의 로버트 몬다비 사와 에라주리즈 사가 합작, 생산한 와인으로
2000
SEÑA
PRODUCT OF CHILE

메를로와 카베르네 소비뇽을 블렌딩한 칠레 최고가 수준의 고급와인이야.
C. 소비뇽
메를로

● 몬테스 알파 M(Montes Alpha M)
칠레 와인의 고급화에 앞장선 아우렐리오 몬테스가 세운 몬테스 사 제품으로
MONTES ALPHA
M
2001

*손으로 골라낸 포도알을 사용한다.

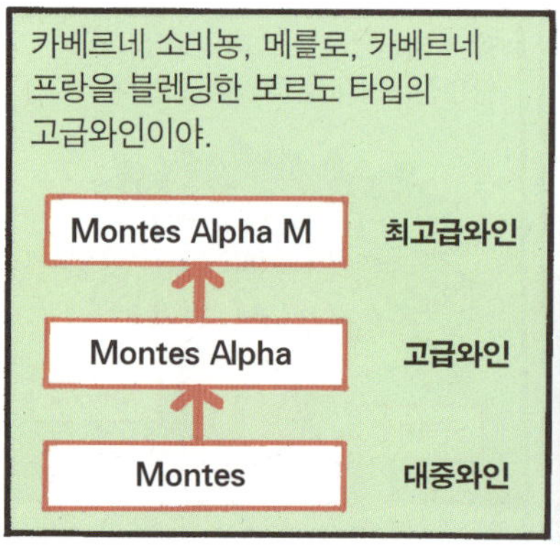
카베르네 소비뇽, 메를로, 카베르네 프랑을 블렌딩한 보르도 타입의 고급와인이야.
Montes Alpha M
최고급와인
Montes Alpha
고급와인
Montes
대중와인

● 알마비바(Almaviva)
프랑스 무통 로칠드 사와 칠레 콘차이토로 사의 합작에 의해 생산되며 제품으로
Baron Philippe de Rothschild
2005
Almaviva

세냐, 몬테스 알파 M과 함께 칠레 3대 와인으로 꼽히지.
알마비바 백작!
모차르트의 오페라 〈피가로의 결혼〉에 등장하는 인물.

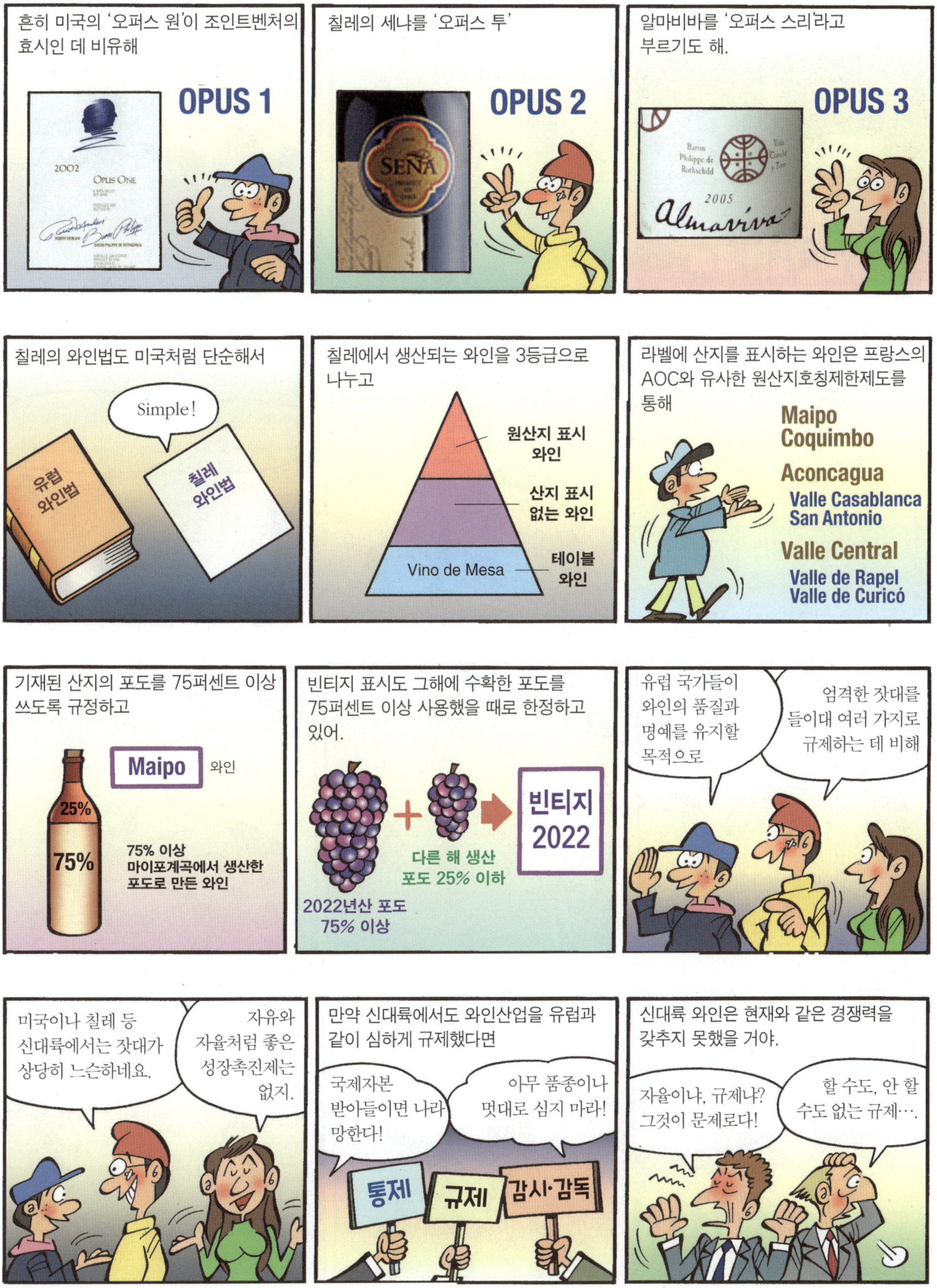
흔히 미국의 '오퍼스 원'이 조인트벤처의 효시인 데 비유해
OPUS 1
칠레의 세냐를 '오퍼스 투'
OPUS 2
SEÑA
알마비바를 '오퍼스 스리'라고 부르기도 해.
OPUS 3
Baron Philippe de Rothschild
2005
almaviva
칠레의 와인법도 미국처럼 단순해서
Simple!
유럽 와인법
칠레 와인법
칠레에서 생산되는 와인을 3등급으로 나누고
원산지 표시 와인
산지 표시 없는 와인
Vino de Mesa
테이블 와인
라벨에 산지를 표시하는 와인은 프랑스의 AOC와 유사한 원산지호칭제한제도를 통해
Maipo
Coquimbo
Aconcagua
Valle Casablanca
San Antonio
Valle Central
Valle de Rapel
Valle de Curicó
기재된 산지의 포도를 75퍼센트 이상 쓰도록 규정하고
Maipo 와인
25%
75%
75% 이상 마이포계곡에서 생산한 포도로 만든 와인
빈티지 표시도 그해에 수확한 포도를 75퍼센트 이상 사용했을 때로 한정하고 있어.
2022년산 포도 75% 이상
다른 해 생산 포도 25% 이하
빈티지 2022
유럽 국가들이 와인의 품질과 명예를 유지할 목적으로
엄격한 잣대를 들이대 여러 가지로 규제하는 데 비해
미국이나 칠레 등 신대륙에서는 잣대가 상당히 느슨하네요.
자유와 자율처럼 좋은 성장촉진제는 없지.
만약 신대륙에서도 와인산업을 유럽과 같이 심하게 규제했다면
국제자본 받아들이면 나라 망한다!
아무 품종이나 멋대로 심지 마라!
통제
규제
감시·감독
신대륙 와인은 현재와 같은 경쟁력을 갖추지 못했을 거야.
자율이냐, 규제냐? 그것이 문제로다!
할 수도, 안 할 수도 없는 규제….

❖ 코스트 퍼포먼스

칠레 와인의 가장 큰 매력은 무엇일까?
그건… 코스트 퍼포먼스가 높다는 것!
Cost Performance
가격 : 품질
아항…
가격 대비 품질이 높단 말씀이죠?
빙고!
칠레 와인은 맛과 향도 좋을뿐더러 값에 비해 품질이 뛰어나다는 장점을 지니고 있어.
특히 카르메네르 품종은 세계 최고의 와인을 생산하는 나라 칠레!
Try Carménère!
프랑스의 고급와인, 특히 그랑 크뤼급 와인은 최소 10만 원 이상 나가고
샤토… 메독… 4등급 그랑 크뤼…
125달러입니다.
또 하도 여러 가지라서 자칫하면 아주 실망스러운 와인을 고를 수도 있지만
맛이 좋기는 한데…
솔직히 125달러 가치는 안 되네!
칠레 와인은 일반적으로 품질에 비해 가격이 저렴하고
뭐야? 칠레 와인이 무려 125달러?
$125
10~20만 원이면 칠레 최고 수준의 프리미엄와인을 살 수 있는데
하지만 이거 칠레 최고, 하이-엔드 와인이야.
그래도 칠레 와인 치곤 비싼데….
이런 와인들은 그 몇 배 가격의 보르도 와인에 결코 뒤진다고 할 수 없어.
이 정도면 70만 원대 보르도 와인 수준인데!
내가 뭐랬어? 칠레 와인 맛있지?
와
그럼 코스트 퍼포먼스 높고, 품종이 라벨에 명기되어 자신이 좋아하는 품종을 선택할 수 있으니
가격도 좋고…
음, 내가 좋아하는 메를로네!
와인을 처음 즐기기 시작한 애호가들에게 딱 맞는 와인이군요!
그럼, 칠레 와인으로 한잔!
브라보!
쨍

❖ 아르헨티나 와인의 역사

아르헨티나!
탱고의 나라!
탱고뿐 아니라 와인도 있어!
칠레 와인보다 덜 알려져 있지만, 아르헨티나는 세계 7위의 와인생산국이야.
이탈리아
프랑스
스페인
미국
아르헨티나
21만 헥타르에서 연간 120~130만 킬로리터를 생산, 세계 와인총생산의 5퍼센트를 담당하고 있지.
아열대성 기후로 인해 안데스산맥의 자락인 서부 일부 지역에서만 포도재배가 가능한데
특히 멘도사 지역이 아르헨티나 와인생산의 중심지야.
아르헨티나는 '남미의 백인국가'라고 불릴 정도로, 공식통계상 국민의 90퍼센트 이상이 유럽에서 이주해온 백인이야.
90% 이상 백인
· 이탈리아계 36%
· 스페인계 29%
· 독일계 3~4%
· 기타 유럽계
10% 이하 원주민, 혼혈(메스티소), 기타
유럽인과 원주민의 혼혈인 '메스티소'가 절대다수인 칠레와 달리 백인혈통을 유지한 까닭에
문화도 유럽 문화와 대단히 유사하지. 이 점이 혼합문화를 가진 다른 남미 국가들과 다른 점이야.
'백인들의 나라'인 만큼 당연히 기독교 문화권이고, 따라서 혼혈이 많은 다른 라틴아메리카 나라들과는 와인의 의미 자체가 달라.
와인=기독교! 와인=우리가 백인임을 증명하는 상징!
이러한 점이 바로 국민들의 와인소비량에서도 나타나는데, 칠레는 1인당 연평균 소비량이 12리터에 불과하지만
주로 백인들이 와인을 마시지.
아르헨티나는 1인당 연평균 소비량이 칠레의 두 배인 24리터야.
24리터
(2021년) 개인 와인소비량 세계 9위
아르헨티나
칠레
12리터
요즘에나 24리터지, 70년대만 해도 90리터를 마셨다니, 생활방식이 그만큼 유럽 스타일이었다고 할 수 있지.
우리는 백인이야!
Come let's make a date
To Tango quite late,
And when we get tired
We'll just Hesitate.

* 멘도사시

* 라틴아메리카의 백인-원주민 혼혈인(스페인 사람과 메스티소를 그린 그림)

* 탱고를 추는 아르헨티나 사람들

1541년 스페인의 정복자들, 즉 콩키스타도레스가
Conquistadores
남아메리카 정복에 나서면서 포도를 심었고
우린 가톨릭 교도거덩!
'예수님의 피'가 없으면 제사 못 지내거덩!
브라질
우르과이
아르헨티나
대서양
Río de la Plata
플라타강 어귀*
스페인 선교사 후안 시드론이 아르헨티나에서 처음으로 와인을 만들었대.
Juan Cidrón
요렇게 생겼을 거야, 아마. 사진이 없어서….
*아르헨티나 최초의 포도재배지역
1767년 '라그리미아'라는 남아메리카 첫 와인이 스페인 왕에게 헌납되었고
아르헨티나의 와인이옵니다!
18세기 초에 이미 부에노스아이레스는 무려 1,000킬로미터 이상 떨어진 멘도사 지역의 와인을 사들였대.
부에노스 아이레스
멘도사 지역
1,000km 이상
칠레
1820년 아르헨티나가 스페인에서 독립, 연방국가가 되자
아르헨티나 국기
아르헨티나 문장
유럽 각지에서 이주붐이 불어 유럽인들이 대거 몰려옴에 따라 포도재배가 급격히 증가한데다가
니콜라스 아베야네다
1837~1885
대통령(1874~1880)
이민수용정책으로 아르헨티나 와인산업에 큰 영향을 미쳤다.
*Nicolas Avellaneda
1995년 멘도사-부에노스아이레스 철도가 완공되자
Mendoza
BuenosAires
멘도사 지역으로 대거 이주해 포도농사가 크게 확산되었어.
*식민지시대의 멘도사시 시청
1880~1912년, 유럽으로부터 이민이 엄청나게 쏟아져들어와 인구가 크게 늘고
스페인
독일
네덜란드
이탈리아
프랑스
아르헨티나
경제는 비약적인 발전을 거듭해 세계 4위의 부자나라가 되었지만
아르헨티나
세계경제 4위
세계 경제공황으로 치명적인 타격을 입고 순식간에 가난한 나라로 전락하고 말았지.
경제공황
아르헨티나 경제

세계 4대 경제대국에서 빈국으로 떨어진 아르헨티나는 다른 남미 국가들과 마찬가지로
헉!
P. 1,000
P. 10,000
하루 사이에 물가 1,000% 상승!
좌파정치인들의 포퓰리즘 정치로 인해 경제는 더욱 악화되었어.
민족자립 경제!
외국자본 추방!
분배 우선!
자급자족!
좌파 페론 정권이 무너진 뒤 혹독한 군사정권이 들어서자
Don't cry for me Argentina
산업은 계속 몰락해갔고, 관료주의와 부정부패가 판을 쳐
1960~80년대의 아르헨티나는 국제무대에서 고립되다시피 해
인권탄압, 군사정권, 독재국가!
호르헤 R. 비델라
1976년 쿠데타로 독재정권을 연 인물
*Jorge Rafaél Videla
와인업계의 불황은 심화되었고 수출은 꿈도 꿀 수 없는 처지였지.
아르헨티나 와인
품질은 별볼일없고
독재국가로 고립되었고
외국홍보는 전혀 안 됐고
그러고도 수출이 되면 이상하지!
1980년대 초까지 아르헨티나 와인은 순전히 내수용이었지.
가난에도 불구하고 유럽풍 생활에 익숙한 국민들은 1년에 와인을 90리터(70년대)씩 소비했어.
그 와인은 물론 저질 비노 데 메사(테이블와인)였지.
Vino de Mesa
테이블와인
국민들이 이처럼 많은 와인을 소비하니 포도재배면적도 대책없이 늘어나
아무리 와인이 저질이고 값이 싸도
같은 면적에 다른 농작물 재배하는 것보단 이익이 남아!
1977년엔 무려 35만 헥타르로 현재의 1.7배에 달했어.
현재
21만 ha
1977년
35만 ha
시간이 흐르면서 와인소비는 급격이 줄어들었는데 이는 아르헨티나 와인산업에 다시 한 번 치명타를 안겼지.
90l
50l
24l
70년대
90년대
2021년

1980년대 아르헨티나 경제는 최악으로 치달아
하루 새 요금이 두 배로 뛰다니, 말이 돼요?
휘발유값이 하룻밤 새 세 배 뛰었어요.
인플레이션이 1,000퍼센트나 될 정도로 혹독한 경제난이 계속되는 가운데
CASA
오전에 1,000페소였는데 한 시간 만에 3,000페소?
세계 최대의 와인기업이었던 그루포 그레코, 국영 히올 사가 파산하는 등 와인산업은 절체절명의 위기를 맞았어.
쿵
히올
1989년 군사정권이 물러나고 카를로스 메넴 대통령이 취임한 뒤
Carlos Saúl Menem
1930~2021
1989~1999
아르헨티나 제50대 대통령
과감한 경제정책으로 TV를 민영화하고 가격경쟁 등 시장경제를 도입하자
신자유주의 원칙 도입!
달러 대 아르헨티나 페소 가치 1:1로!
공기업 민영화!
경쟁력 향상, 수출 지원!
외자 도입!
개혁정책
병역의무 폐지!
세계에서 대대적으로 투자자본이 몰려오기 시작했지.
Welcome!
외국 투자자본
아르헨티나
이때부터 아르헨티나 와인업계도 세계로 눈을 돌려
싸구려 저질와인만 생산하다가는 반드시 망한다!
세계로 가자!
세계로 수출할 수 있는 품질 좋은 와인을 생산하자!
품질개선에 자본과 기술을 집중적으로 투입했어.
기술
투자 $
자본 $
국내용 소비와인 생산에만 전념하던 아르헨티나가 1990년대 초 드디어 세계에 와인을 수출하기 시작해
WINE MADE IN ARGENTINA
2004년에는 4억 3,100만 달러어치를 수출하기에 이르렀지.
와인수출
$431,000,000
OLÉ
세계 와인업계의 잠자던 공룡 아르헨티나가 힘찬 기지개를 켠 셈이야.
와인생산 세계 5위!
나, 아기공룡 아니거든!

❖ 아르헨티나 와인의 특징

아르헨티나 와인의 매력은 농약을 전혀 쓰지 않은 청정포도로만 만든다는 거야.
농약
친환경 청정포도!
아르헨티나 전체 와인생산량의 70퍼센트가 멘도사 지역에서 생산되는데
1. 멘도사 Mendoza 50,126ha
2. 산후안 San Juan 4,972ha
3. 리오네그로 Río Negro 1,123ha
4. 라 리오하 La Rioja 969ha
5. 카타마르카 Catamarca 237ha
2000년경부터 화이트와인 생산은 늘지 않는 데 비해 레드와인은 두 배로 늘어나
로제와인
레드와인
화이트와인
1990
2005
아르헨티나 와인의 80퍼센트가 레드와인일 만큼 압도적이지.
SALUD!
건배!
가장 많이 재배되는 포도 품종은 말벡으로
1. 말벡(Malbec) 20%
2. 보나르다(Bonarda) 18%
3. 카베르네 소비뇽 15%
4. 시라즈(Shiraz) 10%
아르헨티나의 말벡은 세계 최고라는 평을 들을 정도로 유명해.
아르헨티나는 말벡!
보르도산 말벡보다 훨씬 낫다!
멘도사 지역은 안데스산맥 동쪽에 자리잡고 있기 때문에
포도밭은 대개 해발 900~1,500미터에 있어. 세계에서 가장 높은 곳에 있는 포도원으로
멘도사
해발 900~1,500m
태평양
안데스산맥
아르헨티나 와인의 특성은 포도원 높이에 따라 확연하게 달라진다고 해.
해발 1,500m 생산 와인
해발 900m 생산 와인
아르헨티나에서 최고의 와인을 생산하는 와이너리를 살펴보면 대부분 외국인이 투자하거나 소유한 곳이야.
주로 프랑스의 유명 와이너리가 진출했죠.
● 슈발 데스 안데스(Cheval des Andes)
'안데스의 말'이라는 뜻의 이 와이너리는 멘도사 지역 800미터 높이에 자리잡고 있으며
CHEVAL des ANDES
2002
VISTALBA · MENDOZA
프랑스 보르도 생테밀리옹의 그랑 크뤼 A급인 샤토 슈발 블랑의 주인 베르나르 아르노 형제 소유로 '남미의 그랑 크뤼'로 불리지.
프랑스 재벌 아르노(Arnault) 그룹 소속사
Celine, 샹파뉴 Krug, Mercier, 코냑 Hennessy, Château d'Yquem, Christian Dior(71.88% 지분), Fendi, Givenchy, Kenzo, Loewe, Guerlain, Donna Karen, LVMH(48% 지분), Sephora

❖ 아르헨티나의 유명 와이너리

●노튼(Norton) / 멘도사
아르헨티나 와인 고급화의 개척자 중 한 사람인 영국인 에드먼드 제임스 팔머 노튼 경이 설립한 포도원으로 해발 1,000미터에 자리잡고 있으며
privada
LUJAN DE CUYO MENDOZA·ARGENTINA
2003
NORTON
오스트리아 출신 와인기술자 스바로프스키 가문의 도움으로 좋은 와인을 생산하는 회사야.
에드먼드 J. P. 노튼
스바로프스키 가문
●클로 데 로스 시에테(Clos de los Siete) / 멘도사
프랑스인 장-미셸 아르캉트*의 아이디어에 따라
LINDAFLOR
보르도의 7개 그랑 크뤼급 샤토가 공동투자해 산 800헥타르의 포도원으로
보르도 포므롤 크기와 같아요.
아르헨티나에 보르도를 재연해 봅시다!
Bodega
Clos de los Siete
Mendoza
각 샤토의 특징을 살린 와인을 생산한다는 목표 아래 공동상표로 와인을 만들고 있어.
7 개 보 르 도 샤 토
클로 데 로스
합자
시에테 프로젝트
공동상표 와인
Clos de los Siete
●포에지아(Poesia) / 멘도사
프랑스 보르도 포므롤 지역의 클로 레글리즈(Clos l'Eglise)의 주인 가르생* 가문의 소유인데
POESIA
Argentina
2002
Dueña H. Garcin
앞의 시에테 프로젝트에 참여했다가 의견차이로 독립해 세운 와이너리지.
와인철학이 달라서…
난 따로 만들 거야.
Clos de los Siete
●테라자스 데 로스 안데스(Terrazas de los Andes) / 멘도사
해발 1,200미터에 자리잡은 프랑스 대기업 LVMH*사 소유의 포도원이야.
MALBEC
2003
AFINCADO
TERRAZAS
●니콜라스 카테나(Nicolás Catena) / 멘도사
아르헨티나의 부유한 지주 니콜라스 카테나가 설립한 860미터 높이의 포도원으로
CATENA
1999
CABERNET SAUVIGNON
AGRELO VINEYARDS
카베르네 소비뇽과 말벡을 블렌딩한 '니콜라스 카테나 자파타'를 1년에 2만 병만 생산하고 있어. 물론 다른 상표로 대량생산하기는 하지만….
아르헨티나의 컬트와인이구나!
Nicolás Catena
ZAPATA
●야코추야(Yacochuya) / 멘도사
아르헨티나인 에차르트 가문의 소유로
Yacochuya
2000
VINO FINO TINTO · PRODUCTO DE ARGENTINA
프랑스 최고의 와인기술자 미셸과 다니의 도움으로 완벽한 말벡 와인을 만들지.
아르헨티나 = 말벡

＊Jean-Michel Arcante

＊Garsin

＊Louis-Vuitton Moët et Chandon, 루이뷔통 모에 에 샹동

이 세 나라는 모두
과거 영국의 식민지였고
여러 가지 악조건을
극복하고 세계적인
와인생산국으로 발전했다는
공통점이 있지.
호주 · 뉴질랜드 · 남아공 와인
영국의 포도밭에서 세계의 포도밭으로

*아름답고 깨끗한 뉴질랜드의 자연 / 자료제공 : 뉴질랜드 대사관

호주, 즉 오스트레일리아와
뉴질랜드는 비슷한 역사를 지니고
있어.
호주 국기
뉴질랜드 국기

13세기, 중국에 온 마르코폴로는
중국인들로부터 '머나먼 남쪽나라'가
있다는 얘기를 들었고
!
~라 카더라!

이게 유럽에 전파되어 전설적인 남쪽나라
이야기가 전해내려왔지.
라틴어로 '남쪽나라'가
테라 아우스트랄리스!
Terra Australis
Terra 땅
Australis 남쪽

오스트레일리아라는 이름은
'남쪽나라'라는 라틴어에서 유래되었어.
오스트레일리아
뉴질랜드

이 거대한 남반구의 대륙은
16~17세기경 유럽인 항해가가
발견했다고 전해지지만
AUSTRALIA

*호주 국가 문장의 캥거루와 타조

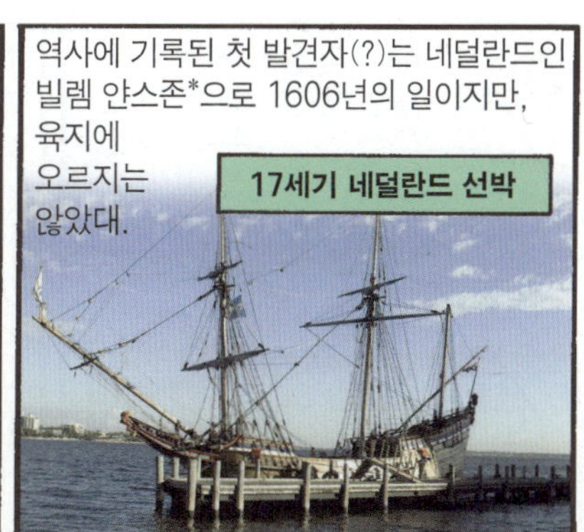
역사에 기록된 첫 발견자(?)는 네덜란드인
빌렘 얀스존*으로 1606년의 일이지만,
육지에
오르지는
않았대.
17세기 네덜란드 선박

*Willem Janszoon(1570~1630)

❖ 호주 와인의 역사

1616년 역시 네덜란드인 항해가 디르크 하르토흐가 유럽인으로서는 처음으로 이 땅에 발을 디뎠고
하르토흐가 상륙한 샤크베이
Carnarvo
Cape Inscription
Shark Bay
West
Dirk Hartog Island
Monkey Mia
Denham
Wooramel
770만 제곱킬로미터에 달하는 이 거대한 대륙에 오스트레일리아라는 이름을 붙여주었지.
남쪽의 땅, 오스트레일리아!
그러나 호주가 영국 영토가 된 것은 1770년 제임스 쿡 선장이 이 땅에 상륙한 후
이곳을 영국 식민지 '뉴사우스웨일스'라고 선언하면서부터야.
네덜란드
영국
뉴홀란트
뉴사우스웨일스
오스트레일리아
영국에서 첫 이주민이 시드니 근처에 도착한 건 1788년이었는데
백인 이주민
이때 영국 총독이 남아프리카에서 가져온 포도나무를 심게 했으니
영국
이주민
예배드리려면 포도주가 있어야 하니….
남아프리카
포도
오스트레일리아
이주민
호주 와인의 역사 역시 1788년에 시작되었고, 3년 뒤인 1791년 첫 호주 와인이 탄생했어.
1791 빈티지이옵니다!
그러니까 호주 와인의 역사는 불과 230년!
정말 짧은 역사로군요!
호주 와인은 1980년대까지 전혀 주목받지 못한 하급와인이었지.
호주에도 와인이?
있겠지. 기독교 간 곳에 와인이 없을 수야….
지금도 상당수의 와인생산자들은 여러 지역에서 사들인 포도로 와인을 빚고
포도주는 포도로 만들면 된다!
어디 포도건 신경 안 쓴다!
심지어는 수천 킬로미터 떨어진 곳의 포도까지 사다가 지역을 가리지 않고 블렌딩하기 때문에
B포도원
2,000km
C포도원
A포도원
1,500km
500km
100km
D포도원
와이너리
다(多)지역 블렌딩이 호주 와인의 특징처럼 되어버렸어.
Multi-District-Blends
다지역 포도 혼합
값싸고 질 좋은 포도를 찾아 전국을 헤매 사들인 포도로 만든 와인

*Dirck Hartog(1580~1621)

*상륙하는 쿡 선장의 선단

호주 와인산업이 크게 확산된 건 1840년대로, 유럽에서 이민이 대거 쏟아져들어오면서
이민증가
인구증가
포도재배 증가
포도재배가 점차 빅토리아주 등 서남쪽으로 확대돼갔어.
시드니
애들레이드
멜버른
태즈메이니아
그러나 20세기 초 필록세라가 빅토리아주 포도밭을 초토화시켜버린 후
필록세라
호주 와인생산의 중심은 사우스오스트레일리아로 옮겨갔지.
*사우스오스트레일리아주. 오른쪽 아래가 빅토리아주
이때 생산된 와인은 주로 영국인이 즐겨 마시는 들척지근한 맛 또는 셰리 같은 주정강화와인 이었지만
오, 달콤한 와인!
1945년 2차 세계대전 후, 이탈리아계 이주민이 급증하면서
못살겠다, 이민 가자!
유럽 스타일인 드라이한 레드와인으로 변하기 시작했어.
영국인 취향
유럽대륙 취향
주정강화와인
스위트와인
드라이와인
그러나 그것 역시 별볼일없는 하급 테이블와인 수준으로, 국내소비용에 불과했지.
함부로 명함 내밀지 마라!
세계의 고급와인은 프랑스 와인!
1970년대부터 전세계 와인산업에 불어닥친 혁신바람은 호주에도 예외없이 불어왔어.
와인산업 혁신
미국, 남미 등 신대륙 와인업계에는 대대적으로 유럽 스타일 고급와인 제조붐이 일어
유럽화
쿠르르르릉
고급화
보잘것없는 국내소비용 테이블와인보다 수출용 고급와인을 만들기 위해
국내소비용 테이블와인
수출용 고급 와인
엄청난 투자를 하고 획기적인 기술을 도입했는데, 1980년대 들어 호주도 여기에 동참했지.
국제자본
고급기술
와인산업

신대륙의 기후조건이 대개 그렇듯, 호주도 기후가 비교적 안정적이고 일조량이나 태양의 강도 등 기타 조건이 포도경작에 알맞아서
기후조건이 까다로운 유럽과 달리 포도밭에 '그랑 크뤼' 개념의 차별을 둘 필요가 없지.
대단히 우수한 포도밭!
어디서나 고루 잘 자라는걸!
그랑 크뤼
프랑스
그랑 크뤼
호주
호주에서는 포도밭에 등급을 매기지 않는 대신
NO 그랑 크뤼, DOC, DOCG ……
최근엔 AOC 비슷한 제도가 생겨나는 경향이 있어요.
서늘한 지역이냐, 더운 지역이냐를 나타내는 '기후지대'가 중요한 기준이 돼.
Cool Area 서늘한 지역
가볍고 상큼한 맛
복잡하고 묵직한 맛
Warm Area 더운 지역
1990년대 들어 호주 와인산업이 폭발적으로 발전한 데에는 거대기업의 투자가 결정적인 역할을 했지.
국내자본
국제자본
호주는 건조한 지역이 많아서 인공적으로 포도밭에 물을 뿌리지 않으면 포도농사를 지을 수 없는데
대기업이 대대적으로 관개사업에 투자하면서 포도경작지가 급속도로 늘어나
돈 놓고 돈 먹기!
$ 투자
와인산업
약 15만 헥타르에서 150만 킬로리터를 생산하는 세계 5위의 와인생산·수출국이 되었어.
1 이탈리아
2 프랑스
스페인 3
4 USA
호주 5
호주의 와인산업은 자연히 몇몇 거대 와인기업이 생산과 유통의 80퍼센트를 독점하고 있어.
군소업체
· Foster's Wine Estate
· Constellation Brands
· Pernod Ricard Pacific
· Casella Wines
· Taylor Wines
80% 이상
한 예로 포스터스그룹은 세계 최대 재벌 그룹의 하나로, 유수한 와이너리 여러 개를 소유하고
계열사 와이너리
Foster's Group
Peter Lehmann
Penfolds
Wolf Blass
Rosemount
Lindemans
등
테이블와인부터 보르도 스타일 수출용 고급와인까지 두루 생산하고 있어.
우아… 호주 와인 라벨에서 본 건 거의 다 있네!
호주 와인업계도 문어발 재벌그룹이 독식하고 있네!
*뉴사우스웨일스주의 헌터밸리 포도원

❖ 호주의 와인등급

호주 와인은 1999년, 한 와인경매에서 있었던 일이 계기가 되어 갑자기 세계의 주목을 끌기 시작했어.
당땅땅
AUCTION
낙찰 되었습니다.
빈티지 1951 펜폴즈 그레인지가 한 병에 2,000만 원, 경매수수료 합쳐 무려 2,300만 원에 낙찰되었는데
Penfolds Grange
SOUTH AUSTRALIA SHIRAZ
펜폴즈 그레인지
현재 지구상에 약 20병 남아 있는 것으로 추정되는 이 와인은 2020년에는 4,500만 원에 팔렸지.
호주 와인이 한 병에….
4,500만 원?
이 사건(?)으로 호주 와인은 일약 전세계 와인시장에서 급부상했어.
호주 와인, 그게 아니라며?
우습게 봐선 안 되겠어.
어느새 그렇게까지 컸대?
호주
과거 식민지로서 '영국의 포도밭'이었던 호주가 당당히 세계의 포도밭으로 변신한 거야.
영국
호주 WINE
내수용
수출
유럽
아시아
아메리카
등등
미국 와인이 1976년 '파리의 심판'으로 고급 이미지 심었듯!
기후와 토양이 좋은 호주 와인이 유럽에 뒤질 이유가 없음을 입증한 셈이네요!
호주 와인이 이처럼 주목을 끌자 호주 와인업계는 고급와인 생산에 주력해
이제 우리도 저급한 염가와인 이미지를 벗고
유럽 스타일 고급와인이라는 인식을 심자!
유럽식 AOC제도와 유사한 시스템을 도입하고 있지.
옛날에는 값싼 포도를 마구 섞어 싼 와인 만들었지만
이젠 '유명한' 포도원 포도만 쓴 고급와인을 만들자!
호주식 AOC제도 도입 추진
호주 와인은 크게 세 등급으로 분류되는데
Generic Wine
저네릭 와인
Varietal Wine
버라이어틀 와인
Varietal Blend Wine
버라이어틀 블렌드 와인
저네릭 와인
generic = '일반적인, 포괄적인'이라는 뜻으로, 일상소비용 저가 테이블와인
옛쑤!
여러 종류의 포도를 섞어 만든 것으로, 대부분 국내소비용이지.
등급 : 저네릭
라벨에 표시되는 사항
· Red or White
· Sweet or Dry 등
포도 품종, 생산지, 빈티지 등은 표시하지 않음
포도주 막걸리네요.
버라이어틀 와인
varietal = '변종의, 다양한, 변화한'이란 뜻으로 주로 수출용 와인
주문하신 와인입니다.

저네릭 와인이 여러 종류의 포도를 섞어 만드는 데 비해 버라이어틀은
호주
일반 재배
여러
포도 품종
블렌딩
저네릭 와인
시라즈, 카베르네 소비뇽, 샤르도네 등 단일 품종 포도로 만든 '다양하고 변화감 있는' 고급와인으로
카베르네 소비뇽
시라즈
메를로
카베르네 프랑
유
럽
품
종
버라이어틀 와인
호주 와인법에 따르면, 한 종류의 포도를 85퍼센트 이상 사용하면 품종을 라벨에 표시할 수 있지.
ROCKFORD
BASKET PRESS
Shiraz
2003
시라즈 품종을 85% 이상 사용해 만들었음을 의미
버라이어틀 블렌드 와인
두 종류 이상의 품종을 섞어 만든 와인
카베르네 소비뇽
시라즈
메를로
카베르네 프랑
유럽
고급
품종
블렌딩
버라이어틀 블렌드 와인
두 종류의 포도를 85퍼센트 이상 사용하면 그 포도 품종을 많이 사용한 순서대로 라벨에 표기할 수 있어.
Cabernet / Shiraz
카베르네 소비뇽과 시라즈 품종을 85% 이상 사용해 만든 와인으로 카베르네 소비뇽을 시라즈보다 더 많이 사용함
고급와인으로 방향을 잡으면서 AOC와 비슷한 제도의 필요성이 제기되었어.
국내소비용 싸구려 와인을 생산할 땐
포도밭이 전혀 중요하지 않았죠.
몇천 킬로미터 밖에서 싼 포도 사다가 마구 섞어 빚었으니 생산지는 의미가 없지.
하지만 국제적인 흐름에 따르자면 AOC제도 같은 게 있어야 하는데!
호주에도 분명 뛰어난 포도원과 재배지가 있으니, 이를 내세우면 인기도 끌고 값도 더 받을 수 있을 거야.
그래서 호주는 GIS제도를 도입해
GIS
= Geographical Indication System
(포도 생산) 지역표시제도
(프랑스의 AOC와 유사)
포도재배지역을 3단계로 나눴어.
① States Zone
주(州) 내의 대(大) 재배지역
② Regions
① 내의 소(小) 재배지역
③ Subregions
② 내의 소(小) 재배지역
Lenswood
Adelaide Hills
South Australia
Lenswood < Adelaide Hills < South Australia
이 지역에서 생산된 포도를 85퍼센트 이상 사용하면 라벨에 지역표시(GI)를 할 수 있지.
PETALUMA
2002 COONAWARRA
UNFILTERED
750ml
쿠나와라의 포도를 85% 이상 사용해 만들었음을 의미

호주 와인은 1980년대부터 대기업의 투자와 대대적인 기술개발로
기술적으로는 이미 세계 와인산업에서 최강의 위치에 있고, 또 계속 더 좋은 품질을 위해 노력을 거듭해왔기 때문에
유럽 와인에 결코 뒤지지 않는 기술을 보유하고 있을 뿐 아니라
대량생산체제!
와인제조 테크닉은 세계 최고수준!
CHEERS!
호 주
안정적이고 고른 기후 덕분에 빈티지에 크게 구애받지 않고
이 좋은 날씨, 어쩔 거야!
꾸준한 맛 수준을 기대할 수 있다는 신빙성
포도 구입
A지역
B지역
C지역
D지역
E지역
F지역
와인제조
고른 품질
○ 포도가 잘된 지역
○ 포도가 잘 안 된 지역
그리고 이해하기 힘든 유럽의 라벨에 비해
간단하고 친절한 라벨 덕분에
소비자들이 쉽게 접근할 수 있다는 큰 장점이 있지.
내가 좋아하는 시라즈 품종으로 만들었구나!
등급은 버라이어틀이니 꽤 좋네요!
또 코스트 퍼포먼스, 즉 품질 대비 가격도 아주 좋아.
호주 와인은 맛도 가격도 좋아!
엄청 비싼 고급 와인도 많지만….
소비자는 자신이 좋아하는 포도 품종과 생산지역의 특징을 알고
난 시라즈가 좋더라!
시라즈 중에서도 바로사밸리 와인이 맛있지.
생산자, 즉 와이너리와 상표만 기억하면 별다른 어려움 없이 와인을 선택할 수 있다는 점은
내가 즐겨 마시는 와인!
Wolf Blass
Liquor Store
호주 와인이 세계시장에서 빠르게 성장할 수 있었던 원동력이야.
너무 공장식으로 대량생산하고….
들척지근하다는 비판이 있기는 하지만….
쨍!

* 대량생산체제를 갖춘 호주의 와이너리

* 헌터밸리의 포도원

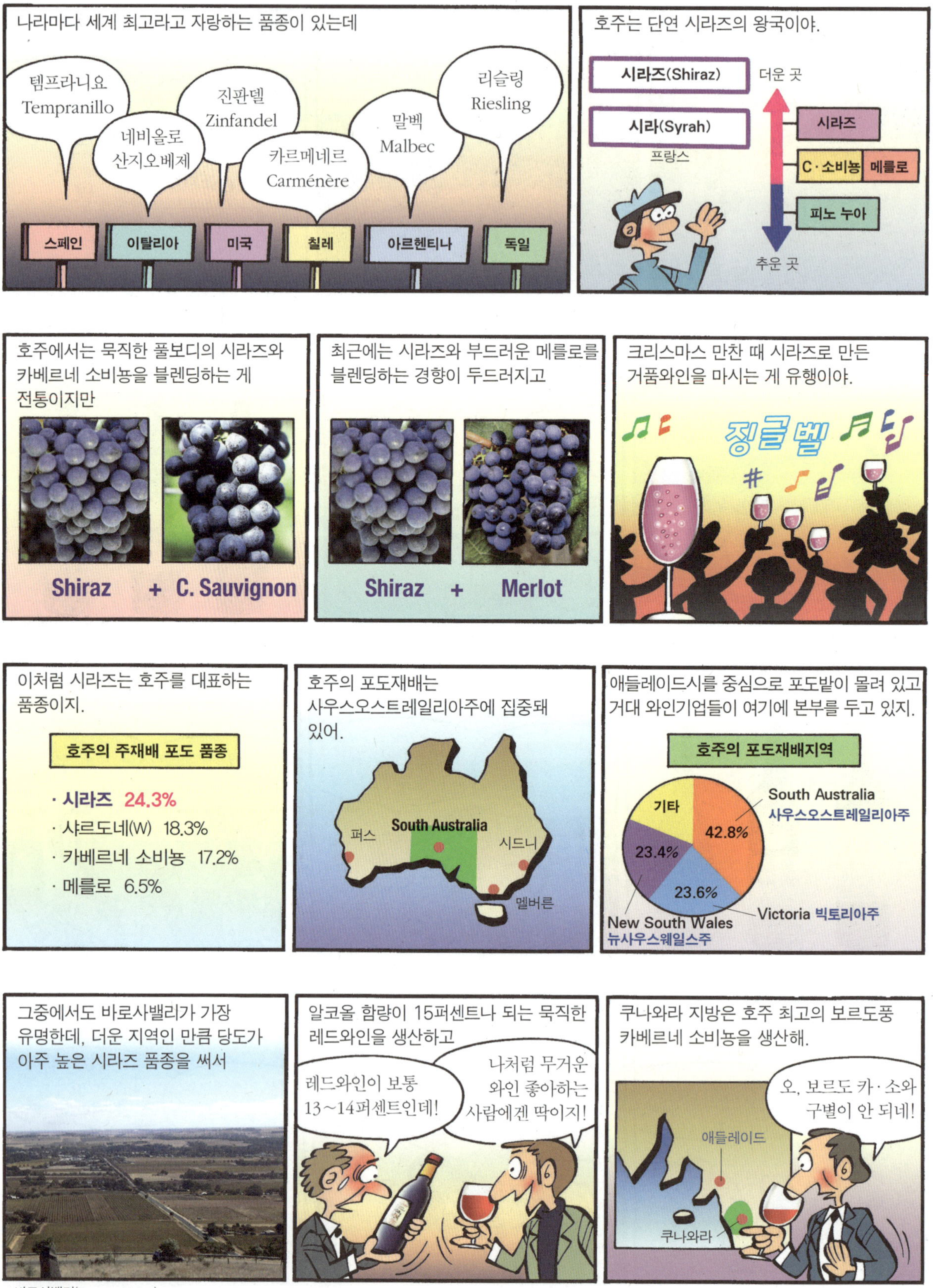
나라마다 세계 최고라고 자랑하는 품종이 있는데
템프라니요 Tempranillo
네비올로 산지오베제
진판델 Zinfandel
카르메네르 Carménère
말벡 Malbec
리슬링 Riesling
스페인
이탈리아
미국
칠레
아르헨티나
독일
호주는 단연 시라즈의 왕국이야.
시라즈(Shiraz)
시라(Syrah)
프랑스
더운 곳
시라즈
C·소비뇽
메를로
피노 누아
추운 곳
호주에서는 묵직한 풀보디의 시라즈와 카베르네 소비뇽을 블렌딩하는 게 전통이지만
Shiraz + C. Sauvignon
최근에는 시라즈와 부드러운 메를로를 블렌딩하는 경향이 두드러지고
Shiraz + Merlot
크리스마스 만찬 때 시라즈로 만든 거품와인을 마시는 게 유행이야.
징글벨
이처럼 시라즈는 호주를 대표하는 품종이지.
호주의 주재배 포도 품종
· 시라즈 24.3%
· 샤르도네(W) 18.3%
· 카베르네 소비뇽 17.2%
· 메를로 6.5%
호주의 포도재배는 사우스오스트레일리아주에 집중돼 있어.
퍼스
South Australia
시드니
멜버른
애들레이드시를 중심으로 포도밭이 몰려 있고 거대 와인기업들이 여기에 본부를 두고 있지.
호주의 포도재배지역
기타
42.8%
23.4%
23.6%
South Australia 사우스오스트레일리아주
Victoria 빅토리아주
New South Wales 뉴사우스웨일스주
그중에서도 바로사밸리가 가장 유명한데, 더운 지역인 만큼 당도가 아주 높은 시라즈 품종을 써서
알코올 함량이 15퍼센트나 되는 묵직한 레드와인을 생산하고
레드와인이 보통 13~14퍼센트인데!
나처럼 무거운 와인 좋아하는 사람에겐 딱이지!
쿠나와라 지방은 호주 최고의 보르도풍 카베르네 소비뇽을 생산해.
애들레이드
쿠나와라
오, 보르도 카·소와 구별이 안 되네!

*바로사밸리(Barossa Valley)

❖ 호주의 와인생산지역

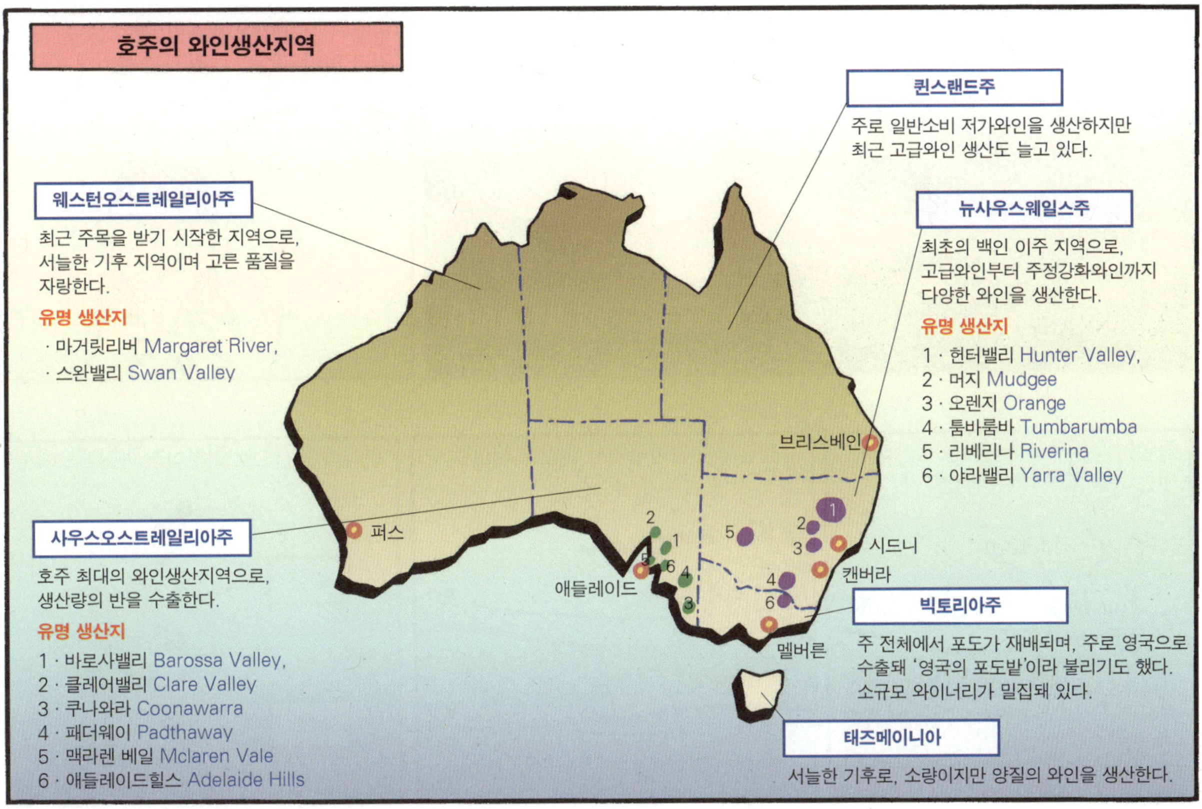
호주의 와인생산지역
퀸스랜드주
주로 일반소비 저가와인을 생산하지만 최근 고급와인 생산도 늘고 있다.
웨스턴오스트레일리아주
최근 주목을 받기 시작한 지역으로, 서늘한 기후 지역이며 고른 품질을 자랑한다.
유명 생산지
· 마거릿리버 Margaret River,
· 스완밸리 Swan Valley
뉴사우스웨일스주
최초의 백인 이주 지역으로, 고급와인부터 주정강화와인까지 다양한 와인을 생산한다.
유명 생산지
1 · 헌터밸리 Hunter Valley,
2 · 머지 Mudgee
3 · 오렌지 Orange
4 · 툼바룸바 Tumbarumba
5 · 리베리나 Riverina
6 · 야라밸리 Yarra Valley
브리스베인
퍼스
시드니
캔버라
애들레이드
멜버른
사우스오스트레일리아주
호주 최대의 와인생산지역으로, 생산량의 반을 수출한다.
유명 생산지
1 · 바로사밸리 Barossa Valley,
2 · 클레어밸리 Clare Valley
3 · 쿠나와라 Coonawarra
4 · 패더웨이 Padthaway
5 · 맥라렌 베일 Mclaren Vale
6 · 애들레이드힐스 Adelaide Hills
빅토리아주
주 전체에서 포도가 재배되며, 주로 영국으로 수출돼 '영국의 포도밭'이라 불리기도 했다. 소규모 와이너리가 밀집돼 있다.
태즈메이니아
서늘한 기후로, 소량이지만 양질의 와인을 생산한다.

호주에 가면 지금도 간혹 식당에 이런 표시판이 붙어 있어.
RESTAURANT
BYO
Bring Your Own
'당신의 와인을 가져오세요'라는 뜻!
WINE SHOP
RESTAU RANT
당신이 좋아하는 와인이 있으면 식당에 가지고 와서 마셔라! 재미있네.
대신 약간의 반입료, 즉 콜키지*를 내야 해.

*Corkage, 搬入料

하지만 식당은 마시는 장사가 반 이상이라는데 손님이 마실 와인을 가져오면 이익이 안 남지 않나요?
그건 과거 호주 식당에 손님들이 마실 만한 고급와인이 별로 없었다는 의미도 되지. 거기 비한다면 현재 호주 와인은….
정말 놀랍게 컸네!

❖ 뉴질랜드 와인의 역사

뉴질랜드! 지구 남반구 맨 아래쪽에 자리잡은 맑고 깨끗한 섬나라!
NEW ZEALAND
이 섬에 살고 있던 원주민들은 이곳을 '길고 하얀 구름의 나라'라고 불렀대.
Aotearoa 아오테아로아!
독일이 북반구에서 와인을 생산할 수 있는 가장 북쪽의 나라라면
50°
40°
뉴질랜드는 남반구에서 와인을 생산할 수 있는 가장 남쪽의 나라지.
20°
40°
북섬과 남섬으로 이루어진 뉴질랜드에
북섬
남섬
오클랜드
웰링턴
크라이스트처치
최초로 항해해온 유럽인은 아벨 타스만이라는 네덜란드 사람인데
Abel Tasman
1603~1659
1642년 12월 13일에 도착했으나 상륙을 꾀하다 원주민과 충돌해
선원 네 명이 살해되자, 상륙을 포기한 채 되돌아갔어.
*당시의 원주민을 묘사한 그림
다음해 역시 네덜란드 항해가 헨드릭 브라우어르가 이 섬에 도착해
Hendrik Brouwer
1581~1643
'니우제일란트'라고 명명했는데
Nieuw Zeeland (네덜란드어)
Nova Zeelandia (라틴어)
니우제일란트!
이는 네덜란드 사람들이 지금의 호주를 '니우홀란트'라고 불렀기 때문에 그에 대응하기 위해서였지.
현재의 호주
현재의 뉴질랜드
니우홀란트
니우제일란트

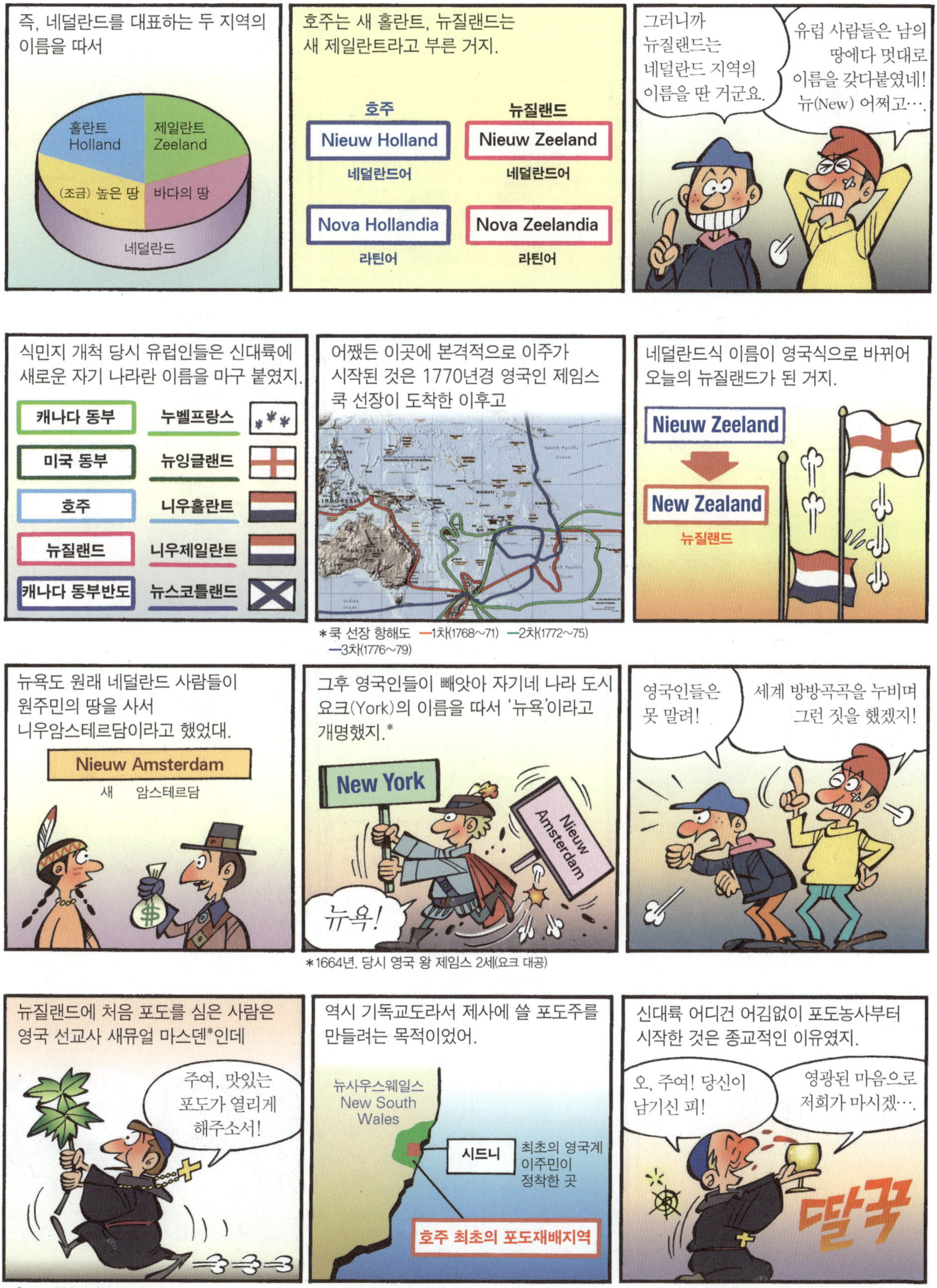
즉, 네덜란드를 대표하는 두 지역의 이름을 따서
홀란트 Holland
제일란트 Zeeland
(조금) 높은 땅
바다의 땅
네덜란드
호주는 새 홀란트, 뉴질랜드는 새 제일란트라고 부른 거지.
호주
Nieuw Holland
네덜란드어
Nova Hollandia
라틴어
뉴질랜드
Nieuw Zeeland
네덜란드어
Nova Zeelandia
라틴어
그러니까 뉴질랜드는 네덜란드 지역의 이름을 딴 거군요.
유럽 사람들은 남의 땅에다 멋대로 이름을 갖다붙였네! 뉴(New) 어쩌고….
식민지 개척 당시 유럽인들은 신대륙에 새로운 자기 나라란 이름을 마구 붙였지.
캐나다 동부
누벨프랑스
미국 동부
뉴잉글랜드
호주
니우홀란트
뉴질랜드
니우제일란트
캐나다 동부반도
뉴스코틀랜드
어쨌든 이곳에 본격적으로 이주가 시작된 것은 1770년경 영국인 제임스 쿡 선장이 도착한 이후고
네덜란드식 이름이 영국식으로 바뀌어 오늘의 뉴질랜드가 된 거지.
Nieuw Zeeland
New Zealand
뉴질랜드
뉴욕도 원래 네덜란드 사람들이 원주민의 땅을 사서 니우암스테르담이라고 했었대.
Nieuw Amsterdam
새 암스테르담
그후 영국인들이 빼앗아 자기네 나라 도시 요크(York)의 이름을 따서 '뉴욕'이라고 개명했지.*
New York
Nieuw Amsterdam
뉴욕!
영국인들은 못 말려!
세계 방방곡곡을 누비며 그런 짓을 했겠지!
뉴질랜드에 처음 포도를 심은 사람은 영국 선교사 새뮤얼 마스덴*인데
주여, 맛있는 포도가 열리게 해주소서!
역시 기독교도라서 제사에 쓸 포도주를 만들려는 목적이었어.
뉴사우스웨일스 New South Wales
시드니
최초의 영국계 이주민이 정착한 곳
호주 최초의 포도재배지역
신대륙 어디건 어김없이 포도농사부터 시작한 것은 종교적인 이유였지.
오, 주여! 당신이 남기신 피!
영광된 마음으로 저희가 마시겠….
달칵

*쿡 선장 항해도 —1차(1768~71) —2차(1772~75) —3차(1776~79)

*1664년. 당시 영국 왕 제임스 2세(요크 대공)

*Samuel Marsden

그러나 뉴질랜드의 와인산업은 여러 가지 이유로 거의 발전하지 못했는데
첫째, 날씨가 너무 추워 포도농사를 지을 수 없다는 선입견이 강했고
뉴질랜드에서 포도를 재배해?
북극에서 알몸으로 수영을 하시지!
내 말이….
선입견
편견
둘째, 주민들이 술 마시는 것을 죄악시했으며
경건한 신앙생활을 위해 탐욕을 버려라!
술 마시지 마라, 담배 피우지 마라, 향락을 포기하라!
셋째, 정부의 금욕적인 법률규제로 뉴질랜드의 와인산업은 무거운 족쇄를 차고 있었어.
금욕!
정부규제
심지어 1960년대까지만 하더라도 알코올음료는 시중판매가 금지되고
위스키 파는 데 없나요?
이 나라에선 알코올음료 판매가 금지돼 있네.
호텔에서만 판매가 허용됐는데, 그것도 한 사람이 열두 병 이상은 살 수 없었어.
외국인이 드나드는 호텔로 가보게!
HOTEL
그후 식당에서 주류를 제공하는 게 허용됐지만
괜찮은 와인 한 병 줘요.
그런 건 수입 와인뿐인데요!
일반 주류취급점에서 술을 살 수 있게 된 건 1990년대 들어와서야.
드디어…!
Liquor Store
주류판매
와
뉴질랜드가 그렇게 청교도적인 국가인 줄 미처 몰랐네요!
20세기 초 필록세라의 창궐로 그나마 보잘것없던 와인산업이 초토화되었고
필록세라
1919~33년 미국에서 시행된 금주법 등의 영향으로 음주를 죄악시하면서
술의 제조, 판매, 유통을 전면 금지한다!
저것 봐라! 술은 죄악의 씨앗이라니까!
USA
뉴질랜드
뉴질랜드의 와인산업은 1970년대까지는 아예 가능성조차 보이질 않았어.
1970's
No Way Out!

그렇게 보잘것없던 와인산업이 1970년대부터 갑자기 성장하기 시작해*
세계 와인계가 일대 붐을 맞이했는데
우리만 이대로 있을 순 없다!
NZ
뉴질랜드 와인산업
현재는 1960년대에 비해 무려 20배 이상 늘어난 4만 헥타르의 포도원에서
포도재배면적
2021
약 40,000ha
약 2,000ha
1960
연간 27만 킬로리터의 와인을 생산하는 신흥 와인강국으로 떠올랐지.
70년대만 해도 남반구에서 가장 서늘한 뉴질랜드는 독일과 조건이 비슷해서
기후와 조건이 비슷하니
독일을 모델로, 독일 품종으로 시작하자!
북방한계선
독일
뉴질랜드
남방한계선
북반구
남반구
독일 품종인 뮐러-투르가우가 대세를 이루는 화이트와인을 주로 생산했는데
1970년대 후반부터 세계화, 고급화 바람이 불자
세계화
표준화
프랑스 모델·품종
고급화
프랑스 화이트와인 품종, 즉 샤르도네와 소비뇽 블랑 등을 대대적으로 수입, 재배해
SCOTT
VAVASOUR
1980년대 말 고급 샤르도네가 첫선을 보였고
오, 이런 샤르도네가 뉴질랜드에서?
프랑스산 못지않은데!
뛰어난 품질과 맛이 입증되면서 뉴질랜드는 세계 와인시장의 주목을 받기 시작했어.
NZ
NZ
뉴질랜드 와인
그래도 사람들은 뉴질랜드에선 레드와인용 포도는 안 된다고 생각했어.
뉴질랜드 기후가 너무 서늘해서
레드와인 품종은 절대 안 돼요!
하지만 1990년대 초 향기롭고 산뜻한 피노 누아 레드와인이 등장하자
Kumeu River
1999
KUMEU
PINOT NOIR
ESTATE BOTTLED
THE BRAJKOVICH FAMILY PROPRIETORS
WINE OF NEW ZEALAND
쿠메우 리버 / 피노 누아 / 1999년산
1944년 설립
뉴질랜드 와인업계는 큰 충격을 받았지.
피노 누아라고? 레드와인이 여기서 가능하다고?
지구온난화 때문? 하긴 영국도 와인 생산을 시작한다니!

*'파리의 심판' 이후

*뉴질랜드의 포도원

피노 누아는 부르고뉴처럼 서늘한
지역에서 자라는 품종이니
뉴질랜드에서도 가능할 수 있어.
하지만 비교적 더운 지역에서 자라는
보르도 품종, 즉 카베르네 소비뇽이나
메를로는 절대 안 될
거다!
암, 암!
뉴질랜드에서 카베르네 소비뇽이나 메를로
레드와인이 생산되면
내 손에 장을 지진다!
장이 뭔데?
그러나 빈티지1998 보르도 스타일
카베르네 소비뇽이, 그것도 뛰어난 맛과
향을 자랑하며 등장하자
C·S
Cabernet
Sauvignon
made in
New Zealand
1998
회의론자들도 생각을 바꿀 수밖에
없었지.
아니, 우리 뉴질랜드
자연에 이렇게 대단한
저력이 있었단 말인가?
!
그렇다면 아주 더운 지역에서
자라는 산지오베제*나 템프라니요**도
한번 시도해봐!
안 될 거 없겠지!
*Sangiovese(이탈리아) **Tempranillo(스페인)
지난 30여 년간 놀라운 발전과 시장확대를 이룩한 뉴질랜드의 와인산업은
맑고 깨끗하고 신선한 맛과 향으로 세계 와인애호가들을 열광시키고 있어.
*뉴질랜드의 와이너리
특히 벨벳 같은 부드러움과 상큼한
신맛을 자랑하는 뉴질랜드의 피노 누아는
*뉴질랜드의 와인들
소비뇽 블랑, 샤르도네 등의
화이트와인과 함께 세계 와인시장에서
급부상하고 있는 스타야.
SCOTT
VAVASOUR
과거 최대 포도경작지였던 북섬의
호크스베이는 남섬의 말버러에
그 자리를 넘겨주긴 했지만
최근 더운 지역 품종인 시라즈를 생산하기
시작했어.
뉴질랜드에서…
시라가?
(Syrah = Shiraz)

❖ 뉴질랜드의 포도재배지역

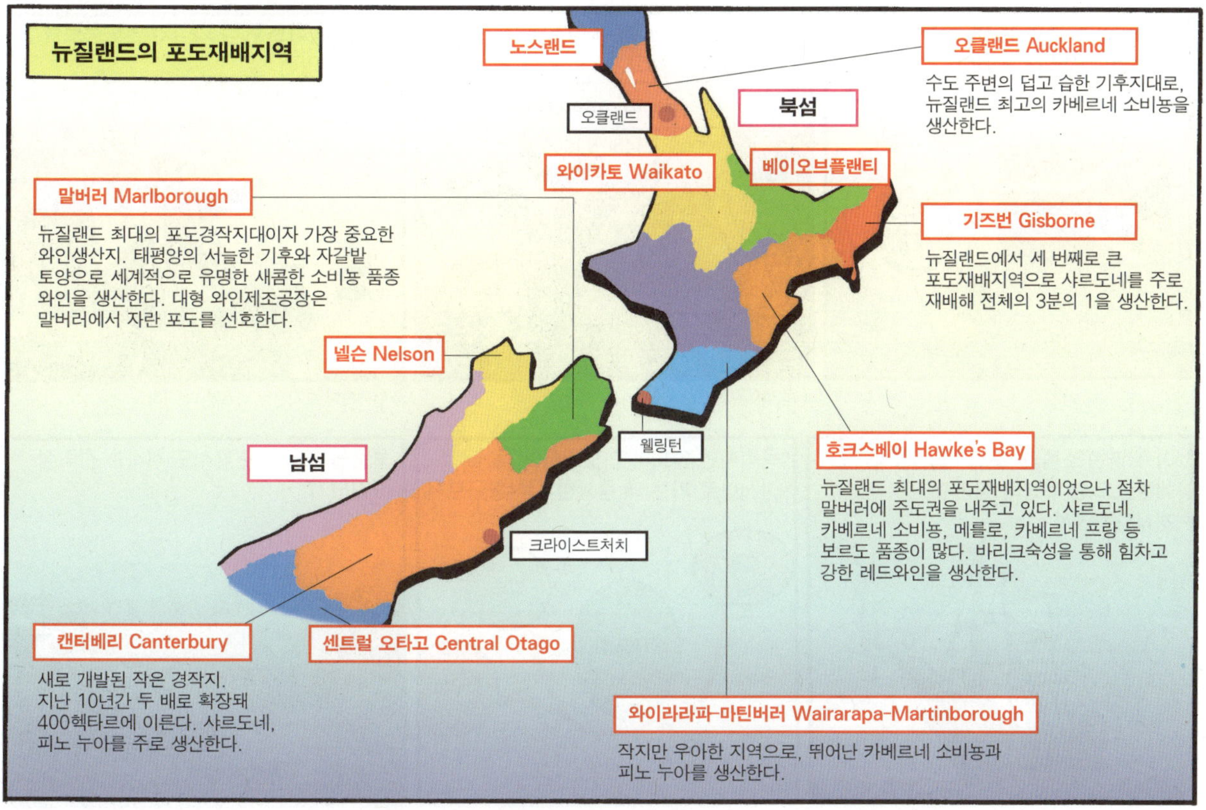
뉴질랜드의 포도재배지역
노스랜드
오클랜드 Auckland
수도 주변의 덥고 습한 기후지대로, 뉴질랜드 최고의 카베르네 소비뇽을 생산한다.
오클랜드
북섬
와이카토 Waikato
베이오브플랜티
말버러 Marlborough
뉴질랜드 최대의 포도경작지대이자 가장 중요한 와인생산지. 태평양의 서늘한 기후와 자갈밭 토양으로 세계적으로 유명한 새콤한 소비뇽 품종 와인을 생산한다. 대형 와인제조공장은 말버러에서 자란 포도를 선호한다.
기즈번 Gisborne
뉴질랜드에서 세 번째로 큰 포도재배지역으로 샤르도네를 주로 재배해 전체의 3분의 1을 생산한다.
넬슨 Nelson
웰링턴
남섬
호크스베이 Hawke's Bay
뉴질랜드 최대의 포도재배지역이었으나 점차 말버러에 주도권을 내주고 있다. 샤르도네, 카베르네 소비뇽, 메를로, 카베르네 프랑 등 보르도 품종이 많다. 바리크숙성을 통해 힘차고 강한 레드와인을 생산한다.
크라이스트처치
캔터베리 Canterbury
센트럴 오타고 Central Otago
새로 개발된 작은 경작지. 지난 10년간 두 배로 확장돼 400헥타르에 이른다. 샤르도네, 피노 누아를 주로 생산한다.
와이라라파-마틴버러 Wairarapa-Martinborough
작지만 우아한 지역으로, 뛰어난 카베르네 소비뇽과 피노 누아를 생산한다.

뉴질랜드도 호주처럼 1970년대까지는 영국 취향의 스위트와인을 주로 생산하다가
Oh Sweet Wine!
막대한 투자를 통해 점차 드라이한 보르도 스타일 와인으로 바뀌었어.
스위트 저가 대중와인
보르도풍 드라이 고급와인
투자+기술
자연히 거대기업이 와인산업에 뛰어들었고
거대기업
그 결과, 3대 음료회사가 뉴질랜드 와인산업의 90퍼센트를 독점했고
· Pernod Ricard
· Villa Maria
· Kim Crawford
10%
90%
150여 개의 크고 작은 와인기업이 나머지 10퍼센트를 놓고 경쟁하고 있지.
와인산업도 결국 돈 놓고 돈 먹기!
거대자본, 거대기업에 장악되는 건 세계적 공통점!

*말버러 사운즈

❖ 남아공 와인의 역사

남아프리카공화국은 아프리카대륙
남쪽 끝에 자리잡고 있어.
남아프리카공화국
국기
문장

1488년 바르톨로메우 디아스가
희망봉을 발견하고
Bartolomeu Diaz
1450~1500

＊희망봉을 발견한 디아스

1497년 바스쿠 다 가마가 인도항로를
개척한 이래

＊캘커타에 도착하는 바스쿠 다 가마

이 지역은 스페인, 포르투갈, 영국,
네덜란드 등 유럽의 식민지
개척자들에게

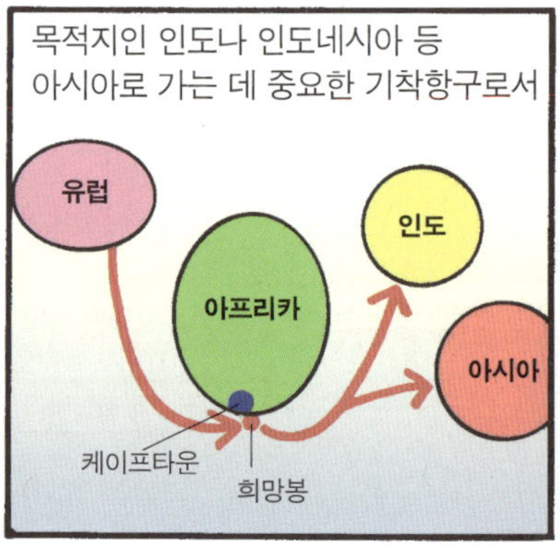

목적지인 인도나 인도네시아 등
아시아로 가는 데 중요한 기착항구로서
유럽
아프리카
인도
아시아
케이프타운
희망봉

물품을 보급받고 휴식도 취하는 전략적
요지였지.

＊앞의 반도 오른쪽 끝이 희망봉, 왼쪽 흰 부분이
케이프타운

스페인이 영국-네덜란드와의 전쟁에
패해 해상장악력이 취약해지면서
무적함대
궤멸….

해상강국이 된 네덜란드는 다른
나라보다 먼저 이 지역의 중요성을
파악했어.
아
싸!
세계의 바다는
우리 것!

1652년 4월 6일, 네덜란드는
얀 판 리베크를 보내
Jan van Riebeeck
1619~1677
네덜란드의 의사이자
상인으로
남아프리카를
네덜란드의
식민지로 만듦

동인도회사를 설립하게
하고
군사권을
가진
민간회사!
동인도회사(東印度會社)
Vereenigde Oost-
Indische Compagnie

＊VOC 마크

네덜란드인을 대거 이주시켜 지역에
정착시키니

＊케이프타운에 도착한 리베크

이들이 바로 남아프리카공화국 백인
주민의 선조인 보어인이야.

＊보어인들. 19세기 말 보어전쟁 당시 사진

보어인들은 150년 가까이 희망봉 주변지역에 삶의 뿌리를 내리고
??
자손을 낳아 기르면서 점차 토착화되어 갔지.
아프리카대륙의 백인들!
그러나 해상강국 네덜란드의 세력이 기울자
너희들, 까불래?
NL
GB
인도와 아시아로 진출할 야망을 품고 있던 영국은 이 거점을 반드시 손에 넣어야 했기 때문에
영국
인도
케이프타운
중국 · 동남아
1795년 군대를 보내 이 지역을 점령하면서 100여 년에 걸친 보어인과 영국의 분쟁이 시작됐어.
우리가 먹으면 안 될까?
당근 안 되지!
남아프리카
두 세력의 오랜 갈등은 결국 두 차례의 이른바 '보어전쟁'으로 터졌고
1차 1880~1881
2차 1899~1902
결국은 영국의 승리로 끝나, 이 지역은 영국의 식민지가 되었지.
거봐! 순순히 내놓지 않고….
유럽인들은 어디든지 도착하자마자 포도를 심었는데, 제사에 쓸 와인을 만들기 위해서였지.
끌꺽
예수님의 피, 와인!
남아프리카 와인의 역사도 17세기로 거슬러올라가는 셈이야.
하지만 역사는 길어도 남아프리카의 와인은 현지에서 마실 소량생산에 그쳤고
우리 마시기에도 빠듯한데 뭘 더 바라?
내 말이….
맛이나 향도 그저 그렇고 그런 하급와인이었어.
우리가 만들어 마시기는 한다만… 맛은 별로다!
내 말이….
1970년대 이전 모든 신대륙 와인의 공통점이지!
우리가 만든 와인이지만… 진짜 별로다!
내 말이…!
칠레
호주
남아프리카
미국
아르헨티나
뉴질랜드

*보어군

*남아프리카의 포도원

남아프리카는 세계 최대의 다이아몬드와 금 생산지 중 하나야.
＊세계의 다이아몬드 생산국(녹색)
네덜란드인들은 광석을 캐기 위해 인도, 인도네시아, 마다가스카르 등에서 수많은 노예를 끌어왔는데
이로 인해 남아프리카 인종구성이 매우 복잡해졌지.
백인
흑인
혼혈
혼혈의 혼혈
동양인
인도인
1961년 남아프리카가 완전히 독립해 남아프리카공화국을 건국했지만
노랑 · 검정 · 초록
= 아프리카국민회의(ANC) 상징
모든 인종의 단결
빨강 · 하양 · 파랑
= 네덜란드 보어인의 보어공화국
이는 순수한 백인의 정권이었고 유색인종에겐 오로지 복종과 노동만 요구되었어.
백인
유색 인종
피지배층
지배층
절대소수인 백인이 절대다수인 흑인과 유색인종을 지배하기 위해
백인
유색 인종
이른바 '아파르트헤이트'라는 인종분리정책을 도입했는데
Apartheid
Apart
분리 · 나누기
Heid
하기(명사형)
이 정책은 백인과 유색인종을 완전히 분리시키는 것으로
WC
WHITE ONLY
다른 인종에 대한 철저한 차별이자 극심한 백인우월주의의 표현이었어.
도서관 등 모든 공공장소
버스 등 모든 공공교통기관
식당 등 모든 접객업소
백인전용
WHITE ONLY
NO COLOURED PEOPLE
유색인종 사용 엄금
이는 남아프리카의 유색인종은 물론 전세계를 격분시켜
인종차별 철폐하라!
시대착오적 인종정책!
인간의 존엄성 모독!
인종 분리정책
남아공은 오랫동안 국제사회에서 고립상태에 빠져 있었지.
인종차별 철폐하기 전엔 못 받아줘!
이런 상황에서 와인의 품질 따위가 어디 관심거리나 됐겠어?
와인맛이 왜 이 모양이야?
배부른 소리 하고 있네!
퉤!
유색인종 폭동 계속돼…

이렇게 고립된 남아공은 다른 신대륙 국가들이 와인산업을 발전시키기 위해 전력투구하는 동안에도
신
대륙
와
인
붐
발전은커녕 기술도, 소비자들의 입맛도 국제수준에서 점점 뒤처져갔지.
인종분리정책
국제적 고립!
1990년대에 인종분리정책이 폐지돼
인종분리
정책

흑 · 백이 화해하고 흑인 대통령인 넬슨 만델라의 시대가 열렸지만
와인산업은 이미 뒤처질 대로 뒤처져서 국제경쟁은 아예 불가능해 보였어.
스타트가 너무 늦었다!
엎친 데 덮친 격으로 각종 병충해가 기승을 부려

*넬슨 만델라(1918~2013), 남아공 첫 흑인 대통령

엄청난 면적의 포도밭이 망가졌는데, 아직도 회복하지 못해 포도나무를 다시 심어야 하는 포도원이 수두룩해.
하지만 이런 악조건 속에서도 미래를 내다보는 비전 있는 업자들이
콰르르릉
쏴
쨍하고 해뜰 날 돌아온단다!
오래전부터 와인산업을 활성화시키기 위해 꾸준히 노력해오고 있었어.
기막힌 기후조건과 저임금!
세계적인 고급화에 동참해야 우리에게도 미래가 있다!

1980년대에 이미 값비싼 프랑스 오크통을 수입해
보르도 스타일의 고급와인을 빚기 시작하는 등
부단한 노력으로 남아공 와인산업은 마치 드라마 같은 사연 속에서도 빛나는 발전을 이룰 수 있었지.
남아프리카 와인…
언제 이렇게 좋아졌지?

*바리크

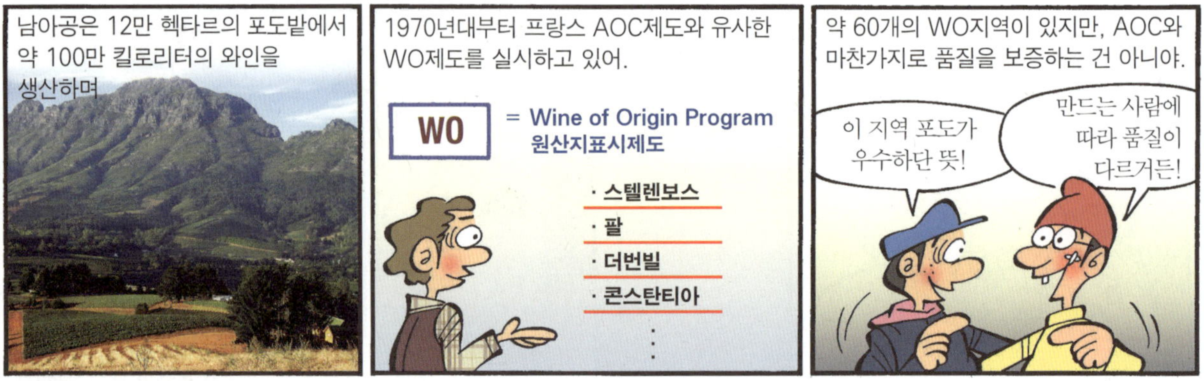
남아공은 12만 헥타르의 포도밭에서 약 100만 킬로리터의 와인을 생산하며
1970년대부터 프랑스 AOC제도와 유사한 WO제도를 실시하고 있어.
WO
= Wine of Origin Program
원산지표시제도
· 스텔렌보스
· 팔
· 더번빌
· 콘스탄티아
약 60개의 WO지역이 있지만, AOC와 마찬가지로 품질을 보증하는 건 아니야.
이 지역 포도가 우수하단 뜻!
만드는 사람에 따라 품질이 다르거든!

＊스텔렌보스 지방의 와이너리

남아공에는 전국적으로 협동조합 중심의 와이너리 561개가 있고, 34만 명이 와인산업에 종사하고 있어.**
거의 모든 업체가 와인제조업자 협동조합인 KWV에 소속되어
KWV
= Kooperatiewe Wijnbouwers Vereeniging
= Union of Cooperative Wine producers
전국에서 생산된 포도의 85퍼센트가 69개 협동조합에 의해 취급 · 유통되는데
KWV Constantia
콘스탄티아 와인제조업자 협동조합
생산된 포도의 40퍼센트는 알코올이나 브랜디, 셰리 같은 주정강화와인을 만드는 데 쓰이지.
60%
포도 생산
40%
주정강화와인
와인생산
들척지근한 내수용 와인은 대개 5리터들이 통에 담겨 주로 백인거주지역에서 소비돼.
포르투갈의 5리터들이 단지
가라팡

＊남아공의 와이너리 ＊＊2004년 기준

더운 지역인 남아공은 화이트보다는 레드와인이 단연 뛰어나지.
더운 곳은 당도가 높은 포도로 만든 묵직한 레드와인이 좋지요.
서늘한 지역은 화이트와인이 상큼해요.
최근 들어 고급 카베르네 소비뇽, 메를로, 시라즈 와인이 세계시장에 수출되면서 남아공 와인의 품질과 가격경쟁력은 날로 향상돼 세계의 주목을 받고 있어.
imbizo
MERLOT
Le Riche
The Observatory
The Observatory
MONRO
La Motte

❖ 남아공의 포도재배지역

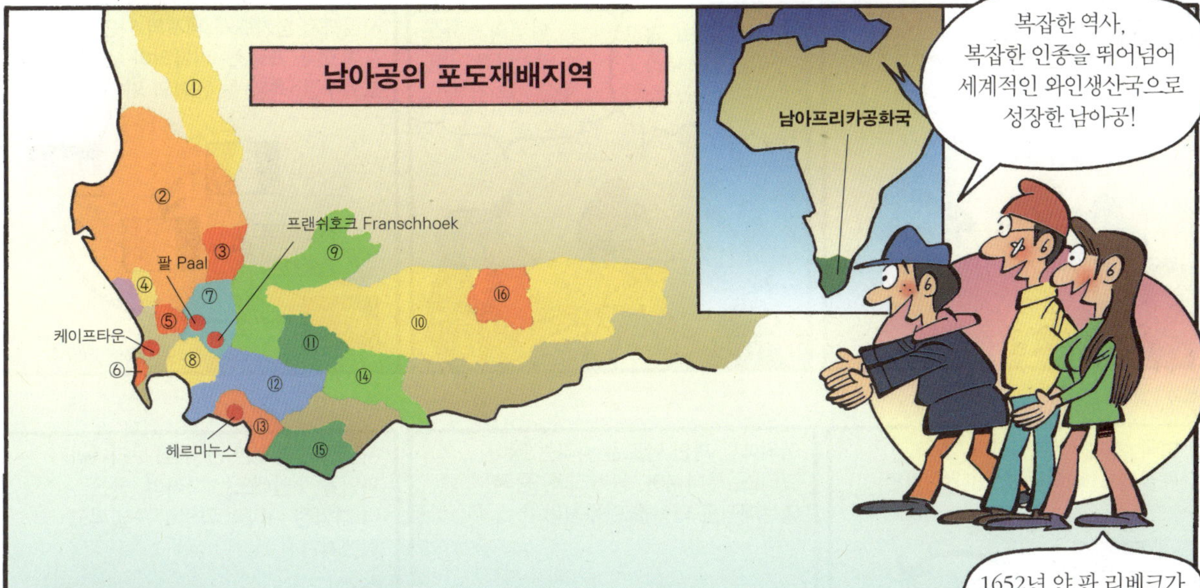

① 올리펀츠 리버 Olifants River
② 스워트랜드 Swartland
③ 툴바 Tulbagh
④ 달링 Darling
⑤ 더번빌 Durbanville
⑥ 콘스탄티아 Constantia
⑦ 팔 Paal
⑧ 스텔렌보스 Stellenbosch
⑨ 우스터 Worcester
⑩ 클라인 카루 Klein Karoo
⑪ 로버트슨 Robertson
⑫ 오버베르크 Overberg
⑬ 워커베이 Walker Bay
⑭ 스벨렌담 Swellendam
⑮ 아굴라스 Agulhas
⑯ 칼리츠도르프 Calitzdorp

1652년 얀 판 리베크가 첫 포도나무를 심은 콘스탄티아(⑥)가 가장 오래된 포도원이에요. 18세기엔 스위트와인으로 유명했지만 지금은 보르도 스타일 와인을 만들죠.

● 스텔렌보스 ⑧

케이프타운에서 50킬로미터 떨어진, 영국과 네덜란드 전통이 섞인 와이너리.

＊스텔렌보스의 와이너리

● 팔 ⑦

케이프타운 북쪽의 대량생산지역으로 프랑스에서 도망친 위그노(청교도)들이 시작한 포도 재배지역.

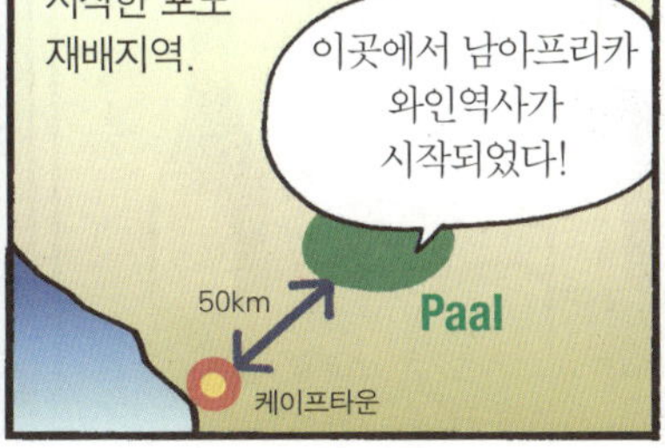

거대한 협동조합(KWV)의 지휘 아래 저가 소비와인, 과실주, 브랜디, 포트와인 등을 생산하지.

● 워커베이 ⑬

가장 서늘한 지역으로 샤르도네, 피노 누아가 뛰어나.

● 더번빌 ⑤

서늘한 지역에서 생산할 수 있는 세련되고 현대적인 와인에 이상적인 기후조건이지.

＊더번빌의 와이너리

● 로버트슨 ⑪

저렴한 테이블와인 생산지역이었으나 점차 섬세하고 우아한 와인을 생산하고 있어.

＊로버트슨밸리의 로젠달 와이너리

❖ 세계의 와인

후아아….
세상엔 와인도 많고 와인 만드는 나라도 많고….
와인의 종류도 엄청나고, 맛과 향도 가지각색….
지금까지 숨가쁘게 세계의 와인을 훑어봤네. 프랑스, 이탈리아, 스페인, 포르투갈, 독일 등 유럽의 와인.
미국, 칠레, 아르헨티나, 호주, 뉴질랜드, 남아공 등 신대륙 와인.
미국
칠레
아르헨티나
남아공
호주
뉴질랜드
이외에도 와인 만드는 나라는 많아. 그리스, 루마니아, 불가리아, 중국, 일본에서도 와인을 만들지만
CHATEAU MERCIAN
1997
甲州
CHATEAU MERCIAN
지금까지 살펴본 건 주로 우리나라가 와인을 수입해오는 나라야. 물론 더 다양한 나라의 와인이 수입되고 있겠지만….
WINE
KOREA
신대륙 와인, 유럽 와인 할 것 없이 하나의 공통점이 있다면….
세계적으로 프랑스 와인이 스탠더드, 즉 기본모델이 된다는 것이고
프랑스 와인
||
스탠더드
보르도 스타일
부르고뉴 스타일
1976년 '파리의 심판'이 전세계, 특히 신대륙 와인업계에 충격과 자신감을 주면서
캘리포니아 와인이…
프랑스 최고급 와인을 따돌렸다!
와
꼬악
세계 와인업계에 고급화, 프랑스화의 바람이 거세게 불기 시작했다는 거죠.
우리도 할 수 있다!
프랑스 와인과 경쟁하자!
고급화!
세계화!
그래, 와인업계야말로 자동차업계, 패션업계와 함께 가장 먼저 글로벌화된 산업이고
그 속도는 더욱 빨라지고 거세져 와인시장의 경쟁은 갈수록 더 치열해질 거야!
강자만이 살아남는다!

＊일본 와인, 고슈(甲州) 품종 / 샤토 메르시앙

자, 지금까지 훑어본 세계의 와인을 한번 종합해볼까!
프랑스
이탈리아
스페인 · 포르투갈
독일
미국
칠레
아르헨티나
호주
뉴질랜드
남아공
1960년대 이전에는 프랑스 와인이 와인의 대명사라 할 정도로
내 앞에서 와인 얘기는 꺼내지도 마, 알았지!
세계 와인산업에서 절대적인 존재였고, 고급와인의 상징이었지.
보르도
부르고뉴
코트 뒤 론
샹파뉴
하지만 1970년대부터 세계 와인산업에 큰 변화의 바람이 불기 시작했어.
세계화
고급화
프랑스 스타일
교통 · 통신의 발달과 함께 세계화가 급격하게 진행되면서
자본
기술
세계 각지의 와인도 점차 지역성을 벗어나 국제규격화되기 시작했는데
토종 품종
프랑스(유럽) 품종
토종 품종
세계의 고급와인 규격화 모델이 프랑스 품종을 사용한 프랑스 스타일이었다는 것은 누구도 부정할 수 없지.
카베르네 소비뇽
메를로
카베르네 프랑
피노 누아
시라
샤르도네
리슬링
소비뇽 블랑
프랑스에서도 필리프 로칠드의 등장과 함께 혁신바람이 불어
●Mis en bouteille au Château
미 정 부테이 오 샤토(샤토에서 병입)
●라벨에 예술가 작품 도입
●세계적인 조인트벤처
미국, 칠레 등
2등급이었던 그의 샤토 무통 로칠드가 1973년 1등급 그랑 크뤼급으로 승격한 '사건'이 있었고
메~
Château Mouton Rothschild
1등급
Grand Cru
2등급 그랑 크뤼
라벨 표시와 디자인 등에 큰 변화가 있었어.
그러나 전세계 와인업계에 정말 큰 자극을 준 것은 1976년 '파리의 심판'으로
미국 캘리포니아 와인이
프랑스 최고급 명주를 눌렀다!
이후 신대륙 와인업계에 대대적인 혁신 태풍이 몰아쳤지.
우리도 하면 되겠다!
세상에 절대강자는 없다!
아자!

* 예술가의 그림 라벨 전시(샤토 무통 로칠드)

1970년대 후반부터 와인업계에 급속한 고급화, 현대화, 글로벌화가 촉진되어
고급화
현대화
글로벌화
거대자본이 국적을 가리지 않고 와인산업에 투입되어
품질과 기술이 무서운 속도로 향상돼왔어.
프랑스 포도 품종이 전세계에서 재배돼 고급와인으로 생산되면서
프랑스 와인과 불꽃 튀는 품질 대결을 펼치는 무한경쟁시대가 되었지.
칠레 카베르네 소비뇽 입니다.
오, 보르도 못지않네!
글로벌화의 와중에도 지역적 특성을 살린 로컬(local) 품종을 신무기로 개발하는 글로컬리즘도 동시에 진행
글로벌 리즘
로컬 리즘
우리 고유 품종의 경쟁력을 살린다!
나라마다 고유한 품종, 다른 지역보다 우수한 품종으로 경쟁력을 높이고 있어.
템프라니요
리슬링
산지오베제 네비올로
진판델
카르메네르
말벡
시라즈
새콤한 피노!
스페인
독일
이탈리아
미국
칠레
아르헨티나
호주
뉴질랜드
이제 일부 전설적인 하이-엔드 프리미엄와인을 제외하고는
전세계가 나름대로 뛰어난 품질과 가격으로 경쟁을 펼쳐
프랑스 와인이면 다냐?
계급장 떼고 붙자, 이거야!
세계 와인시장은 절대강자가 존재할 수 없는 춘추전국시대로 돌입했다고 할 수 있지.
더더욱 선입견 없는 주관적인 선택이 중요해!
마음껏 내가 좋아하는 와인을 고를 수 있는 소비자주권시대!
*프랑스 로마네 콩티의 양조기술책임자 니콜라 노블레

*샤토 무통 로칠드 1928 / 800만 원

와인에는 정답이 없다!

내 스타일이 바로 정답!

*사랑하는 이와 함께 마시는 와인. 장-마르크 나티에 그림 〈연인들〉

❖ 블라인드 테이스팅

자자…
지금부터 와인평론가들의 와인 블라인드 테이스팅을 실시하겠습니다.
짝짝짝짝
와인평론가 가보내 씨와 소빈영 씨를 소개합니다.
可保内
蘇賓英
두 분은 라벨을 가린 다섯 병의 와인을 시음하시고 와인 이름과 빈티지를 알아맞히시겠습니다.
10만 종에 가까운 와인 가운데서 어떻게 종류와 빈티지를 맞히실 수 있습니까?
허허허… 그러니까 전문가지요.
우리처럼 와인을 잘 알고 내공이 쌓이면 냄새만 맡고도 대번에 알수 있죠.
음…
쿵쿵
오로로로
자, 두 분이 다섯 가지 와인을 블라인드 테이스팅하신 결과를 공개합니다. 라벨을 가리고 어떤 와인인지 알아맞히는 전문가의 놀라운 실력, 보십시오!
Blind Tasting 결과
Taster : 가보내
1. 샤토 라그랑주 1985 프랑스
2. 도멘 드 라모르도레 1995 프랑스
3. 샤토 그뤼오-라로즈 2003 프랑스
4. 로스바스코스 2000 칠레
5. 슈발 데스 안데스 2003 아르헨티나
Blind Tasting 결과
Taster : 소빈영
1. 클로 뒤 발 C·S 2001 미국
2. 헤이츠 셀라 2002 미국
3. 라 팔마 그란-레제르바 2001 칠레
4. 베난티 네렐로 M. 2001 이탈리아
5. 핑구스 2003 스페인

오… 오…
이럴 수가!
두 분 모두 100퍼센트 틀리셨습니다!
정답 근처에도 못 갔어요.
허걱
…아니면 말고!
수만 종이나 되는 와인을 다 마셔볼 수 있다고 생각하슈?
히히히
NO NO!
이상하다, 만화를 보면 맛만 보고도 백발백중이던데!
만화니까 그렇지. 진짜 만화 같은 소리 하고 있네!
그 많은 와인을 다 마셔보지도 않고 살짝 맛만 보고 어떤 와인인지 알아맞힌다는 건 순전히 거짓말이야.
10만에 가까운 와인
×수십 년 빈티지
=수백만 가지 와인
맛, 냄새, 모두 기억
자, 예를 한번 들어볼까! 네 눈을 완전히 가리고 어떤 차에 앉힌 다음
시동을 건다!
부르릉
자, 이게 어떤 찬지, 그리고 어떤 문제가 있는지 엔진소리만 듣고 맞혀봐!
부르르르…
음… 이 차는… 1957년
구소련이 생산한 라다 쿠페형. 셋째 엔진밸브가 1밀리미터 떠 있다!
부르르르르르르…
이런 일이 있을 수 있겠냐고?
있을 수야 있겠지. 귀신도 놀라자빠질 만큼 뛰어난 엔지니어도 있으니까!
하지만 우리가 차를 사는 것은 정비기술자가 되려는 게 아니라 드라이브를 즐기려는 것이고
우리가 와인을 마시는 것은… 아는 척하려는 게 아니라 즐기기 위한 것이다!
ENJOY YOUR WINE!
머리로 마시지 말고
눈, 코, 귀, 입, 목젖으로 마시자!

❖ 한국인과 와인문화

최근 우리나라에도 와인열풍이 불면서
와인에 대한 온갖 선입견과 편견이 판을 치고 있다죠?
그건 우리가 와인문화를 접한 지 얼마 안 돼서 와인에 대해 잘 모르기 때문이야.
우리나라가 세계에서 가장 늦게 와인문화를 접한 나라라는 거 아니?
유럽 그리스 · 로마시대부터
미국 1970년대부터
일본 1980년대부터
한국 2000년대 들어
그런가…요??
콜럼버스 이래 서양인, 즉 기독교인들은 전세계로 진출해
아프리카
아메리카
아시아
인도
오세아니아
20세기 초에는 거의 전세계가 기독교 문화권인 서구의 식민지가 되고 말았어.
영국령
프랑스령
네덜란드 식민지
스페인령
포르투갈령
기독교인들은 새로 진출하는 곳이면 어디든 포도나무부터 심었는데
'예수의 피'인 포도주는 제사에 빠져서는 안 되는 소중한 것이었기 때문이야.
주여, 주(酒)여!
포도경작이 가능한 연평균기온 10~20도인 지역이면 세계 어느 곳이건 포도농사를 지었고
10°C
한국도 포도재배 가능 지역
20°C
이렇게 해서 와인문화가 전세계로 전파된 거지.
유럽
북미
아시아
남미
남아프리카
호주 · 뉴질랜드
주 예수 그리스도!
기독교도들이 정말 예배에 쓰려는 목적으로만 와인을 만들었을까요?
와인은 같은 면적에 다른 농작물을 길러 파는 것보다 50배나 이익이 남고
마시면 기분이 좋아지는 술을 마실 수 있는 기회가 주어졌기 때문이겠지.
오~ 주여!

19세기 말에는 중국에도 선교사들이 들어와 포도를 재배하기 시작했어.
세계 와인생산대국(세계 전체 생산량 대비)
1. 이탈리아(18.7%)
2. 프랑스(17.8%)
3. 스페인(15.6%)
4. USA(8.7%)
5. 호주(4.2%)
6. 아르헨티나(4.1%)
7. 남아공(4.0%)
8. 칠레(3.9%)
9. 독일(3.2%)
10. 중국(2.3%)
당시 동북아시아의 두 나라는 기독교 문화권의 침략을 받지 않았는데
서양문화가 뭔지 몰라!
NO, NO NO!
바로 일본과 일본에 강점된 조선이었어.
서양 침략, 노생큐!
조선
일본은 1868년 메이지유신을 통해 모든 제도를 유럽식으로 완전히 바꿨어.
버려, 버려!
모든 아시아적인 것
유럽문화를 대대적으로 받아들이면서 와인문화까지 수용해
脫亞入歐*
유럽문화
경례!
19세기 말부터 와인생산을 시작해 현재 상당한 품질의 와인을 만들고 있어.
16세기 포르투갈 선교사가 와인을 전해주다!
1875년 첫 상업적 와이너리 등장!
그러나 우리나라는 일제 강점기에는 주류전매법에 의해 엄두도 못 냈고
개인이 술 담그는 것을 엄금한다!
양조는 전매업! 세금 걷는 방법이거든!
해방 뒤 미국 문화가 몰려왔지만 당시엔 미국도 와인문화가 보잘것없었지.
와인 안 마셔요!
맥주나 콜라 마셔요!
US
경제개발이 진행된 1970~80년대에도 와인은 우리에게 생소한 존재였다가
소주
맥주
21세기 들어 국민소득이 2만 달러 선에 이르며 국민생활이 업그레이드되는 과정에서
$20,000
국민생활의 모든 패턴이 변하는 시기
$15,000
'와인'이라는 존재를 발견했고
오, 와인!
서양인들이 수백 년간 생활화해온 와인문화를 따라잡기 위해 '압축접근'해 가는 모습이 와인열풍으로 나타난 거야.
서양인의 와인문화
한국경제
한국인의 와인문화
압축발전
압축접근

*OIV 2020년 통계

*탈아입구 : 아시아를 벗어나 유럽에 편입한다는 일본의 국가철학

❖ 와인에 대한 편견

와인역사가 극히 짧다 보니 와인에 대해 잘 모르는 상황에서
잘 모르는 게 당연하지!
'우리 문화'가 아니라 서양 문화였으니까!
와인에 대한 근거 없는 '원칙(?)'들이 정설처럼 자리를 잡기도 했어.
~라 카더라!
~해야 한다더라!
요렇게 잡아야….
스테이크에는 레드와인!
생선요리에는 화이트와인!
와인은 치즈와 함께 마셔야 제맛이 난다.
와인은 마시기 두 시간 전 마개를 따두어야 해. Breathing*
디캔팅을 하면 와인맛이 훨씬 좋아진다!
와인을 마시면 위스키, 맥주보다 살이 덜 찐다.
프랑스인들이 오래 사는 건 레드와인을 많이 마셔서다.*
드라이한 레드와인보다 달콤한 화이트와인이 당분 함유량이 많아 칼로리가 더 높다!
Dry Red
Sweet White
칼로리
프랑스 와인은 품질 대비 가격이 비싸다!
신대륙 와인은 가격 대비 품질이 훨씬 좋다!
프랑스 와인
F
W
신대륙 와인
품질 대비 가격
이런 얘기들이 다 틀렸다는 말씀인가요?
맞을 수도 틀릴 수도 있지. 한마디로 와인에는 정답이 없어.
잔을 어떻게 잡든, 잔을 돌리든 말든, 마시다 춤을 추든, 생쇼를 하든
마시는 사람 마음이지. 소위 정설(定說)에 얽매이지 말고 자기 식으로 마시면 되는 거야.
내가 와인을 마신다!
내 식대로 마신다!
지금부터 근거도 없는데 정설로 통하는 몇 가지를 알아볼까!
와인에 대한 근거 없는 정설(?)

*Breathing : 브리딩, 숨쉬기

*French Paradox : 프렌치 패러독스

마리아주

스테이크에는 레드와인?
생선요리에는 화이트와인?
서양에서 와인은 음식과 함께 마시는 음료로
주문하신 와인입니다.
음식의 맛을 더욱 좋게 하고 즐거운 식사가 되도록 도와주는 중요한 존재지.
그래서 음식의 종류와 맛에 알맞은 와인을 고르는 것이야말로 가장 중요한 일이고
굴요리엔 샹파뉴를 주세요!
음식과 아주 잘 어울리는 와인의 관계를 하모니(조화), 특히 '마리아주*'라고 해.
오리고기엔 조금 무거운 부르고뉴 지방 화이트가 좋겠군!
마리아주는 '결혼'이라는 뜻이니까….
궁합이 맞는 짝, 부부같이 어울리는 커플이란 거네요.
*Mariage : '결혼'이라는 뜻의 프랑스어
음식과 와인의 조화, 즉 마리아주는 원칙적으로 음식의 맛과 와인의 맛이 조화를 이뤄야 하는 것으로
음식
와인
맛이 강한 요리에는 강한 와인을, 부드러운 요리에는 부드러운 와인을
강한 요리 → 강한 와인
부드러운 요리 → 부드러운 와인
새콤한 요리에는 새콤한 와인을, 달콤한 요리에는 달콤한 스위트와인을 선택하는데
새콤한 요리 → 새콤한 와인
달콤한 요리 → 달콤한 와인
고기, 생선, 치킨, 해산물 등 음식의 재료와는 상관없이
음식의 맛, 특히 소스를 기준으로 선택하는 게 보통이야.
예컨대 달콤한 음식에 드라이한 와인을 마시면 혀가 신맛에 예민해져 시게 느껴지는 등, 음식맛과 와인맛이 다 안 좋아지거든.
와인맛이 갑자기 왜 시어졌지?
디저트 먹었잖아!

서양식 식사를 할 때는 보통 잔을 여러 개 준비하는데
물잔
화이트 와인잔
레드와인잔
샴파뉴잔
이런 형식을 갖춰 와인을 마시기 시작한 건 채 100년도 안 됐어.
이거 하나면 됐지, 번거롭게 잔뜩 늘어놓고….
이는 영국 상류사회에서 시작된 전통이야.
빅토리아 여왕 시대
통치 1837~1901
영국 최고의 전성시대로 영국식 의례와 격식이 이때 정립되었다. 청교도적 윤리를 강조하고 형식을 중시하는 한편 가식적이고 속물적이라는 특징이 있다.
왜 하필 영국일까? 와인을 생산하지도 않는 나란데….
지구온난화 때문에 최근에는 영국도 와인을 생산한대.
영국은 와인을 생산하지 못했기 때문에 100퍼센트 수입해서 마시다 보니
100% 수입
레드와인, 화이트와인, 로제, 샴파뉴, 셰리, 포트, 마데이라 등 온갖 와인을 고루 수입해 즐길 수 있었지.
골라 골라!
그러다 보니 음식맛에 알맞은 와인을 골라 마실 수 있었고
전채엔 샴파뉴!
본식엔 보르도 레드,
디저트엔 포트 빈티지!
한 끼에 서너 종류의 음식을 먹기 때문에 와인도 골고루 갖춰 마셨어.
와인을 생산하는 나라는 오히려 자기들이 만든 와인밖에 마실 수 없었지.
전채, 본식, 후식 모두 레드와인…
레드만 생산하거든!
당시엔 교통도 불편하고 전국적인 시장도 형성되지 않아서 자급자족 경제였기 때문에
레드와인 생산지역
화이트와인 생산지역
화이트와인 생산지역
레드와인 생산지역
화이트와인만 생산하는 곳에서는 모든 음식에 화이트와인을 마셨고
모든 음식에 화이트와인
레드와인 생산지에서는 어떤 음식이건 레드와인을 곁들일 수밖에!
모든 음식에 레드와인

와인을 생산하지 못하고 전량 수입해 마시던 영국은
영국
프랑스
스페인
포르투갈
이탈리아
독일
기타
와인맛 평가에 까다롭고 세계 각지의 와인사정에 아주 밝아서
돈 주고 사오는 와인이니
철저하게 감정해보고 결정해야….
세계적인 와인평론가나 감정가가 많이 배출되었지.
영국인 유명 와인평론 · 감정가
● Michael Broadbent (1927~2020) 마이클 브로드벤트
● Hugh Johnson (1939~) 휴 존슨
● Jancis Robinson (1950~) 잰시스 로빈슨
1970년대까지는 미국도 와인문화가 뒤처져 고급와인은 유럽에서 수입해다 마셨기 때문에
우리나라 와인은 너무 후져서….
EUROPE WINE
USA
로버트 파커 같은 세계적인 와인평론가가 나올 수 있었던 거야.
Robert Parker
1947. 7. 23~
미국 메릴랜드 출생
〈Wine Advocate〉 발행
저서 :「Bordeaux」
「파커 와인가이드」
그렇다면 육류엔 레드와인…,
생선엔 화이트와인이 어울린다는 얘긴 어디서 나온 거죠?
쇠고기스테이크에 레드와인이 어울린다는 건 정설이 아니고 우연한 상황에서 비롯된 얘기야.
미국 최고의 와인전문가 팀 한니*의 설명을 들어볼까!
그건 2차대전 직후에 시작됐는데….
2차대전 후, 프랑스에는 수천 명의 미군이 주둔했는데
US
전후 프랑스는 식량이 부족해 미군의 식량은 전부 미국 본토에서 수송해왔고
US
그중 미군들이 가장 즐겨 먹은 것이 쇠고기스테이크였지. 그런데
Oh, I like Steak!
마실 것까지는 본토에서 가져올 수 없었기 때문에 프랑스에서 가장 흔한 음료인 레드와인을 마실 수밖에 없었어.
레드와인 무한제공

*Tim Hanni : 미국 음료문화연구소(Wine Quest) 소장

당시 생수가 보급되지 않아 대부분의 미군 음료가 캔맥주 또는 콜라 등의 탄산음료인 상황에서
생수
콜라, 맥주 등
새롭게 접한 레드와인은 미군들에게 큰 인기를 끌어
색깔 죽인다!
냄새도 좋고, 맥주보다 도수도 높고 맛도 좋다!
'스테이크-레드와인' 속설이 생겨난 거야. 과학적인 근거가 있는 건 아니지.
본국에서 전혀 못 마셔본 레드와인!
스테이크-레드와인, 돼지고기-레드와인, 뭐든지 레드와인!
음식과 와인의 하모니는 맛의 강도, 특히 소스의 강도에 달렸다고 할 수 있어.
음식맛
와인맛
음식맛
와인맛
음식맛
와인맛
어떤 재료엔 어떤 와인이 어울린다는 식의 마리아주 어쩌고 하는 건 전혀 근거가 없어.
이 음식의 마리아주 와인은….
생쇼를 하셔….
쇠고기, 닭고기, 양고기…
그리고 생선과 해산물,
어떤 음식재료든
양념하지 않은 자연재료 자체는 강하고 약한 맛과 강도의 차이가 없잖아?
그런 중성적인 재료를 양념과 소스 등을 써서 강한 맛, 순한 맛의 요리로 만드는 만큼
*갖가지 조미, 향신료
와인을 선택할 때는 요리의 재료가 아니라 소스에 맞춰야겠지.
매운 요리?
짠 요리?
새콤한 요리?
MENU
육류에도 잘 어울리는 강하고 드라이한 화이트와인도 얼마든지 있고
생선과 해산물에 잘 어울리는 부드럽고 산뜻한 레드와인도 얼마든지 있어.
고기-레드와인, 생선-화이트와인이라는 선입견은 버려야겠네요!

❖ 한식에 어울리는 와인은?

그렇다면 우리나라 음식에 어울리는 와인은요?
요즘엔 한식에도 와인을 많이 마시던데….
서양 음식과 우리 음식은 근본적으로 다르다는 점을 잊어선 안 돼!
한국 요리
서양 요리
서양 음식은 대개 서너 가지 요리가 한 가지씩 차례로 나오는데
전채
본식1
본식2
후식
1
2
3
4
요리마다 각각의 맛이 있기 때문에
상큼한 맛
담백한 맛
묵직한 맛
달콤한 맛
전채
본식1
본식2
후식
그 맛에 맞춰 와인을 선택할 수 있지.
보기
샹파뉴
화이트
레드
포트
전채
본식1
본식2
후식
즉, 서양 음식은 '접시문화'인 데 비해
요리의 맛에 맞춘 와인
우리나라 음식은 여러 가지 맛의 음식을 한꺼번에 차려놓고 먹는
무침
부침
생선
찌개
구이
김치
나물
간장
밥
국
'한상문화'야!
짠맛
신맛
단맛
매운맛
중립
짠맛
싱거운 맛
매운맛
이렇게 차려진 음식 중엔 짠 요리, 매운 요리, 단 요리, 신 요리 등 다양한 맛이 다 섞여 있는데
이 모든 맛을 다 맞출 수 있는 와인은 이 세상에 없다고 봐야겠지.
그럼 우리나라 음식에 어울리는 것은…?
모든 종류의 맛을 다 커버하는 중성적인…
우리의 소주!!

와인은 건강음료?

많이 마시면 배 나온다!

1970년대 초, 미국의 한 TV가 프렌치 패러독스를 주제로 특집 토크쇼를 제작, 방영했어.
The French Paradox
프랑스 남부 사람들은 마음껏 먹고 마시며 사는데도 성인병에 잘 안 걸리고 장수하는데
우리처럼 기름진 음식 먹고 술도 많이 마시는데…
우리보다 건강하게 오래 사는 비결은?
그 이유가 바로 레드와인이라는 내용이었지.
우리가 주로 맥주나 위스키를 마시는 반면
그들은 레드와인을 마신다는 거죠.
그 다음날로 미국 전역의 주류 판매소에서 레드와인이 매진되는 소동이 벌어졌고
Red Wine
SORRY!
SOLD OUT
프렌치 패러독스는 미국 와인산업을 크게 활성화시킨 기폭제가 되었어.
미국 와인산업
펑
프렌치 패러독스
남부 프랑스인들이 장수하는 건 사실이지만, 레드와인을 마시기 때문이라는 건 과학적으로 증명된 바 없어.
프렌치 패러독스 = 가설
학술적 증명
그게 사실이라면, 레드와인 생산국인 스페인, 이탈리아 사람들도 모두 장수해야겠지.
우리도 레드와인 줄곧 마셨다!
우리도….
남부 프랑스 사람들이 장수하는 것은 레드와인 때문이라기보다는
온화한 지중해성 기후와 빛나는 태양
오후에 시에스타를 즐기고 상대적으로 스트레스를 덜 받는 느긋한 생활
ZZZ
삶을 즐기는 라이프스타일 때문이라는 게 더 정확한 설명일 거야.
Savoir Vivre 사부아 비브르!
인생을 맘껏 즐기자!

❖ 와인의 열량

와인은 정말 건강음료일까? 맥주나 위스키 많이 마시면 살찐다는데 와인은 마셔도 살 안 찌는 걸까?
모든 알코올음료가 다 적당히 마시면 건강음료, 많이 마시면 독!
알코올은 칼로리가 높으니까 와인도 분명 살찌는 음료죠!
그래도 달콤한 와인이 더 살찔 거 같은데!
그야 당연하겠지. 당분이 더 많을 테니까 말야.
달콤한 화이트와인과 드라이한 레드와인의 칼로리를 한번 계산해볼까!
화이트 와인
W
레드 와인
R
리슬링 슈페트레제
9%
코트 뒤 론
14%
100그램의 설탕은 410칼로리, 100그램의 알코올은 710칼로리니까
Sugar
100g
410Cal
Alchol
100g
710Cal
세계 공통규격의 와인 한 병은 750밀리리터이고, 화이트와인에는 40그램의 당분이 들어 있다고 할 때
W
1병 = 750ml
알코올 함량 9%
+
설탕 40g
달콤한 화이트와인 한 병의 열량은?
750ml×9% = 67.5g (알코올)
100g (알코올) = 710Cal
710×0.675 = 479.25Cal
40g (설탕) → 410Cal × 0.4 = 164Cal
479.25Cal+164Cal = 643.25Cal
그럼 드라이한 레드와인 한 병의 열량은?
750ml×14% = 105g (알코올)
100g (알코올) = 710Cal
710kcal×1.05 = 745.5Cal
↓
745.5Cal
둘을 비교하면?
달콤한 화이트와인 1병의 열량
643.25Cal
드라이한 레드와인 1병의 열량
745.5Cal
와!
레드와인이 화이트와인보다 높네!
이처럼 열량이 높은 쪽은 달콤한 와인이 아니라 알코올 도수가 높은 와인이야.
15%
15%의 드라이 시라 1병
750×0.15=112.5g
710Cal×1.125=798.75Cal
↓
798.75Cal
화이트, 레드 구분 없이 알코올 도수가 높은 와인을 많이 마시면 살이 찌는 거지.
저녁 잔뜩 먹고 와인 한 병!
당연히 배가 나오지!

매일 정해진 양의 식사를 하면서
와인을 반 병씩 마신다면
하루에 300~400칼로리의 열량을 추가로
섭취하는 셈이고
밥 한 공기 추가
이런 생활을 꾸준히 계속하면 언젠가
이런 모습이 되겠지!
그럼에도 수많은 연구기관이나 학자가
레드와인이 건강에 좋다며
레드와인이 좋은 것
같다고 할 수….
건강에 해롭다고
보기에는 무리가
있을 수….
프렌치 패러독스를 증명하기 위해
안간힘을 쓰고 여러 가지 연구결과와
통계를 발표하는 이유는 뭘까?
인간 수명과
레드와인의 효과
연관관계
분석결과
이들의 스폰서는 물론 와인업계로
어떻게든 와인이 몸에
좋다는 것만 증명해
주시오.
우리도 최선을
다하고 있어요.
와인과 건강을 연결시키는 것은
곧 마케팅전략이자 매출을 늘리는
지름길이기 때문이야.
건강
와인
마케팅
대박
매출
그래서인지 와인을 많이 마시는 게 건강에
좋을 리 없는데도
헉
헉
프렌치 패러독스를 증명하는 통계가
수없이 나오고 있어.
레드와인이
건강에 좋은 이유
×××연구소
남프랑스인들은
왜 장수하는가?
○○○조사연구소
△△△연구소
이런 통계에 신경쓸 필요 없이 적절한
양의 와인을 즐기면 정신건강에 좋은
것만은 분명해.
와글
프렌치
패러독스
와글
그런 거 관심없거든!
그냥 와인이 좋아.
과거 영국 총리였던 윈스턴 처칠은 이런
말을 남겼지.
당신 스스로 '조작한'
통계가 아니라면
어떤 통계도
믿지 마라!
독일 나치스 선전장관 요제프 괴벨스*의
말을 인용한 거야.
통계조작은
고무줄 같은 거야.
설문조사 대상을
고르기 나름이거든!

*Joseph Goebbels(1897~1945), 사진 오른쪽

비싼 와인이 맛있다?

그럴 수도 아닐 수도 있다

₩1,250,000

정말 비싼 와인이 맛있나요?
아님 맛있으니까 비싼 건가요?
비싼 와인이 대개 맛있는 건 사실이야. 또 맛이 있으니까 비싼 걸 테고.

하지만 싸다고 꼭 맛없는 것도 아니고, 비싸다고 내 입에 맞는단 보장도 없어.
165,000원짜리야. 맛 죽이지?
난 별론데….
문제는 맛에 비해 월등하게 비싼 가격을 부담할 마음과 주머니의 준비가 되어 있느냐지.
$450
$120
$685
$120
와인 가격은 품질 대비 기하급수적으로 높아져.
품질
가격
유럽이나 미국의 일반 가정에서 마시는 와인은 5~15달러 수준으로
WINE
Liquor Store
20달러가 넘어가면 고급와인으로 취급하기 때문에
어머, 정말 좋은 와인 사왔네!
수백, 수천 달러나 하는 최고급와인들은 아예 얘깃거리도 안 돼.
한 병에 1,000달러나 하는 것도 있다더라.
그런 걸 누가 마실까?
이에 비해 와인문화를 갑자기 접한 우리나라에선
!
펑
기본적으로 20~30달러에서부터 시작해 100달러가 넘는 와인도 즐겨 마시지.
싼 와인은 이윤이 적어 수입하지 않으니 그렇죠.
₩32,000
₩24,000
₩
와인의 맛에 익숙해지기 전에 너무 고급와인에 길들여졌다고나 할까!
한 병에 3유로면 4,500원 아냐? 이런 것도 마시나?

❖ 최고급와인의 제조비용

이 세상 모든 상품 가운데 와인처럼 가격차가 많이 나는 것도 드물 거야.
A
B
$2.—
$2,000.—
하지만 천문학적인 가격의 와인이나 저렴한 와인이나 같은 유리병에 같은 코르크마개를 사용하고
유리병
$2.—
$2,000.—
코르크
저렴한 와인을 만드는 포도원 인건비가 비싼 와인 만드는 곳보다 몇 배나 싼 것도 아니야.
고급 와이너리니 임금을 열 배 주세요!
딴 데 가보슈!
그렇다면 고급와인, 전설적인 하이-엔드 프리미엄와인의 생산가격은 얼마일까?
CHATEAU MOUTON ROTHSCHILD
CHATEAU D'ARMAILHAC
한 병당 순수 제조비용은 10유로 안팎이야.
1병당 순수 제조원가
€10
= 약 14,000원
CHATE
10유로… 14,000원 정도!
또 아악
10유로 들여 만든 와인이 500~600달러로 둔갑하다니… 해도 너무하네!
그 제조비용에 세금과 기타 비용을 다 따진다고 해도 거의 대부분이 순이익 아닌가요?
제조원가
세금
유통비용
네고시앙·유통업자 순이익
와이너리 순이익
그러게… 500달러짜리 라고 해서
10달러짜리보다 맛이 50배나 좋을 리도 없을 텐데….
그 엄청난 이익, 즉 부가가치가 바로 그 와인의 네임밸류, 브랜드, 역사, 문화의 값이란다.
전설
역사
문화
전통
세간의 평판
BRAND
가치
게다가 제한된 생산량으로 인해 희소가치까지 더해져
샤토 라피트 로칠드 = 세컨드와인 포함
총 500,000병(1년)
가격이 그렇게 비싸도 없어서 못 파는, 철저하게 공급자 중심의 시장인 셈이지.
비싸면 사지 마!
고급와인 생산자
사겠다는 사람 줄섰거든!

❖ 네임밸류

하기야 명품 브랜드 제품 살 때 원료값 따지는 사람은 없죠.
에르메스, 고치, 로이비통 핸드백을 가죽값 따져 사는 건 아니니까….
CHANEL
GUCCI
PRADA
그래서 보르도나 부르고뉴 와인 등 프랑스 와인이 턱없이 비싼 거군요!
끄덕
끄덕
잠깐!
프랑스 와인이라고 모두 비싼 건 아니야.
보르도 지방의 9,000개가 넘는 와이너리, 즉 샤토 중 이런 호사와 가격혜택을 누리는 곳은 불과 100개 정도고
럭셔리 샤토
100개 정도
보르도 샤토
9,000개
나머지 절대다수는 세계 각지의 와인들과 피나는 가격경쟁을 해야만 살아남을 수 있어.
사느냐, 죽느냐?
그것이 문제로다!
예컨대 5대 1급 그랑 크뤼 와인이 생산되는 메독이나 그라브 지역에서도 10달러 이하의 와인이 대량생산되고
Ch. 라피트 로칠드
Ch. 무통 로칠드
Ch. 라투르
Ch. 마고
●보르도
Ch. 오브리옹
같은 보르도 지방이라고 해도 잘 알려지지 않은 AOC샤토들, 즉 코트 드 카스티용, 코트 드 블라이, 코트 드 부르 등의 와인은 뛰어난 품질에도 네임밸류에서 밀려 빛을 보지 못하고 낮은 가격에 거래되고 있어.
지롱드강
코트 드 블라이
Côte de Blaye
코트 드 카스티용
Côte de Castillon
코트 드 부르
Côte de Bourg
프롱삭
포므롤
생테밀리옹
바메독
마고
오메독
도르도뉴강
보르도시
엉트르뒤메르
Entre-deux-mers
그라브
소테른
또 프랑스의 AOC, 이탈리아의 DOC · DOCG, 스페인의 DOC 등급 와인은 값이 비싸고
이탈리아 브루넬로 디 몬탈치노 108,000원! DOCG급이라 비싸군!
독일, 오스트리아 등에서는 QmP, QbA도 고급와인으로 가격이 세지만
이건 포도밭이 좋아 국가가 지명을 사용하도록 허용하거나 당도가 높은 포도로 만들었다는 뜻일 뿐
프랑스/이탈리아
포도밭 품질 기준
AOC
DOC
DOCG
독일/오스트리아
포도의 당도 기준
QmP
QbA
와인의 품질을 보증하는 건 결코 아니니까 무조건 믿지 말고 자기 기호에 맞는 와인을 선택해야 해.
선택은 결국 내 몫!

와인에티켓

서양식으로 마실까, 한국식으로 마실까?

동양과 서양을 막론하고 주도(酒道)라 하여 술을 마시는 예의범절이 있어.
酒
동양의 주도는 술을 마시는 태도, 즉 인간과 인간 사이의 예절을 중시하지만
한잔 들게!
감사합니다, 부장님!

서양의 주도는 와인 또는 술 자체를 어떻게 다루느냐가 중요해.
온도, 잔, 디캔팅!
예건대 중국에서는 '건배'를 하자고 하면 단숨에 잔을 비워야 하고
간베이
홀짝!
홀짝!
일본에서는 손님의 술잔이 항상 가득 차 있지 않으면 큰 실례라서 한 모금 마시기가 무섭게 잔을 채워주는데
아, 시츠레이 시마시다!*
*실례했습니다.
우리나라에서는 반대로 '첨잔실례'라 하여 잔이 비기 전에는 술을 따르면 안 되지.
잔 쭉 비우시죠! 한잔 올리겠습니다.
또 윗사람 잔에 술을 따를 때는 두 손으로 공손히 따르고
마실 때는 몸을 돌려 소리나지 않게 마시는 게 예의야.
또 윗사람이 술을 따라주면 두 손으로 받아야 하지.
한잔 하게!
아, 예!
그러니 술병은 마시는 사람 누구나 들 수 있고 또 따를 수 있는 반면
부장님, 제가 한잔 올리겠습니다!
서양에서는 서비스하는 종업원이 없는 경우, 호스트, 즉 초청한 사람이나 돈을 내는 사람만 와인병을 들고 따를 수 있어.

❖ 주도

서양에서 와인은 식사 때 마시는 음료라는 인식이 뿌리 깊이 박혀 있고
식사 외에 따로 와인만 마시는 경우는 어지간한 와인마니아가 아니면 있을 수 없는 일로
알코올 중독자?
바나 카페에 가도 한 잔씩 주문해서 마시지 병째 주문하는 경우는 드물어.
메를로 한 잔!
손님을 식사에 초대하면, 식당의 경우 당연히 종업원이 와인을 따라주지만
집으로 초대했다면 와인을 선택하고 서비스하는 건 주인의 몫이어서
샤토 페리에 1995, 마고 그랑 크뤼 3등급!
손님은 와인을 즐기기만 해야지 병에 손을 대거나 따르면 엄청난 실례가 돼.
우리와는 완전히 다르네!
주거니받거니 하는 재민 없군!
그러나 한국인끼리 와인을 마시면서도 이런 서양 범절을 따를 필요가 있을까?
우리식으로 권커니받거니 하는 게 바로 술 마시는 재민데 말이지.
야아, 한잔 해! 내가 병권 잡았다!
가만 있어, 이 잔 비우고….
와인도 우리나라에서 마시면 소주나 맥주처럼 알코올음료의 하나일 뿐이니
소주
맥주
위스키
와인
굳이 서양 범절에 얽매일 필요 없이 우리식으로 마시면 되는 거야.
자, 부장님 한잔 받으시죠!
그러나 지나치게 한국적인 음주습관, 즉 코가 비뚤어지게 마시거나 폭탄주로 마시면
원샷!
위하여!
비싼 와인을 값싸게 마시는 꼴불견이 되고 말지.
와우…
한국 사람들, 와인도 원샷 합니까?
!

❖ 와인의 온도와 잔

와인을 맛있게 마시려면
가장 좋은 상태에서 마시면
맛과 향이 더욱 죽여준다!
가장 중요한 것이 바로 와인의 온도와 잔이야.
와인이 가장 맛있는 온도라고 하는 16~18도는 난방이 제대로 되지 않던 옛날 유럽의 실내온도였고
지하 와인저장고 온도는 14도였기 때문에
그래서 와인냉장고 레드와인칸이 14도인 거죠!
마시기 전에 저장고에서 꺼내와 실내에서 한두 시간 세워두었어.
과거에는 와인에 찌꺼기가 많이 남아서 이를 가라앉히고
찌꺼기
Deposit
또는
Sediment
14도인 와인의 온도를 마시기 좋은 16~18도로 끌어올리기 위해서였지.
셀러 온도
14℃
16~18℃
실내온도
와인은 실내온도로 마시라면서요?
요즘 실내온도인 20~25도에 맞추란 건 절대 아니야.
레드와인이 14도 이하면 맛과 향이 '열리지' 않고
무지 비싼 와인인데….
냄새가 왜 이리 약하지?
20도가 넘으면 알코올냄새가 강해져 와인의 기품있는 맛과 향이 상대적으로 밀리거든.
알코올냄새!
너무 뜨뜻해요.
'와인을 마시는 즐거움은 70퍼센트가 코로 즐기는 것'이라는 말이 있는 만큼
오, 이 부케… 바닐라, 오크, 젖은 낙엽….
그 향기가 담기는 크고 투명한 잔이 와인의 즐거움을 더해주지.

＊리델(Riedel) 글라스

❖ 와인을 마시는 방법

와인은 어떻게 마시는 게 좋을까요?
와인에는 정답이 없다잖아!
때와 장소, 분위기에 따라 내 스타일대로 마시는 게 가장 좋겠지.
식사 때!
좋은 사람과 함께!
'술'로 마시기!
분위기로!
딸꾹
가령, 식사 때 음식과 함께 마시는 경우라면 굳이 고가의 와인을 고집할 필요 없이
보르도 2등급 그랑 크뤼 클라세!
2만 원짜리 식사에 50만 원짜리 와인?
주문한 음식과 어울리는 맛의 와인을 선택하는데
음식
와인
음식
와인
음식
와인
음식
와인
서양에서는 보통 한 사람 식사값의 1.5~2배 가격의 와인을 주문하지.
음식
1인당 2~3만 원
와인
1병 3~6만 원
좋은 사람들과 와인을 음미하는 거라면, 새로운 와인을 시음해보는 '발견의 기쁨'과
풀보디 느낌이 아주 좋군!
처음 마셔보는데 정말 맛있어.
향기로운 와인과 끝없는 대화가 어우러지는 '축제'를 즐길 수 있어.
축제라서 좋은 와인을 열고….
좋은 와인을 열었으니 오늘이 바로 축제….
또 취하기 위한 '술자리' 와인이라면 술 종류는 상관없을 테니 굳이 고급와인을 선택할 필요가 없고
오늘밤은 친구들과 와인파티!
Liquor Store
분위기에 맞춰 와인 마시는 자체를 즐긴다면
잔잔한 음악이 흐르고, 은은한 촛불과 아름다운 꽃장식이 되어 있는 테이블에서
온갖 격식 갖춘 의식(儀式, Ritual)을 치르는 것도 좋지.

와인을 모르면 비즈니스가 안 된다?

서양인도 전문가는 드물다!

회사 CEO들이 스트레스가 엄청 심하대요!
와인을 모르면 비즈니스가 안 될 정도라고….
내가 좋아하는 와인이 뭔지 알고 기초상식만 있으면 됐지, 뭘 더 알아야 하는데?

서양인들은 모두 와인전문가인 줄 알지만 대부분은 우리와 마찬가지야.
와인? 잘 몰라요!
난 주로 맥주를 마시는데요!
어렸을 때부터 전해들어서 자기가 사는 지역의 와인에 대해선 조금 알지만
토스카나에서 자라 키안티 와인은 많이 마셔봤죠.
고향이 나주라 배 많이 먹고 컸어요.
우리처럼 스트레스 받아가며 와인공부 해가면서 마시는 사람은 아주 드물어.
보르도 3등급 그랑 크뤼 클라세….
브란-캉트낙, 코스 데스투르넬, 뒤크뤼 보카이유, 뒤포르-비방…
WINE 강의
더욱이 젊은 층은 점차 와인에서 맥주나 위스키 등으로 옮겨가고 있어.
BEER
WINE
와인은 한 병을 열면 다 마셔야지, 남기면 상할 염려가 있고
와인
식초
너무 다양하고 복잡한데다 값이 비싸서 세계적으로 젊은 층의 외면을 받고 있지.
맥주 주세요!
와인 리스트
비즈니스 파트너 중에는 와인에 대해 해박한 사람도 있을 수 있는데
샤토 푸제! 보르도 캉트낙 4등급 그랑 크뤼!
그들은 대개 오랫동안 와인을 마시다 보니 자연스레 와인 관련 지식이 풍부해졌거나
국제공통배지 소믈리에 (Sommelier)
레스토랑에서 와인에 대해 자문을 해주거나 선택에 도움을 주는 전문가
스스로 셀러를 가지고 재산으로든 취미로든 와인을 수집하는 사람들이지.

비즈니스 파트너가 와인전문가라면?
부르고뉴 코트 도르에선 샹볼-뮈지니가 단연….
그 앞에서 와인 얘기 꺼냈다간 망신당하기 십상이니
알코올전문가 신가 본데…
한국의 명주에 대해 이야기해주시죠.
오히려 그 사람의 얘기를 잘 듣고 감탄해 주는 게 비즈니스를 성공으로 이끄는 방법 아닐까?
대단하십니다, 정말. 배우는 게 많습니다.
파트너가 와인에 대해 전혀 모르는 문외한이라면?
묵직하기론 바롤로가 바르바레스코보다 한 수 위지요.
그 앞에서 와인 얘기 하는 것 자체가 상대를 주눅들게 하고 자존심 상하게 만드는 역효과를 낼 수도 있어.
내 앞에서 지금 잘난 척하는 거야, 뭐야?
대표적인 '서양문화'인 와인을 동양인인 우리가 모르는 건 너무도 당연한 일!
세계적으로 레드 대 화이트가 6 대 4인 추센데 우리는 왜 9대1이죠?
???
와인을 편하게 대하자! 부담 갖지 말고!
내가 돈 주고 사 마시는 음료의 하나로 생각하자!
머리로 마시지 말고 혀와 코, 눈과 귀,
입과 목젖으로 즐기자!
전설적인 하이-엔드 프리미엄와인부터
마트에서 파는 저렴한 대중소비와인까지, 와인은 와인이다!
그 와인을 마시는 사람은 바로 나!
내가 와인의 주인이다!
CHEERS![1]
건배!
간빠이!
乾杯! 간베이
Prost![2] 프로스트
A vôtre santé![3] 아 보트르 상테
Salud![4] 살루드
Alla salute![5] 알라 살루테
Viva![6] 비바

1 : 영어 / 2 : 독일어 / 3 : 프랑스어 / 4 : 스페인어 / 5 : 이탈리아어 / 6 : 포르투갈어

내 입맛에
맞고…
부담없이 즐길 수
있는 와인을…
위하여!

세계의 와인 깊이 들여다보기

부록

세계의 포도재배지역 • 와인 라벨 읽기에 도움이 되는 각국 용어 • 생산량 기준으로 본 8대 와인생산국 • 각국의 와인법 성립연도 • EU 주요 국가의 와인법 • 프랑스 와인 등급별 비율 • 독일 와인 등급별 비율 • 프랑스 보르도 지방 와인산지 • 보르도 지방 AOC • 보르도 지방 와인등급(메독, 생테밀리옹, 그라브, 크뤼 부르주아) • 보르도의 유명 세컨드라벨 • 부르고뉴 지방 AOC • 이탈리아 와인 DOCG등급 28개 • 《와인스펙테이터》가 선정한 톱10 와인 • 와인의 맛과 향에 대한 프랑스어 표현 • 참고문헌

● 세계의 포도재배지역

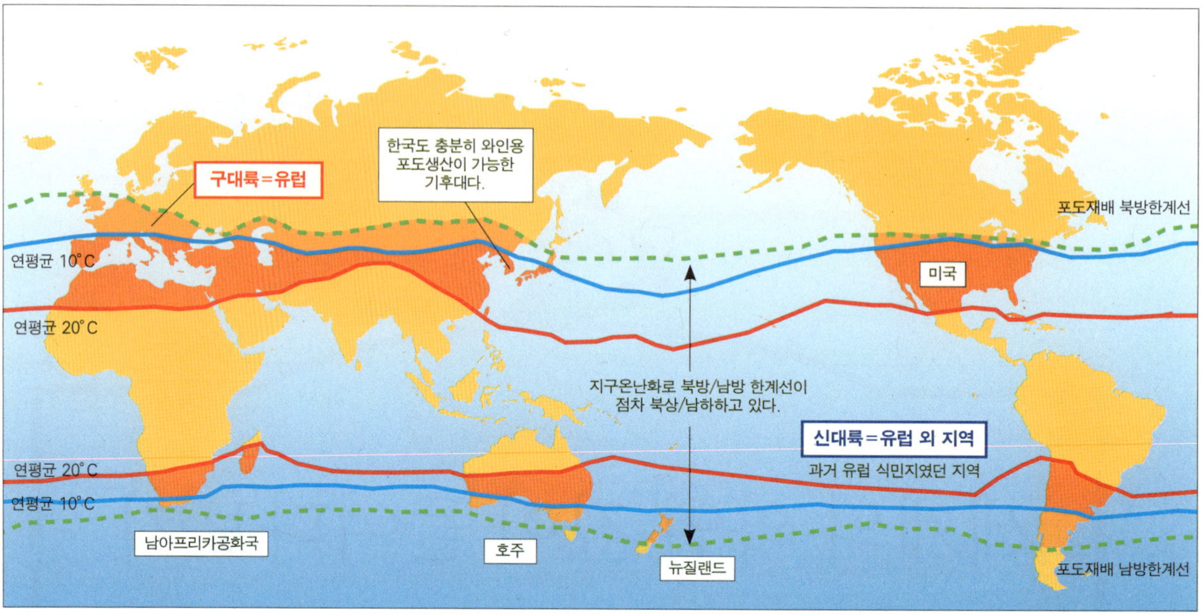

● 와인 라벨 읽기에 도움이 되는 각국 용어

한국어	프랑스어	영어	이탈리아어	스페인어	독일어
화이트와인, 백포도주	vin blanc 뱅 블랑	white wine 화이트와인	vino bianco 비노 비안코	vino blanco 비노 블랑코	Weißwein 바이스바인
레드와인, 적포도주	vin rouge 뱅 루주	red wine 레드와인	vino rosso 비노 로소	vino tinto 비노 틴토	Rotwein 로트바인
로제와인	rosé 로제	rose(pink) wine 로즈와인	vino rosato 비노 로사토	vino rosado 비노 로사도	Rose 로제
포도 품종	cépage 세파주	vine 바인	vite 비테	cepa 세파	Rebsorte 레프조르테
수확연도	millésime 밀레짐	vintage 빈티지	vendemmia 벤데미아	vendimia 벤디미아	Jahrgang 야르강
포도원을 소유한 양조장	château 샤토(보르도)	estate 에스테이트	tenuta 테누타	bodega 보데가	Weingut 바인구트
포도밭	vignoble 비뇨블	vineyard 바인야드	vigna 비냐	viña 비냐	Weinberg 바인베르크
달지 않은 / 드라이	sec 섹	dry 드라이	seco 세코	seco 세코	trocken 트로켄
보통 / 미디엄(거품와인)	demi-sec 드미 섹	medium dry 미디엄드라이	medio-seco 메디오 세코	medio seco 메디오 세코	halbtrocken 할프트로켄
달콤한 / 스위트	doux 두	sweet 스위트	dolce 돌체	dulce 둘세	lieblich 리프리히
거품와인	vin mouseux 뱅 무소	sparkling wine 스파클링 와인	spumante 스푸만테	espumoso 에스푸모소	Schaumwein 샤움바인
포도원을 가진 양조장에서 병입되었음	mis en bouteilles au Château 미정 부테이 오 샤토	estate bottled 에스테이트 보틀드	imbottigliato dal 임보틸리아토 달	embotellado 엠포테야도	abgefüllt 아프게퓔트
와인창고	cave 카브	wine celler 와인셀러	cantina 칸티나	bodega 보데가	Weinkeller 바인켈러

● 생산량 기준으로 본 세계 8대 와인생산국 OIV의 2021년 통계

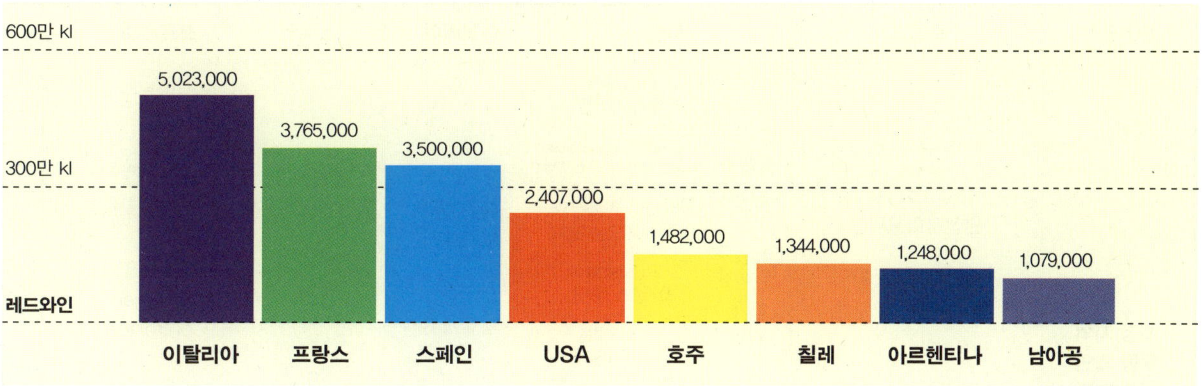

● 각국의 와인법 성립연도

	기본법	등급	제정
EU	1970		1979
프랑스	1936	AOC VDQS VdP / VdT	1935 1949 1979
독일	1971	Qmp QbA	1971 1984
이탈리아	1963	DOC DOCG	1963 1965
USA	1976	AVA 규정 CFR 제정	1978 1983

● EU 주요 국가의 와인법

<table>
<tr><th>EU 규칙</th><th colspan="2">프랑스</th><th colspan="2">독일</th><th>이탈리아</th><th>스페인</th><th>포르투갈</th><th>고급</th></tr>
<tr><td rowspan="7">지정 지역
우량 와인
(VQPRD)</td><td colspan="2" rowspan="6">AOC
원산지호칭제한
설탕 첨가 여부는 지역에 따라</td><td rowspan="6">호칭부
고급와인
QmP
13개
지역</td><td>Eiswein
아이스바인</td><td rowspan="6">DOCG
원산지통제
보증호칭
설탕 첨가 금지</td><td rowspan="6">DOC
특선원산지호칭
설탕 첨가 금지</td><td rowspan="6">DOC
원산지호칭제한
Donominação
de Origen
Controlada</td><td rowspan="9">하급</td></tr>
<tr><td>Trockenbeeren-auslese
트로켄베렌-아우스레제</td></tr>
<tr><td>Beeren-auslese
베렌-아우스레제</td></tr>
<tr><td>Auslese
아우스레제</td></tr>
<tr><td>Spätlese
슈페트레제</td></tr>
<tr><td>Kabinett
카비네트</td></tr>
<tr><td colspan="2">AO-VDQS
상질(上質) 지정 와인</td><td colspan="2">QbA
지정 지역
상급 와인
13개 지역</td><td>DOC
원산지호칭제한
설탕 첨가 금지</td><td>DO 원산지호칭
Cava
(특수 DO
거품 와인)
설탕 첨가 금지</td><td>Indicação de
Proveniência
Regulamentada
(IPR)</td></tr>
<tr><td rowspan="2">테이블와인
(VdT)</td><td colspan="2">Vins de Pays
뱅 드 페이</td><td colspan="2">Landwein
란트바인</td><td>Indicazione
Geografica
Tipica (IGT)
인디카치오네
제오그라피카
티피카</td><td>Vino de la
Tierra
비노 데 라
티에라</td><td>Vinho Regional
비뉴 레지오날</td></tr>
<tr><td>Vins de
Table
뱅 드 타블</td><td>Vins de
Table
Français
국내산

복수국
혼합 와인</td><td>Tafelwine
타펠바인</td><td>Deutscher
Tafelwein
국내산

복수국
혼합 와인</td><td>Vino da Tavola
비노 다 타볼라</td><td>Vino de Mesa
비노 데 메사</td><td>Vinho de Mesa
비뉴 데 메사</td></tr>
</table>

● 프랑스 와인 등급별 비율

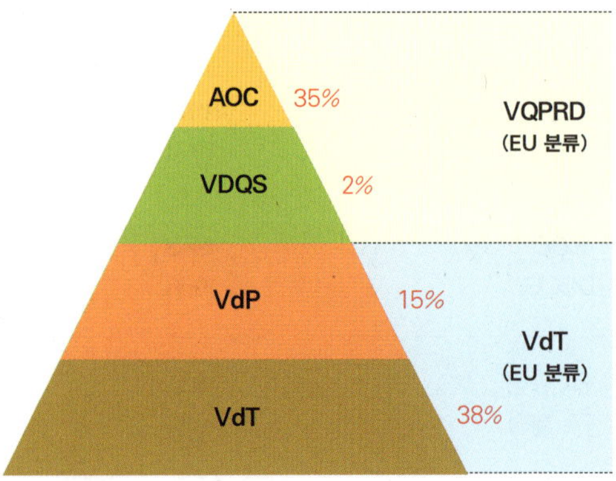

● 독일 와인 등급별 비율

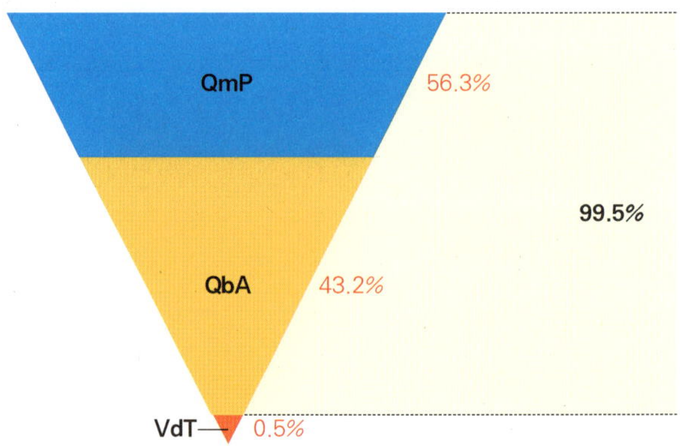

● 프랑스 보르도 지방 와인산지

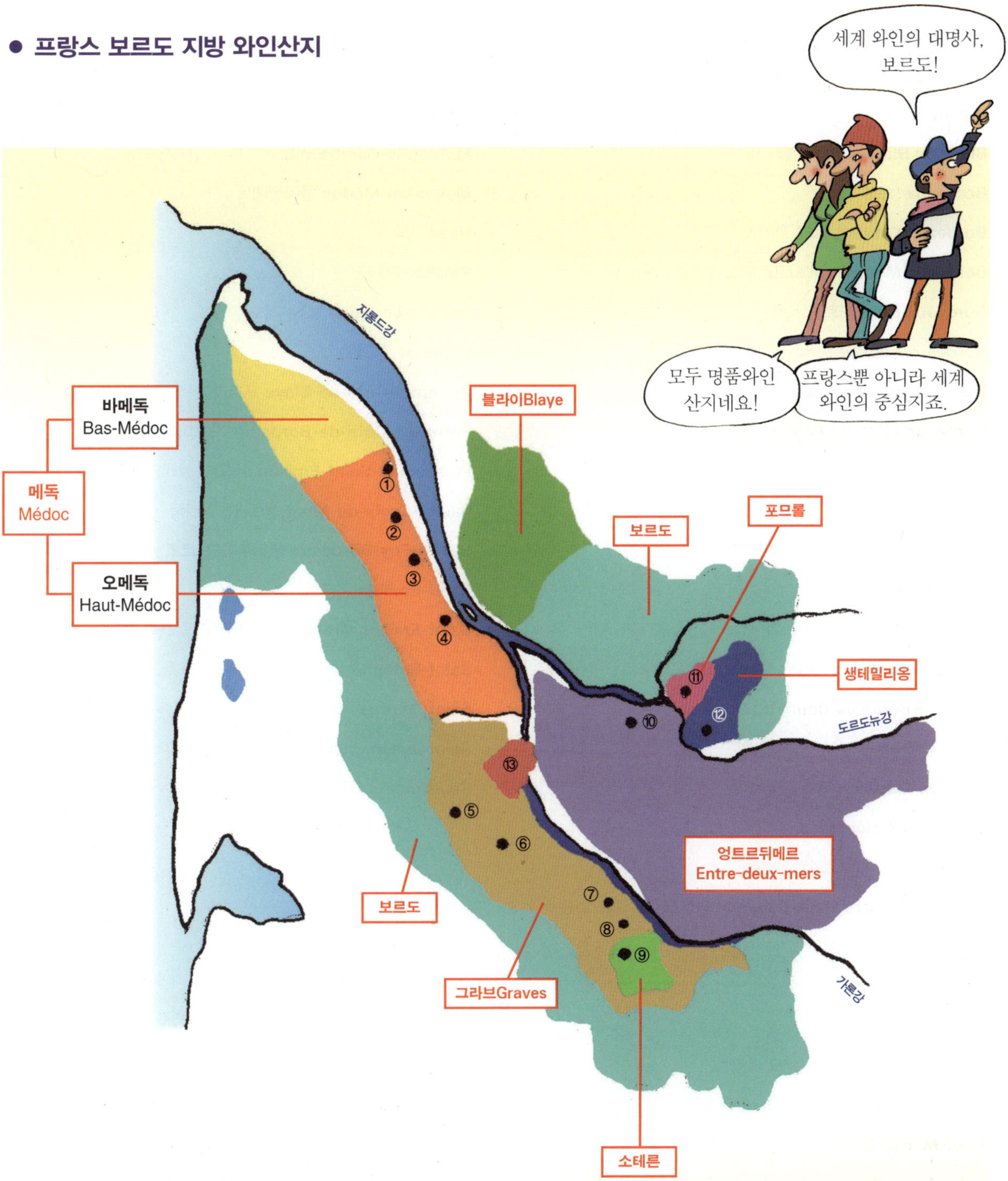

① 생테스테프 **St.-Estèphe**
② 포이약 **Pauillac**
③ 생쥘리앵 **St.-Julien**
④ 마고 **Margaux**
⑤ 페삭 **Pessac**
⑥ 레오냥 **Léognan**
⑦ 세롱 **Cérons**
⑧ 바르삭 **Barsac**
⑨ 소테른 **Sauternes**
⑩ 리부른 **Libourne**
⑪ 포므롤 **Pomerol**
⑫ 생테밀리옹 **St-Émilion**
⑬ 보르도시 **Bordeaux**

● 보르도 지방 AOC _ 원산지호칭제한 자격을 허용받은 49개

Barsac 바르삭

Blaye ou Blayais 블라이/블라예

Bordeaux 보르도

Bordeaux Clairet 보르도 클레레

Bordeaux Mousseux 보르도 무소

Bordeaux Rosé 보르도 로제

Bordeaux Sec 보르도 섹

Bordeaux Supérieur 보르도 쉬페리외르

Bordeaux-Côte-de-Francs 보르도-코트드프랑

Bordeaux-Haut-Benauge 보르도-오브노주

Cadillac 카디약

Canon-Fronsac 카농-프롱삭

Cérons 세롱

Côte-de-Blaye 코트드블라이

Côte-de-Bordeaux-Saint-Macaire 코트드보르도-생마케르

Côte-de-Bourg ou Bourg ou Bourgeais
코트드부르/부르/부르제

Côte-de-Castillon 코트드카스티용

Crémant-de-Bordeaux 크레망드보르도

Entre-deux-mers 엉트르뒤메르

Entre-deux-mers-Haut-Benauge 엉트르뒤메르-오브노주

Fine Bordeaux 핀 보르도

Fronsac 프롱삭

Graves 그라브

Graves de Vayres 그라브 드 베르

Graves Supérieur 그라브 쉬페리외르

Haut-Médoc 오메독

Lalande-de-Pomerol 라랑드드포므롤

Listrac-Médoc 리스트락-메독

Loupiac 루피악

Lussac-Saint-Émilion 뤼삭-생테밀리옹

Margaux 마고

Médoc 메독

Montagne-Saint-Émilion 몽타뉴-생테밀리옹

Moulis-en-Médoc 물리정메독

Néac 네악

Pauillac 포이약

Pessac-Léognan 페삭-레오냥

Pomerol 포므롤

Premiers-Côte-de-Blaye 프르미에-코트드블라이

Premiers-Côte-de-Bordeaux 프르미에-코트드보르도

Puisseguin-Saint-Émilion 퓌스겡-생테밀리옹

Sainte-Croix-du-Mont 생트크루아뒤몽

Sainte-Foy-Bordeaux 생트푸아-보르도

Saint-Émilion 생테밀리옹

Saint-Émilion Grand Cru 생테밀리옹 그랑 크뤼

Saint-Estèphe 생테스테프

Saint-Georges-Saint-Émilion 생조르주-생테밀리옹

Saint-Julien 생쥘리앵

Sauternes 소테른

● 보르도 메독 지역 와인등급

레드와인

와이너리 이름	마을(Commune)
1등급 크뤼	
Château Haut-Brion	Pessac
Château Lafite-Rothschild	Pauillac
Château Latour	Pauillac
Château Margaux	Margaux
Château Mouton-Rothschild	Pauillac(1973년 승격)
2등급 크뤼	
Château Brane-Cantenac	Cantenac
Château Cos d'Estournel	Saint-Estèphe
Château Ducru-Beaucaillou	Saint-Julien-Beychevelle
Château Durfort-Vivens	Margaux
Château Gruaud-Larose	Saint-Julien-Beychevell
Château Lascombes	Margaux
Château Léoville-Barton	Saint-Julien-Beychevell
Château Léoville-Las Cases	Saint-Julien-Beychevell
Château Léoville-Poyferre	Saint-Julien-Beychevell
Château Montrose	Saint-Estèphe
Château Pichon-Longueville Baron de Pichon	Pauillac
Château Pichon-Longueville Comtesse de Lalande	Pauillac
Château Rauzan-Segla	Margaux
Château Rauzan-Gassies	Margaux
3등급 크뤼	
Château Boyd-Cantenac	Cantenac
Château Calon-Ségur	Saint-Estèphe
Château Cantenac-Brown	Cantenac
Château Desmirail	Margaux
Château Ferriere	Margaux
Château Giscours	Labarde
Château d'Issan	Cantenac
Château Kirwan	Cantenac
Château Lagrange	Saint-Julien-Beychevell
Château La Lagune	Ludon
Château Langoa-Barton	Saint-Julien-Beychevell
Château Malescot Saint-Exupéry	Margaux
Château Marquis d'Alesme-Becker	Margaux
Château Palmer	Cantenac
4등급 크뤼	
Château Beychevelle	Saint-Julien-Beychevell
Château Branaire-Ducru	Saint-Julien-Beychevell
Château Duhart-Milon	Pauillac
Château Lafon-Rochet	Saint-Estèphe
Château Marquis-de-Terme	Margaux
Château Pouget	Cantenac
Château Prieure-Lichine	Cantenac
Château Saint-Pierre	Saint-Julien-Beychevell
Château Talbot	Saint-Julien-Beychevell
Château La Tour-Carnet	Saint-Laurent-Médoc
5등급 크뤼	
Château d'Armailhac	Pauillac
Château Batailley	Pauillac
Château Belgrave	Saint-Laurent-Médoc
Château Camensac	Saint-Laurent-Médoc
Château Cantemerle	Macau
Château Clerc-Milon	Pauillac
Château Cos Labory	Saint-Estèphe
Château Croizet-Bages	Pauillac
Château Dauzac	Labarde
Château Grand-Puy-Ducasse	Pauillac
Château Grand-Puy-Locoste	Pauillac
Château Haut-Bages-Liberal	Pauillac
Château Haut-Batailley	Pauillac
Château Lynch-Bages	Pauillac
Château Lynch-Moussas	Pauillac
Château Pedesclaux	Pauillac
Château Pontet-Canet	Pauillac
Château du Tertre	Arsac

화이트와인

와이너리 이름	마을(Commune)
1등급 크뤼 쉬페리외르	
Château d'Yquem	Sauternes
1등급 크뤼	
Château Climens	Barsac
Château Clos Haut-Peyraguey	Bommes
Château Coutet	Barsac
Château Guiraud	Sauternes
Château Lafaurie-Peyraguey	Bommes
Château Rabaud-Promis	Bommes
Château Rayne-Vigneau	Bommes
Château Rieussec	Fargues-de-Langon
Château Sigalas-Rabaud	Bommes
Château Suduiraut	Prignac
Château La Tour Blanche	Bommes
2등급 크뤼	
Château d'Arche	Sauternes
Château Broustet	Barsac
Château Caillou	Barsac
Château Doisy-Daëne	Barsac
Château Doisy-Dubroca	Barsac
Château Doisy-Vedrines	Barsac
Château Filhot	Sauternes
Château Lamothe	Sauternes
Château Lamothe-Guignard	Sauternes
Château de Malle	Preignac
Château de Myrat	Barsac
Château Nairac	Barsac
Château Romer-du-Hayot	Fargues-de-Langon
Château Suau	Barsac

● 보르도 생테밀리옹 지역 와인등급

와이너리 이름	마을(Commune)
1등급 그랑 크뤼	
Château Ausone	Saint-Émilion classé A
Château Cheval Blanc	Saint-Émilion classé A
Château Angelus	Saint-Émilion classé B
Château Beauséjour-Besot	Saint-Émilion classé B
Château Beauséjour (Duffau-Lagarrosse)	Saint-Émilion classé B
Château Belair	Saint-Émilion classé B
Château Canon	Saint-Émilion classé B
Château Figeac	Saint-Émilion classé B
Château La Gaffelière	Saint-Émilion classé B
Château Magdelaine	Saint-Émilion classé B
Château Pavie	Saint-Émilion classé B
Château Trottevieille	Saint-Émilion classé B
Clos Fourtet	Saint-Émilion classé B
그랑 크뤼 클라세	
Château Balestard La Tommelle	Saint-Émilion
Château Bellevue	Saint-Émilion
Château Bergat	Saint-Émilion
Château Berliquet	Saint-Émilion
Château Cadet Bon	Saint-Émilion
Château Cadet-Piola	Saint-Émilion
Château Canon La Gaffelière	Saint-Émilion
Château Cap de Mourlin	Saint-Émilion
Château Chauvin	Saint-Émilion
Château Corbin	Saint-Émilion
Château Corbin-Michotte	Saint-Émilion
Château Cure Bon	Saint-Émilion
Château Dassault	Saint-Émilion
Château Faurie-de-Souchard	Saint-Émilion
Château Fonplegade	Saint-Émilion
Château Fonroque	Saint-Émilion
Château Franc Mayne	Saint-Émilion
Château Grand Mayne	Saint-Émilion
Château Grand Pontet	Saint-Émilion
Château Guadet Saint-Julien	Saint-Émilion
Château Haut-Corbin	Saint-Émilion
Château Haut-Sarpe	Saint-Chiristophe-des-Bardes
Château L'Arrosée	Saint-Émilion
Château La Clotte	Saint-Émilion
Château La Clusiére	Saint-Émilion
Château La Couspaude	Saint-Émilion
Château La Dominique	Saint-Émilion
Château La Serre	Saint-Émilion
Château La Tour du Pin-Figeac (Giraud-Belivier)	Saint-Émilion
Château La Tour du Pin-Figeac (J.-M. Moueix)	Saint-Émilion
Château La Tour du Pin-Figeac	Saint-Émilion
Château Lamarzelle	Saint-Émilion
Château Laniote	Saint-Émilion
Château Larcis Ducasse	Saint-Laurent-des-Combes
Château Larmande	Saint-Émilion
Château Laroque	Saint-Chiristophe-des-Bardes
Château Laroze	Saint-Émilion
Château Le Prieuré	Saint-Émilion
Château Les Grandes Murailles	Saint-Émilion
Château Matras	Saint-Émilion
Château Moulin Cadet	Saint-Émilion
Château Petit Faurie (de Soutard)	Saint-Émilion
Château Ripeau	Saint-Émilion
Château Saine-Georges (Côte Pavie)	Saint-Émilion
Château Soutard	Saint-Émilion
Château Tertre Daugay	Saint-Émilion
Château Troplong-Mondot	Saint-Émilion
Château Villemaurine	Saint-Émilion
Château Yon-Figeac	Saint-Émilion
Clos de l'Oratoire	Saint-Émilion
Clos des Jacobins	Saint-Émilion
Clos Saint-Martin	Saint-Émilion
Couvent des Jacobins	Saint-Émilion

● 보르도 그라브 지역 크뤼 클라세

1953년 시행, 1959년 개정

와이너리 이름	마을(Commune)	와인종류
Château Carbonnieux	Léognan	rouge, blanc
Château de Chevalier	Léognan	rouge, blanc
Château Couhins	Villenave-d'Ornon	blanc
Château Couhins-Lurton	Villenave-d'Ornon	blanc
Château Fieuzal	Léognan	rouge
Château Haut-Bailly	Léognan	rouge
Château Haut-Brion	Pessac	rouge
Château Laville Haut-Brion	Talence	blanc
Château Malartic-Lagraviere	Léognan	rouge, blanc
Château La Mission Haut-Lafite	Talence	rouge
Château Olivier	Léognan	rouge, blanc
Château Pape Clément	Pessac	rouge
Château Smith-Haut-Lafitte	Martillac	rouge
Château La Tour Haut Brion	Talence	rouge
Châteauu Latour Martillac	Martillac	rouge, blanc

● 크뤼 부르주아 엑셉시오넬(exceptionnels)

2003년 분류

샤토	AOC
Château Chasse-Spleen	Moulis-en-Médoc
Château Haut-Marbuzet	Saint-Estèphe
Château Labegorce Zédé	Margaux
Château Les Omes de Pez	Saint-Estèphe
Château de Pez	Saint-Estèphe
Château Phélan Ségur	Saint-Estèphe
Château Potensac	Médoc
Château Poujeaux	Moulis-en-Médoc
Château Siran	Margaux

● 보르도의 유명 세컨드라벨

세컨드라벨(Second Label)이란 보르도 그랑 크뤼급 명품와인을 만드는 샤토에서, 심은 지 10년이 채 안 된 포도나무에서 수확한 포도로 만든 와인을 말한다. 가격은 퍼스트라벨보다 훨씬 저렴하지만 세계적인 명품와인의 풍미를 유사하게 접할 수 있어 인기가 높다.

세컨드라벨	샤토 명품와인(퍼스트라벨)
Carruades de Lafite Rothschild 카뤼아드 드 라피트 로칠드	**Château Lafite Rothschils** 샤토 라피트 로칠드(메독/포이약 1등급)
Le Petit Mouton de Mouton Rothschild 르 프티 무통 드 무통 로칠드	**Château Mouton Rothschild** 샤토 무통 로칠드(메독/포이약 1등급)
Les Forts de Latour 레 포르 드 라투르	**Château Latour** 샤토 라투르(메독/포이약 1등급)
Pavillon Rouge du Château Margaux 파비용 루주 뒤 샤토 마고	**Château Margaux** 샤토 마고(메독/마고 1등급)
Le Bahans du Haut-Brion 르 바앙 뒤 오브리옹	**Château Haut-Brion** 샤토 오브리옹(그라브/페삭-레오냥 1등급)
Petit Cheval de Cheval Blanc 프티 슈발 드 슈발 블랑	**Château Cheval Blanc** 샤토 슈발 블랑(생테밀리옹 1등급 A)
Clos du Marquis 클로 뒤 마르키	**Château Leoville-Las-Cases** 샤토 레오빌-라스-카스(메독/생쥘리앵 2등급)
Lady Langoa 레이디 랑고아	**Château Leoville-Barton** 샤토 레오빌-바르통(메독/생쥘리앵 2등급)
Sarget de Gruaud-Larose 사르제 드 그뤼오-라로즈	**Château Gruaud Larose** 샤토 그뤼오-라로즈(메독/생쥘리앵 2등급)
Les Tourelles de Longueville 레 투렐 드 롱그빌	**Château Pichon-Longueville** 샤토 피숑-롱그빌(메독/포이약 2등급)
Les Pagodes de Cos 레 파고드 드 코스	**Château Cos d'Estournel** 샤토 코스 데스투르넬(메독/생테스테프 2등급)
La Dame de Montrose 라 담 드 몽로즈	**Château Montrose** 샤토 몽로즈(메독/생테스테프 2등급)
Réserve du Général 레제르브 뒤 제네랄	**Château Palmer** 샤토 팔메(메독/마고 3등급)
Amiral de Beychevelle 아미랄 드 베이슈벨	**Château Beychevelle** 샤토 베이슈벨(메독/생쥘리앵 3등급)
Haut-Bages-Averous 오바주-아베루	**Château Lynch-Bages** 샤토 린쉬-바주(메독/포이약 5등급)
La Parde Haut-Bailly 라 파르드 오바이이	**Château Haut-Bailly** 샤토 오바이이(그라브/그랑 크뤼)
La Tour Léognan 라투르 레오냥	**Châteux Carbonnieux** 샤토 카르보니유(그라브/그랑 크뤼)
Hauts de Smith-Haut-Lafitte 오 드 스미스-오라피트	**Château Smith Haut-Lafitte** 샤토 스미스 오라피트(그라브/그랑 크뤼)
Clos J. Kanon 클로 쥐 카농	**Château Canon** 샤토 카농(생테밀리옹 1등급 B)

● 부르고뉴 지방 AOC

부르고뉴의 AOC는 지역, 마을(코뮌), 1등급 크뤼, 그랑 크뤼로 표시할 수 있다.

Aloxe-Corton
Aloxe-Corton Premier Cru
Auxey-Duresse
Auxey-Duresse Premier Cru
Bâtard Montrachet
Beaune
Beaune Premier Cru
Bienvenues-Bâtard Montrachet
Blagny
Blagny Premier Cru
Bennes-Mares
Bourgogne
Bourgogne Clairet
Bourgogne Mousseux
Bourgogne-Aligoté
Bourgogne-Chitry
Bourgogne-Côte-Chalonnaise
Bourgogne-Côtes-d'Auxerre
Bourgogne-Côtes-Saint-Jacques
Bourgogne-Coulanges-La-Vieneuse
Bourgogne-Épineuil
Bourgogne-Grand-Ordinaire
Bourgogne-Hautes-Côtes-de-Beaune
Bourgogne-Hautes-Côtes-de-Nuits
Bourgogne-La-Chapelle-Notre-Dame
Bourgogne-Montreul-Le-Chapitre
Bourgogne-Passetoutgrain
Bourgogne-Vézelay
Bouzeron
Chablis
Chablis Grand Cru
Chablis Premier Cru
Chambertin
Chambertin Clos de Béze
Chambolle-Musigny
Chambolle-Musigny Premier Cru
Chapelle-Chambertin
Charlemagne
Charmes-Chambertin
Chassagne-Montrachet
Chassagne-Montrachet Premier Cru
Chevalier-Montrachet
Chorey-Lès-Beaune
Clos-de-la-Roche
Clos-des-Lambrays
Clos-de-Tart
Clos-de-Vougeot
Clos-Saint-Denis
Corton
Corton-Charlemagne
Côte-de-Beaune
Côte-de-Nuits
Crémant-de-Bourgogne
Criots-Bâtard-Montrachet
Échézeaux
Fixin
Fixin Premier Cru
Gevrey-Chambertin
Gevrey-Chambertin Premier Cru
Givry
Givry Premier Cru
Grands-Échézeaux
Griotte-Chambertin
Irancy
La Grand-Rue
La Romanée
La Tâche
Ladoix
Ladoix Premier Cru
Latricières-Chambertin
Mâcon
Mâcon Supérieur
Mâcon-Villages
Maranges
Maranges Premier Cru
Marsannay
Mazis-Chambertin
Mazoyères-Chambertin
Mercurey
Mercurey Premier Cru
Meursault
Meursault Premier Cru
Montagny
Montagny Premier Cru
Monthélie
Monthélie Premier Cru
Montrachet
Morey-Saint-Denis
Morey-Saint-Denis Premier Cru
Musigny
Nuits ou Nuits-Saint-Georges
Nuits ou Nuits-Saint-Georges Premier Cru
Pernand-Vergelesses
Pernand-Vergelesses Premier Cru
Petit Chablis
Pinot-Chardonnay-Mâcon
Pommard
Pommard Premier Cru
Pouilly-Fuissé
Pouilly-Loché
Pouilly-Vinzelles
Pouilly-Montrachet
Pouilly-Montrachet Premier Cru
Richebourg
Romanée Conti
Romanée-Saint-Vivant
Ruchottes-Chambertin
Rully
Rully Premier Cru
Saint-Aubin
Saint-Aubin Premier Cru
Saint-Bris
Saint-Romain
Saint-Véran
Santenay
Santenay Premier Cru
Savigny-Lès-Beaune
Savigny-Lès-Beaune Premier Cru
Viré-Clessé
Volnay
Volnay Premier Cru
Volnay-Santenots
Vosne-Romanée
Vosne-Romanée Premier Cru
Vougeot
Vougeot Premier Cru

● 이탈리아 와인 DOCG등급 28개

		생산 주	레드 화이트 로제 R W RS	주요 품종
01	**Asti** 아스티	피에몬테	W(Sweet)	모스카토 비앙코
02	**Barbaresco** 바르바레스코	피에몬테	R	네비올로
03	**Barolo** 바롤로	피에몬테	R	네비올로
04	**Brachetto d'Acqui** 브라케토 다퀴	피에몬테	R	브라케토
05	**Gattinara** 가티나라	피에몬테	R	스판나(네비올로와 동의어)
06	**Gavi** 가비	피에몬테	W	코르테제
07	**Ghemme** 겜메	피에몬테	R	스판나
08	**Franciacorta** 프란치아코르타	롬바르디아	RS, W(거품)	피노 비앙코, 피노 네로, 샤르도네
09	**Valtellina Superiore** 발텔리나 수페리오레	롬바르디아	R	키아벤나스카(네비올로와 동의어)
10	**Sforzato di Valtellina** 스포르차토 디 발텔리나	롬바르디아	R	키아벤나스카
11	**Bardolino Superiore** 바르돌리노 슈페리오레 **Bardolino Classico Superiore** 바르돌리노 클라시코 수페리오레	베네토	R	키아벤나스카
12	**Recioto di Soave** 레치오토 디 소아베	베네토	W(Sweet)	가르가네가
13	**Soave Superiore** 소아베 수페리오레 **Soave Classico Superiore** 소아베 클라시코 수페리오레	베네토	W	가르가네가 중심 트레비아노 디 소아베
14	**Ramandolo** 라만돌로	프리울리 베네치아 줄리아	W(Sweet)	베르두초, 프리울라노
15	**Albana di Romagna** 알바나 디 로마냐	에밀리아 로마냐	W	알바나
16	**Brunello di Montalcino** 브루넬로 디 몬탈치노	토스카나	R	브루넬로(산지오베제 그로소)
17	**Carmignano** 카르미냐노	토스카나	R	산지오베제
18	**Chianti** 키안티	토스카나	R	산지오베제
19	**Chianti Classico** 키안티 클라시코	토스카나	R	산지오베제
20	**Vernaccia di San Gimignano** 베르나차 디 산 지미냐노	토스카나	W	베르나차
21	**Vino Nobile di Montalcino** 비노 노빌레 디 몬탈치노	토스카나	R	산지오베제
22	**Montefalco Sagrantino** 몬테팔코 사그란티노	움브리아	R	사그란티노
23	**Torgiano Rosso Riserva** 토르지아노 로소 리제르바	움브리아	R	산지오베제
24	**Taurasi** 타우라지	캄파니아	R	알리아니코
25	**Fiano di Avellino** 피아노 디 아벨리노	캄파니아	W	피아노
26	**Greco di Tufo** 그레코 디 투포	캄파니아	W	그레코
27	**Montepulciano d'Abruzzo Colline Teramane** 몬테풀치아노 다브루초 콜리네 테라마네	아브루초	R	몬테풀치아노
28	**Vermentino di Gallura** 베르멘티노 디 갈루라	사르데냐	W	베르멘티노

* '네비올로(Nebbiolo)'를 '스판나(Spanna)'라고도 함. '키아벤나스카(Chiavennasca)'는 네비올로 품종 중 롬바르디아주 키아벤나 지방에서 생산되는 품종.

• 《와인스펙테이터Wine Spectator(미국)》가 선정한 2013~2022년 톱10 와인

오른쪽 숫자는 평점, 가격은 미국 국내가

2022

1 USA 94
Schrader Cellars Cabernet Sauvignon Oakville Double Diamond 2019 ($80)

2 ITALIA 95
Fattoria dei Barbi Brunello di Montalcino Riserva 2016 ($130)

3 USA 96
HdV Chardonnay Napa Valley Hyde Vineyard 2019 ($78)

4 FRANCE 95
Château Talbot St.-Julien 2019 ($65)

5 ITALIA 96
Antinori Toscana Tignanello 2019 ($145)

6 USA 94
Robert Mondavi Cabernet Sauvignon Oakville The Estates 2019 ($85)

7 FRANCE 96
Château de Beaucastel Châteauneuf-du-Pape 2019 ($121)

8 ITALIA 96
Fattoria Le Pupille Toscana Saffredi 2019 ($100)

9 USA 95
Quilceda Creek Cabernet Sauvignon Columbia Valley 2018 ($200)

10 FRANCE 98
Louis Roederer Brut Champagne Cristal 2014 ($359)

2021

1 USA 97
Dominus Estate Napa Valley 2018 ($269)

2 FRANCE 98
Château Pichon Longueville Lalande Pauillac 2018 ($198)

3 USA 95
Heitz Cabernet Sauvignon Oakville Martha's Vineyard 2016 ($250)

4 SPAIN 95
Merum Priorati Priorat Destí 2018 ($49)

5 ITALIA 98
Le Chiuse Brunello di Montalcino 2016 ($99)

6 FRANCE 95
Louis Latour Corton-Charlemagne 2018 ($200)

7 FRANCE 97
Château Léoville Poyferré St.-Julien 2018 ($104)

8 ITALIA 95
Cavallotto Barolo Bricco Boschis 2016 ($90)

9 USA 95
Salvestrin Cabernet Sauvignon St. Helena Dr. Crane Vineyard 2018 ($80)

10 FRANCE 95
Château de Nalys Châteauneuf-du-Pape 2018 ($105)

2020

1 SPAIN 96
Bodegas Marqués de Murrieta Rioja Castillo Ygay Gran Reserva Especial 2010 ($139)

2 USA 95
Aubert Pinot Noir Sonoma Coast UV Vineyard 2018 ($85)

3 ITALIA 97
San Filippo Brunello di Montalcino Le Lucére 2015 ($90)

4 USA 96
Mayacamas Cabernet Sauvignon Mount Veeder 2016 ($135)

5 FRANCE 96
Domaine de la Vieille Julienne Châteauneuf-du-Pape Les Trois Sources 2016 ($90)

6 USA 96
Kistler Chardonnay Russian River Valley Vine Hill Vineyard 2017 ($90)

7 ITALIA 95
Massolino Barolo 2016 ($53)

8 ARGENTINA 96
Bodega Piedra Negra Chacayes Los Chacayes 2015 ($99)

9 USA 95
Beaux Frères Pinot Noir Ribbon Ridge The Beaux Frères Vineyard 2018 ($95)

10 FRANCE 97
Bollinger Brut Champagne La Grande Année 2012 ($175)

2019

1 FRANCE 97
Château Léoville Barton St.-Julien 2016 ($98)

2 USA 96
Mayacamas Cabernet Sauvignon Mount Veeder 2015 ($125)

3 ITALIA 95
San Giusto a Rentennano Chianti Classico 2016 ($36)

4 USA 96
Groth Cabernet Sauvignon Oakville Reserve 2016 ($150)

5 USA 95
Roederer Estate Brut Anderson Valley L'Ermitage 2012 ($48)

6 FRANCE 97
Château de Beaucastel Châteauneuf-du-Pape 2016 ($107))

7 USA 95
Ramey Chardonnay Napa Valley Carneros Hyde Vineyard 2016 ($65)

8 FRANCE 96
Château Pichon Baron Pauillac 2016 ($176)

9 AUSTRALIA 96
Penfolds Shiraz Barossa Valley RWT Bin 798 2017 ($150)

10 CHILE 95
Viña Almaviva Puente Alto 2016 ($130)

2018

1 ITALIA 97
Tenuta San Guido Bolgheri-Sassicaia Sassicaia 2015 ($245)

2 FRANCE 96
Château Canon-La Gaffelière St.-Emilion 2015 ($84)

3 ITALIA 96
Castello di Volpaia Chianti Classico Riserva 2015 ($35)

4 SPAIN 95
La Rioja Alta Rioja 890 Gran Reserva Selección Especial 2005 ($175)

5 FRANCE 96
Moët & Chandon Brut Champagne Dom Pérignon Legacy Edition 2008 ($180)

6 USA 96
Aubert Chardonnay Carneros Larry Hyde & Sons 2016 ($85))

7 USA 95
Colene Clemens Pinot Noir Chehalem Mountains Dopp Creek 2015 ($26)

8 FRANCE 95
Le Vieux Donjon Châteauneuf-du-Pape 2016 ($70)

9 ITALIA 95
Tenuta delle Terre Nere Etna San Lorenzo 2016 ($60))

10 USA 95
Bedrock The Bedrock Heritage Sonoma Valley 2016 ($46)

2017

1 USA 95
Duckhorn Merlot Napa Valley Three Palms Vineyard 2014 ($98)

2 USA 95
K Syrah Walla Walla Valley Powerline Estate 2014 ($45)

3 FRANCE 96
Château Coutet Barsac 2014 ($37)

4 ITALIA 95
Casanova di Neri Brunello di Montalcino 2012 ($65)

5 FRANCE 95
Château de St.-Cosme Gigondas 2015 ($43)

6 FRANCE 95
Domaine Huët Vouvray Demi-Sec Le Mont 2016 ($44)

7 FRANCE 95
Château Canon-La Gaffelière St.-Emilion 2014 ($61)

8 USA 95
Meyer Cabernet Sauvignon Napa Valley 2014 ($70)

9 USA 95
Pahlmeyer Chardonnay Napa Valley 2015 ($75)

10 USA 95
Booker Oublié Paso Robles 2014 ($80)

2016

1 USA 95
Lewis Cabernet Sauvignon Napa Valley 2013 ($90)

2 USA 95
Domaine Serene Chardonnay Dundee Hills Evenstad Reserve 2014 ($55)

3 USA 95
Beaux Frères Pinot Noir Ribbon Ridge The Beaux Frères Vineyard 2014 ($90)

4 FRANCE 97
Château Climens Barsac 2013 ($68)

5 ITALIA 96
Produttori del Barbaresco Barbaresco Asili Riserva 2011 ($59)

6 USA 94
Orin Swift Machete California 2014 ($48)

7 USA 94
Ridge Monte Bello Santa Cruz Mountains 212 ($175)

8 ITALIA 94
Antinori Toscana Tignanello 2013 ($105)

9 FRANCE 96
Château Smith-Haut-Lafitte Pessac-Léognan White 2013 ($106)

10 USA 93
Hartford Family Zinfandel Russian River Valley Old Vine 2014 ($38)

2015

1 USA 96
Peter Michael Cabernet Sauvignon Oakville Au Paradis 2012 ($195))

2 USA 96
Quilceda Creek Cabernet Sauvignon Columbia Valley 2012($140)

3 USA 98
Evening Land Pinot Noir Eola-Amity Hills Seven Springs Vineyard La Source 2012 ($70)

4 ITALIA 95
Il Poggione Brunello di Montalcino 2010 ($85)

5 USA 96
Mount Eden Vineyards Chardonnay Santa Cruz Mountains 2012 ($60)

6 SPAIN 94
Bodegas Aalto Ribera del Duero 2012 ($54)

7 NEW ZEALAND 95
Escarpment Pinot Noir Martinborough Kupe Single Vineyard 2013 ($69)

8 ITALIA 95
Masi Amarone della Valpolicella Classico Serègo Alighieri Vaio Armaron 2008 ($85)

9 FRANCE 94
Clos Fourtet St.-Emilion 2012 ($72)

10 REPUBLIC OF SOUTH AFRICA 95
Klein Constantia Vin de Constance Constantia 2009 ($80)

2014

1 PORTUGAL 99
Dow Vintage Port 2011 ($82)

2 AUSTRALIA 95
Mollydooker Shiraz McLaren Vale Carnival of Love 2012 ($75)

3 PORTUGAL 97
Prats & Symington Douro Chryseia 2011 ($55)

4 PORTUGAL 97
Quinta do Vale Meão Douro 2011 ($76)

5 AUSTRALIA 96
Leeuwin Chardonnay Margaret River Art Series 2011 ($89)

6 ITALIA 95
Castello di Ama Chianti Classico San Lorenzo Gran Selezione 2010 ($52)

7 FRANCE 97
Clos des Papes Châteauneuf-du-Pape 2012 ($135)

8 USA 94
Brewer-Clifton Pinot Noir Sta. Rita Hills 2012 ($40)

9 CHILE 95
Concha y Toro Cabernet Sauvignon Puente Alto Don Melchor 2010 ($125)

10 FRANCE 95
Château Léoville Las Cases St.-Julien 2011 ($165)

2013

1 SPAIN 95
Cune Rioja Imperial Gran Reserva 2004 ($63)

2 FRANCE 96
Château Canon-La Gaffelière St.-Emilion 2010 ($103)

3 USA 95
Domaine Serene Pinot Noir Willamette Valley Evenstad Reserve 2010 ($65)

4 USA 95
Hewitt Cabernet Sauvignon Rutherford 2010 ($92)

5 USA 95
Kongsgaard Chardonnay Napa Valley 2010 ($75)

6 ITALIA 95
Giuseppe Mascarello & Figlio Barolo Monprivato 2008 ($110)

7 FRANCE 97
Domaine du Pégaü Châteauneuf-du-Pape Cuvée Réservée 2010 ($120)

8 FRANCE 96
Château de Beaucastel Châteauneuf-du-Pape 2010 ($120)

9 USA 96
Lewis Cabernet Sauvignon Napa Valley Reserve 2010 ($135)

10 USA 95
Quilceda Creek Cabernet Sauvignon Columbia Valley 2010 ($135)

• 와인의 맛과 향에 대한 프랑스어 표현

와인의 맛

- **acide 아시드 :** (맛이) 신, acid. 모든 와인에는 완벽한 균형을 위해서 적절한 산도가 필요하지만, 지나친 산도는 결함이 된다. 신맛의 정도는 혀끝에서 예민하게 느낄 수 있다.
- **amer 아메르 :** (맛이) 쓴, bitter. 부정적인 의미로 자주 쓰이는 단어로, 타닌이 지나치게 많이 함유된 와인은 쓴맛을 남긴다. 그러나 대부분의 이탈리아 와인에서는 적당한 쓴맛이 바람직한 특성으로 여겨진다.
- **ample 앙플 :** 풍부한, ample. 맛이 뛰어나게 농밀한 와인을 지칭한다. 일반적으로 타닌과 설탕, 향기와 색깔이 모두 풍부한 경우를 가리킨다.
- **âpre 아프르 :** 떫은, astringent. 시큼하고 텁텁해 섬세한 맛이 부족한 와인에 쓰이는 표현이다.
- **apte à vieillir (ou fermé) 압트 아 비에이르 (혹은 압트 아 페르메) :** 숙성시켜야 할, suitable for bottle-age. 장래성이 있지만 맛이 무르익을 때까지 병에서 얼마 동안 숙성시켜야 할 와인. 일반적으로 타닌이 풍부하고, 산도가 적당하거나 약간 달콤한, 생산된 지 얼마 안 된 와인이 대부분 그러하다.
- **aromatique 아로마티크 :** 향긋한, aromatic. 과일향이 강렬하게 느껴지는 와인. 이러한 향을 내는 품종으로는 소비뇽 블랑, 리슬링, 게뷔르츠트라미너 등이 있다.
- **austère 오스테르 :** 거친, austere. 과일향이 거의 없고 타닌이 많아 떫고 씁쓸하며 지나치게 산도가 높은 와인.
- **boisé 부아제 :** 나무향이 나는, wood-scented. 나무통 안에 보관하는 동안 그 냄새가 배어버린 와인을 일컬을 때 사용하는 부정적인 의미의 말. 제조된 지 얼마 안 된 품질 좋은 와인이라면, 병에 담아 몇 년쯤 두면 이러한 나무냄새가 사라질 수 있다.
- **chaleureux 샬뢰뢰 :** 따뜻한, 뜨거운, hot. 알코올을 풍부하게 함유하고 있어 마실 때 따뜻한 느낌을 주는 와인. 진하고 향료가 들어간 레드와인을 묘사하는 데 자주 쓰이는 표현이다.
- **chapeau 샤포 :** 모자, cap. 모자처럼 포도즙 위로 떠오르는 모습에서 유래한 말. 타닌이나 설탕처럼 고체상태인 물질을 총칭한다. 와인에 색깔과 맛을 부여하고 와인의 몸체를 형성한다.
- **charnu 샤르뉘 :** 살찐, 두둑한, fat. 과일을 풍부하게 함유하고 있고 잔류물질이 남아 입안에서 밀도 있는 느낌을 주는, 거의 고체 같은 느낌의 와인.
- **complexe 콩플렉스 :** 다양한, 복합적인, complex. 다양하고 풍부한 아로마를 선사하는 와인. 주로 여러 가지 과일에서 오는 향이지만, 향료나 바닐라의 향일 때도 있다. 보통 와인과 훌륭한 와인 혹은 '그랑 뱅'의 구분을 가능하게 해주는 기준 중 하나다.
- **corps 코르 :** 몸체, body. 알코올과 타닌의 함유로 결정되는, 입천장에서 느껴지는 무게 혹은 농도의 느낌. 어떤 와인이 가벼운지, 농도가 진한지 아니면 중간 정도인지를 판별하기 위해서는 그 와인이 주는 느낌을 물과 비교해보는 방법이 유용하다.
- **doux 두 :** 달콤한, sweet. 단맛이 나는 와인은 혀끝에서 민감하게 느낄 수 있다. '달콤한 과일의 향'을 느낄 수 있는 와인은 매우 숙성된 것인 경우가 많다.
- **élégant 엘레강 :** 우아한, elegant. 품질이 우수하고 섬세하며 균형잡힌, 과일향이 지나치지 않으면서 마시는 느낌이 좋은 와인을 묘사하는 주관적인 용어다.
- **entier 엉띠에르 :** 완전한, full. 향과 맛 면에서 완전무결한 와인.
- **épanoui 에파누이 :** 무르익은, 숙성된, aged. 오래 보존되어 품질이 우수한, 마시기 딱 좋은 상태의 와인.
- **équilibré 에퀼리브레** : 균형잡힌, balanced. 산도, 알코올, 과일, 타닌, 단맛과 향기 등의 구성요소가 서로 균형을 이루어, 그중 어떤 하나만이 우세하지 않은 와인.
- **étoffé 에토페 :** 넉넉한, 충실한, plentiful. 과일향과 나무향이 나고 타닌과 알코올이 풍부한 '그랑 뱅'을 묘사하는 데 쓰이는 말.
- **fin 팽 :** 세련된, 훌륭한, fine. 우아한(élégant) 와인.
- **frais 프레 :** 상쾌한, fresh. 상쾌한 와인은 생생한(nerveux) 와인처럼 산도가 적절하며 산뜻한 청량감을 준다.
- **fruité 프뤼테 :** 과일향이 풍부한, fruity. 좋은 과일향이 풍부하게 느껴지는 와인.
- **gouleyant 굴레양 :** 담백한, bland. 수월하게 마실 수 있는 와인. 레드와인일 경우 일반적으로 과일향이 풍부하면서 타닌 함량이 많지 않다는 점이 특징이다.
- **grand 그랑 :** 훌륭한, 대단한, grande. 타닌과 알코올, 일

반적으로는 다양한 과일의 풍미로 인해 강렬한 인상을 남기는, 농도가 진한 와인.

- **lourd 루르 :** 무거운, (술이) 강한, heavy. 농도가 진하고 타닌을 풍부하게 함유하고 있어 마시기가 어렵거나 지나치게 농후한 레드와인. 이렇게 무거운 와인은 병에 좀더 오래 저장해두어야 맛이 좋아진다.
- **mou 무 :** 맥빠진, 무른, dull. 적절한 산도가 결여되어 균형잡힌 상태가 아닌 와인을 지칭하는 부정적인 용어. 약간 느끼한 와인에도 사용된다.
- **mûr 뮈르 :** (과일이) 여문, 무르익은, mature. 무르익은 포도로 제조되어 파인애플 같은 열대과일을 연상시키는 향이 나는 와인. 어떤 와인이 설탕을 포함하고 있지 않으면서도 어느 정도 단맛을 낼 때 사용되는 말이기도 하다.
- **nerveux 네르뵈 :** 생생한, lively. 신맛이 두드러지면서도 적절하여 청량감을 주는 와인. 상쾌한 향이 나는 화이트와인에 자주 쓰인다.
- **net 네트 :** 명백한, 단순한, simple. 복합적인 향을 갖추지 못해 향을 수월하게 밝힐 수 있는 와인. 고가의 와인에서 이러한 특성은 결함으로 간주된다.
- **puissant 퓌상 :** 강력한, powerful. 알코올을 풍부하게 함유하고 있으며 묵직하고 강한 와인을 말한다. 긍정적인 의미와 부정적인 의미 양쪽으로 다 쓰인다.
- **racé 라세 :** 우아한, 기품있는, graceful 청량감을 느낄 수 있을 정도의 적당한 산도를 갖추고 있어 상쾌하고 생생한 와인. 흔히 독일의 리슬링이 이렇게 묘사되곤 한다.
- **riche 리슈 :** 풍부한, rich. 맛이 강하고, 약간 달콤할 수도 있는 와인에 쓰이는 말.
- **sec 섹 :** 단맛이 거의 없는, dry. 잔류당분을 느낄 수 없는 와인. 하지만 과일향이 풍부하고 무르익은, 혹은 나무향이 나는 와인에서는 잔류당분이 없어도 달콤한 맛을 느낄 수 있다. '건조하게 된(désséché)' 와인이란, 나무통이나 병 안에 지나치게 오랫동안 보관해서 과일의 풍미를 잃어버린 와인을 말한다.
- **souple 수플 :** 순한, 유연한, round. 타닌 함량이 많지 않아 마시기 편한 와인. 'rond(롱)'이라는 표현도 이와 비슷한 뜻이다.
- **structuré 스트뤽튀레 :** (맛이) 구조화된, 조직화된, structured. 주로 레드와인이 함유하고 있는 타닌에 대해 언급할 때 사용하는 표현이다. 어떤 와인이 '구조화가 잘되어 있다'는 것은 타닌을 감지할 수 있으면서도 와인이 균형잡힌 상태를 유지하고 있다는 의미다. 화이트와인에서 산도가 알맞은 정도를 표현하기 위해 사용하기도 한다.
- **subtil 쉽틸 :** 섬세한, 미묘한, subtle. '세련되다'는 용어와 흔히 함께 쓰이며, 와인에서 다양한 뉘앙스와 풍미를 느낄 수 있음을 의미한다. 과일향을 충분히 느낄 수 없는 와인을 가리키기도 한다.
- **tannique 타니크 :** 타닌이 지나치게 포함된, tannic. 타닌이란 포도의 껍질과 씨, 꽃자루에서 추출되는 물질인데, 이 타닌이 지나치게 많은 와인을 일컫는 말이다. 어떤 와인은 타닌을 많이 함유하고 있더라도 단지 병에서 숙성되는 과정만으로 향과 맛이 좋아진다. 와인에 포함된 타닌은 다른 요소들과 균형을 이루어야만 한다.

와인의 향

- **abricot 아브리코 :** 살구, apricot. 참나무통에서 발효된 비오니에와 샤르도네처럼, 무르익은 과실로 제조된 화이트와인의 향.
- **acidulé 아시뒬레 :** 새콤한, acidulated. 일반적으로 생기있고 청량감 있는 드라이 화이트와인에서 느낄 수 있는 레몬, 라임, 오렌지 등의 향취.
- **agrume 아그륌 :** 감귤류, citrus fruits. 화이트와인, 그중에서도 상쾌하고 향긋한 와인은 감귤류의 향이 나는 경우가 많다. 레몬, 라임, 오렌지 등이 연상되는 향이다.
- **beurre 뵈르 :** 버터, butter. 참나무통에서 발효된 샤르도네를 비롯해 다른 화이트와인은 향이라기보다 그 크림 같은 질감이 버터를 연상시킬 때가 많다. 이는 감산발효가 이루어졌기 때문이다. 와인양조업자가 찌꺼기를 휘젓는 기술을 사용했을 때 특히 잘 일어난다.
- **caoutchouc 카우추 :** 천연고무, caoutchouc. 와인에서 이러한 향이 난다는 것은 결함이지만(황이 지나치게 함유된 와인) 시라 품종의 와인에서는 좋게 평가되는 특징이다.
- **cassis 카시스 :** 까막까치밥나무 열매, 블랙커런트, black

currant. 카베르네 소비뇽 혹은 메를로, 시라, 카베르네 프랑 등의 흑포도 품종에 자주 사용된다. 소비뇽 블랑은 종종 덜 익은 블랙커런트향을 풍긴다.

- **cerise 스리즈 :** 체리, cherry. 주로 이탈리아산 레드와인에서 이러한 향이 난다. 산지오베제 등의 품종이 체리향을 풍긴다.
- **champignon 샹피뇽 :** 버섯, mushroom. 피노 누아가 무르익으면 이러한 향이 난다. 바롤로나 바르바레스코 등의 이탈리아 와인에서는 마치 하얀 송로버섯처럼 훨씬 이국적인 버섯의 향이 난다.
- **citron 시트롱 :** 레몬, lemon. 서늘한 기후에서 생산된 화이트와인에서 특징적인 향이다.
- **confiture 콩피튀르 :** (과일)잼, confiture. 약간 부정적인 뉘앙스로, 레드와인이 블랙커런트나 기타 다른 과일의 향을 진하게 풍기지만 섬세함이 부족하고 잘 구조화되지 않았을 때 쓰이는 표현이다.
- **cour de ferme 쿠르 드 페름 :** (직역하면) 농장 앞마당, farm courtyard. 제조된 지 오래되지 않은 와인에서 약한 퇴비냄새가 난다면 이는 양조과정이 나쁜 환경에서 이루어졌음을 의미한다. 오래된 부르고뉴 레드 와인에 대해 사용할 때는 긍정적인 뜻이다.
- **crémeux 크레뫼 :** 크림 같은, creamy. 와인의 질감이 부드럽고 기름지다거나 혹은 향 자체가 크림 같다는 의미다.
- **épice 에피스 :** 향신료, spice. 이러한 향은 참나무통에서 발효되고 숙성된 와인이나 그르나슈(가르나차, 종종 후추향이 난다)를 비롯한 흑포도 품종, 그리고 프랑스 남부에서 생산되는 와인의 특징이다.
- **floral 플로랄 :** 꽃향기의, floral. 추운 지방에서 생산된 와인 중에는 가벼운 꽃향기가 나는 것이 많다. 이중에는 딱총나무향(향긋한 화이트와인), 제비꽃향(숙성된 보르도 와인), 장미향(게뷔르츠트라미너로 빚은 화이트와인과 바롤로나 바르바레스코처럼 네비올로 와인)처럼 확연하게 드러나는 경우가 많다.
- **fruits d'été 프뤼 데테 :** 여름과일, summer fruits. 딸기, 체리향은 생산된 지 얼마 안 된 피노 누아에서 풍긴다.
- **fruits tropicaux 프뤼 트로피코 :** 열대과일, tropical fruits. 파인애플, 바나나, 잘 익은 망고 등의 향은 보통 호주산 샤르도네의 특징이다.
- **gazole 가졸 :** 경유(輕油)의, petrol. 거의 다 무르익은 리슬링, 특히 독일산 와인의 특징인 상큼하고 강렬한 향. 호주산 리슬링에서는 좀더 이른 시기에 나타난다.
- **gibier 지비에 :** 사냥감, 사냥한 고기, quarry. 피노 누아(부르고뉴 레드와인), 시라(북부 론 지방산) 혹은 절정기에 이른 다른 레드와인이 병 안에서 오래 묵으면 짐승의 고기 같은 독특한 냄새가 난다.
- **groseille à maquereau 그로제유 아 마크로 :** 구즈베리, gooseberry. 소비뇽 블랑의 전형적인 특징인 이 향은 향이 풍부하고 쏘는 맛을 지닌 다른 화이트와인에서도 맡을 수 있다.
- **herbacé 에르바세 :** 풀 같은, herbal. 추운 지방에서 생산된 소비뇽 블랑, 세미용, 슈냉 블랑 등의 품종으로 빚은 상쾌하고 향이 풍부한 와인에서 느낄 수 있는 향.
- **levure 르뷔르 :** 효모, yeast. 빵냄새를 연상시키는 이런 향은 흔히 샹파뉴에서 느낄 수 있다. (효모로 인한 병 안에서의 2차 발효과정에서 맡을 수 있다.)
- **litchi 리치 :** 리치(여지荔枝라는 중국 원산의 과일), litchi. 게뷔르츠트라미너 품종으로 빚은 와인에서 나타나는 향.
- **menthe 망트 :** 박하, mint. 온화한 기후에서 재배된 카베르네 소비뇽에서 맡을 수 있는 향.
- **miel 미엘 :** 꿀, honey. 스위트와인의 특징적인 풍미, 특히 귀부와인의 특징이다.
- **minéral 미네랄 :** 미네랄, mineral. 명확하게 정의내리기는 어렵지만 샤블리, 상세르와 푸이-퓌메의 소비뇽 블랑처럼 추운 기후에서 제조된 떫고 흙냄새가 나는 와인을 묘사하는 데에 쓰인다.
- **noix de coco 누아 드 코코 :** 코코넛, coconut. 새로 제조된 미국 참나무통에서 발효되거나 숙성된 화이트와인과 레드와인에서 맡을 수 있는 향.
- **pain grillé 팽 그리예 :** 구운 빵, grilled(baked) bread. 참나무로 만든 큰 통의 향이지만, 무르익은 샹파뉴와 호주 헌터밸리산 세미용에서 나는 향이기도 하다.
- **piquant 피캉 :** 톡 쏘는, 자극적인, piquant. 새콤하면서 오렌지가 연상되는 향을 표현하는 용어. 화이트와인에 주로 쓰이지만, 과일향이 풍부하고 생생한 루아르 지방의 카베르네 프랑 같은 레드와인에도 쓰인다.
- **poivre noir 푸아브르 누아르 :** 검은 후추, black pepper. 이 향은 프랑스 남부 지방, 특히 론 계곡에서 생산되거나 그르나슈(가르나차)로 제조한 와인의 특징이다.
- **pomme 폼 :** 사과, apple. 사과향은 샤블리처럼 추운 지방에서 난 드라이 화이트와인에서 흔히 느낄 수 있다.

- **prune 프륀 :** 서양자두, plum. 많은 레드와인, 특히 메를로 품종으로 제조된 와인 특유의 향.
- **raisin 레쟁 :** 포도, grape. 포도향이라 함은 보통 과일향이 풍부하고 달콤함을 의미한다. 글자 그대로 포도향이 나는 와인은 모스카토와 그 비슷한 종류다.
- **réglisse 레글리스 :** 감초, licorice root. 시라 품종으로 빚은 진한 레드와인의 향.
- **rose 로즈 :** 장미, rose. 게뷔르츠트라미너에서 주로 풍기는 향으로, 바롤로와 바르바레스코 같은 네비올로 와인에서도 느낄 수 있다.
- **tabac 타바 :** 담배, tobacco. 오래된 카베르네 소비뇽 병, 특히 보르도 레드와인에서 풍기는 향.
- **terreux 테뢰 :** 흙냄새의, earthy. 오래 묵은 보르도 레드와인이 흔히 이런 흙냄새를 발산한다.
- **vanille 바니유 :** 바닐라, vanilla. 새로 제조된 참나무통을 사용했을 경우, 그 때문에 나는 향.
- **végétal 베제탈 :** 식물성의, vegetal. 이 용어는 오래된 레드와인이나 화이트와인, 특히 부르고뉴 와인에서 나는 부패한 식물의 냄새를 가리킨다. 이런 스타일의 와인에서는 바람직한 향으로 간주된다.

● 참고문헌

Bien Connaître et Déguster Le Vin/ Evelyne Malnic; Solar,Paris 2004
Petet Larousse des vins/ Larousse; Paris 2005
Le bonheur est dans le vin/ Albert Adam et Jean Luc Jault; Les Editions de L'homme,Quebec, Canada 2006
Savoir Goûter le vin/ Enrico Bernardo; Plon, Paris 2006
Bouteilles de Rêve/ Silvie Girard-Lagorce; Hachette, Paris 2004
Le Spécialiste-Vins du monde/ Susan Keevil; Gründ, Paris 2006

Grosses Weine der Welt; Bettane & Desseauve/ Knesbeck 2006
Wein / André Dominé; Könnemann, Köln 2000
WEIN Die neue grosse Schule/ Jens Priewe; Zabert Sandemann, München
Le Domaine de la Romanée Conti/ Gert Crum; Zabert Sandemann 2005
Die hohe Schule des Weines/ Kurt M. Hoffmann; Moewig Verlag KG, Rastatt
Kleines Lexikon der Wein-Irrtümer/ Frank Kämmer; Eichhorn, Frankfurt a.Main
Knigge für Weintrinker/ Isabel Gänkler, Reinhardt Hess; Hallwag
Crashkurs Weinprobe/ Cornelius Lange, Fabian Lange; Hallwag
200 Fragen yum Wein/ Till Ehrlich; Hallwag
Kleiner genialer Weinführer/ Stuart Pigott; Fischerverlag, Frankfurt a.Main 2006
Kleine Geschichte für Weinfreunde/ Antje Herzog; Engelhorn, Stuttgart
Wein und Fest geschichten der Bibel/ Florian Foss; Deutschebibelgeschichte, Stuttgart 2005
Roter Wein und sanfte Hügel/ Luigi Santucci; Sanssouci, Zürich
Rot oder weiss?/ Susanne Greter; Inselverlag, Frankfurt a. Main 2003
Wein & Krieg/ Don & Petie Kladstrup; dtv, München 2001
Witze, Sprüche, Anekdoten vom Wein/Rudolf Knoll; Fraund, Mainz 2000
Bordeaux Total Pocket Guide/ René Gabriel; Orell Füssli
Der Kleine Johnson 2007/ Hallwag 2007

The ULTIMATE ENCYCLOPEDIA of Wine, Beer, Spirits & Liqueurs/ Stuart Walton & Brian Glover; Lorenz Books, London 1998
The Art of Decanting/ Sandra Jordan; Chronicle Books, San Fransisco 2006
The Story of Wine/ Hugh Johnson; Mitchell Beazley, London 2004
The Everything Wine Book/ Dany May and Andy Sharpe, Avon 1997
Illustrated Wine/ Maran; Mississauga, Canada 2006
A Wine Miscellany/ Graham Harding; Clarkson Porrer, New York 2005

와인학개론/ 김성혁, 김진국, 백산, 서울 2003
와인에센셜/ 서한정 편역, 아카데미북, 서울 2003
와인강의/ 박원목, 윤경은, 라이프김영사, 서울 2007
도도한 알코올, 와인의 역사/ 로드 필립스 저, 이은선 역; 시공사, 서울 2003
와인구매가이드/ 손진호; 바롬웍스, 서울 2006
와인의 달인 로버트 몬다비/ 로버트 몬다비, 이병렬 역; WB 2007

WINE GUIDE/ 林 尙武; Merukomu 株式會社, 東京 2005
ワインの 教科書/ 木村克己; 新星出版社, 東京 2006
ワインが 話る フランスの歷史/ 山本 博; 白水社, 東京 2006
プロの タメの ワイン 會話集/ Laetetia Perraut, 芳村紀子 역; Shibada Shoten, 東京 2006
ワイン入門/ 弘兼 憲史; 幻冬舍, 東京 2006
世紀のワイン/ Michel Dovaz, 山本 博 감수; 柴田書店, 東京 2000
パリスの審判/ジョ-ジ・M・テイバ, 葉山考太郎 역; 日經BP社, 東京 2007